学术研究专著

齿轮传动系统数值计算与性能仿真方法

周建星　陈　军　崔权维　姜　宏　著

西北工業大學出版社

西　安

【内容简介】 本书内容包括：①绪论，主要介绍齿轮传动系统动力学的发展历程及研究现状；②齿轮传动系统动力学，主要介绍齿轮副啮合刚度计算方法、定轴轮系动力学、周转轮系动力学建模；③齿轮传动系统动态特性分析，主要介绍齿轮传动系统结构动应力分析、齿轮传动系统传热分析、齿轮传动系统寿命分析、齿轮传动系统的摩擦磨损性能分析、齿轮传动系统振动噪声分析。

本书可供航空航天、船舶、车辆、机械等工程行业的科技人员进行齿轮传动系统产品设计与性能仿真时使用，也可以作为高等学校本科生和研究生数值计算与性能仿真相关课程的参考书。

图书在版编目(CIP)数据

齿轮传动系统数值计算与性能仿真方法 / 周建星等著. — 西安：西北工业大学出版社，2023.12
ISBN 978-7-5612-9150-4

Ⅰ.①齿… Ⅱ.①周… Ⅲ.①齿轮传动-数值计算 ②齿轮传动-性能-系统仿真 Ⅳ.①TH132.41

中国国家版本馆 CIP 数据核字(2023)第 254650 号

CHILUN CHUANDONG XITONG SHUZHI JISUAN YU XINGNENG FANGZHEN FANGFA
齿轮传动系统数值计算与性能仿真方法
周建星 陈军 崔权维 姜宏 著

责任编辑：朱晓娟 **策划编辑：**杨 军
责任校对：高茸茸 **装帧设计：**李 飞
出版发行：西北工业大学出版社
通信地址：西安市友谊西路 127 号 邮编：710072
电 话：(029)88491757，88493844
网 址：www.nwpup.com
印 刷 者：兴平市博闻印务有限公司
开 本：720 mm×1 020 mm 1/16
印 张：17.5 彩插：4
字 数：343 千字
版 次：2023 年 12 月第 1 版 2023 年 12 月第 1 次印刷
书 号：ISBN 978-7-5612-9150-4
定 价：89.00 元

前　言

齿轮作为机械装备的核心关键零部件，被广泛应用于航空航天、船舶、车辆、机械等工程领域，其力学行为和工作性能直接决定装备的运行性能、服役寿命、安全性和可靠性，并影响机械装备的产品竞争力和经济效益。齿轮传动的结构形式多样，内外部激励和非线性因素丰富，同时工作环境复杂多变，这使其动力学分析相较于其他机械系统更加复杂。因此，齿轮传动系统的动力学问题一直是学术界和工业界研究和关注的焦点。

本书基于笔者主持的国家自然科学基金、新疆维吾尔自治区重点研发计划以及国内多家企业委托开发课题的研究成果，结合近年来国内外同行的研究成果，重点阐述齿轮传动系统数值计算理论与性能仿真方法。本书力争创新，力求内容精湛、新颖、切合实用，反映笔者近年来从事本领域研究取得的新进展。

本书共 9 章，第 1 章主要介绍齿轮传动系统动力学的发展历程及研究现状，第 2 章主要阐述齿轮副啮合刚度的计算方法及故障齿轮的时变啮合刚度，第 3 章和第 4 章分别阐述定轴轮系和周转轮系动力学的建模理论，第 5 章主要阐述齿轮传动系统结构动应力分析方法，第 6 章主要阐述齿轮传动系统动态温度场分析方法，第 7 章主要阐述齿轮传动系统寿命分析方法，第 8 章主要阐述齿轮传动系统的摩擦磨损性能研究，第 9 章主要阐述齿轮传动系统振动噪声分析方法。本书具体编写分工如下：第 2 章、第 3 章、第 4 章、第 9 章由新疆大学智能制造现代产业学院（机械工程学院）周建星撰写；第 7 章、第 8 章由上海大学材料科学与工程学院陈军撰写；第 1 章、第 6 章由新疆大学智能制造现代产业学院（机械工程学院）崔权维撰写；第 5 章由新疆大学智能制造现代产业学院(机械工程学院)姜宏撰写。

本书相关程序请在平台 https://gdsy.nwpu.edu.cn/搜索本书书名，进入图书页面获取。

在撰写本书的过程中，曾参阅了相关文献资料，获益良多，在此谨向其作者一并表示感谢。特别感谢王胜男、金鹏程、刘国春、王烨峰、贾吉帅、张景琦、刘向阳、谢高敏、王成龙、乔帅、路志成、张荣华、祁乐等在本书撰写过程中给予的帮助。

由于水平有限，书中难免存在不足之处，恳请广大读者批评指正。

著 者

2023 年 9 月

目　　录

第二篇　齿轮传动系统动态特性分析

第1章　绪　　论

1.1　齿轮传动系统及应用领域

1.1.1　齿轮传动类型

齿轮传动作为主要的机械传动形式之一，在各种结构及机械动力系统中发挥着重要作用。齿轮传动是指利用两齿轮的轮齿相互啮合传递动力和运动的机械传动。齿轮传动的类型有很多，按传动比、齿廓形状、工作条件、齿面硬度等不同的方法可分为不同的类型，主要有以下几种：①圆柱齿轮传动主要用于平行轴间的传动，圆柱齿轮传动的啮合形式有外啮合齿轮传动、内啮合齿轮传动、齿轮齿条传动。②锥齿轮传动主要用于相交轴间的传动，其中直齿锥齿轮传动传递功率可达 370 kW，圆周速度可达 5 m/s。③行星齿轮传动适用于具有动轴线的齿轮传动。行星齿轮传动的类型很多，需要根据工作条件合理选择类型，一般常用的是由太阳轮、行星轮、内齿轮和行星架组成的普通行星传动、小齿差行星齿轮传动、摆线针轮传动和谐波传动等。④螺旋齿轮传动用于交错间的传动，但这类传动形式由于承载能力较低，磨损严重，因此应用比较少。⑤双曲面齿轮传动多用于交错轴间的传动，如汽车和拖拉机的传动，由于有轴线偏置距，因此可以避免小齿轮悬臂安装。⑥蜗杆传动是交错轴传动的主要形式，蜗杆传动可获得很大的传动比，并且工作平稳，传动比准确，可以自锁，不过蜗杆传动齿面间滑动较大，发热量较大，传动效率较低。⑦摆线齿轮传动用摆线作齿廓的齿轮传动。这种传动齿面间接触应力较小，耐磨性好，无根切现象，但制造精度要求高，对中心距误差十分敏感，一般只用于钟表及仪表中。⑧圆弧齿轮传动是齿廓为圆弧形的点啮合齿轮传动，通常有单圆弧齿轮传动和双圆弧齿轮传动两种啮合形式。

1.1.2 齿轮传动系统应用领域

近年来，我国制造业逐渐由高产量发展转变为高质量发展，机械制造行业得到了长足发展，齿轮传动作为动力传输装置应用于航天航空、船舶、车辆、机械等各工程领域。

1.航天航空工程领域应用

直升机具有灵活适应性和独特飞行状态，在国防、运输、救援和通信等工程领域具有重要地位。直升机因此成为各国战略性技术储备和核心产业之一。直升机主减速器采用齿轮传动机构，双路分扭并车传动构型是较成熟的构型之一，如图1-1和图1-2所示。

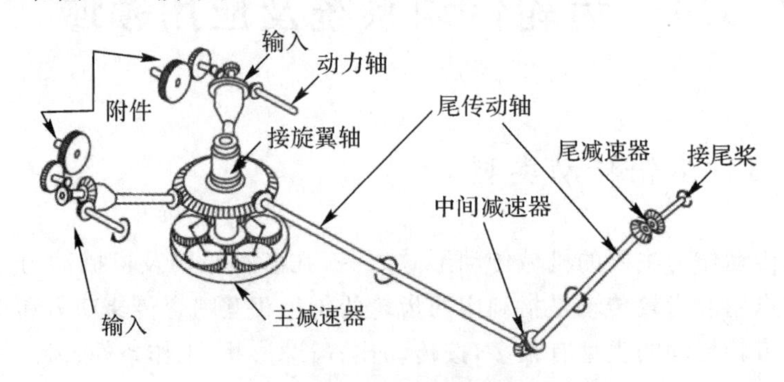

图1-1　直升机传动系统

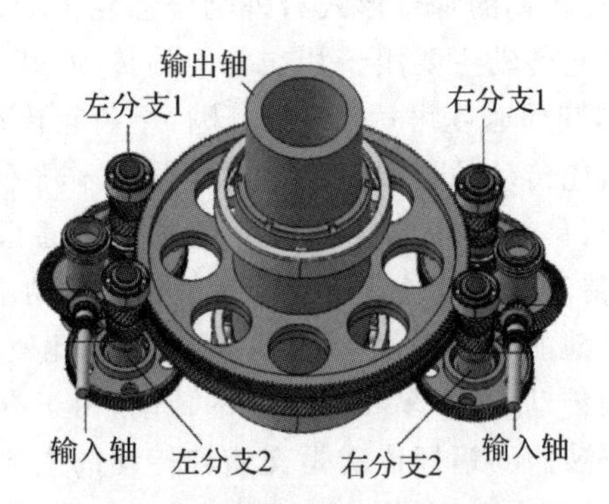

图1-2　直升机双路分扭并车传动构型

齿轮传动机构发展至今已有数百年历史，其属于机械及动力学研究领域的早期发明。到18世纪的欧洲工业革命时期，齿轮传动机构已广泛应用于多个领域。齿轮传动系统动力学研究相对开展较晚，于20世纪初出现大量研究工作。研究者通过理论分析和试验验证研究了齿轮动载荷，采用啮合冲击效应模拟齿轮啮合时系统的动态激励和响应。齿轮系统动力学分析早期见于 Kishor 和 Gupta 的研究工作,其建立了齿轮-转子流体动力学模型。Raghothama 和 Narayanan 基于增量谐波平衡方法分析了非线性齿轮-转子-轴承系统的动力学运动情况,并获得了周期分岔和准周期性的混沌途径。Chen 等人研究了摩擦和动态反冲对具有时变刚度的多自由度非线性齿轮转子变速器的影响。Wan 等人分析了带齿根裂纹的齿轮-转子系统在横向振动和扭转振动耦合方面的动力学特性。直升机主减速器分扭传动构型研究始于 20 世纪 60—70 年代,苏联及美国在国家设计部门牵头下,重点开展了对主减速器齿轮传动中的分扭并车传动构型的研究工作,研究发现,分扭并车传动构型更适用于大功率传输需求。西科斯基等公司对分扭并车的结构进行了改进和完善,并用于多个现役直升机。苏联在米-26 直升机的主减速器传动中采用了多路分扭并车传动构型,之后的直升机设计中也采用了类似的结构构型。

2. 船舶工程领域应用

齿轮箱作为船舶动力传动装置,主要用于实现倒顺、离合、减速和承受螺旋桨推力的功能。我国从 20 世纪 60 年代开始自主生产船用齿轮箱[1],齿轮箱结构如图 1-3 所示。经过多年发展,陆续出现了杭州前进齿轮箱集团股份有限公司(杭齿集团)、重庆齿轮箱有限责任公司(重齿公司)等几家规模企业,在传统的大功率及中小功率工作船齿轮箱产品上形成所有零部件完全自主生产的生产线。国产船用齿轮箱凭借其产品价格优势占据国内船用齿轮箱市场约 80%的市场份额,并在国际市场上形成强有力的竞争力。我国船用齿轮箱产品结构不平衡的问题十分突出。国内生产的齿轮箱主要适配于散货船、油船和集装箱船等工作船,而游艇和轻型客轮等高附加值轻型高速船用齿轮箱长期以来被发达国家垄断。轻型高速船用齿轮箱主要用于游艇、客渡船和观光休闲船等轻型高速船,是船用齿轮箱的一种,其性能比传统的工作船齿轮箱好,利润较高。轻型高速船用齿轮箱的速比一般小于 3∶1,配套螺旋桨的转速大于 700 r/min,一般要求齿轮箱箱体采用铝制进行轻量化设计,减小齿轮箱质量。齿轮的最大线速度达到35 m/s,齿轮箱功率密度(输出功率与齿轮箱质量的比值)达到 1.7 kW/kg,空载损失小于 3%,相比于传统的工作船齿轮箱有了很大的提高。与传统的工作船齿轮箱相比,轻型高速船用齿轮箱在功率、密度、体积、动力和装配方式等方面均有更严格的要求,因此其生产难度更高。

3. 车辆工程领域应用

人们对轮边、轮毂减速器的研究较晚,但也取得了一些进展,图 1-4 展示了 3 种不同的电动轮边减速器结构原理。2004 年,比亚迪公司设计的易四方概念车采用轮边减速驱动系统,该车由 200 A·h 锂电池提供动力,搭载 4 台轮边电机,最高车速达 165 km/h,0～100 km/h 的加速时间为 8.5 s,车架采用铝合金,采用大轮毂和扁平化轮胎,并采用多种控制算法来确保车辆的操控稳定性。

2010 年,比亚迪公司又研发出采用轮边减速驱动技术的电动客车 K9,实现后桥两侧电机驱动,整车为一级踏步低地板结构,上、下车更方便,配备内转子永磁同步电机,前后桥均为盘式制动。2017 年,蔚来纯电动车 ES8 在上海车展上正式亮相。ES8 车身和底盘采用了全铝合金架构,搭载前后轮边双电机和固定齿轮比为9.599 的减速箱,单个电机峰值输出功率为 240 kW,峰值转矩为 420 N·m,0～100 km/h 的加速时间为 4.4 s,巡航里程可达 400 km。在 2017 年广州车展上,中国第一汽车集团有限公司(简称“一汽”)推出自主研发的轮边电机驱动技术底盘,整车搭载 4 个永磁同步驱动电机和固定速比为 11 的摆线齿轮减速器,最高车速达到 155 km/h,0～100 km/h 的加速时间为 6 s。此外,浙江亚太机电股份有限公司投资 1 000 万欧元,与欧洲 Elaphe 公司设立合资公司,开展电动四轮驱动项目,广州汽车集团股份有限公司(简称“广汽”)研发出轮毂电机驱动光线智联电动概念车,四轮可独立控制,具有无人驾驶与手动驾驶双模式。

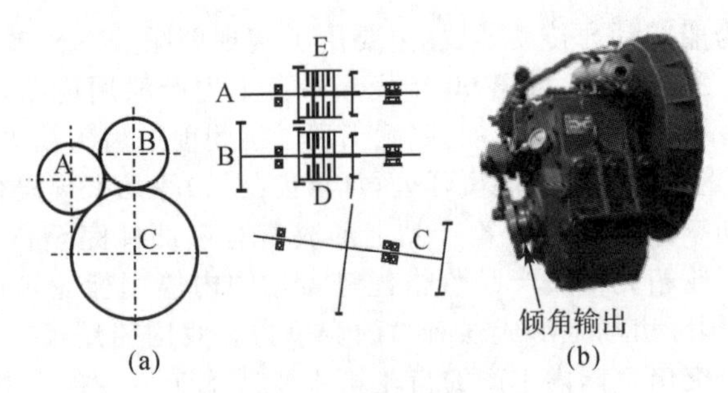

图 1-3　船用齿轮箱

(a)传动原理图;(b)齿轮箱外观

A—传动轴;B—输入轴;C—输出轴;D—输入离合器;E—传动离合器

4.机械工程领域应用

齿轮传动被广泛应用于各类精密机械装置中,小到手表计时,大到定日镜传动,精密传动装置日益受到学者关注,图 1-5 展示了一种旋转矢量(Rotary Vector,RV)减速器的结构简图与几何模型。RV 减速器技术源于德国,Braren 于 1926 年首次提出将摆线齿廓用于精密机械传动,并于 1931 年在德国慕尼黑创建了“赛古乐”股份有限公司,最先开始摆线减速器的制造和销售,1939 年转让给日本住友重机械工业株式会社[2]。此外,其他国家也研制出与 RV 减速器工作原理类似的高精度减速器。例如,韩国的 SEJIN 公司,在日本 RV 减速器的基础上,研发出了新摆线齿形的工业机器人用 RV 减速器,即扁平高精度减速器,产品已形成多个系列,具有全新的齿形,具有精度高、抗冲击能力强等特点,速比范围达 30～300,传动回差小于 1[3-4]。美国生产的 Dojen 摆线减速器主要应用在机器人的转臂驱动装置上，针齿与针齿套之间有滚针，且针齿一端的锥形与壳体上的锥孔相配、预紧，可实现完全消隙，具有很高的传动精度，适用于高精度、无回差、载荷较小的场合[5]。斯洛伐克 Spinea 公司的减速器产品包括 T 系列、E 系列、H 系列及 M 系列，具有传动比高、运动精度高、扭矩容量高、刚性强、体积小等特点，广泛应用于工业机器人、数控机床等领域，是全球同类产品中唯一的欧洲生产商[6]。

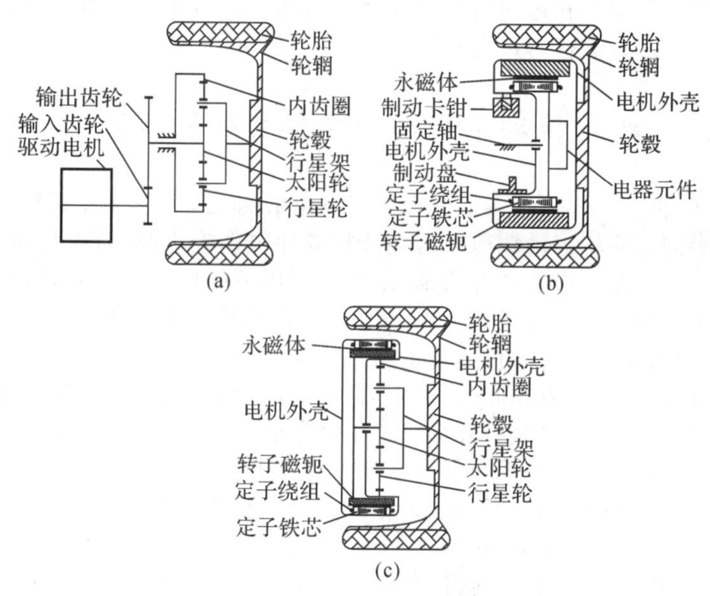

图 1-4　3 种电动轮边减速器结构图

(a)轮边电机减速驱动；(b)轮毂电机直接驱动；(c)轮毂电机减速驱动

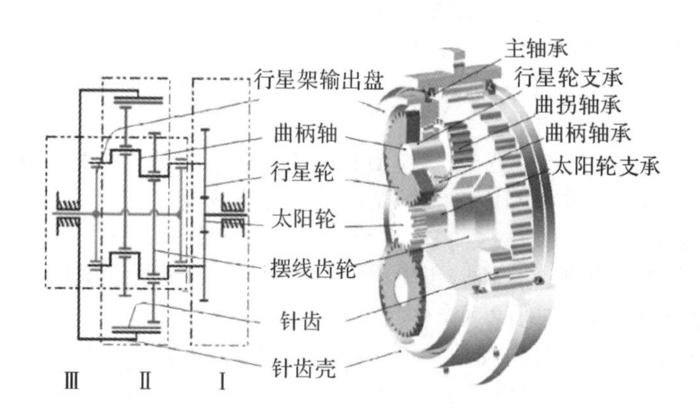

图 1-5　RV 减速器的结构简图与几何模型

1.2 齿轮传动系统动力学研究现状

齿轮传动系统动力学是研究齿轮系统在传递动力和运动过程中动力学行为的一门学科，其目标是通过确定和评价齿轮系统的动态特性，为系统的设计和优化提供理论指导。典型的齿轮传动系统由齿轮副、轴、轴承、箱体和附件组成。由于齿轮系统的动力和运动均是通过齿面的啮合作用而传递的，因此齿轮副的啮合理论及其动力学行为是齿轮传动系统动力学的研究核心。

1.2.1 齿轮传动系统动力学模型发展历程

早在20世纪20年代，人们就开始对齿轮系统的动力学问题进行研究，当时关注的主要问题是轮齿动载荷。这些分析以冲击理论为基础，人们认为啮合冲击是引起系统动态响应的动态激励，用冲击作用下的单自由度系统作为分析齿轮系统动力学行为的理论模型。20世纪50年代，Tuplin[7]建立了一个质量-弹簧模型，以等效啮合刚度来描述齿轮副的啮合作用，奠定了现代齿轮系统动力学的基础。此后，各国学者在此基础上不断进行研究，开始考虑传递误差、啮合冲击和齿侧间隙等因素的影响，并形成了相对完整的齿轮系统动力学理论体系。

齿轮系统动力学模型至今经历了从线性到非线性，从定常到时变的发展过程。根据模型中考虑因素的不同，齿轮副动力学模型分为4种：线性时不变模型(Linear Time-Invariant Models, LTIM)、线性时变模型(Linear Time-Varying Models, LTVM)、非线性时不变模型(Nonlinear Time-Invariant Models, NTIM)、非线性时变模型(Nonlinear Time-Varying Models, NTVM)。

在这4种模型中，人们通常将非线性模型简化为单自由度或少数几个自由度，主要用来分析系统的非线性振动现象。而多自由度模型多用于系统的线性振动分析，侧重于分析齿轮系统的整体振动特性。

根据系统具体情况和分析目的，在进行系统动力学建模时通常可采用以下4类模型：

(1)啮合纯扭转模型[8]。这类模型只考虑齿轮在扭转自由度的振动，适用于传动轴、轴承和箱体支撑刚度较大的情况。由于仅考虑了扭转自由度，因此该模型在预测斜齿轮副的响应时会丧失系统横向及轴向振动特性。

(2)啮合耦合模型[9]。随着齿轮转速的提高，人们逐渐意识到齿轮系统扭转振动与其他方向振动之间的耦合作用。啮合耦合模型考虑了齿轮在不同方向自由度上的耦合作用，按自由度数不同可分为弯-扭耦合型、弯-扭-轴耦合型和弯-扭-轴-摆耦合型。由于在考虑弹性轴段时进行了简化，因此此类模型侧重于分析齿轮副处的振动问题。

(3)齿轮-转子耦合模型[10-12]。这类模型考虑了齿轮副和转子系统之间的耦合作用。这类模型属于齿轮动力学和转子动力学两门学科的交叉内容，不同学者在建模时的侧重点有所不同。

(4)齿轮-转子-支撑系统模型[13]。这类模型不仅考虑齿轮与转子之间的耦合效应，还考虑箱体及其他支撑系统与齿轮转子系统的耦合影响，是各类模型中最一般且最复杂的模型，其他类型的模型均是这种模型的简化形式。当箱体刚性较差，或侧重于分析由动态轴承载荷引起的箱体强迫振动及噪声问题时，就需要考虑箱体柔性的影响，建立齿轮-转子-支撑系统模型。

从建模方法上来说，目前齿轮系统动力学常用的方法有以下几种。

(1)集中质量法[14-15]，又称集中参数法。由于齿轮的转动惯量一般要远大于传动轴的转动惯量，使齿轮系统具有明显的质量集中属性，因此可以将传动轴的质量和转动惯量均等效到齿轮节点，仅建立齿轮质量点模型。集中质量法由于结构简单，是目前齿轮系统动力学中应用最广泛的建模方法。减速器集中质量法动力学模型如图1－6所示。图1－6中：F_u 为齿轮 Y 方向受力；F_{uc} 为齿轮简化阻尼 Y 方向受力；k_1 为齿轮 Y 方向刚度；c_1 为齿轮 Y 方向阻尼；F_{x1} 为齿轮 X 方向受力；F_{cx1} 为齿轮简化阻尼 X 方向受力；k_{x1} 为齿轮 X 方向刚度；c_{x1} 为齿轮 X 方向阻尼；θ_1 为角位移；I_1 为转动惯量；m_1 为齿轮质量；R_b 为齿轮半径；M_{pc} 为主动轮阻尼转矩；c_p 为主动轮阻尼；M_{pk} 为主动轮绕 z 轴转矩；k_p 为主动轮刚度；M_1 为主动轮转矩；I_m 为主动轮转动惯量；θ_m 为主动轮扭转自由度；同理，其余系数为从动轮相关系数。

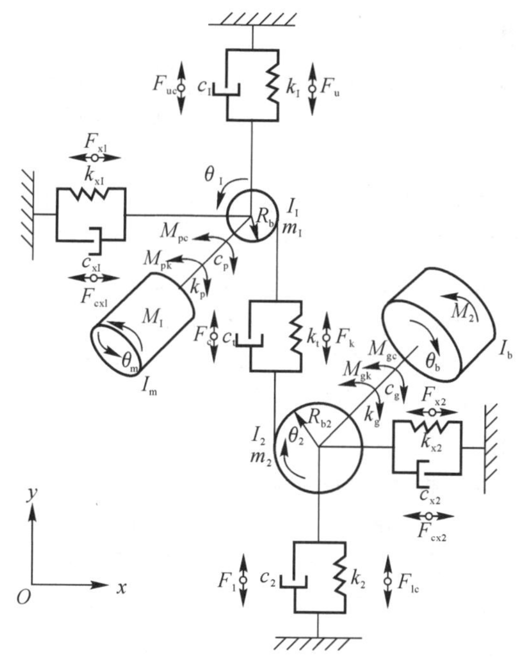

图1－6　减速器集中质量法动力学模型

(2)传递矩阵法[16]。传递矩阵法是转子动力学分析的主要手段之一,常用于分析复杂转子系统的弯扭耦合振动问题。减速器传递矩阵法离散系统动力学模型如图1-7所示。传递矩阵法的优点是矩阵的维数不随系统自由度的增大而增大,因此计算机程序形式简单,节省时间。然而传统的传递矩阵法在求解复杂转子系统动力学问题时,经常出现计算精度低、数值不稳定等现象。

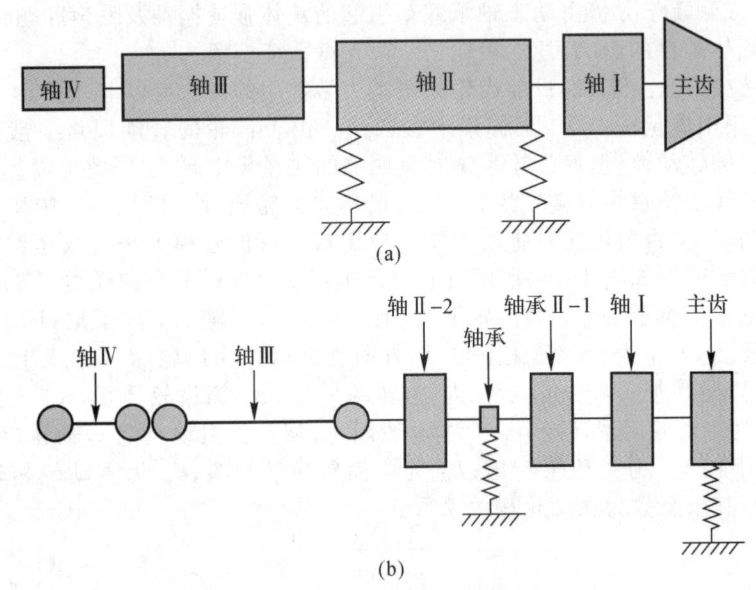

图1-7 减速器传递矩阵法离散系统动力学模型
(a)主动齿轮主要长度和直径;(b)主动齿轮划轴设站离散化模型

(3)有限元法。作为另外一种分析转子系统动力学常用的方法,有限元法比传递矩阵法具有更高的精度。减速器有限元法动力学模型如图1-8所示。图1-8中:C_{p1} 为一级主动轮阻尼;k_{p1} 为一级主动轮刚度;C_{g1} 为一级从动轮阻尼;k_{g1} 为一级从动轮刚度;C_{p1g1} 为一级啮合阻尼;k_{p1g1} 为一级啮合刚度;C_s 为一级轴简化阻尼;k_s 为一级轴简化刚度;同理,其余系数为第二级主、从动轮相关系数。有限元法的基本思想是沿轴线将齿轮转子系统划分为齿轮副、轴段和轴承座等单元,通过各单元的受力分析,建立单元节点力与节点位移之间的关系,综合各单元的运动方程,构建系统运动微分方程。这种方法在建模时一般采用Euler梁单元或Timoshenko梁单元来模拟弹性轴段,对齿轮和轴承仍按照集中质量进行处理。由于此方法能较好地模拟弹性轴段以及轴承参数对齿轮副动态响应的影响,因此,目前被国内外许多学者广泛采用[17-18]。与传递矩阵法相同,有限元法能够考虑转子与齿轮系统的耦合作用,也可建立较为完整的齿轮-转子耦合模型。

(4)模态综合法[19]。其基本思想是把完整的齿轮传动系统分为齿轮副、传动轴、轴承和箱体等子结构，对各自由度较少的子结构进行模态分析，利用各子结构的低阶模态作为 Ritz 基来描述其特征，根据各子结构对接面位移协调条件或者力平衡条件将系统进行综合，形成系统整体运动方程，于是复杂齿轮传动系统的建模问题就转化为若干个较为简单的子结构模型及其综合的问题，有效地降低分析难度。

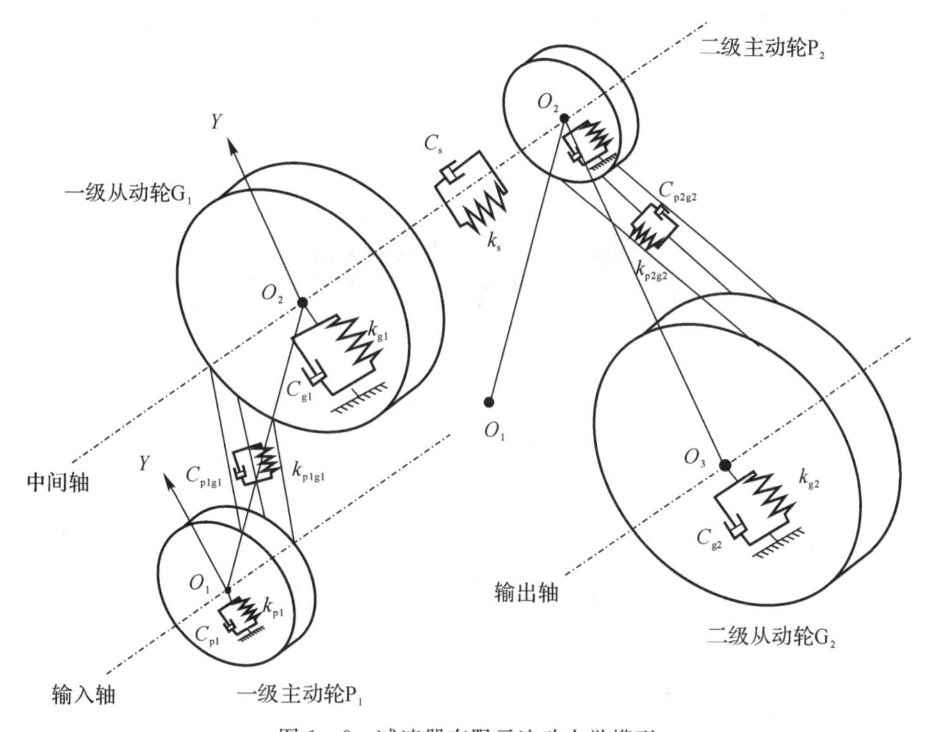

图 1-8 减速器有限元法动力学模型

(5)接触有限元法。其主要特点是采用齿轮完整的有限元模型(包含轮体和轮齿)来模拟动态接触过程，在轮齿接触面建立接触单元，通过瞬态动力学分析来求解系统的响应。减速器接触有限元法动力学模型如图 1-9 所示。由于将动力学分析与齿轮接触分析相结合，因此在计算前不需要对时变啮合刚度和传递误差等激励因素进行事先设定，而是在计算过程中直接求解得到动态的啮合刚度和传递误差等结果。相比于其他方法，该模型能更好地考虑齿轮系统的非线性因素，诸如时变啮合刚度、齿侧间隙、齿面摩擦及啮合冲击等，可以同时得到齿面接触应力、齿根弯曲应力、动态传递误差及轮齿动态接触力等。随着有限元技术及软件的发展，该方法可通过 ANSYS/LS-DYNA 等软件实现[20-21]。

(6)多体动力学方法。为了克服全弹性体接触有限元法计算耗时的缺点，就产生了齿轮系统多体动力学建模方法。目前，普遍的做法是将齿轮本体视为刚体，利用弹簧-阻尼单元来模拟齿轮副之间的啮合作用，通过多体系统动力学仿真求解系统的振动响应。文献[22-23]均采用ADAMS软件来进行齿轮系统多体动力学分析，得到动态接触力、振动加速度等，ADAMS齿轮接触副多体动力学模型如图1-10所示。现在齿轮多体动力学分析已经从早期的全刚体模型过渡至刚柔耦合模型，啮合刚度已经从定刚度模型发展至时变刚度模型，同时若结合详细的有限元接触分析模型，此方法还可以考虑轮齿误差、轮齿修形及啮合错位量等因素的影响。

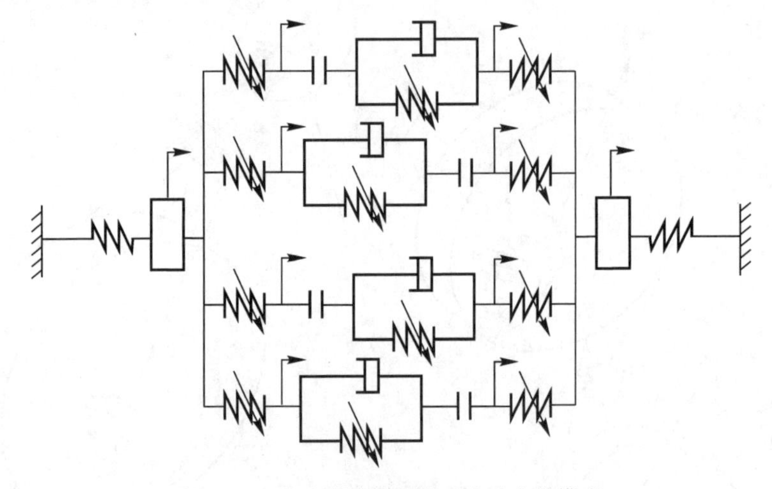

图1-9　减速器接触有限元法动力学模型

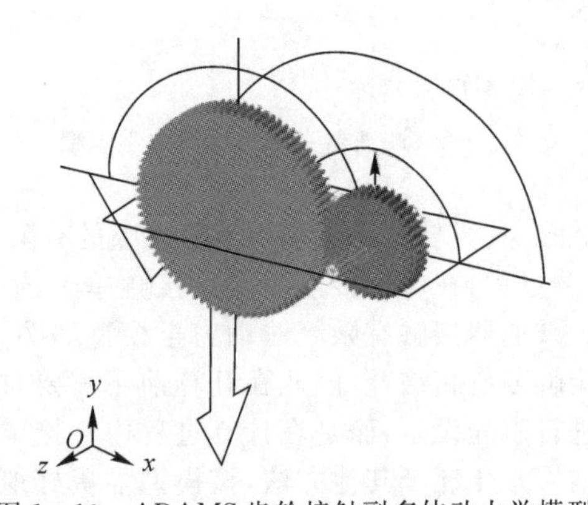

图1-10　ADAMS齿轮接触副多体动力学模型

相对于求解复杂且耗时的接触有限元方法，多体动力学建模方法的求解效率更高，而结果与接触有限元法相接近。

1.2.2 动态响应求解算法研究

受齿轮时变啮合刚度和齿侧间隙等因素的影响，齿轮系统动力学微分方程组通常为非线性变系数微分方程组，因此，无法直接使用定常微分方程组的许多解法来求解。求解齿轮系统动力学方程组的方法主要分为解析法和数值法。

1. 解析法

解析法的关键问题是分析模型中的时变参数（啮合刚度等）和非线性参数（齿侧间隙等）的简化及描述问题，一般可直接得到稳态解。解析法主要包括模态叠加法、傅里叶级数法、谐波平衡法、多尺度法、平均算子法（Average Operator Method，AOM）等。

模态叠加法[24]和傅里叶级数法[25]均是求解多自由度线性系统动力学响应的有效方法。模态叠加法的基本原理是对原始振动微分方程组进行坐标变换，将质量矩阵、刚度矩阵和阻尼矩阵进行对角化处理，以便得到一组独立的、互不耦合的模态方程，然后可以利用求解单自由度系统的方法，由叠加原理得到原始物理坐标下多自由度系统对任意周期激励的响应。傅里叶级数法的基本思想是将原参变方程定常化，将激振力和响应均展开成傅里叶级数，并写成三角函数的表达形式，令激励和响应各阶三角函数系数相等，直接得到方程的稳态解。这两种方法在求解之前都需要将原非线性微分方程进行线性化处理，因此无法考虑齿轮侧隙等非线性因素。

谐波平衡法[26]的基本思想是将振动系统的激励项和方程的解都展开成傅里叶级数，为保证系统的激振与响应的各阶谐波分量自相平衡，令动力学方程两端的同阶谐波的系数相等，从而得到包含一系列未知系数的代数方程组，以确定待定的傅里叶级数的系数。

AOM[27]的基本思路是把非线性微分方程组的右端项分为可以直接积分的部分和不能直接积分的部分，通过对方程进行连续化处理来求解近似解析解。与谐波平衡法相比，AOM 没有滤波特性，能够保留系统响应的所有频率，具有更高的精度。而与其他数值方法相比，由于 AOM 给出了前几阶近似解析解，没有迭代运算，在保证计算过程收敛和计算精度的情况下可取较大的步长，因此计算速度快，节省时间。

2. 数值法

数值法主要是各种数值积分方法，其应用场合比较广泛。在对齿轮系统进行动力学分析时，常用的数值算法包括 Newmark 法[28]、Runge Kutta 法[29]。

Newmark 法是线性加速度法积分形式的推广，是针对多自由度线性系统的简化算法。当选取的控制参数满足一定关系时，该方法是无条件稳定的，且时间步长不影响其解的稳定性。正是由于这两个显著优点，Newmark 法在齿轮系统动力学研究中得到了广泛应用。

在求解系统响应时，应根据建立模型的自由度数和考虑因素选取合适的计算方法。在求解线性时变模型的稳态响应时，利用模态叠加法和傅里叶级数法的求解速度更快。对自由度较少的非线性时变模型，可采用 Runge Kutta 法等数值解法；而对自由度较多的非线性时变模型，可采用 Newmark 法或谐波平衡法。

1.3 齿轮传动系统动态性能研究现状

1.3.1 齿轮传动系统动力学特性

齿轮传动系统的动态性能一直都是国内外学者对齿轮箱的研究热点，由于传动装置中各部件的刚度在啮合中不可避免地产生振动，因此，为了解决振动及噪声问题，齿轮传动系统动力学尤为重要。在 20 世纪 20 年代，科学家对齿轮传动系统的研究逐步从静力研究发展到动力学探究，为齿轮的使用提供很大便利。早期的专家借鉴转子动力学理论研究齿轮传动系统，随着齿轮装置的广泛使用，动力学研究进一步深化。初期阶段研究将齿轮传动系统简化为弹性振动系统，以冲击理论为基础，研究啮合冲击为动态激励系统产生的响应，只考虑系统单自由度的动力学响应。后期随着振动理论的发展，相关研究逐渐从单级齿轮传动系统增加到多级齿轮传动系统，并且包含齿轮箱内多个零部件的动态特性。Gong 等人[30]对手动变速箱的振动及噪声展开研究，阐述了产生振动的原理，验证了其构建系统振动模型的精度，研究了齿轮刚度及齿轮间隙对振动的影响。Yong 等人[31]利用 Simulink 对汽车齿轮箱进行仿真，根据其振动问题的机理对系统进行优化和分析，证明了双质量飞轮对改善振动噪声有影响。Kiekbusch[32]根据直齿轮刚度二维(2D)与三维(3D)的计算结果，推导出简化计算公式。Shweiki[33]根据齿轮的间隙非线性及时变刚度与阻尼有限元模型，探索了齿轮传动系统的结构对啮合刚度的影响。Guo 等人[34]根据齿轮传动系统的集中质量模型对系统动力学进行了仿真计算。Helsen 等人[35]根据风机齿轮箱建立刚柔耦合的动力学模型，对整个齿轮箱的振动及噪声展开了研究。

Dabrowski 等人[36]研究了行星齿轮的刚柔耦合模型，发现了齿轮啮合传动误差对传动系统噪声振动波及规律。Abbes 等人使用模态分析法和综合分析法分析了整个箱体的固有频率以及模态振型，发现系统动态特性与箱体参数中的刚度和阻尼有关。我国对于齿轮传动系统的动态研究也进行了大量工作。王少峰等人建立了三维的斜齿轮副振动模型，根据模态方法测量并检验出部分回转部件的刚度和阻尼，根据仿真结果为振动预测提供了理论依据。

工作齿面的接触性能分析是齿轮副啮合过程中对齿面进行接触参数仿真计算的一种重要分析方式，不但包括接触区域的大小、位置、状态、形状及传动误差等综合重要指标，而且包括齿面承载接触分析。承载接触分析以传动误差作为产生振动以及噪声的重要影响因素，进而分析齿面载荷大小及分布，它是齿面温度、应力计算的基础。早期齿轮接触分析主要由实验产生，需要耗费大量人力、物力以得到准确结果，需要的时间也长。随着赫兹公式的出现，齿面分析逐渐以两个圆柱体接触为模型，根据齿轮具体参数计算接触结果。自从 20 世纪 70 年代以来，有限元原理因为计算机的强大功能得以实现，使齿面接触分析结果更加准确。Filiz 和 Eyercioglu[37]运用有限元方法模拟了齿面接触应力，计算了载荷集中及分布状况。Tsuta 根据载荷增量理论，在考虑摩擦可逆的情况下分析了带摩擦的接触问题。Chen 等人[38]根据建立的斜齿轮模型，计算出弯曲及接触应力，与赫兹公式结果更近似。陈一栋[39]利用分析软件 ANSYS 中的参数化设计语言将渐开线齿轮接触模型的分析进行参数化，通过修改齿轮尺寸及载荷参数，得出接触应力随时间变化的趋势，使得分析过程更加便利。李红梅运用 MATLAB 编程软件将齿面啮合方程编入，求解出齿面接触轨迹及传动误差。接触问题的研究还在不断发展更新，目前仍然以有限元方法为主，利用计算机简化建模和分析，使分析过程更便捷和迅速。

王世宇等人研究了行星传动的固有特性，归纳出行星轮振动模式和扭转振动模式两种振动模式，从模态能量角度深入分析了模态跃迁现象对传动特性的影响[40]。Ericson 等人考虑了行星轮轴承径向和切向承载情况，计算了两个方向上的轴承刚度并将其引入模型中，研究发现行星齿轮传动各阶固有频率均会随着负载的增大而增大，行星轮轴承变形较大的振动模式随着负载变化的灵敏性更为突出[41]。刘长钊等人[42]提出了煤机截割部机电传动系统动力学模型，对冲击载荷下系统的动力学特性进行仿真，通过减少啮合刚度的变化来降低时变啮合刚度引起的动态啮合力冲击，选取合适的连接阻尼和较小的连接刚度来减小冲击负载引起的动态啮合力冲击。Kahraman 等人[43]研究了内齿圈轮缘厚度对内齿圈变形、应力及均载系数的影响，发现轮缘厚度对齿圈应力分布有明显影响，轮缘厚度较小时，齿圈弯曲变形起主导作用。随着轮缘厚度的减小，齿圈应力最大位置由齿槽逐渐转移至齿根，而对系统均载系数的影响不大。Zhang[44]分别采用集中质量模型和有限元模型对两级行星齿轮传动动态特性进行对比分析，研究了各刚度对系统振动模式的影响。邵毅敏等人将齿圈柔性变形融入齿圈刚度计算模型，研究了齿圈厚度对啮合刚度与动响应的影响，发现随着齿圈厚度的增大，齿轮啮合刚度均值呈现出增大的趋势，而传递误差的均值与波动幅值呈现出减小的趋势。

随着研究的深入，有学者逐渐试图通过建立计入齿轮故障因素（齿根裂纹、磨损、点蚀等）的行星齿轮传动系统模型，来分析故障因素对系统动态特性的影响。例如，齿轮齿根出现裂纹时，故障轮齿在参与啮合的瞬时引入冲击作用，促使传动系统产生振动。秦大同等人引入发电机矢量控制、叶片变桨运行控制，建立了风力发电机传动链机电耦合模型，研究系统的固有振动特性和随机风速下的动态响应特性，揭示了风电传动链中机械系统与电气系统间的相互影响规律。He 等人[45]建立了行星齿轮传动系统刚柔耦合动力学模型，分析了太阳轮在不同的浮动条件下系统的动态特性。Leque 等人[46]考虑了行星轴孔位置与几何形状误差、行星轮内孔误差，以及齿轮装配偏心等多项误差，系统分析了行星齿轮传动系统均载特性。Dai 等人[47]提出一种齿圈结构移动啮合力计算方法，以简化齿轮结构为研究对象，通过实验验证测取的应变信号，验证了计算方法的准确性。

1.3.2 齿轮传动系统摩擦磨损分析

高质量的润滑可减少表面磨损。在齿轮传动装置中，齿轮之间的润滑膜极大地提高了轮齿的耐压性。而实际工作的齿轮在传动中，轮齿间会发生疲劳破坏或润滑油黏度降低的情况，从而导致油膜变薄甚至破坏，润滑失效。有学者提出了齿轮摩擦磨损的设计理念。李秀莲等人[48]计算了齿轮传动中的参考面摩擦力，并重新计算了齿面接触强度，获得了齿强度计算中由摩擦力引起的接触应力的变化，并引入齿面滑动摩擦因数。王泽贵等人[49]分析了不同润滑工况下的齿轮齿面磨痕表面形貌，并借助润滑油液成分及温度的测量，判断润滑情况，同时分析齿轮磨合是否达到实验磨合的标准。采用线接触等温弹流动力学理论分析，在精密轻负载渐开线正齿轮润滑良好的条件下，齿间摩擦力对齿轮疲劳强度的影响不容忽视。目前的摩擦轮表面接触强度设计方法没有考虑摩擦对摩擦轮接触疲劳强度的影响，采用摩擦因数计算摩擦轮表面接触强度公式，并根据齿间接触疲劳极限的力学强度准则计算出驱动轮齿的危险点强度。王伟和张亚琴[50]研究了轮齿接触中摩擦与振动之间的关系，并验证了齿轮传动中的润滑对系统振动和噪声的影响。Cheng 等人[51]指出，摩擦磨损对齿轮系统的振动和传动平稳性有着决定性的作用。具有渐开线齿形的标准齿轮，包括滚动和滑动摩擦的齿轮啮合，可变摩擦因数被应用于齿轮磨损和传动效率研究。它是相对滑动速度、表面平整度、油膜质量、负载的施加量和温度的多元函数。实验论述证明在动态分析中，齿面的摩擦因数可以认为是一个常数，没有必要考虑齿面的变化。

1.3.3　齿轮传动系统噪声分析

20 世纪初，研究人员发现即使提高制造质量和安装精度，齿轮传动过程仍存在振动。Bonori 根据遗传算法计算出直齿轮的最佳齿廓修形参数，改善了齿轮动态特性，降低了齿轮箱的振动噪声。Wagaj[52]发现三维齿廓修形比二维效果更佳，更能降低齿轮弯曲应力，他研究了修形与疲劳的关系。在国内学者研究中，孙建国等人[53]在 ANSYS 软件中建立修形渐开线齿轮的动态接触有限元模型，发现通过修形可以明显地缓和齿轮啮合冲击。刘祖飞[54]根据遗传算法和齿面修形理论对手动变速箱完成减振优化，利用阶次跟踪确定齿轮啸叫，根据动力学结果的前后变化验证修形可以减振降噪。李彦昊等人[55]对产生啸叫的齿轮副进行微观齿形修形，优化了目标参数，并根据仿真结果验证了效果。直升机舱内噪声通常比固定翼飞行器高 20～30 dB，并且主减速器是引起机体结构振动并诱导产生舱内噪声的主要激励源[56]；机动车振动噪声也主要来源于减速器；对于机床来说，控制齿轮噪声是降低机床噪声的重要手段[57]；齿轮传动的性能直接影响着整个传动装置的工作特性，而齿轮及轴系传递的振动又是产生舰船机械噪声的主要根源[58]。同时，齿轮传动所产生的噪声具有频率较低、周期性较强的特点，容易使听觉系统感到疲惫，让人烦恼[59]。因此，齿轮装置的噪声控制水平不仅体现一个制造企业的综合实力，而且直接受到有关环保法规的制约，如何降低齿轮减速器的振动噪声问题已然是研究人员急需解决的一个热点问题。

参考文献

[1]　中国船级社. 散装运输液化气体船舶构造与设备规范：CCS 10480—2015 [S]. 北京：人民交通出版社，2015.

[2]　宋松. 工业机器人 RV 减速器关键部件制造及对我国精密机床发展思考

[J]. 金属加工(冷加工), 2015(8): 34-37.

[3] 颜利娟. SEJIN 减速器的设计与传动性能研究[D]. 哈尔滨: 哈尔滨工业大学, 2015.

[4] SHIN J H, KWON S M. On the lobe profile design in a cycloid reducer using instant velocity center[J]. Mechanism and Machine Theory, 2006, 41(5): 596-616.

[5] 罗次华. Dojen 摆线减速器的结构与传动精度分析研究[D]. 哈尔滨: 哈尔滨工业大学,2015.

[6] SEMJON J, HAJDUK J, JANO R, et al. Procedure selection bearing reducer twin spin for robotic arm[J]. Applied Mechanics and Materials, 2012(245): 261-266.

[7] TUPLIN W A. Dynamic loads on gear teeth[J]. Machine Design, 1953, 25: 203-211.

[8] UMEZAWA K, SATO T, ISHKAWA J. Simulation on rotational vibration of spur gears[J]. Bulletin of the JSME, 1984, 27(223): 102-109.

[9] 孙月海,张策,潘凤章,等. 直齿圆柱齿轮传动系统振动的动力学模型[J]. 机械工程学报, 2000, 36(8): 47-50.

[10] ÖZGÜVEN H N. A non-linear mathematical model for dynamic analysis of spur gears including shaft and bearing dynamics[J]. Journal of Sound and Vibration, 1991, 145: 239-260.

[11] 宋雪萍, 于涛, 李国平,等. 齿轮轴系弯扭耦合振动特性[J]. 东北大学学报(自然科学版), 2005,26(10): 990-993.

[12] 欧卫林, 王三民, 袁茹. 齿轮耦合复杂转子系统弯扭耦合振动分析的轴单元法[J]. 航空动力学报, 2005, 20(3): 434-439.

[13] 李润方, 王建军. 齿轮系统动力学: 振动、冲击、噪声[M]. 北京: 科学出版社, 1997.

[14] UMEZAWA K, HOUJOH H, YOSHIMURA H,et al. The effect of shaft stiffness on the gear vibration[J]. Bulletin of the JSME, 1987, 54(499): 699-705.

[15] TUTTLE T D, SEERING W P. A nonlinear model of a harmonic drive gear transmission[J]. Robotics and Automation, IEEE Transactions on, 1996, 12(3): 368-374.

[16] LEE A C, KANG Y, LIU S L. A modified transfer matrix method for linear rotor-bearing system[J]. Journal of Applied Mechanics, 1991,

58：776 - 783.

[17] MALIHA R，DOGRUER C U，ÖZGÜVEN H N. Nonlinear dynamic modeling of gear-shaft-disk-bearing systems using finite elements and describing functions[J]. Journal of Mechanical Design，2004，126：534 - 541.

[18] 崔亚辉，刘占生，叶建槐，等. 复杂多级齿轮-转子-轴承系统的动力学建模和数值仿真[J]. 机械传动，2009，33(6)：44 - 48.

[19] CHOY F K，RUAN Y F，TU Y K. Modal analysis of multistage gear systems coupled with gearbox vibrations[J]. Journal of Mechanical Design，1992，114(3)：486 - 497.

[20] 吴勇军，梁跃，杨燕，等. 齿轮副动态啮合特性的接触有限元分析[J]. 振动与冲击，2012，31(19)：61 - 67.

[21] 吴勇军，王建军. 一种考虑齿轮副连续啮合过程的接触有限元动力学分析方法[J]. 航空动力学报，2013，28(5)：1192 - 1200.

[22] 洪清泉，程颖. 一种齿轮副模型及其在多体动力学仿真中的应用[J]. 兵工学报，2003，24(4)：509 - 512.

[23] 毕凤荣，崔新涛，刘宁. 渐开线齿轮动态啮合力计算机仿真[J]. 天津大学学报，2005，38(11)：991 - 995.

[24] COOLEY C G，PARKER R G，VIJAYAKAR S M. An efficient finite element solution for gear dynamics[J]. IOP Conference Series，2010，10：012150.

[25] 方宗德，沈允文，黄镇东. 2K - H 行星减速器的动态特性[J]. 西北工业大学学报，1990，8(4)：361 - 371.

[26] KIYONO S，KUBO A. A method for fast estimation of the vibration of spur gears[J]. JSME International Journal，1987，30(260)：400 - 405.

[27] ADOMIAN G. Coupled nonlinear stochastic differential equations[J]. Journal of Mathematical Analysis & Application，1985，112：129 - 135.

[28] ABOUSLEIMAN V，VELEX P，BECQUERELLE S. Modeling of spur and helical gear planetary drives with flexible ring gears and planet carriers[J]. Journal of Mechanical Design，2007，129(1)：95 - 106.

[29] HE S，SINGH R. Dynamic transmission error prediction of helical gear pair under liding friction using floquet theory[J]. Journal of Mechanical Design，2008，130(5)：0502603.

[30] GONG B，PAN F S，CHANG H，et al. Simulation and test of rattle noise

of manual gearbox[J]. Computer Aided Engineering,2013,22(5):37 - 42.

[31] YONG X U,YANG W,LITING Z,et al. Influence factors analysis and optimization design for the rattle noise of gearbox based on simulink [J]. Automobile Parts,2016,10: 27 - 31.

[32] KIEKBUSCH T,SAPPOK D,SAUER B,et al. Calculation of the combined torsional mesh stiffness of spur gears with two and three dimensional parametrical FE models[J]. Journal of Mechanical Engineering,2011,57 (11): 51 - 60.

[33] SHWEIKI S,PALERMO A,MUNDO D A study on the dynamic behaviour of lightweight Gears[J]. Shock and Vibration,2017(1): 7982170.

[34] GUO Y,ERITENEL T,ERICSON T M,et al. Vibro-acoustic propagation of gear dynamics in a gear-bearing-housing system[J]. Journal of Sound and Vibration,2014,333(22): 5762 - 5785.

[35] HELSEN J,VANHOLLEBEKE F,MARRANT B,et al. Multibody modelling of varying complexity for modal behaviour analysis of wind turbine gearboxes[J]. Renewable Energy,2011,36(11): 3098 - 3113.

[36] DABROWSKI D,ADAMCZYK J,MORA H P,et al. Model of the planetary gear based on multi-body method and its comparison with experiment on the basis of gear meshing frequency and sidebands[M]. Cyclostationarity: Theory and Methods Springer International Publishing,2014.

[37] FILIZ I H,EYERCIOGLU O. Evaluation of gear tooth stresses by finite element method[J]. Journal of Engineering for Industry,1995,117(2): 232-239.

[38] CHEN Y C, TSAY C B. Stress analysis of a helical gear set with localized bearing contact[J]. Finite Elements in Analysis and Design,2002,38 (8): 707 - 723.

[39] 陈一栋. 渐开线圆柱齿轮接触分析和修形设计[D]. 长沙:国防科学技术大学,2007.

[40] 王世宇,宋铁民,沈兆光,等. 行星传动系统的固有特性及模态跃迁研究[J]. 振动工程学报,2005,18(4): 412 - 417.

[41] ERICSON T M,PARKER R G. Experimental measurement of the effects of torque on the dynamic behavior and system parameters of planetary gears [J]. Mechanism and Machine Theory,2014,74: 370 - 389.

[42] 刘长钊,秦大同,廖映华. 采煤机截割部机电传动系统动力学特性分析

[J]. 机械工程学报,2016,52(7):14-22.

[43] KAHRAMAN A,LIGATA H,SINGH A. Influence of ring gear rim thickness on planetary gear set behavior[J]. Journal of Mechanical Design,2010,132(2): 021002.

[44] ZHANG L,WANG Y,WU K,et al. Dynamic modeling and vibration characteristics of a two-stage closed-form planetary gear train[J]. Mechanism and Machine Theory,2016,97:12-28.

[45] HE G L,DING K,WU X M,et al. Dynamics modeling and vibration modulation signal analysis of wind turbine planetary gearbox with a floating sun gear[J]. Renewable Energy,2019,139: 718-729.

[46] LEQUE N,KAHRAMAN A. A three-dimensional load sharing model of planetary gear sets having manufacturing errors[J]. Journal of Mechanical Design,2017,139(3): 033302.

[47] DAI H,LONG X H, CHEN F,et al. Experimental investigation of the ring-planet gear meshing forces identification[J]. Journal of Sound and Vibration,2021,493:115844.

[48] 李秀莲,王贵成,朱福先,等. 齿面摩擦下非对称齿轮接触疲劳强度的计算[J]. 南京理工大学学报(自然科学版),2011,1(35):76-79.

[49] 王泽贵,谢小鹏,陈龙. 钢质渐开线直齿在不同润滑介质下滚滑磨合磨损的试验研究[J]. 润滑与密封,2006,31(11):35-38.

[50] 王伟,张亚琴. JS315 型减速机振动噪声的研究[J]. 机械传动,2012,36(4):105-107.

[51] CHENG J S,YANG Y,YU D J. The envelope order spectrum based on generalized demodulation time-frequency analysis and its application to gear fault diagnosis [J]. Mechanical Systems and Signal Processing,2010,24(2):508-521.

[52] WAGAJ P,KAHRAMAN A. Influence of tooth profile modification on helical gear durability[J]. Journal of Mechanical Design,2002,124(3): 501-510.

[53] 孙建国,林腾蛟,李润方,等. 渐开线齿轮动力接触有限元分析及修形影响[J]. 机械传动,2008,32(2):57-59.

[54] 刘祖飞. 基于齿轮修形的变速器啸叫治理[D]. 长春: 吉林大学,2017.

[55] 李彦昊,吴光强,栾文博. 基于齿轮修形的变速器啸叫特性优化[J]. 机械传动,2014(1): 18-22.

[56] 仝蕊，康建设，孙健，等．基于局部特征尺度分解与复合谱分析的齿轮性能退化特征提取[J]．兵工学报，2019，40(5)：1093－1102．
[57] LIANG X H，ZUO M J，FENG Z P. Dynamic modeling of gearbox faults：a review[J]. Mechanical Systems and Signal Processing，2018，98(1)：852－876．
[58] EL-THALJI I，JANTUNEN E. Dynamic modelling of wear evolution in rolling bearings[J]. Tribology International，2015，84：90－99．
[59] 程俊，王硕，武通海，等．基于拓展有限元的齿轮点蚀磨粒形态学特征模拟[J]．机械工程学报，2016，52(15)：99－105．

第一篇　齿轮传动系统动力学

第2章　齿轮副啮合刚度计算方法

齿轮传动系统作为机械传动中必不可少的一个环节，具有诸多的优点。如今齿轮传动系统也在朝着重载等模式发展，从而造成了齿轮弹性变形的增加，进而会出现齿轮啮合的冲击、轴向的偏载以及转速的不稳定性，同时存在着各种问题的叠加振动情况，造成了传动过程中出现振动较大、精度降低、噪声较大等问题。啮合刚度激励作为主要的激励形式之一，同时啮合刚度的周期性变化是引起齿轮系统动态激励的主要因素，故时变啮合刚度的研究也在逐渐受到研究人员的广泛重视。

2.1　时变啮合刚度的解析计算

齿轮的传动过程是通过轮齿的交替啮合而实现的，如图 2-1 所示，主动轮沿逆时针方向进行转动，从动轮沿顺时针方向转动。两齿轮开始进入啮合的过程，源于主动轮的齿根圆与啮合线 N_1N_2 的交点 B_1，此时主动轮的齿根与从动轮的齿顶接触。随着啮合过程的进行，两齿廓的啮合点沿着啮合线 N_1N_2 向左移动，最终脱离啮合，啮合过程终止于主动轮齿顶圆与啮合线的交点 B_2 处，即主动轮的齿顶与从动轮的齿根脱离接触时。在这一过程中，单齿啮合（A_1A_2 段）与双齿啮合（A_1B_1 段、A_2B_2 段）交替进行，齿轮的刚度也在发生着瞬间变化，从而会对轮齿产生冲击作用，同时由于各啮合刚度的不同及弹性变形的作用，因此负载

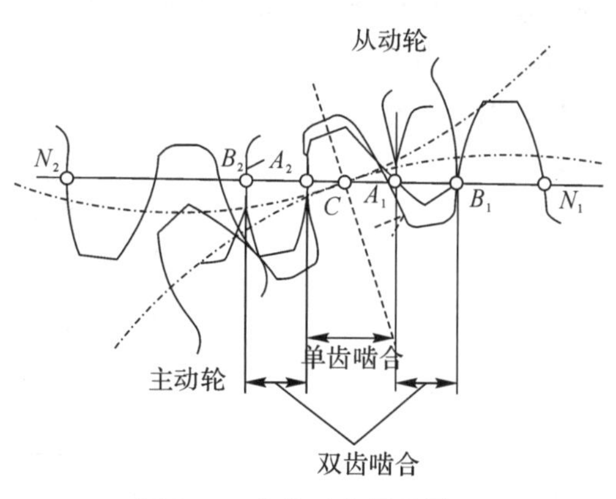

图 2-1　齿轮啮合原理图

在参与啮合的轮齿间并非平均分配。轮齿的齿廓点 D_1、D_2 所连曲线 D_1D_2 定义为轮齿接触位置轮廓线[1]。

在啮合过程中，轮齿的变形会不断改变，轮齿的啮合刚度也在不断发生变化。求解的关键是在于齿轮变形的求解过程。传统的解析求解方法主要为 Weber-Banaschek 法、石川法和势能法[2]。

2.1.1 Weber-Banaschek 法

Weber-Banaschek 法是基于材料力学的方法。其基本思想是将轮齿简化为变截面弹性悬臂梁，求解轮齿任意啮合点处的方向力作用下产生的法向弹性变形(轮齿的弯曲变形、剪切变形、压缩变形、附加变形和接触变形)，求解得到的轮齿的总变形量为

$$\delta=\delta_B+\delta_M+\delta_C \tag{2-1}$$

式中：δ_B 为轮齿的弯曲、剪切、压缩的叠加变形量；δ_M 为轮齿啮合点附加变形量；δ_C 为齿面接触变形量。

2.1.2 石川法

接下来简单地介绍一下石川法的轮齿变形的求解原理。石川法基于保角映射变换将齿轮的曲线边界映射为直线边界，再通过求解作用在半平面上的集中力复变函数得到半平面的位移场的数学弹性力学方法。按石川法计算时的轮齿模型如图 2-2 所示。

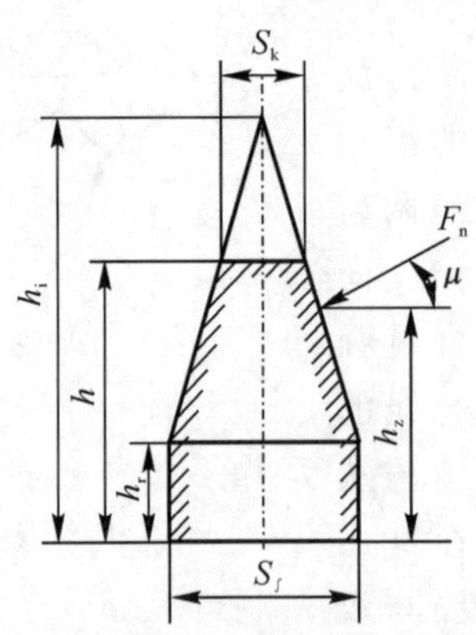

图 2-2　按石川法计算时的轮齿模型

各部分的变形如图 2－2 所示，按下列公式计算。

长方形部分的弯曲变形量计算公式为

$$\delta_{br}=\frac{12F_n\cos^2\mu}{Ebs_f^3}\left[h_xh_r(h_x-h_r)+\frac{h_x^3}{3}\right] \tag{2-2}$$

梯形部分处的弯曲变形量计算公式为

$$\delta_{bl}=\frac{6F_n\cos^2\mu}{Ebs_f^3}\left[\frac{h_i-h_x}{h_i-h_r}\left(4-\frac{h_i-h_x}{h_i-h_r}\right)-2\ln\frac{h_i-h_x}{h_i-h_r}-3\right](h_i-h_r)^3 \tag{2-3}$$

式中：$h_i=(hs_f-h_rs_k)/(s_f-s_k)$。

剪切变形量的计算公式为

$$\delta_s=\frac{2(1+\nu)F_n\cos^2\mu}{Ebs_f}\left[h_r+(h_i-h_r)\ln\frac{h_i-h_r}{h_i-h_x}\right] \tag{2-4}$$

由于基础部分倾斜而产生的变形量为

$$\delta_g=\frac{24F_nh_x^2\cos^2\mu}{\pi Ebs_f} \tag{2-5}$$

齿面接触变形量为

$$\delta_p=\frac{4F_n(1-\nu^2)}{\pi Eb} \tag{2-6}$$

式(2－2)～式(2－6)中：E 为齿轮材料的弹性模量；ν 表示泊松比；b 为齿宽；F_n 为作用在轮齿上的法向力；u 为接触点处的滑动角；部分参数如图 2－2 所示；部分参数可根据几何关系求得，即

$$h=\sqrt{r_a^2-(s_k/2)^2}-\sqrt{r_f^2-(s_f/2)^2} \tag{2-7}$$

$$h_x=r_x\cos(\alpha'-\mu)-\sqrt{r_f^2-(s_f/2)^2} \tag{2-8}$$

当 $r_b\leqslant r_{ff}$，即 $z\geqslant 2(1-x)/(1-\cos\alpha)$ 时，有

$$s_f=2r_{ff}\sin\left(\frac{\pi+4xg\alpha}{2z}+\mathrm{inv}\alpha-\mathrm{inv}\alpha_{ff}\right) \tag{2-9}$$

$$h_r=\sqrt{r_{ff}^2-(s_f/2)^2}-\sqrt{r_f^2-(s_f/2)^2} \tag{2-10}$$

$$\alpha_{ff}=\arccos(r_b/r_{ff}) \tag{2-11}$$

当 $r_b>r_{ff}$，即 $z<2(1-x)/(1-\cos\alpha)$ 时，有

$$s_f=2r_b\sin\left(\frac{\pi+4xg\alpha}{2z}+\mathrm{inv}\alpha\right) \tag{2-12}$$

$$h_r=\sqrt{r_b^2-(s_f/2)^2}-\sqrt{r_f^2-(s_f/2)^2} \tag{2-13}$$

式中：z 为齿数；x 为变位系数；r_b 为基圆半径；r_a 为齿顶圆半径；r_f 为齿根圆半径；r_{ff} 为有效齿根圆半径，r_x 为载荷作用点与齿轮中心点的距离；α 为压力角；α' 为啮合角。

通过石川法求解计算过程最终得到

$$\delta_{\Sigma}=\sum_{i=1}^{2}(\delta_{\mathrm{bri}}+\delta_{\mathrm{bti}}+\delta_{\mathrm{si}}+\delta_{\mathrm{gi}})+\delta_{\mathrm{p}} \tag{2-14}$$

式中：δ_{bri} 为长方形部分弯曲变形量；δ_{bti} 为梯形部分的弯曲变形量；δ_{si} 为剪切变形量；δ_{gi} 是由于基础部分倾斜而产生的变形量；δ_{p} 为齿面接触变形量。由于变形量都为微变形量，因此可以使用叠加的形式。

一对轮齿在该点时变啮合刚度为

$$k_{\mathrm{n}}=\frac{F_{\mathrm{n}}}{\delta_{\Sigma}} \tag{2-15}$$

2.1.3 势能法

目前，势能法是计算时变啮合刚度应用最广的解析方法之一[4]。势能法将齿轮看作悬臂梁，得到基于齿廓几何参数的时变啮合刚度，示意图如图 2-3 所示。图中，F 为齿廓法向接触力，作用方向与啮合线重合，齿间啮合力产生的应变能可分解为两部分：齿顶到基圆的势能和基圆到齿根圆的势能。F_x 和 F_y 为齿面法向压载正交分量，可以表示分解为

$$\left.\begin{aligned}F_x&=F\sin\alpha_1\\F_y&=F\cos\alpha_1\end{aligned}\right\} \tag{2-16}$$

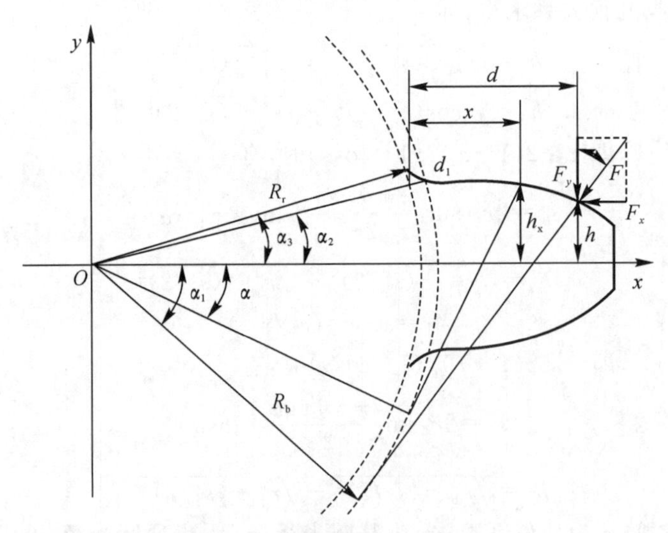

图 2-3 势能法求齿轮刚度

图 2-3 中：R_{r} 和 R_{b} 分别为齿根圆和基圆半径。

各势能可表示为

$$\left.\begin{aligned}
&U=\frac{F^2}{2k}=U_{\mathrm{h}}+\sum_{i=1}^{2}(U_{\mathrm{a}i}+U_{\mathrm{b}i}+U_{\mathrm{s}i})=\\
&\quad\frac{F^2}{2}\left[\frac{1}{k_{\mathrm{h}}}+\sum_{i=1}^{2}\left(\frac{1}{k_{\mathrm{a}i}}+\frac{1}{k_{\mathrm{b}i}}+\frac{1}{k_{\mathrm{s}i}}\right)\right]\\
&U_{\mathrm{h}}=F^2/(2k_{\mathrm{h}})\\
&U_{\mathrm{b}}=\frac{F^2}{2k_{\mathrm{b}}}=\int_0^d\frac{[F_y(d-x)-F_{\mathrm{a}}h_{\mathrm{x}}]^2}{2EI_x}\mathrm{d}x\\
&U_{\mathrm{s}}=\frac{F^2}{2k_{\mathrm{s}}}=\int_0^d\frac{1.2{F_y}^2}{2GA_x}\mathrm{d}x\\
&U_{\mathrm{a}}=\frac{F^2}{2k_{\mathrm{a}}}=\int_0^d\frac{{F_x}^2}{2EA_x}\mathrm{d}x
\end{aligned}\right\}\tag{2-17}$$

式中：U_{h} 表示 Hertz 接触势能；U_{b} 表示弯曲势能；U_{a} 表示轴向压缩变形势能；U_{s} 表示剪切变形势能；k_{h}、k_{b}、k_{a} 和 k_{s} 分别表示 Hertz 接触刚度、弯曲刚度、轴向压缩变形刚度和剪切变形刚度；E 和 G 分别表示齿轮的弹性模量和剪切模量；I_x 和 A_x 分别表示啮合位置到齿根距离为 x 的截面的面积矩和惯性面积，h_{x} 表示节圆上的半齿齿厚；d 表示啮合点到齿根截面之间的距离。

其中 d、h_{x}、I_x 和 A_x 表示为

$$\left.\begin{aligned}
&d=R_{\mathrm{b}}((\alpha_1+\alpha_2)\sin\alpha_1+\mathrm{con}\alpha_1)-R_{\mathrm{r}}\mathrm{con}\alpha_3\\
&h_{\mathrm{x}}=\begin{cases}R_{\mathrm{b}}\sin\alpha_2, & 0\leqslant x\leqslant d_1\\ R_{\mathrm{b}}((\alpha_2+\alpha)\cos\alpha+\sin\alpha), & d_1\leqslant x\leqslant d_2\end{cases}\\
&I_x=\frac{b}{12}(2h_{\mathrm{x}})^3\\
&A_x=2bh_{\mathrm{x}}
\end{aligned}\right\}\tag{2-18}$$

式中：b 为齿宽。

更为精确的 Hertz 接触刚度可表示为

$$k_{\mathrm{h}}=\frac{\pi Eb}{4(1-\nu^2)}\left[\frac{1}{\ln\dfrac{\sqrt{4h_1h_2}}{\alpha_{\mathrm{H}}}-\dfrac{\nu}{2-2\nu}}\right]\tag{2-19}$$

式中：h_1、h_2 分别表示两啮合齿轮从其啮合齿的对称线与啮合力作用线的交点到啮合作用点的距离。

根据 Muskhelishvili 弹性环理论，在轮齿中心线和作用力线相交处，齿轮体对轮齿位移的贡献，在轮齿作用力方向上投影，可表示为齿轮体对轮齿挠度贡献。齿轮的挠度刚度 k_{f} 为

$$\frac{1}{k_{\mathrm{f}}}=\frac{\cos^2\alpha_{\mathrm{m}}}{Eb}\left[L\left(\frac{u_{\mathrm{f}}}{s_{\mathrm{f}}}\right)^2+M\left(\frac{u_{\mathrm{f}}}{s_{\mathrm{f}}}\right)+P\left(1+Q\tan^2\alpha_{\mathrm{m}}\right)\right] \tag{2-20}$$

式中：α_{m} 为压力角；L、M、P、Q 为常数；u_{f} 为压力角与中线的交点到临界界面的距离；s_{f} 为临界截面处的齿厚。

因此，使用势能法得到的时变啮合刚度为

$$k=\sum_{i=1}^{n}\frac{1}{\dfrac{1}{k_{\mathrm{h}i}}+\dfrac{1}{k_{\mathrm{a}i}}+\dfrac{1}{k_{\mathrm{b}i}}+\dfrac{1}{k_{\mathrm{s}i}}+\dfrac{1}{k_{\mathrm{f}i}}} \tag{2-21}$$

Weber-Banaschek 法和石川法皆需对齿轮模型做出一定简化，因简化方法的不同计算结果也存在一定的差异，且无法有效地将齿廓形状、过渡曲线等几何特征计入模型进行计算。势能法在计算时考虑了齿轮实际齿廓线，但是，同 Weber-Banaschek 法和石川法一样，对于轮齿的接触变形及轮体的结构仍无法给予精确的描述，使得啮合刚度的精确求解得不到保证。有限元法在计算齿轮的弹性变形时精确度能更进一步，从而求解得到更精确的齿轮时变啮合刚度。

2.2 时变啮合刚度的有限元计算

有限元分析(Finite Element Analysis，FEA)是将复杂的问题分解成较为简单的情况，进行叠加求解的。有限元法也被称为矩阵近似方法，由于其所具有的实用性、方便性、有效性等优点，因此被广泛应用于各种大型机械，如航空器结构强度、飞行器稳定性、船舶故障分析等方面。在计算机技术数十年的高速发展和实用性的普及中，有限元法所应用的规模也在不断地扩大，已经变成的一种普遍的求解方法。在结构分析中，常用的有限元法有协调模型的有限元法、平衡模型有限元法和杂交模型有限元法。时变啮合刚度计算流程如图 2-4 所示，由于在齿轮接触分析时同时存在多齿接触，而这些接触齿面中，一部分是在初始状态时存在间隙的，而在齿轮产生了变形后才接触的，这为定义接触带来了一定复杂性。这时需要反复求解。通过求解得到轮齿部分的变形量 $\Delta\varepsilon$，当轮齿变形量 $\Delta\varepsilon$ 大于轮齿的初始间隙 ε 时，都应该定义该对齿面接触。

在三维模型构建的过程中，主要是采用齿轮渐开线法进行模型的构建，该方法可以保证模型的准确性。在网格划分的过程中采用局部区域的细化方式，以保证求解的准确性。求解过程中，若轮齿变形 $\Delta\varepsilon<\varepsilon$ 时，则需要重新定义接触区域，以保证 $\Delta\varepsilon>\varepsilon$ 时，进行刚度计算。

2.2.1 轮齿的变形与啮合刚度

轮齿转动过程中，由于受到载荷的影响，因此会产生接触变形、弯曲变形和剪切变形。通过将轮 2 固定不动，对轮 1 施加转矩负载，如图 2-5 所示，主动轮 1 将转动一个微小的角度，设此角度在基圆上对应的弧长为 δ，而单位齿宽方向的法向作用力为 F_n，则齿轮的刚度定义为

$$K=F_n/\delta \tag{2-22}$$

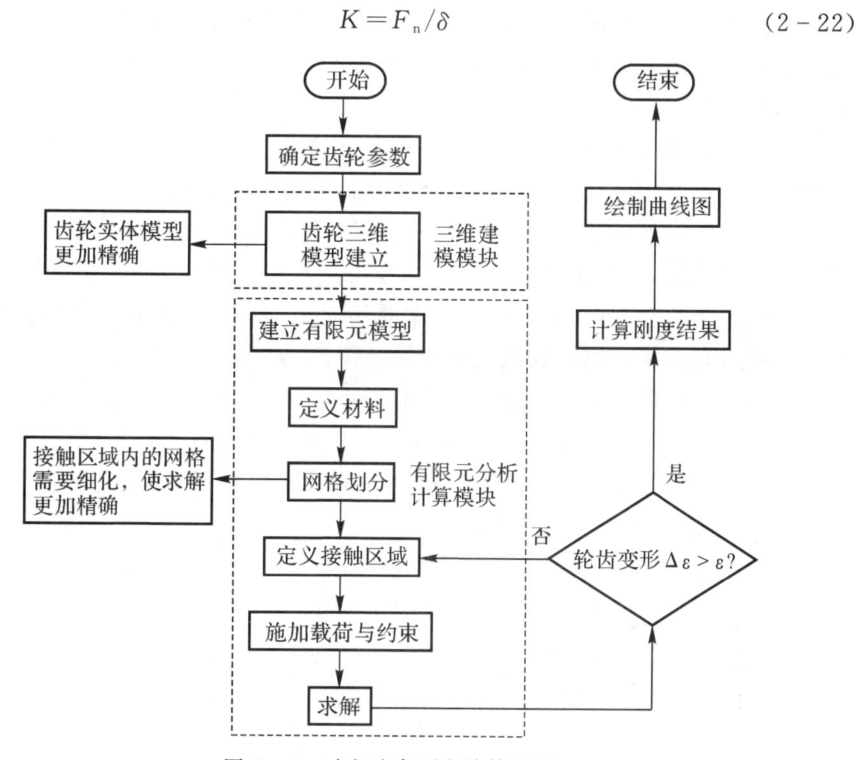

图 2-4　时变啮合刚度计算流程

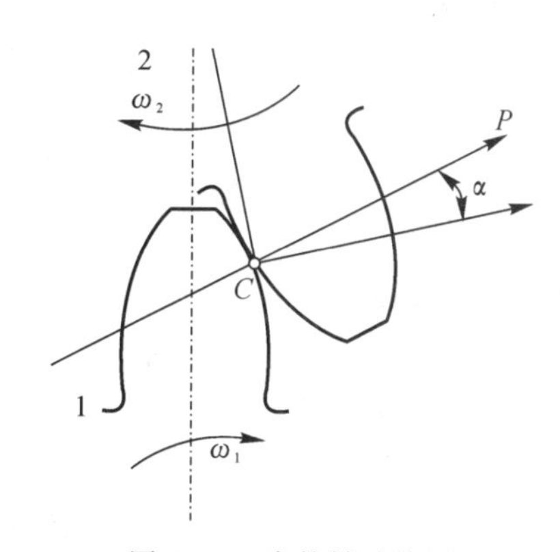

图 2-5　齿轮转动简图

齿轮在啮合过程中，由于轮齿啮合个数和啮合位置的不同，其各种变形也不相同，因此，轮齿的啮合刚度也肯定是发生改变的。应该注意的是，根据计算轮齿的刚度目的的不同，可以有各种不同的定义。

在日本机械学会采用的公式中，轮齿刚度定义为：没有误差的直齿轮，其一对轮齿在分度圆上均匀接触时，每单位齿宽的齿面法向力与每个轮齿齿面法向总变形之比值。

在国际标准化组织(ISO)的强度计算公式中，定义了两种不同的轮齿刚度C'和C_r。C'定义为：没有误差的一对轮齿相啮合时，轮齿轴向单位齿宽的切向力与每个轮齿端面的法向变形之比的最大值。这个值近似等于在节点和危险点啮合时的刚度值，是轮齿啮合过程中轮齿总刚度的平均值。C_r定义为：在没有误差的齿轮传递动力时，轴向单位齿宽的切向力与把被动齿轮对主动齿轮的平均回转滞后角转换到啮合在线的距离的比值。

本书采用有限元法进行求解齿轮时变啮合刚度，该方法来源于齿轮系统动力学模型，如图2-6所示，r_{b1}、θ_1和T_1分别为主动轮的基圆半径、扭转角位移和作用于其上的扭矩，r_{b2}、θ_2和T_2分别为从动轮的基圆半径、扭转角位移和作用于其上的扭矩，k为齿轮的啮合刚度。

若要求取图2-6中所示的啮合刚度k，只需求取在啮合线方向上的作用力F，以及由该作用力所引起的在该方向上的变形u，便可以得到$k=F/u$。

图2-6 齿轮啮合模型

采用有限元法计算齿轮啮合刚度时，为避免计算量过大，对计算模型做出了如下简化：

(1)实体模型的构建时，对于不参与啮合的，离轮齿啮合区域较远的轮齿采取了删除处理，以避免计算模型产生过多的网格，消耗过大的系统资源；

(2)由于滑动摩擦作用对轮齿接触部分的变形影响不大，因此假设轮齿接触时无摩擦作用；

(3)由于三维实体模型的理想型，因此不考虑各种零件误差所带来的影响；

(4)假设齿轮材料具有均匀的各向同性,弹性变形符合胡克定律。

2.2.2　外啮合齿轮副的时变啮合刚度算例

建立外啮合齿轮副模型,外啮合齿轮副参数见表 2-1,主动轮施加 760 N·m 的转矩,同时将从动轮进行固定,对其施加全约束,该模型载荷施加原则符合啮合刚度计算过程中的基本理论,最后运用有限元中的静力学模块对该有限元模型就行求解。

将这对外啮合齿轮使用三维软件进行建模,为了保证模型的准确性,特选用参数化的建模方式,以保证其真实性。

表 2-1　外啮合齿轮副参数

参数	模数/mm	齿数/个	齿宽/mm	压力角/(°)
主动轮	3	34	42	28
从动轮	3	31	42	28

为了进一步保证好齿轮模型的准确性,建立的三维模型导入有限元软件并建立有限元模型,定义轮齿材料为钢材,弹性模量 $E=2.06\times10^{11}$ Pa,泊松比 $\nu=0.3$,密度 $\rho=7\ 850\ \mathrm{kg/m^3}$。在进行网格划分时采用映射方式六面体网格,并使用扫掠的形式对模型进行网格划分,如图 2-7 所示,该网格具有提高计算精度和减少模型的计算量优点,从而减少计算时间,提高计算速度。本书将接触区域进行了网格细化,共计 21 000 个节点,以此来提高计算求解结果的精确性,然后将齿轮内圈及距离啮合位置较远的区域进行稀疏的划分方式,可以使该求解的过程更加快速,从而减少一定的工程计算量。

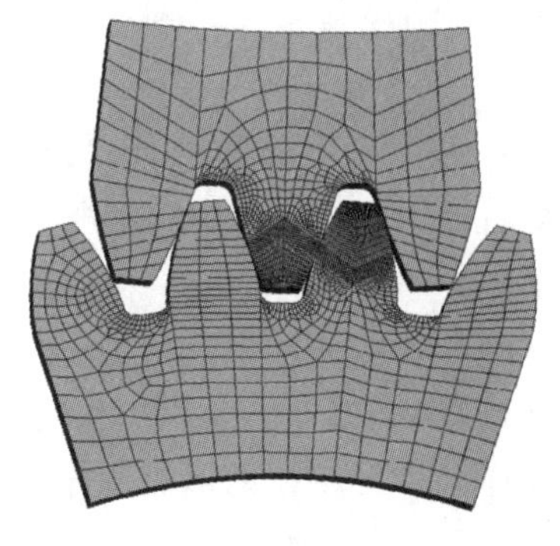

图 2-7　啮合齿轮有限元网格划分方式

六面体网格划分需要耗费大量时间，且对划分方式的要求较高，但网格数量较少，可节省计算时间同时提高了求解精度。由于六面体网格对几何模型的拟合能力较差，但是具有较高的计算稳定性，故对于轮齿、轮缘等轴向几何结构变化较小的部分，以及轮齿接触和齿根等产生应力集中，计算要求比较高的部分采用较密集六面体网格划分。而四面体单元则对几何模型的拟合能力较强，故对于复杂形状，计算精度要求不是很高的轮毂部分采用四面体网格划分。在接触部位的网格要密一些，并且两接触面网格尽可能相互匹配。将载荷均匀地施加在主动轮内圈的各个节点上，如图 2-8 所示。载荷施加的过程中由于施加的为切向载荷，在需要将坐标系进行转化，从传统的笛卡儿坐标系转化成圆柱坐标系，以保证 y 方向为圆周，再将载荷切向力的形式进行施加，施加载荷的原则满足啮合刚度计算的原则。有限元模型中载荷施加如图 2-9 所示。

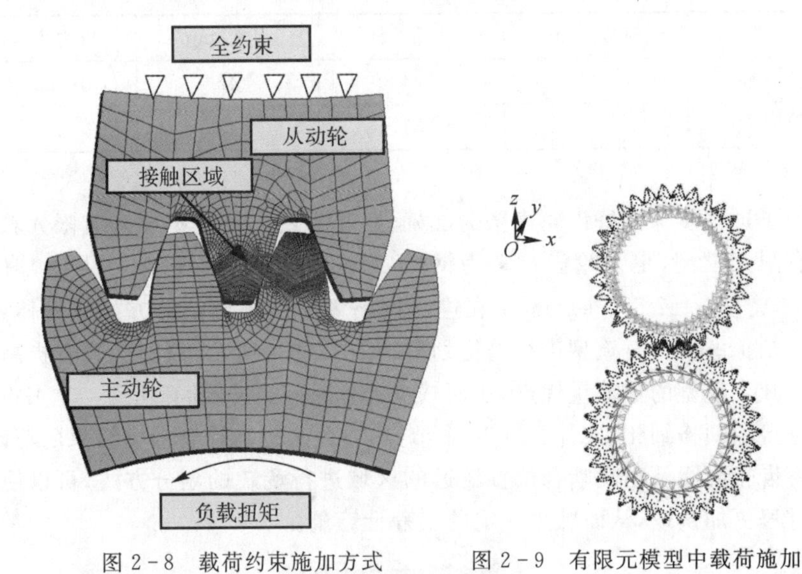

图 2-8　载荷约束施加方式　　　图 2-9　有限元模型中载荷施加

边界条件定义时，依据是物理模型的装配关系，由于主动轮内圈有轴承支承，因此在构建有限元模型时取其内圈为刚性薄壁，只保留主动轮的旋转自由度，即约束该内圈上的所有节点的径向自由度。在该计算中需要使从动轮固定，即约束其内圈节点的所有自由度。

在主动轮内圈施加 $T=37\ 164\ \mathrm{N\cdot m}$ 的扭矩作用，如图 2-8 所示，扭矩以在主动轮内圈各节点施加周向节点力 F_i 的形式所体现，则扭矩计算为

$$T=\sum_{i=1}^{n}F_i r_i \tag{2-23}$$

式中：r_i 为各节点所在圆的半径；n 为主动轮内圈节点总数。

通过上述边界条件的定义确定了该对齿轮的外在约束及作用载荷，但对于该齿轮副还存在轮齿的接触约束。由于接触计算是一种非线性计算方式，因此需要较多的计算资源，建立合理的计算接触模型是尤为重要的。

在求解接触问题时，均是使用接触向导来构建接触对，使用该方法可以自动定义接触单元类型及实常数，从而能较快地获取接触选项及相关参数，可以观察接触对。

接触对构建过程中的接触面和目标面选定的原则为：

(1)如果凸面与平面或凹面接触，那么平面或凹面应该为接触面；

(2)如果一个表面网格较粗糙，另一个表面网格较细，那么网格较粗糙的表面应该是目标面；

(3)如果一个表面比另一个表面刚度大，那么刚度大的表面应该为目标面；

(4)如果一个表面划为高阶单元，而另一个表面为低阶单元，那么划分为低阶单元的表面应该为目标面；

(5)如果一个表面比另一个表面大，那么较大的应该为目标面。

基于以上原则考虑，对于齿轮啮合的接触分析，由于小齿轮轮齿表面刚度较大，因此应选择小齿轮轮齿为目标面，大齿轮轮齿为接触面，有限元接触对模型如图 2－10 所示。

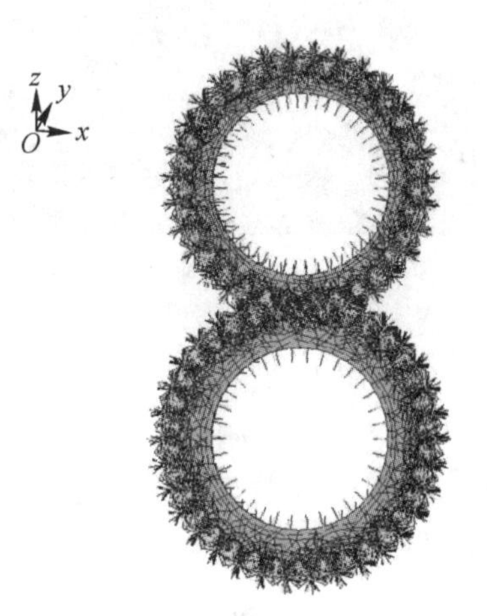

图 2－10　有限元接触对模型

在求解时，接触算法有罚函数法、拉格朗日法等多种求解方法，在此选用罚函数法。该方法允许接触表面存在一定量的渗透，并通过改变接触刚度值来控制表面渗透的程度，由此可见法向接触刚度因子的选取对接触问题非常有意义。

边界条件的施加原则是以从动轮内圈施加了全约束的形式，主动轮内圈各个节点约束横向自由度，同时在主动轮上施加扭矩的效果。需注意在对主动轮施加转矩的过程中，需施加在主动轮内圈所有节点位置处，同时坐标系需要从笛卡儿坐标系转换成圆柱坐标系，并且将转矩分解到各个节点上进行施加，在载荷施加的过程中，本书采用主动轮内圈节点施加转矩 T_a 的方法。

$$T_a=\frac{F_n r_b}{n r_n} \tag{2-24}$$

式中：T_a 为单个节点施加转矩；n 为节点数目；r_n 为主动轮内圈半径；r_b 为主动轮基圆半径。

通过求解可以得到在该位置下齿轮的应力应变，以及轮齿的接触应力分布情况。

图 2-11 为单齿啮合应力分布云图。从图中可以看出，单齿啮合区域存在着一个较大应力集中位置。图 2-12 中，此时仍然为双齿啮合状态，应力集中位置在接近主动轮齿顶位置处，主动轮与从动轮都存在较大的集中应力，但是集中应力较大的红色区域并没有根据齿面的法线方向形成对称状态。其原因可能是存在着一定的摩擦而导致了错开的情况。可以看出，此时两个齿轮处于单齿啮合区域，从等效应力云图中可以清楚地看到，在此过程中，主动轮的应力分布位置逐渐从齿轮的内圈在向齿面上聚集，没有形成大规模的扩散情况。

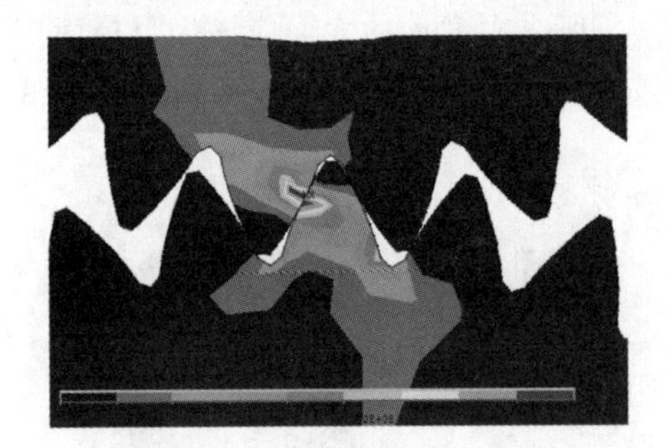

图 2-11　单齿啮合应力分布

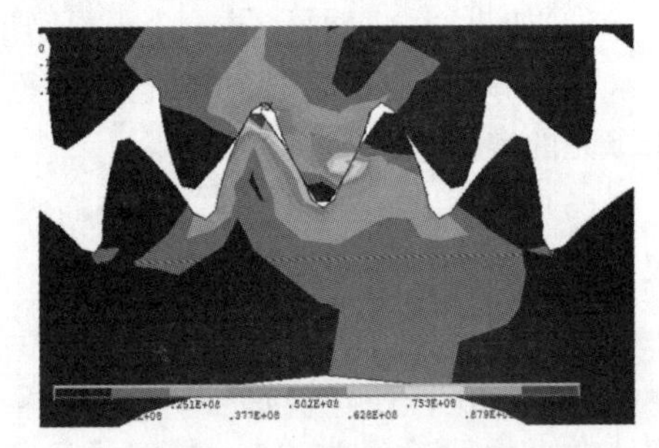

图 2-12　双齿啮合应力分布

等效应力沿齿宽的位置进行延伸，如图 2-13 所示。在双齿啮合的等效应力图（见图 2-14）中，可以清楚地看到，在齿轮轮廓线齿宽两侧的位置处应力成红色区域，中间位置处成黄色区域，这说明两侧受到的应力较大，中间位置处相对较小。

图 2-13　单齿啮合齿面接触应力

图 2-14　双齿啮合齿面接触应力

将一个啮合周期(齿距)的过程划分成 10 份进行求解分析,根据传动比关系公式得出

$$\theta_2=\frac{z_2}{z_1}\theta_1 \tag{2-25}$$

式中:θ_1 为主动轮转动角度;θ_2 为从动轮转动角度。

通过式(2-25)可以求得啮合过程中主动轮与从动轮的转动角度,利于建立 10 个啮合状态下的有限元模型,使结果更可靠、准确。

通过调取主动轮内圈变形云图,计算主动轮内圈变形量 μ_1,再利用公式求得主动轮变形角度 δ_1,最终求得啮合线位置处的等效变形 μ:

$$\left.\begin{aligned}\delta_1&=\frac{\mu_1}{r_n}\\ \mu&=\delta_1 r_b\end{aligned}\right\} \tag{2-26}$$

式中:δ_1 为主动轮变形角度;r_n 为主动轮内圈半径;μ_1 为主动轮内圈变形;μ 为啮合线处等效变形。

则最终刚度计算公式为

$$k_n=\frac{F_n}{\mu}=\frac{T}{\theta r_b^2} \tag{2-27}$$

通过该方法依次计算出 10 个位置处的轮齿啮合刚度,采用数值计算中的线性差值方式进行啮合刚度曲线的拟合。

在选取齿轮各种啮合状态下的有限元模型时,多考虑该齿轮的重合度,再对单齿啮合状态以及双齿啮合状态进行分类,保证其啮合位置的不重复性和多样性,来构造曲线图,同时验证所选取的各种啮合状态的位置与重合度之间的关系。该齿轮啮合模型中,如图 2-15 所示,双齿啮合状态有 6 种位置,单齿啮合状态有 4 种位置,并且其重合度为 1.39。

从图 2-15 中可以发现,存在理想状态情况下的双齿啮合时其轮齿啮合刚度约为 9.25×10^8 N/m,单齿啮合时轮齿的啮合刚度约为 6.5×10^8 N/m。轮齿啮合刚度呈现出一种拱形分布的情况,类似于方波的形式。从图 2-15 中亦可发现,双齿啮合状态下的刚度远大于单齿啮合状态下的轮齿刚度,其原因为双齿啮合区内齿轮所受载荷均是由两个齿轮同时进行分担的,进而减少其啮合出的轮齿的变形,从而提高了啮合刚度,因此在齿轮副的运转过程中,随着单齿啮合与双齿啮合的交替进行,从而轮齿的弹性变形呈周期性变化,进而引起轮齿副角速度的周期性变化,导致齿轮副振动。在单齿啮合区与双齿啮合区交替啮合的过程中,如图 2-15 所示,存在着轮齿的啮合刚度所发生突变的位置处,啮合刚度的突变较易产生轮齿转动过程中的冲击情况,啮合齿轮刚度的突变是产生较

大刚度激励主要原因，消除或降低啮合综合刚度的程度，可以有效地减少轮齿啮合的刚度激励。

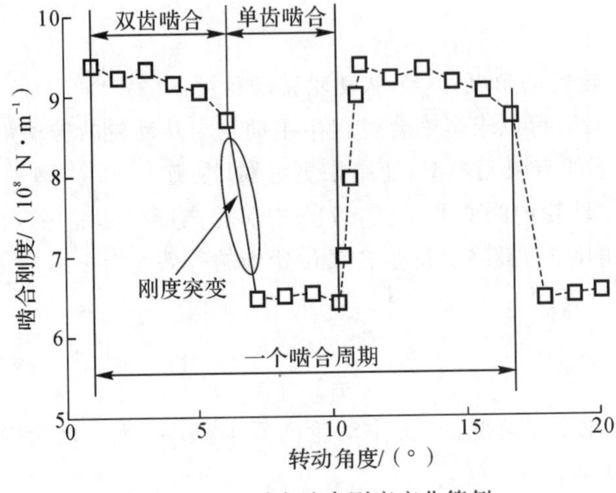

图 2-15 时变啮合刚度变化算例

2.2.3 内啮合齿轮副的时变啮合刚度算例

内啮合齿轮传动作为典型的齿轮传动形式，因其具有结构紧凑、中心距小、噪声低、使用寿命长等特点，主要应用于行星传动机构中。当前，内啮合齿轮副以渐开线齿廓为主。内啮合齿轮副由一个外啮合齿轮和一个内啮合齿轮构成，其时变啮合刚度的求解方法同外啮合齿轮副相同。但由于内啮合齿轮副的结构特点，容易受到延长啮合现象的影响，非理论啮合齿对易相互接触而啮合，这会造成时变啮合刚度的曲线发生变化。延长啮合现象是指在齿轮系统的实际运行过程中，齿轮由于变形会出现轮齿提前啮入，滞后啮出的现象，这将导致实际啮合线长于理论啮合线。延长啮合现象会使实际重合度增加，实际啮合过程中会出现啮合齿对数多于理论的情况[5]。

本节的内啮合齿轮副参数见表 2-2，其中，主动轮为外啮合齿轮，从动轮为内啮合齿轮。

表 2-2 内啮合齿轮副参数

参数	模数/mm	齿数/个	齿宽/mm	压力角/(°)
主动轮	1	36	10	20
从动轮	1	100	10	20

内啮合齿轮重合度理论计算公式为

$$\varepsilon_{\alpha}=\frac{1}{2\pi}\left[z_{1}(\tan\alpha_{a1}-\tan\alpha')-z_{2}(\tan\alpha_{a2}-\tan\alpha')\right]=1.93 \qquad (2-28)$$

式中：α_{a1} 为主动轮齿顶圆压力角；α_{a2} 为从动轮齿顶圆压力角；z_1 为主动轮齿数；z_2 为从动轮齿数；α'为啮合角。

由式(2-28)可知，在单个啮合周期当中，当不计轮齿的柔性时，有 93％的时间当中内啮合齿轮副位于理论双齿啮合区，只有 7％的时间是位于理论单齿啮合区。

轮齿接触简图如图 2-16 所示。

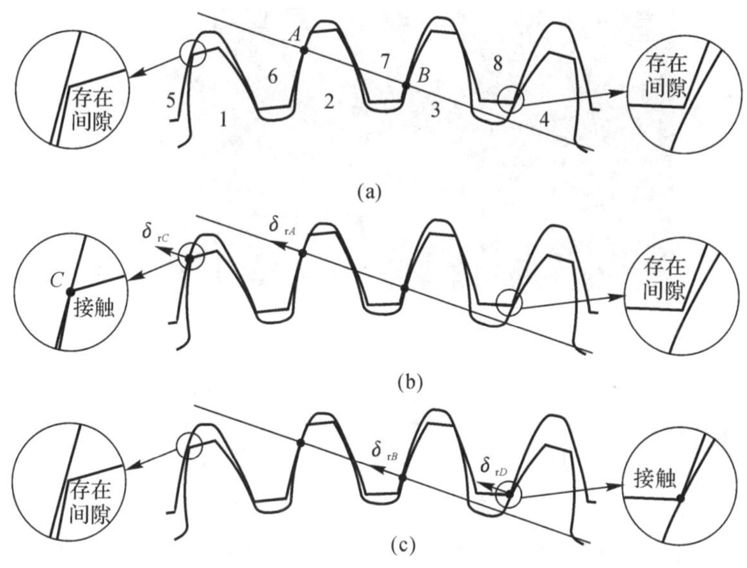

图 2-16　轮齿接触简图

(a)理论啮合位置；(b)逆时针方向侧轮齿接触；

(c)顺时针方向侧轮齿接触

图 2-16(a)为理论啮合情形，即不考虑轮齿因为受载而发生的变形，在图 2-16(a)所示的位置，主动轮上的轮齿 2 和 3 分别与从动轮上的轮齿 6 和 7 相互接触而发生啮合，接触点分别为点 A 和点 B。但是在实际的运行过程中，因为齿轮间存在相互作用力，轮齿会产生变形，所以可能会发生图2-16(b)或图 2-16(c)中的接触现象。在图 2-16(b)中，在载荷作用下，主动轮的轮齿 1 的齿顶和从动轮的轮齿 5 的齿根接触，接触点在点 C。而在图 2-16(c)中，主动轮的轮齿 4 的齿根和从动轮的轮齿 8 的齿顶接触，接触点在点 D。

在相同啮合位置施加不同扭矩于主动轮，得到内啮合齿轮副不同接触状态的等效应力云图如图 2-17 所示。

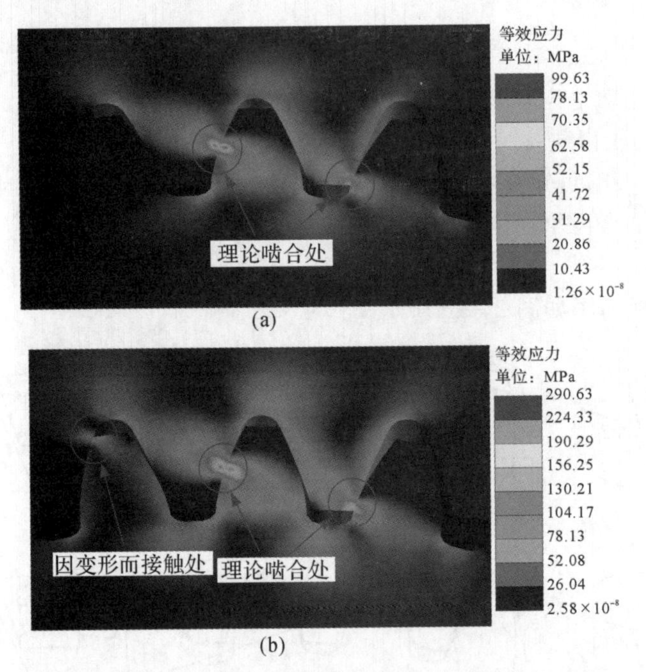

图 2-17　不同接触状态的等效应力云图

(a)两齿接触状态的等效应力云图；(b)三齿接触状态的等效应力云图

在较小的扭矩作用时，内啮合齿轮副为两齿接触状态，如图 2-17(a)所示。随着扭矩的增大，齿轮变形也随之增大，内啮合齿轮副的接触齿对由两齿增加到三齿，三齿接触状态的等效应力云如图 2-17(b)所示。从图中可以看出，在同一啮合位置，内齿圈与行星轮间的接触状态会因工况的改变而发生变化。

本节为了反应延长啮合现象对时变啮合刚度的影响，在设置齿轮间的接触时略有不同。在进行内啮合齿轮副的啮合刚度的有限元计算时，从动轮外圈设置为固定约束，在主动轮内圈设置扭矩。在进行理论接触情形下啮合刚度的计算时，齿轮间的接触仅设置理论接触啮合齿对间的接触，而对其他齿对不设置相应的接触。而在进行多齿接触情形下啮合刚度的计算时，除理论接触齿对外，对理论接触齿对附近可能因变形而发生接触的齿对也设置上相应的接触。主动轮相对于从动轮中心每转动 3.6°为一个啮合周期，在计算啮合刚度时，将一个啮合周期均分为 12 份进行对应的有限元接触计算，即主动轮相对于从动轮中心每转动 0.3°为一次计算。在主动轮内圈上施加不同扭矩进行比较分析。图 2-18 为在不同主动轮扭矩设置时，理论接触情形和多齿接触情形下的啮合刚度。

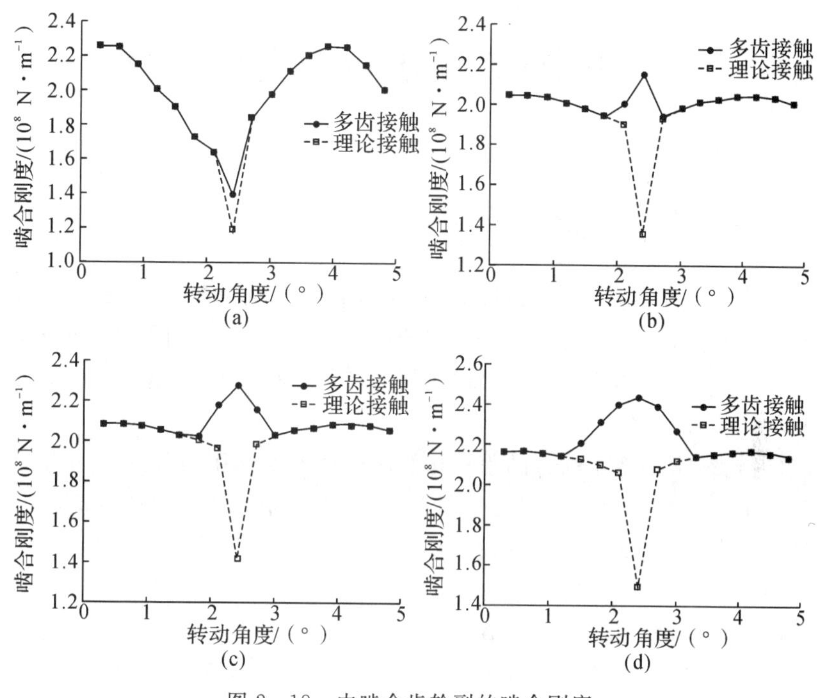

图 2-18 内啮合齿轮副的啮合刚度

(a)扭矩为 1 N·m 时;(b)扭矩为 10 N·m 时;

(c)扭矩为 20 N·m 时;(d)扭矩为 50 N·m 时

随着主动轮内圈扭矩的增加,由于多齿接触现象首先出现在理论单齿啮合区,因此啮合刚度变大也首先出现于理论单齿啮合区。多齿接触现象的出现导致啮合刚度提高,是因为有相较理论接触齿对计算时,有了更多的承载齿,在相同载荷作用下,多齿接触情形下齿轮间的相对变形减小,啮合刚度得到提高。在主动轮内圈受到的扭矩为 1 N·m 时,多齿接触现象仅发生在理论单齿啮合区,即仅有理论单齿啮合区出现了啮合刚度的提高,啮合刚度提高了 14.6%。随着主动轮内圈所受扭矩的增加,多齿接触现象发生的位置增加,啮合刚度提高的位置也相应增加,在行星轮所受扭矩达到 10 N·m 时,除理论单齿啮合啮合区外,其邻近位置也出现了啮合刚度的提高,且理论单齿啮合区的啮合刚度在多齿接触情形下比其他位置的啮合刚度高,该位置下啮合刚度提高了 58%。在主动轮所受扭矩继续增加的情况下,啮合刚度得到提高的位置中,越接近理论单齿啮合区,啮合刚度越高。

2.3 故障齿轮的时变啮合刚度

2.3.1 齿轮典型故障

齿轮因工作环境的差异、制造材质的不同，以及热处理工艺的差异，故障发生的形式也不同，主要分为齿轮轮体和轮齿两大类故障，特别是最常见的轮齿缺陷[3]。齿轮中常见的缺陷主要为齿轮裂纹、齿面断裂、齿面点蚀、齿面胶合、齿面磨损和塑性变形。

(1)齿轮裂纹。相互啮合的齿轮接触时齿面产生作用力与反作用力，齿面间的相互作用使接触表面产生应力作用，再加上齿轮作周期性旋转运动，应力随啮合线位置改变，当交变应力超过齿轮材料的弯曲疲劳极限时轮齿出现裂纹。轮齿出现裂纹的位置因结构设计、材料与加工工艺等原因的不同而不同，其中以齿根裂纹最为常见，如图 2-19(a)所示。

(2)齿面断裂。齿面断裂是齿轮失效的一种典型形式，出现断齿的设备无法正常工作，严重时还会造成设备事故，断齿根据发生原因的不同可分为过载折断、齿轮剪断、塑性折断和疲劳断裂。

过载折断是齿面承受的应力值超过其极限应力而出现断裂的情况，造成过载折断的原因除与载荷外，还与齿轮材质、加工工艺、装配误差和设备的运行平稳性有关。

齿轮剪断是接触齿面受载荷作用发生剪切变形造成的，多发生在强度较低的齿轮中。

塑性断裂是齿轮整体发生塑性变形，变形超过齿轮齿的极限。

疲劳断裂是交变载荷作用下疲劳积累出现裂纹逐步扩展出现断裂，疲劳折断齿轮失效的最常见方式，如图 2-19(b)所示。

(3)齿面点蚀。齿轮旋转过程中磨损不可避免，特别是润滑不良的情况下齿面间磨损加剧，齿面在相互摩擦挤压作用下出现齿面金属微粒的脱落，形成齿面点蚀。齿面点蚀是疲劳损伤的一种，齿轮材质、硬度低和润滑不良的情况下极易出现齿面点蚀，如图 2-19(c)所示。

(4)齿面胶合。对于高速重载运转的齿轮，齿面间的摩擦力较大，相对速度大，啮合区温升快，若润滑条件不良，齿面接触时黏结在一起，出现齿面胶合。齿面胶合的轮齿摩擦加剧，传动稳定性减弱，造成齿轮传动失效。

(5)齿面磨损。齿轮运转过程中正常的磨损对齿轮的使用寿命影响较弱。若齿轮内落入硬度相比齿面高的磨粒物质或腐蚀性物质,则破坏了原始的齿廓齿面,影响齿轮的正常运行。齿面磨损严重时齿面过分减薄出现齿面断裂,严重影响轮齿的正常运行。齿面磨损的主要形式有磨粒磨损、腐蚀磨损和齿轮端冲击磨损,如图 2-19(d)所示。

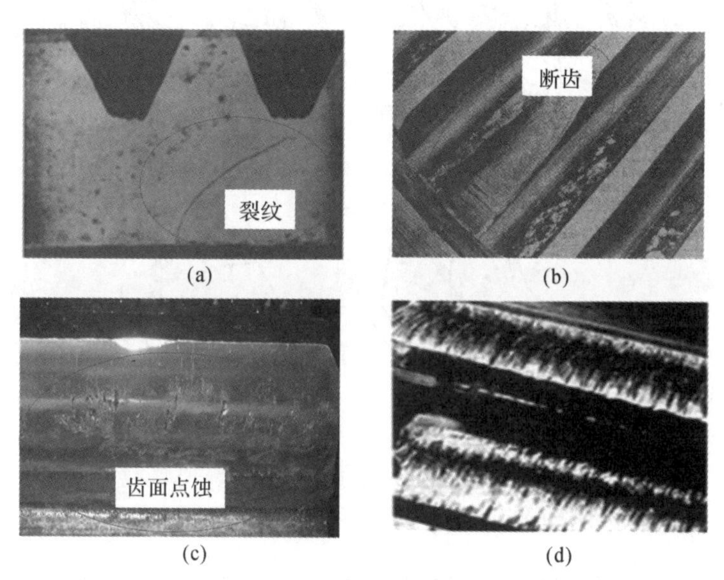

图 2-19　齿轮典型故障

(a)齿根裂纹;(b)齿面断裂;(c)齿面点蚀;(d)齿面磨损

2.3.2　故障齿轮的时变啮合刚度算例

本节建立的外啮合齿轮模型参数见表 2-3。将这对外啮合齿轮使用三维软件进行建模。

表 2-3　外啮合齿轮参数

参数	模数/mm	齿数/个	齿宽/mm	压力角/(°)
主动轮	1.5	34	12	20
从动轮	1.5	90	12	20

建立了齿根裂纹、贯通裂纹、齿面断裂、齿面点蚀模型,如图 2-20 所示。沿 x(齿厚)方向,取裂纹深度 q_o=0.5 mm、1.0 mm、1.5 mm、2.0 mm,裂纹角度 γ=5°、10°、15°、20°,分别构建裂纹深度改变和裂纹角度改变的非贯通型齿根裂纹模型,同方向、同一齿轮位置、同裂纹深度 q_o 的贯通型裂纹模型,q_z=1 mm、3 mm、

6 mm、9 mm 的齿面断裂故障模型和 b/a 按比例改变的齿面点蚀模型。

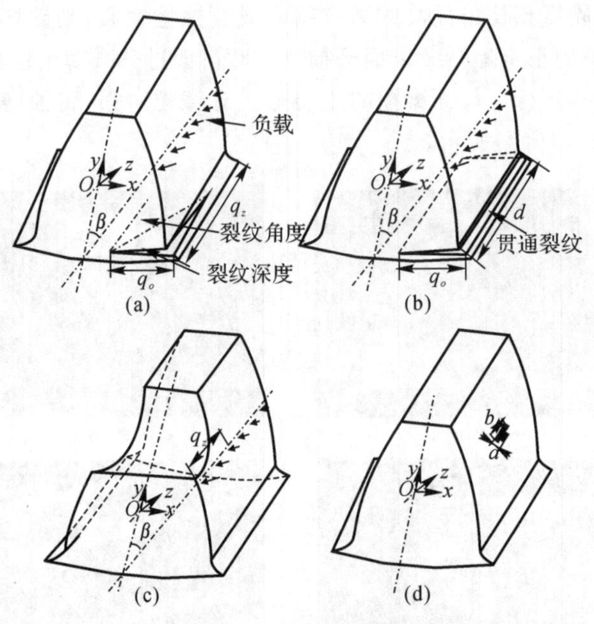

图 2-20　故障齿轮模型

(a)裂纹深度、角度；(b)贯通裂纹；(c)齿面断裂；(d)齿面点蚀

对含故障的齿轮模型进行网格划分时分为两部分，对无故障的部分采用六面体网格进行划分，含故障的部分采用四面体网格进行网格划分，并对含故障的轮齿部位进行了网格加密，以提高计算精度。

通过求解得到了齿轮由啮入至啮出过程中的 10 个啮合位置，采用样条插值得到了齿轮啮合刚度曲线。典型故障的齿轮啮合刚度曲线如图 2-21 所示。

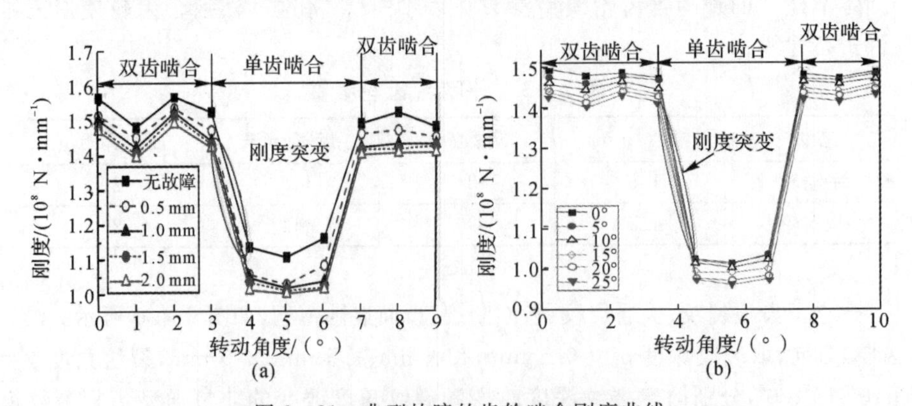

图 2-21　典型故障的齿轮啮合刚度曲线

(a)不同裂纹深度的啮合刚度曲线；(b)裂纹角度不同的啮合刚度曲线；

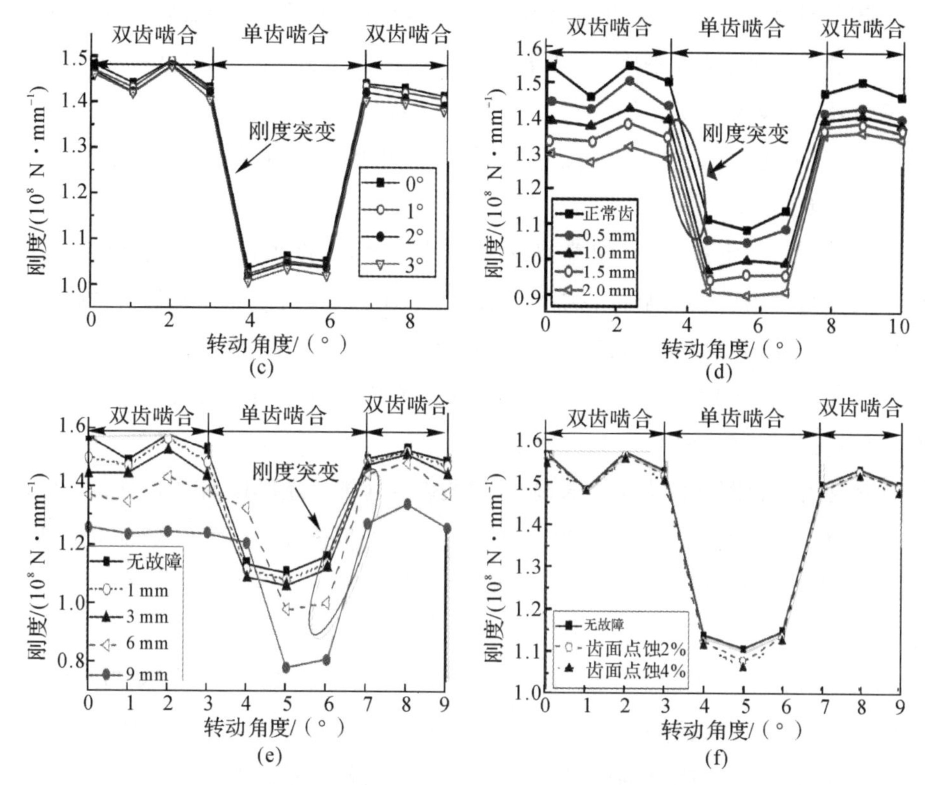

续图 2-21　典型故障的齿轮啮合刚度曲线

(c)裂纹倾斜角度改变的啮合刚度曲线；(d)贯通裂纹啮合刚度曲线；

(e)齿面断裂啮合刚度曲线；(f)齿面点蚀啮合刚度曲线

齿轮啮合刚度曲线如图 2-21(a)所示。单齿啮合刚度与双齿啮合刚度的刚度差值较大，其双齿啮合刚度远大于单齿啮合刚度；单齿和双齿交替啮合过程中，啮合刚度变化剧烈，出现刚度突变，引起刚度内激励，齿轮运行平稳性减弱。通过数值分析法与理论分析切片法相比啮合刚度约相差 5.8%。齿根出现裂纹后啮合刚度减小，随着裂纹深度的增大，啮合刚度减小。其原因在于裂纹的出现，使啮合接触线发生偏移，齿根变软柔度增大，承载能力减弱，形变量增大。齿轮啮合刚度会随着裂纹深度 q_o 增大而减小，其减小幅度较小，主要原因是共同承担载荷的两对啮合齿在裂纹深度 q_o 较小时，轮齿承载能力降低，但对轮齿啮合刚度的影响较小。与无缺陷的齿啮合刚度相比，单齿啮合中的裂纹深度啮合刚度显著降低。

随着裂纹角度 γ 的增大，双齿啮合刚度和单齿啮合刚度均减小，减小幅度较小。裂纹角度引起的刚度变化没有裂纹深度引起的刚度变化明显。对于裂纹角度齿，随着裂纹角度 γ 的增大，齿根应力系数减小，而裂纹角度引起的 η 变化没有裂纹深度的明显。η 的变化与其裂纹角度齿齿面应力分布相吻合，如图 2-21(b)所示。

裂纹深度一定条件下，随着裂纹角 γ 的增大，刚度值减小，减小幅度较小。说明裂纹角度偏转会影响齿轮啮合刚度，但影响较小，其主要原因是齿根裂纹发生偏转后，偏转角的大小对齿根齿面承载能力有影响，但影响较小。裂纹偏角相对裂纹角度啮合刚度变化较小。裂纹偏角齿面应力分布与裂纹角度齿面应力分布相似，变化情况如图 2-21(c)所示。

正常齿啮合刚度值大于贯通裂纹，贯通裂纹任意一条刚度曲线如图 2-21(d)所示，双齿啮合时，进入啮合与退出啮合时的刚度值波动值减小。随着贯通裂纹深度 q_o 增大，刚度值减小得很明显，贯通裂纹刚度变化相比于裂纹深度刚度减小更为明显。

无故障齿啮合刚度大于断齿啮合刚度，原因在于齿轮发生齿面断裂缺损后，轮齿接触面积变小，接触中心线变短，载荷集中于残余齿面，致使残余齿面剪切、弯曲变形量均增大，啮合刚度减小。当齿面断裂部分小于整个齿面 1/2 时，单双齿啮合齿数符合重合度计算公式；当齿面断裂部分大于整个齿面 1/2 时，单齿啮合数减少，提前进入双齿啮合，其主要原因在于单齿啮合状态下由于齿面缺损较大，一对啮合齿不能有效承受外载荷，载荷发生迁移。随着 q_z 的增大，单、双齿啮合刚度值均减小，变化明显。其主要原因在于齿面缺损严重时，残存齿面受到外载荷作用，接触、弯曲、剪切变形量急剧增大，刚度值减小。变形的增大容易导致剩余部分齿面发生断裂，加剧齿轮振动冲击，加剧齿轮故障的恶化，不利于齿轮传动得安全平稳运行。

齿面点蚀故障中，点蚀对啮合刚度的影响较弱，点蚀引起时变啮合刚度变化仅比无故障齿轮时变啮合刚度约小 2%。

转动的齿轮通过轮齿的相互挤压作用传递动力和扭矩，齿轮旋转过程中受到原动机施加的外载荷作用，相互接触的齿面出现应力。齿轮在无故障与存在故障的情况下，接触齿面应力间的应力出现较大改变，通过调取轴向接触齿面的等效应力值作图得到轮齿接触齿面的应力云图。图 2-22 为无故障情况与不同

故障形式下的齿面轴向齿面应力云图。

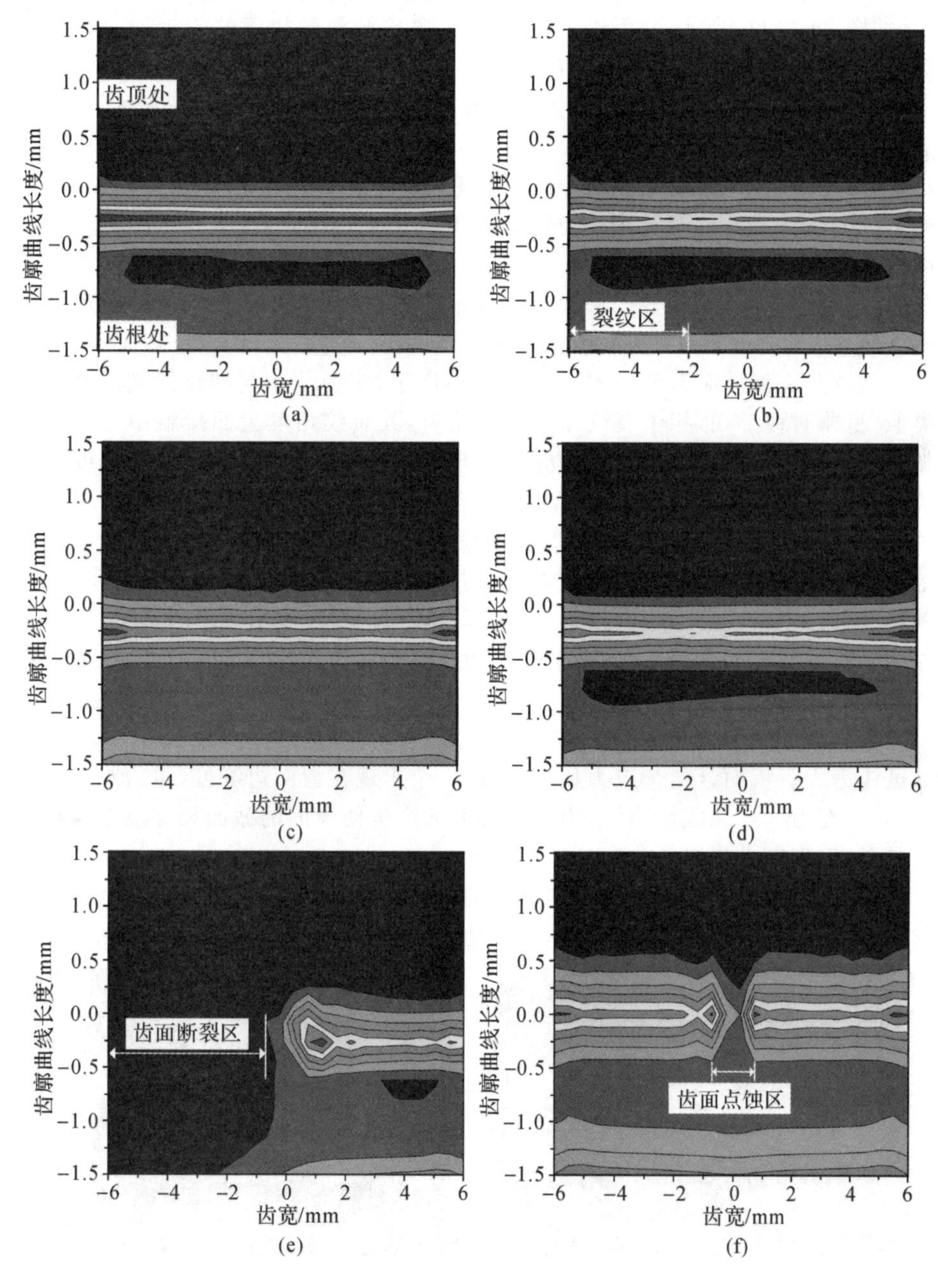

图 2－22 典型故障轴向齿面应力云图

(a)齿面应力云图(无故障) ;(b)齿面应力云图(裂纹深度为 2.0 mm);(c)齿面应力云图(贯通裂纹为 2.0 mm);(d)齿面应力云图(裂纹角度为 5°);(e)齿面应力云图(齿面断裂 9 mm);(f)齿面点蚀应力云图

含裂纹深度故障轮齿的齿面应力分布呈现一端小一端大的非均匀带状分布，如图 2-22(b)所示。相比于无故障齿，含裂纹深度故障的轮齿接触线中心等效应力小于无故障齿，应力主要集中在不含裂纹区域。

贯通裂纹齿面应力与无故障齿面应力分布相同之处在于都呈边缘大，中间小的对称分布，不同在于贯通裂纹故障轮齿齿面接触中心线应力集中，比无故障齿小，如图 2-22(c)所示。其主要原因在于轮齿受到载荷作用时，变形主要发生在齿轮边缘区域，其变形量相比中心位置变形量大，造成边缘应力集中。相比于裂纹深度故障轮齿，贯通裂纹齿面应力分布不同，含裂纹深度故障的轮齿齿面应力分布呈非对称，而贯通裂纹故障轮齿齿面应力分布呈对称分布，相较于裂纹深度齿，贯通裂纹接触线应力分布更均匀，沿齿根方向贯通裂纹应力变化更剧烈。

裂纹角度齿面应力云图如图 2-22(d)所示，应力分布与裂纹深度故障轮齿类似，呈非对称形式，相于裂纹深度故障轮齿，其裂纹角度齿面接触中心线应力减小，相比于贯通裂纹齿，其齿面应力两端大中间小的对称分布，裂纹角度齿面应力区别较大。

齿面断裂应力分布如图 2-22(e)所示，断裂齿面应力沿齿宽方向呈现断齿部位应力小，残余齿面应力大，随着 q_z 的增大，已断裂部分不受外载荷作用，与其相接触的主动轮齿面应力较小，剩余部分齿面断口位置出现应力集中，其主要原因在于发生齿面断裂后，剩余部分齿面受到外载荷作用时，断裂面边缘更容易产生变形，易出现应力集中。

齿面点蚀应力变化如图 2-22(f)所示，沿齿宽方向齿面点蚀区应力小，非点蚀区应力大。齿面含两个应力集中区域：一个出现在齿面边缘处，由边缘效应造成；一个在齿面点蚀区域边缘，由于点蚀面的产生使齿面的截面尺寸改变导致应力骤增，出现应力集中。

齿轮单双齿交替啮合过程中，啮合齿轮径向出现动应力。齿轮运行过程中不可避免地会出现各种故障，而故障出现引起动应力发生明显变化，如图 2-23 所示。

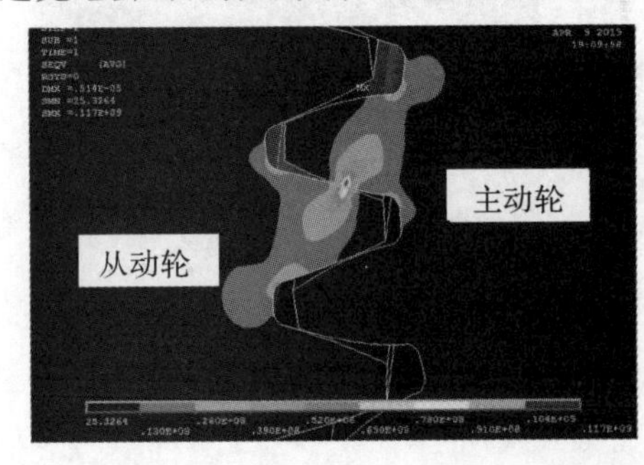

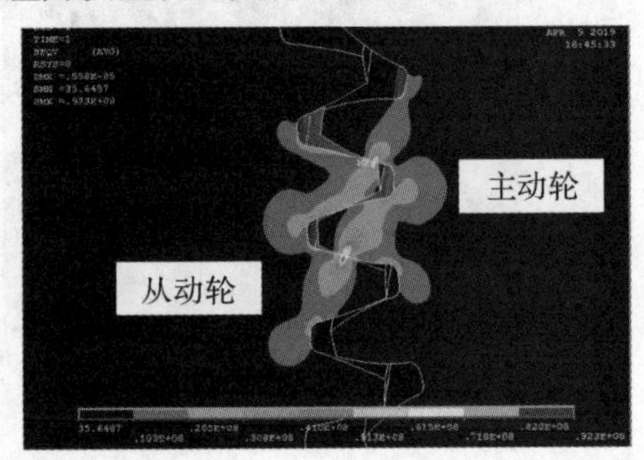

(a)

图 2-23　典型故障径向齿面应力

(a)无故障单/双齿径向应力

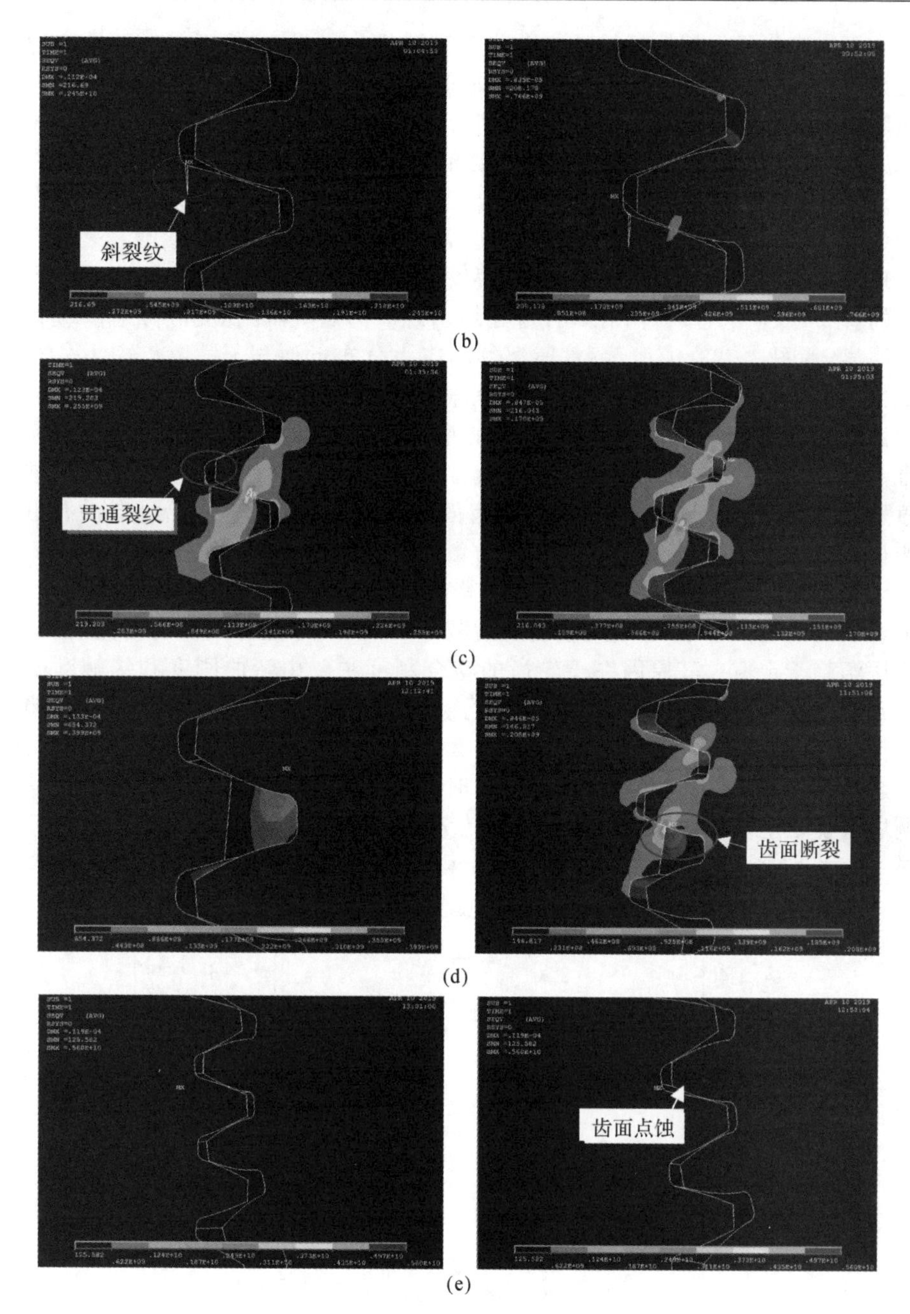

续图 2－23　典型故障径向齿面应力

(b)斜裂纹故障单/双齿径向应力；(c)贯通裂纹故障单/双齿径向应力；
(d)断齿故障单/双齿径向应力；(e)齿面点蚀故障单/双齿径向应力

无故障齿径向接触区域动应力分布呈带状分布，且越接近接触区动应力值越大，如图 2－23(a)所示。单齿啮合时动应力最大值出现在主动轮，动应力由接触中心线向齿根部位延伸，单双齿啮合动应力近似呈对称分布；双齿啮合时动应力最大值出现在从动轮，动应力主要集中在两对啮合齿，动应力呈非对称分布。轮齿出现故障，由于故障的存在改变了应力的分布，因此动应力沿径向发生较大变化。斜裂纹故障齿的单齿啮合时，应力集中在裂纹部位，接触线表面没有出现应力集中现象，其主要原因是斜裂纹引起应力分布不均，裂纹尖角改变了应力的分布；双齿啮合时，两对啮合齿处均出现应力增大，相比无故障齿动应力减小明显，如图 2－23(b)所示；贯通裂纹动应力分布近似与无故障齿应力分布相似，其主要原因是贯通裂纹没有形状急剧变化的地方，不会造成局部应力集中。齿面断裂单齿啮合时动应力主要集中在断口位置，与轴向应力分布吻合；双齿啮合时，动应力集中在断口位置与接触线位置，由于缺口的存在出现了局部区域内显著增高现象，如图 2－23(d)所示。齿面点蚀的单双齿动应力沿径向没有出现明显的应力集中，其主要原因在于应力集中在点蚀的缺口位置。

载荷变化对齿轮啮合刚度具有重要影响，载荷变化的齿轮啮合刚度 $F \leqslant 16$ 时，随着载荷的增大而增大，增大幅度逐渐减小；$F > 16$ 时随着载荷的增大，啮合刚度逐渐趋于定值。其原因在于轮齿的啮合刚度主要由弯曲刚度和接触刚度组成，载荷较小时弯曲刚度随着载荷增大而增大，载荷增大时弯曲变形量逐步趋于定值，弯曲刚度不再随载荷的增大而增大；轮齿啮合过程中随着载荷的增大由线接触转化为面接触，接触刚度由小载荷时的增大到大载荷时的趋于定值，使啮合刚度总体上呈现先增大后稳定的变化趋势，如图 2－24 所示。

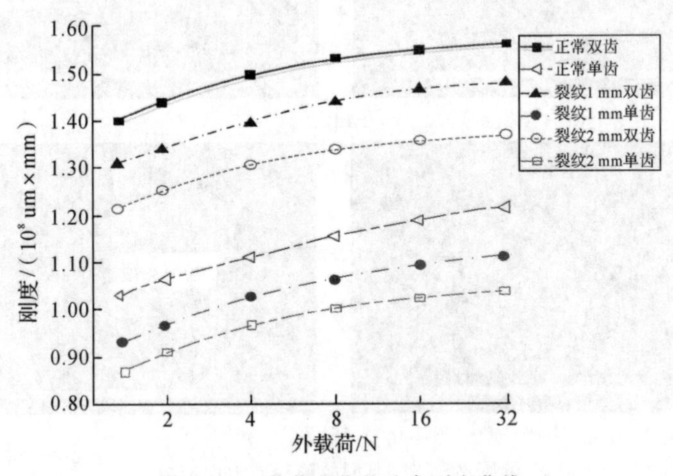

图 2－24　载荷变化的啮合刚度曲线

参考文献

[1] 陈锐博.变载荷下的风力机行星齿轮传动系统动态特性研究[D].乌鲁木齐:新疆大学,2018.

[2] 陈锐博,张建杰,周建星,等.含轴向偏载的行星齿轮传动系统动态特性研究[J].振动与冲击,2017,36(20): 180 - 187.

[3] 张斌生.含典型故障的二级齿轮传动系统动态特性研究[D].乌鲁木齐:新疆大学,2019.

[4] 张荣华.RV 传动系统齿面的动态摩擦磨损特性研究[D].乌鲁木齐:新疆大学,2022.

[5] 王烨锋.风电机组行星齿轮传动系统动态接触特性分析[D].乌鲁木齐:新疆大学,2022.

[6] 周建星,张荣华,曾群锋,等.工业机器人用 RV 减速器的齿廓动态磨损特性[J].华南理工大学学报(自然科学版),2023,51(1):22 - 30.

[7] 贾吉帅,周建星,曾群锋,等.RV 减速器柔性因素对动态传动误差影响分析[J].机床与液压,2023,51(1):158 - 165.

[8] 张斌生,周建星,章翔峰,等.齿根裂纹对直齿轮啮合刚度的影响研究[J].机械设计与制造,2020,(7):125 - 128.

[9] 贾吉帅,周建星,曾群锋,等.精密齿轮传动 RV 减速器研究现状[J].机床与液压,2023,51(10):189 - 196.

第3章　定轴轮系动力学

齿轮传动系统动力学是研究齿轮系统在传递动力和运动过程中动力学行为的一门学科，其目标是通过确定和评价齿轮系统的动态特性，为系统的设计和优化提供理论指导。典型的齿轮传动系统由齿轮副、轴、轴承、箱体和附件组成。由于齿轮系统的动力和运动均是通过齿面的啮合作用传递的，因此齿轮副的啮合理论及其动力学行为是齿轮传动系统动力学的核心问题。

早在20世纪20年代，人们就开始对齿轮系统的动力学问题进行研究，当时关注的主要问题是轮齿动载荷。这些分析以冲击理论为基础，认为啮合冲击是引起系统动态响应的动态激励，用冲击作用下的单自由度系统作为分析齿轮系统动力学行为的理论模型。20世纪50年代，Tuplin建立了一个质量-弹簧模型，以等效啮合刚度来描述齿轮副的啮合作用，被认为奠定了现代齿轮系统动力学的基础[1-2]。此后，各国学者在此基础上不断进行研究，开始考虑传递误差、啮合冲击和齿侧间隙等因素的影响，并形成了相对完整的齿轮系统动力学理论体系。

3.1　定轴轮系动力学模型分类

据系统具体情况和分析目的，在进行系统动力学建模时通常可采用以下4类模型。

1.啮合纯扭转模型

啮合纯扭转模型只考虑齿轮在扭转自由度的振动，如图3-1所示，适用于传动轴、轴承和箱体支撑刚度较大的情况。同时若系统的输入轴和输出轴刚度相对较小，则可以将齿轮和原动机、负载隔离，单独建立齿轮的扭转振动模型。由于仅考虑了扭转自由度，因此该模型在预测斜齿轮副的响应时会丧失系统横向及轴向振动特性。这类模型主要应用在早期的齿轮动力学研究中，至今在分析系统间隙非线性问题及多对齿轮副的动力学问题时仍有使用。

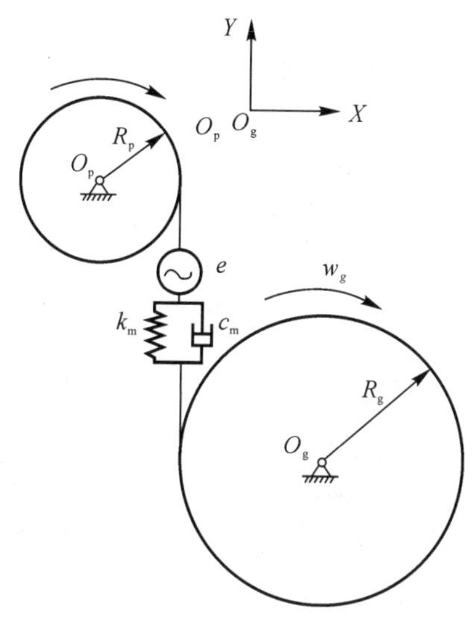

图3-1　齿轮纯扭转模型示意图

2. 啮合耦合模型

随着齿轮转速的提高，人们逐渐意识到齿轮系统扭转振动与其他方向振动之间的耦合作用。啮合耦合模型考虑了齿轮在不同方向自由度上的耦合作用，如图3-2所示，按自由度数可分为弯-扭耦合型[3]、弯-扭-轴耦合型[4]和弯-扭-轴-摆耦合型[5]。这类模型在建模时通常将支撑轴承的刚度和阻尼效应等效到齿轮质点上，将原动机和负载之间的弹性轴段以简单的扭转刚度和弯曲刚度代替。由于在考虑弹性轴段时进行了简化，因此此类模型侧重于分析齿轮副处的振动问题。

3. 齿轮-转子耦合模型

齿轮-转子耦合模型模型考虑了齿轮副和转子系统之间的耦合作用。该模型属于齿轮动力学和转子动力学两门学科的交叉内容，不同学者在建模时的侧重点有所不同。如齿轮动力学方向的学者在建模时通常不考虑非线性油膜力的影响，侧重于研究弹性轴段影响下齿轮副的动态响应；而转子动力学方向的学者在建模时通常会忽略掉齿侧间隙等造成的非线性啮合力影响，侧重于研究在啮合力作用下转子、轴承的动态响应。

4. 齿轮-转子-支撑系统模型

齿轮-转子-支撑系统模型不仅考虑齿轮与转子之间的耦合效应，还要考虑箱体及其他支撑系统与齿轮转子系统的耦合影响，是各类模型中最常见且最复杂的模型，其他类型的模型均是这种模型的简化形式。当箱体刚性较差，或侧重于分析由于动态轴承载荷引起的箱体强迫振动及噪声问题时，就需要考虑箱体柔性的影响，建立齿轮-转子-支撑系统模型。

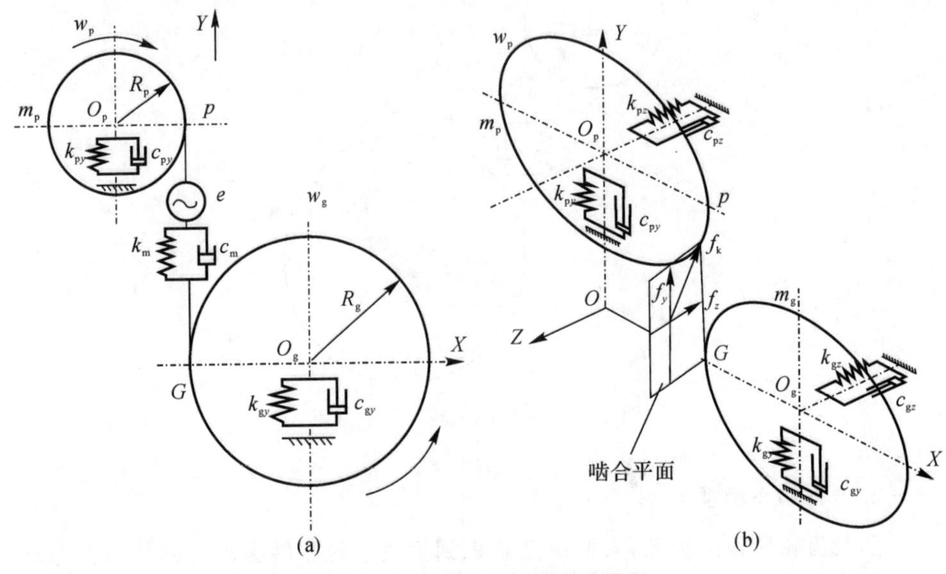

图 3-2　耦合动力学模型示意图

(a)弯-扭耦合模型；(b)弯-扭-轴耦合模型

3.2　典型定轴传动形式集中质量法建模

在定轴齿轮系统的分析中，若需考虑齿轮副支撑系统（包括传动轴、轴承和箱体等）的支撑弹性的影响，则分析中除考虑扭转振动外，还必须考虑其他的振动形式，如横向弯曲振动、轴向振动和扭摆振动等，因此齿轮的啮合与各种形式的振动相互耦合，在这种情况下，由于齿轮的转动惯量一般远大于传动轴的转动惯量，因此可以将传动轴的质量与转动惯量等效到齿轮节点，建立齿轮质量点模型，这种建模方法被称为集中质量法。本节介绍利用集中质量法建立定轴轮系中典型传动形式（直齿轮、斜齿轮、人字齿轮）的耦合动力学模型的基本理论与方法。

3.2.1　直齿圆柱齿轮副弯-扭耦合分析模型

针对直齿轮[见图3-3(a)]的动力学建模，其受力分析如图3-3(b)所示，由于直齿传动轴向力可忽略不计，因此，如图3-4所示，同时考虑齿轮啮合扭转自由度，传动轴轴段扭转与弯曲自由度建立弯-扭耦合分析模型。

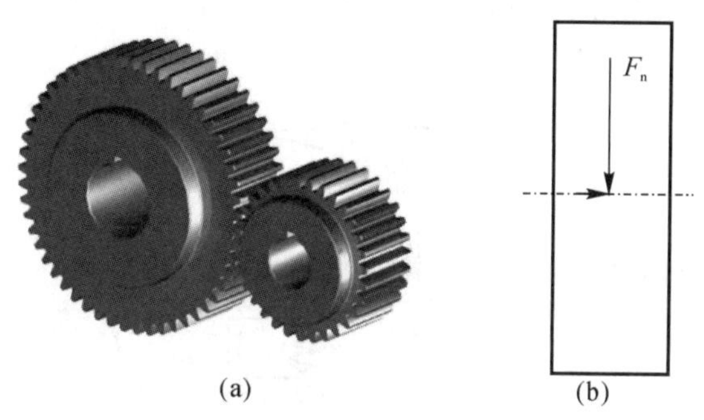

图3-3　直齿轮传动实物图及受力分析
(a)直齿轮传动实物图；(b)直齿轮受力分析

在不考虑摩擦的情况下，将传动系统中弹性较大，而质量较小的零件(如轴、轴承)简化为弹簧结构，将质量大，弹性较小的零件(如齿轮)简化为质量块，建立平面4自由度模型，即典型的直齿圆柱齿轮副的啮合耦合型动力学模型如图3-4所示，其中p代表主动轮，g代表从动轮，Y为啮合线方向。由于不考虑传动轴等的具体振动形式，因此可将传动轴、轴承和箱体等支撑刚度和阻尼用组合等效值k_{py}、k_{gy}和c_{py}、c_{gy}来表示。

可以看出，这时的动力学模型是一个二维平面振动系统，由于不考虑齿面摩擦，齿轮的动态啮合力沿啮合线方向作用，因此模型具有4个自由度，分别为主、从动轮的旋转自由度和Y方向的平移自由度，则系统的广义位移向量可表示为

$$\{X\}=\{y_p\theta_p\ y_g\ \theta_g\}^T$$

各齿轮沿扭转自由度与Y方向的位移均会使轮副啮合状态发生改变，故齿轮各自由度位移在啮合线上的投影为

$$\left.\begin{aligned}\bar{y}_p&=R_p\theta_p-y_p\\ \bar{y}_g&=y_g-R_g\theta_g\end{aligned}\right\} \tag{3-1}$$

式中：R_p、R_g分别为主、从动齿轮的基圆半径。

轮副的啮合力和啮合阻尼力，可表示为

$$\left.\begin{aligned}F_{\mathrm{K}}&=k_{\mathrm{m}}(\bar{y}_{\mathrm{p}}+\bar{y}_{\mathrm{g}}-e)=k_{\mathrm{m}}(R_{\mathrm{p}}\theta_{\mathrm{p}}-y_{\mathrm{p}}+y_{\mathrm{g}}-R_{\mathrm{g}}\theta_{\mathrm{g}}-e)\\F_{\mathrm{c}}&=c_{\mathrm{m}}(\dot{\bar{y}}_{\mathrm{p}}+\dot{\bar{y}}_{\mathrm{g}}-e)=c_{\mathrm{m}}(R_{\mathrm{p}}\dot{\theta}_{\mathrm{p}}-\dot{y}_{\mathrm{p}}+\dot{y}_{\mathrm{g}}-R_{\mathrm{g}}\dot{\theta}_{\mathrm{g}}-\dot{e})\end{aligned}\right\}\tag{3-2}$$

式中：k_{m} 为齿轮啮合刚度；c_{m} 为齿轮啮合阻尼；e 为误差。

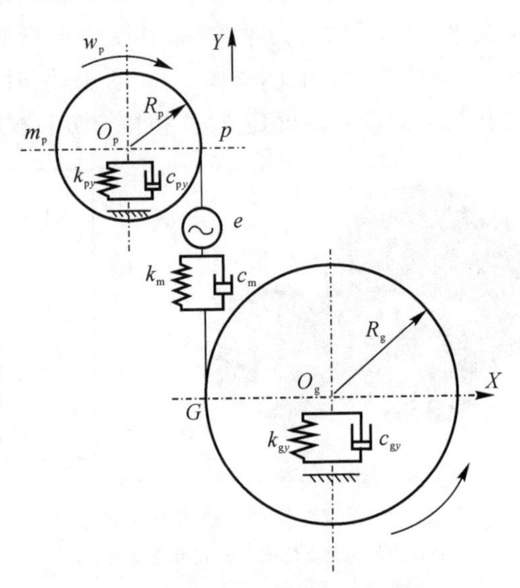

图 3-4　直齿轮系统动力学模型

作用于主、从动轮上的轮齿动态啮合力 F_{pg} 为

$$F_{\mathrm{pg}}=F_{\mathrm{k}}+F_{\mathrm{c}}\tag{3-3}$$

由上述各式可以看出，齿轮扭转自由度和平移自由度均耦合在弹性啮合力和黏性啮合力方程中，这种现象称为弹性耦合和黏性耦合。另外，由于该耦合是由齿轮的相互啮合引起的，使齿轮的扭转振动与平移振动相互影响，因此又称为啮合型弯-扭耦合。在一般情况下，由于阻尼力的影响较小，分析中常略去啮合耦合型振动中的黏性耦合。

类似地，支撑弹簧其作用力为

$$\left.\begin{aligned}F_{\mathrm{py}}&=k_{\mathrm{py}}y_{\mathrm{p}}\\F_{\mathrm{gy}}&=k_{\mathrm{gy}}y_{\mathrm{g}}\end{aligned}\right\}\tag{3-4}$$

式中：k_{py} 为输入端轴承刚度；k_{gy} 为输出端轴承刚度。

依据各零件受力关系有

$$\left.\begin{aligned}&m_{\mathrm{p}}\ddot{y}_{\mathrm{p}}+c_{\mathrm{py}}\dot{y}_{\mathrm{p}}+k_{\mathrm{py}}y_{\mathrm{p}}=F_{\mathrm{pg}}\\&I_{\mathrm{p}}\ddot{\theta}_{\mathrm{p}}=T_{\mathrm{p}}-F_{\mathrm{pg}}R_{\mathrm{p}}\\&m_{\mathrm{g}}\ddot{y}_{\mathrm{g}}+c_{\mathrm{gy}}\dot{y}_{\mathrm{g}}+k_{\mathrm{gy}}y_{\mathrm{g}}=-F_{\mathrm{pg}}\\&I_{\mathrm{g}}\ddot{\theta}_{\mathrm{g}}=T_{\mathrm{g}}-F_{\mathrm{pg}}R_{\mathrm{g}}\end{aligned}\right\}\tag{3-5}$$

将式(3-2)、式(3-3)代入式(3-5)有

$$\left.\begin{aligned}
&m_p\ddot{y}_p+c_{py}\dot{y}_p+k_{py}y_p=c_m(R_p\dot{\theta}_p-\dot{y}-R_g\dot{\theta}-\dot{e}+k_m(R_p\theta_p-y_p+y_g-R_g\theta_g-e)\\
&I_p\ddot{\theta}_p=-[c_m(R_p\dot{\theta}_p-\dot{y}_p+\dot{y}_g-R_g\dot{\theta}_g-\dot{e})+k_m(R_p\theta_p-y_p+y_g-R_g\theta_g-e)]R_p+T_p\\
&m_g\ddot{y}_g+c_{py}\dot{y}_g+k_{py}y_p=-c_m(R_p\dot{\theta}_p-\dot{y}_g-R_g\dot{\theta}-\dot{e}-k_m(R_p\theta_p-y_p+y_g-R_g\theta_g-e)\\
&I_g\ddot{\theta}_g=-[c_m(R_p\dot{\theta}_p-\dot{y}_p+\dot{y}_g-R_g\dot{\theta}_g-\dot{e})+k_m(R_p\theta_p-y_p+y_g-R_g\theta_g-e)]R_g-T_p
\end{aligned}\right\}\tag{3-6}$$

式中:m_p、m_g 为主从动轮质量;I_p、I_g 为主从动轮转动惯量;c_{py}、c_{gy} 为主从动轮平移振动阻尼系数;k_{py}、k_{gy} 为主从动轮支撑刚度。

此时,模型中变量 θ_p 与 θ_g 为相互独立的变量,为求解方程需要,将 θ_p 与 θ_g 转化为一个独立的坐标。为此,引入传递误差的概念,令 $y_{pg}=R_p\theta_p-R_g\theta_g$,对齿轮副扭转自由度,消除刚体位移,则有

$$\left.\begin{aligned}
&m_p\ddot{y}_p+c_{py}\dot{y}_p-c_m(\dot{y}_{pg}-\dot{y}_p+\dot{y}_g)+k_{py}y_p-k_m(y_{pg}-y_p+y_g)=-c_m\dot{e}-k_me\\
&m_g\ddot{y}_g+c_{gy}\dot{y}_g+c_m(\dot{y}_{pg}-\dot{y}_p+\dot{y}_g)+k_{gy}y_g+k_m(y_{pg}-y_p+y_g)=c_m\dot{e}+k_me\\
&m_{gp}\ddot{y}_{pg}+c_m(\dot{y}_{pg}-\dot{y}_p+\dot{y}_g)+k_m(y_{pg}-y_p+y_g)=c_m\dot{e}+k_me-F_gm_{pg}/\bar{m}_g+F_pm_{pg}/\bar{m}_p
\end{aligned}\right\}\tag{3-7}$$

式中:$m_{pg}=\bar{m}_p\bar{m}_g/(\bar{m}_p+\bar{m}_g)$ 为齿轮副的等效质量,且 $\bar{m}_p=I_p/R_p^2$,$\bar{m}_g=I_g/R_g^2$,$F_p=T_p/R_p$,$F_g=T_g/R_g$。

方程的矩阵形式为

$$[M]\{\ddot{X}\}+[C]\{\dot{X}\}+[K]\{X\}=\{P\}\tag{3-8}$$

式中:质量阵为

$$[M]=\begin{bmatrix}m_p & & 0\\ & m_g & \\ 0 & & m_{pg}\end{bmatrix}$$

阻尼阵为

$$[C]=\begin{bmatrix}c_{py}+c_m & -c_m & -c_m\\ -c_m & c_{gy}+c_m & c_m\\ c_m & -c_m & -c_m\end{bmatrix}$$

刚度矩阵为

$$[K]=\begin{bmatrix}k_{py}+k_m & -k_m & -k_m\\ -k_m & k_{gy}+k_m & k_m\\ k_m & -k_m & -k_m\end{bmatrix}$$

广义力向量为

$$\{P\}=\begin{Bmatrix}-c_m\dot{e}-k_me\\ c_m\dot{e}+k_me\\ -c_m\dot{e}-k_me+F_gm_{pg}/\bar{m}_g-F_pm_{pg}/\bar{m}_p\end{Bmatrix}$$

3.2.2 斜齿圆柱齿轮副弯-扭-轴耦合分析模型

相对于直齿轮，斜齿轮具有承载能力强、啮合平稳等特点，对于斜齿轮，其受力分析如图 3-5(b)所示，由于斜齿轮与人字齿轮传动对比增加了轴向受力，因此需建立弯-扭-轴耦合动力学模型。

图 3-5 斜齿轮传动实物图及受力分析

(a)斜齿轮传动实物图；(b)斜齿轮传动受力分析

此时动力学模型是一个三维空间振动系统，如图 3-6 所示，其中 k_{pz} 为主动轮轴向支撑刚度，k_{gz} 为从动轮轴向支撑刚度。

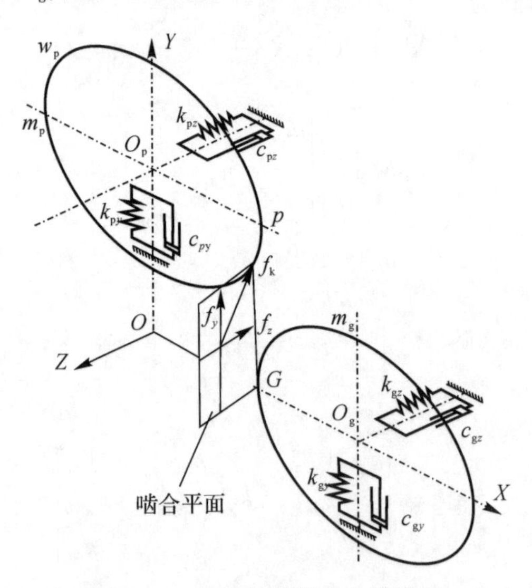

图 3-6 斜齿轮系统动力学模型

与直齿轮不同，斜齿轮的动态啮合力沿空间啮合线方向作用，因此每个齿轮需要定义 3 个自由度，即主、从动轮的旋转自由度(θ_p,θ_g)，横向平移自由度(y_p,

y_g)及轴向的平移自由度(z_p,z_g)。模型具有6个自由度,则系统的广义位移向量可表示为

$$\{X\}=\{y_p \quad z_p \quad \theta_p \quad y_g \quad z_g \quad \theta_g\}^T$$

各齿轮沿Y、Z方向的位移均会使齿轮副啮合状态发生改变,故各齿轮Y、Z方向的位移在啮合线上的投影为

$$\left.\begin{aligned}\bar{y}_p&=(R_p\theta_p-y_p)\cos\beta_b+z_p\sin\beta_b\\\bar{y}_g&=(y_g-R_g\theta_g)\cos\beta_b-z_g\sin\beta_b\end{aligned}\right\} \tag{3-9}$$

式中:R_p、R_g分别为主、从动齿轮的基圆半径;β_b为螺旋角。

则啮合力F_k为

$$F_k=k_m(\bar{y}_p+\bar{y}_g-e_y)+c_m(\dot{\bar{y}}_p+\dot{\bar{y}}_g-\dot{e}_y) \tag{3-10}$$

相应的切向动态啮合力F_y和轴向动态啮合力F_z为

$$\left.\begin{aligned}F_y&=F_k\cos\beta_b\\F_z&=F_k\sin\beta_b\end{aligned}\right\} \tag{3-11}$$

由各零件力平衡关系,有

$$\left.\begin{aligned}&m_p\ddot{y}_p+c_{py}\dot{y}_p+k_{py}y_p=F_y\\&m_p\ddot{z}_p+c_{pz}\dot{z}_p+k_{pz}z_p=F_z\\&I_p\ddot{\theta}_p=T_p-F_yR_p\\&m_g\ddot{y}_g+c_{gy}\dot{y}_g+k_{gy}y_g=-F_y\\&m_g\ddot{z}_g+c_{pz}\dot{z}_p+k_{gz}z_p=-F_z\\&I_g\ddot{\theta}_g=T_g-F_yR_g\end{aligned}\right\} \tag{3-12}$$

3.2.3 人字齿圆柱齿轮副弯-扭-轴耦合分析模型

人字齿轮具有承载高、工作平稳、轴向力小等优点,如图3-7(a)所示,人字齿轮即为两个斜齿轮反向叠加,因此建模方法与斜齿轮类似,即建立人字齿轮弯-扭-轴耦合振动模型。齿轮左右两侧的轴向力会相互平衡,轴承仅对传动系统起支撑作用,不承受轴向载荷,如图3-7(b)所示。但实际人字齿轮运转中,一对左右旋转的斜齿轮不可能同时达到理想的啮合状态,故一对人字齿轮副需要有一个齿轮可作轴向浮动,以保证啮合过程中对称线自然对中,否则会出现啮合不良、噪声大等现象,因此有必要对人字齿轮进行考虑轴向振动的动力学建模。

如图3-8所示,其中X、Y分别为横向振动方向,Z为轴向,p代表输入端,

g 代表输出端。图中 k_{mi} 代表啮合刚度(其中 $i=1,2$,分别代表左右两侧斜齿轮副);k_{pix}、k_{piy} 分别代表输入端轴承支撑刚度;k_{gix}、k_{giy} 分别代表输出端轴承支撑刚度。各齿轮箱均采用滑动轴承支撑。

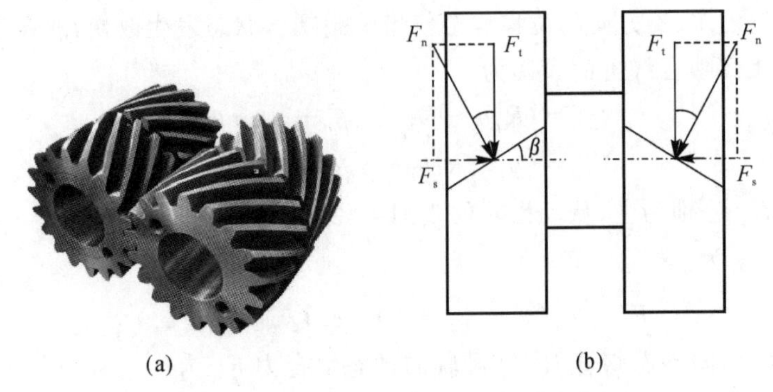

图 3-7　人字齿轮传动实物图及受力分析

(a)人字齿轮传动实物图;(b)人字齿轮传动受力分析

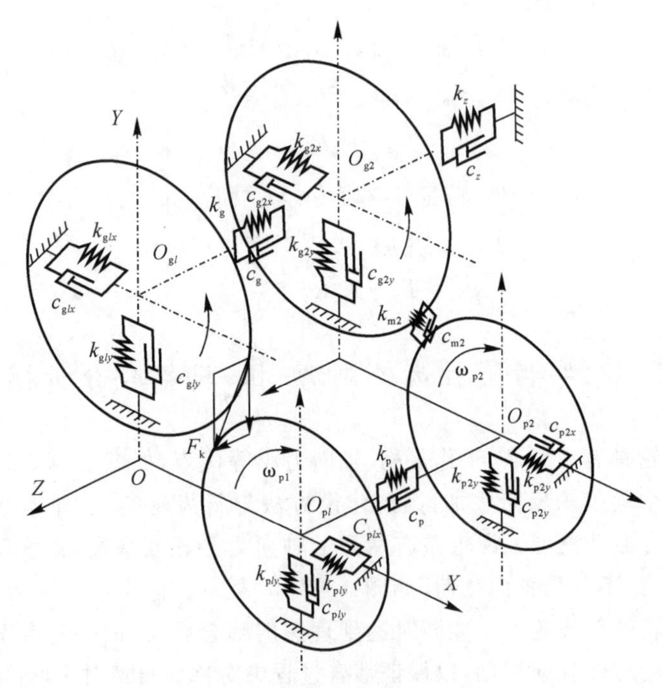

图 3-8　人字齿轮系统动力学模型

本节所介绍的人字齿轮传动系统其主动轮不具有轴向定位,可自由浮动,因此在动力学模型中主动轮不具有轴向约束，其输出端采用轴向定位，故 g_2 轴向增加弹性连接，k_z 代表轴向定位刚度，即推力面在轴承位置的轴向刚度。定义 k_p、k_g 分别为左右旋斜齿轮中间连接轴段（即中间退刀槽段）刚度，简称中间连接刚度。图 3-8 中仅给出了连接轴段的轴向刚度表现形式，在实际模型中该轴段刚度还包括弯曲刚度和扭转刚度。

各齿轮均有四个自由度，分别为 X、Y、Z 方向的平移自由度和绕自身中心的扭转自由度 θ。系统的广义位移向量表示为

$$\{X\}=\{x_{p1}\ y_{p1}\ z_{p1}\ \theta_{p1}\ x_{g1}\ y_{g1}\ z_{g1}\ \theta_{g1}\ x_{p2}\ y_{p2}\ z_{p2}\ \theta_{p2}\ x_{g2}\ y_{g2}\ z_{g2}\ \theta_{g2}\}^{T}$$

各齿轮沿 X、Y、Z 方向的位移均会使齿轮副啮合状态发生改变。将齿轮 X、Y、Z 方向的位移投影至啮合线上为

$$\left.\begin{aligned}\bar{y}_{p1}&=(R_{p1}\theta_{p1}+x_{p1}\sin\alpha-y_{p1}\cos\alpha)\cos\beta_b+z_{p1}\sin\beta_b\\\bar{y}_{g1}&=(y_{g1}\cos\alpha-x_{g1}\sin\alpha-R_{g1}\theta_{g1})\cos\beta_b-z_{g1}\sin\beta_b\\\bar{y}_{p2}&=(R_{p2}\theta_{p2}+x_{p2}\sin\alpha-y_{p2}\cos\alpha)\cos\beta_b-z_{p2}\sin\beta_b\\\bar{y}_{g2}&=(y_{g2}\cos\alpha-x_{g2}\sin\alpha-R_{g2}\theta_{g2})\cos\beta_b+z_{g2}\sin\beta_b\end{aligned}\right\}\tag{3-13}$$

式中：R_{pi}、R_{gi} 分别为主、从动齿轮的基圆半径；β_b 为基圆螺旋角；α 为啮合角。故各轮副的啮合力和啮合阻尼力可表示为

$$\left.\begin{aligned}F_{K1}=k_{m1}(\bar{y}_{p1}+\bar{y}_{g1}-e_1)=k_{m1}[(R_{p1}\theta_{p1}+x_{p1}\sin\alpha-y_{p1}\cos\alpha)\cos\beta_b+\\z_{p1}\sin\beta_b+(y_{g1}\cos\alpha-x_{g1}\sin\alpha-R_{g1}\theta_{g1})\cos\beta_b-z_{g1}\sin\beta_b-e_1]\\F_{K2}=k_{m2}(\bar{y}_{p2}+\bar{y}_{g2}-e_2)=k_{m2}[(R_{p2}\theta_{p2}+x_{p2}\sin\alpha-y_{p2}\cos\alpha)\cos\beta_b-\\z_{p2}\sin\beta_b+(y_{g2}\cos\alpha-x_{g2}\sin\alpha-R_{g2}\theta_{g2})\cos\beta_b+z_{g2}\sin\beta_b-e_2]\end{aligned}\right\}\tag{3-14}$$

$$\left.\begin{aligned}F_{c1}=c_{m1}(\dot{\bar{y}}_{p1}+\dot{\bar{y}}_{g1}-\dot{e}_1)=c_{m1}[(R_{p1}\dot{\theta}_{p1}+\dot{x}_{p1}\sin\alpha-\dot{y}_{p1}\cos\alpha)\cos\beta_b+\dot{z}_{p1}\sin\beta_b+\\(\dot{y}_{g1}\cos\alpha-\dot{x}_{g1}\sin\alpha-R_{g1}\dot{\theta}_{g1})\cos\beta_b-\dot{z}_{g1}\sin\beta_b-\dot{e}_1]\\F_{c2}=c_{m2}(\dot{\bar{y}}_{p2}+\dot{\bar{y}}_{g2}-\dot{e}_2)=c_{m2}[(R_{p2}\dot{\theta}_{p2}+\dot{x}_{p2}\sin\alpha-\dot{y}_{p2}\cos\alpha)\cos\beta_b-\dot{z}_{p2}\sin\beta_b+\\(\dot{y}_{g2}\cos\alpha-\dot{x}_{g2}\sin\alpha-R_{g2}\dot{\theta}_{g2})\cos\beta_b+\dot{z}_{g2}\sin\beta_b-\dot{e}_2]\end{aligned}\right\}\tag{3-15}$$

式中：k_m 为齿轮啮合刚度；c_m 为齿轮啮合阻尼。

啮合力为

$$\left.\begin{aligned}F_{pg1}&=F_{k1}+F_{c1}\\F_{pg2}&=F_{k2}+F_{c2}\end{aligned}\right\}\tag{3-16}$$

作用于主、从动轮上的轮齿动态啮合力分量分别为

$$\left.\begin{aligned}
F_{\mathrm{pg1}x}&=F_{\mathrm{pg1}}\cos\beta_{\mathrm{b}}\sin\alpha\\
F_{\mathrm{pg2}x}&=F_{\mathrm{pg2}}\cos\beta_{\mathrm{b}}\sin\alpha\\
F_{\mathrm{pg1}y}&=F_{\mathrm{pg1}}\cos\beta_{\mathrm{b}}\cos\alpha\\
F_{\mathrm{pg1}y}&=F_{\mathrm{pg2}}\cos\beta_{\mathrm{b}}\cos\alpha\\
F_{\mathrm{pg1}z}&=F_{\mathrm{pg1}}\sin\beta_{\mathrm{b}}\\
F_{\mathrm{pg2}z}&=F_{\mathrm{pg2}}\sin\beta_{\mathrm{b}}
\end{aligned}\right\}\tag{3-17}$$

依据各零件受力关系，可得到各齿轮运动微分方程。

齿轮 p_1 运动微分方程为

$$\left.\begin{aligned}
&m_{\mathrm{p1}}\ddot{x}_{\mathrm{p1}}+c_{\mathrm{p1}xx}\dot{x}_{\mathrm{p1}}+k_{\mathrm{p1}xx}x_{\mathrm{p1}}+c_{\mathrm{p1}xy}\dot{y}_{\mathrm{p1}}+k_{\mathrm{p1}xy}y_{\mathrm{p1}}+c_{\mathrm{p}x}(\dot{x}_{\mathrm{p1}}-\dot{x}_{\mathrm{p2}})+\\
&k_{\mathrm{p}x}(x_{\mathrm{p1}}-x_{\mathrm{p2}})=-F_{\mathrm{pg1}}\cos\beta_{\mathrm{b}}\sin\alpha\\
&m_{\mathrm{p1}}\ddot{y}_{\mathrm{p1}}+c_{\mathrm{p1}yy}\dot{y}_{\mathrm{p2}}+k_{\mathrm{p1}yy}y_{\mathrm{p1}}+c_{\mathrm{p1}yx}\dot{x}_{\mathrm{p1}}+k_{\mathrm{p1}yx}x_{\mathrm{p1}}+c_{\mathrm{p}y}(\dot{y}_{\mathrm{p1}}-\dot{y}_{\mathrm{p2}})+\\
&k_{\mathrm{p}y}(y_{\mathrm{p1}}-y_{\mathrm{p2}})=F_{\mathrm{pg1}}\cos\beta_{\mathrm{b}}\cos\alpha\\
&m_{\mathrm{p1}}\ddot{z}_{\mathrm{p1}}+c_{\mathrm{p1}z}(\dot{z}_{\mathrm{p1}}-\dot{z}_{\mathrm{p2}})+k_{\mathrm{p1}z}(z_{\mathrm{p1}}-z_{\mathrm{p2}})=F_{\mathrm{pg1}}\sin\beta_{\mathrm{b}}\\
&I_{\mathrm{p1}}\ddot{\theta}_{\mathrm{p1}}+c_{\mathrm{p}\theta}(\dot{\theta}_{\mathrm{p1}}-\dot{\theta}_{\mathrm{p2}})+k_{\mathrm{p}\theta}(\theta_{\mathrm{p1}}-\theta_{\mathrm{p2}})=T_{\mathrm{p1}}-F_{\mathrm{pg1}}\cos\beta_{\mathrm{b}}R_{\mathrm{p1}}
\end{aligned}\right\}\tag{3-18}$$

齿轮 g_1 运动微分方程为

$$\left.\begin{aligned}
&m_{\mathrm{g1}}\ddot{x}_{\mathrm{g1}}+c_{\mathrm{g1}xx}\dot{x}_{\mathrm{g}}+k_{\mathrm{g1}xx}x_{\mathrm{g}}+c_{\mathrm{g1}xy}\dot{y}_{\mathrm{g1}}+k_{\mathrm{g1}xy}y_{\mathrm{g1}}+c_{\mathrm{g}x}(\dot{x}_{\mathrm{g1}}-\dot{x}_{\mathrm{g2}})+\\
&k_{\mathrm{g}x}(x_{\mathrm{g1}}-x_{\mathrm{g2}})=F_{\mathrm{pg1}}\cos\beta_{\mathrm{b}}\sin\alpha\\
&m_{\mathrm{g1}}\ddot{y}_{\mathrm{g1}}+c_{\mathrm{g1}yy}\dot{y}_{\mathrm{g}}+k_{\mathrm{g1}yy}y_{\mathrm{g}}+c_{\mathrm{g1}yx}\dot{x}_{\mathrm{g1}}+k_{\mathrm{g1}yx}x_{\mathrm{g1}}+c_{\mathrm{g}y}(\dot{y}_{\mathrm{g1}}-\dot{y}_{\mathrm{g2}})+\\
&k_{\mathrm{g}y}(y_{\mathrm{g1}}-y_{\mathrm{g2}})=-F_{\mathrm{pg1}}\cos\beta_{\mathrm{b}}\cos\alpha\\
&m_{\mathrm{g1}}\ddot{z}_{\mathrm{g1}}+c_{\mathrm{g1}z}\dot{z}_{\mathrm{g1}}+c_{\mathrm{g}z}(\dot{z}_{\mathrm{g1}}-\dot{z}_{\mathrm{g2}})+k_{\mathrm{g}z}(z_{\mathrm{g1}}-z_{\mathrm{g2}})=-F_{\mathrm{pg1}}\sin\beta_{\mathrm{b}}\\
&I_{\mathrm{g1}}\ddot{\theta}_{\mathrm{g1}}+c_{\mathrm{g}\theta}(\dot{\theta}_{\mathrm{g1}}-\dot{\theta}_{\mathrm{g2}})+k_{\mathrm{g}\theta}(\theta_{\mathrm{g1}}-\theta_{\mathrm{g2}})=T_{\mathrm{g1}}-F_{\mathrm{pg1}}\cos\beta_{\mathrm{b}}R_{\mathrm{g1}}
\end{aligned}\right\}\tag{3-19}$$

齿轮 p_2 运动微分方程为

$$\left.\begin{aligned}
&m_{\mathrm{p2}}\ddot{x}_{\mathrm{p2}}+c_{\mathrm{p2}xx}\dot{x}_{\mathrm{p2}}+k_{\mathrm{p2}xx}x_{\mathrm{p2}}+c_{\mathrm{p2}xy}\dot{y}_{\mathrm{p2}}+k_{\mathrm{p2}xy}y_{\mathrm{p2}}+c_{\mathrm{p}x}(\dot{x}_{\mathrm{p2}}-\dot{x}_{\mathrm{p1}})+\\
&k_{\mathrm{p}x}(x_{\mathrm{p2}}-x_{\mathrm{p1}})=-F_{\mathrm{pg2}}\cos\beta_{\mathrm{b}}\sin\alpha\\
&m_{\mathrm{p2}}\ddot{y}_{\mathrm{p2}}+c_{\mathrm{p2}yy}\dot{y}_{\mathrm{p2}}+k_{\mathrm{p2}yy}y_{\mathrm{p2}}+c_{\mathrm{p2}yx}\dot{x}_{\mathrm{p2}}+k_{\mathrm{p2}yx}x_{\mathrm{p2}}+c_{\mathrm{p}y}(\dot{y}_{\mathrm{p2}}-\dot{y}_{\mathrm{p1}})+\\
&k_{\mathrm{p}y}(y_{\mathrm{p2}}-y_{\mathrm{p1}})=F_{\mathrm{pg2}}\cos\beta_{\mathrm{b}}\cos\alpha\\
&m_{\mathrm{p2}}\ddot{z}_{\mathrm{p2}}+c_{\mathrm{p2}z}(\dot{z}_{\mathrm{p2}}-\dot{z}_{\mathrm{p1}})+k_{\mathrm{p2}z}(z_{\mathrm{p2}}-z_{\mathrm{p1}})=F_{\mathrm{pg2}}\sin\beta_{\mathrm{b}}\\
&I_{\mathrm{p2}}\ddot{\theta}_{\mathrm{p2}}+c_{\mathrm{p}\theta}(\dot{\theta}_{\mathrm{p2}}-\dot{\theta}_{\mathrm{p1}})+k_{\mathrm{p}\theta}(\theta_{\mathrm{p2}}-\theta_{\mathrm{p1}})=-F_{\mathrm{pg2}}\cos\beta_{\mathrm{b}}R_{\mathrm{p2}}
\end{aligned}\right\}\tag{3-20}$$

齿轮 g_2 运动微分方程为

$$\left.\begin{aligned}
&m_{g2}\ddot{x}_{g2}+c_{g2y}\dot{x}_{g2}+k_{g2y}x_{g2}+c_{g2xy}\dot{y}_{g2}+k_{g2xy}y_{g2}+c_{gx}(\dot{x}_{g2}-\dot{x}_{g1})+\\
&k_{gx}(x_{g2}-x_{g1})=F_{pg2}\cos\beta_b\sin\alpha\\
&m_{g2}\ddot{y}_{g2}+c_{g2y}\dot{y}_{g2}+k_{g2y}y_{g2}+c_{g2yx}\dot{x}_{g2}+k_{g2yx}x_{g2}+c_{gy}(\dot{y}_{g2}-\dot{y}_{g1})+\\
&k_{gy}(y_{g2}-y_{g1})=-F_{pg2}\cos\beta_b\cos\alpha\\
&m_{g2}\ddot{z}_{g2}+c_{g2z}\dot{z}_{g2}+c_{gz}(\dot{z}_{g2}-\dot{z}_{g1})+k_z z_{g2}+k_{gz}(z_{g2}-z_{g1})=-F_{pg2}\sin\beta_b\\
&I_{g2}\ddot{\theta}_{g2}+c_{p\theta}(\dot{\theta}_{p2}-\dot{\theta}_{p1})+k_{p\theta}(\theta_{p2}-\theta_{p1})=-F_{pg2}\cos\beta_b R_{g2}
\end{aligned}\right\}\tag{3-21}$$

式中:m_{pi} 为小轮齿轮质量($i=1,2$);m_{gi} 为大齿轮质量($i=1,2$)。

由于人字齿轮结构尺寸较大,因此在模型中还需要考虑重力作用,计算重力时取

$$G_{pi}=m_{pi}g\quad G_{gi}=m_{gi}g,\quad i=1,2\tag{3-22}$$

式中:g 为重力加速度,方向为竖直向下,即动力学模型中的 Y 方向。

整合齿轮运动微分方程可得人字齿轮传动数学模型。

3.3 定轴轮系有限元法建模

3.2 节所建的动力学模型侧重于分析齿轮副的响应,一般将齿轮、轴和轴承视为一体,以简单的弯曲和扭转刚度代替弹性轴段之间的复杂耦合作用。由于未对轴段和轴承进行单独建模,因此这类模型在求解齿轮啮合动载荷时具有一定精度,但却无法准确计算轴系和轴承的响应。而轴承处的振动和动载荷会传递至齿轮箱体,是箱体产生振动和自鸣噪声的主要激励形式。因此,建立齿轮-轴-轴承-箱体系统的耦合动力学模型来获取更为准确的轴承响应,对更好地预测系统的振动噪声具有重要意义。

本节将采用有限元法建立两级齿轮传动系统有限元模型,利用 newmark-β 时域积分法求解了其动态响应,进行了模态分析与动态响应分析。

3.3.1 二级齿轮传动有限元动力学模型建立

本节以 SQI 综合试验台的二级齿轮传动系统为研究对象,实物图如图 3-9(a)所示。定义广义坐标系 vOw,构建传动系统的三维模型如图 3-9(b)所示。该

系统主要由 2 对直齿圆柱齿轮副、6 个深沟球轴承及 3 根传动轴组成，其具体参数分别见表 3-1～表 3-3。

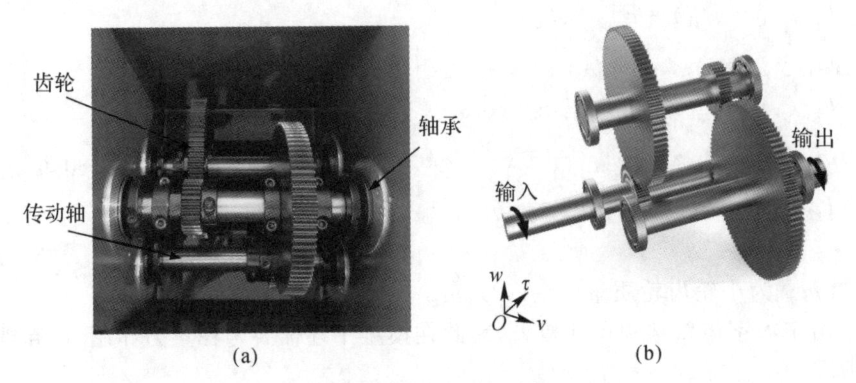

(a) (b)

图 3-9 二级传动系统实物图与三维示意图

(a)实物图；(b)三维示意图

表 3-1 轴承参数

内滚道直径/mm	外滚道直径/mm	滚珠直径/mm	滚珠数	节圆直径/mm	吻合度	径向游隙
28.7	46.6	8.7	8	37.65	0.517 2	0.5

表 3-2 传动轴参数

	轴长/m	直径/mm	密度/(kg·m^{-3})	剪切模量/Pa	弹性模量/Pa
输入轴	0.24	20	7 850	8×10^{10}	2.1×10^{11}
中间轴	0.16	20	7 850	8×10^{10}	2.1×10^{11}
输出轴	0.18	20	7 850	8×10^{10}	2.1×10^{11}

表 3-3 齿轮副参数

	1st 主动轮	1st 从动轮	2nd 主动轮	2nd 从动轮
齿数	36	90	29	100
转动惯量/(kg·m^2)	2×10^{-4}	3.04×10^{-3}	1×10^{-4}	8.71×10^{-3}
模数/mm	1.5	1.5	1.5	1.5
压力角/(°)	20	20	20	20
齿宽/mm	12	12	12	12
质量/kg	0.16	1.3	0.09	1.6

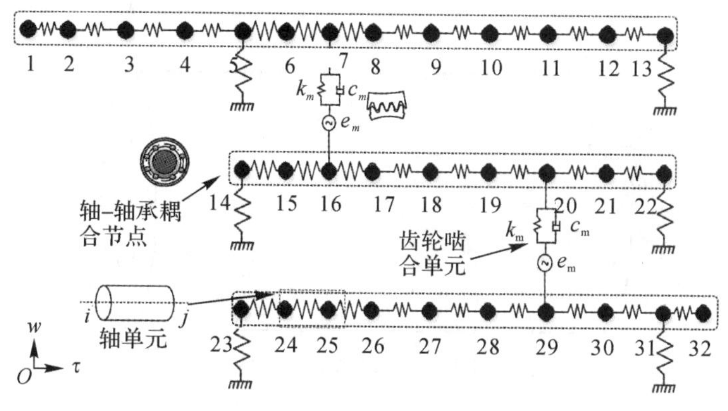

图 3-10　齿轮传动系统有限元模型图

基于该机构传动模式，为提高轴承振动响应求解精度，计入传动轴柔性作用，采用广义有限元法建立二级齿轮传动系统动力学模型。如图 3-10 所示，系统子单元主要包括 2 个齿轮啮合单元，29 个轴单元，并在轴承支承位置设置轴-轴承耦合节点，其中，轴承分别作用于节点 5、13、14、22、23、31。

各节点划分规则及假设如下所示：

(1)轴节点：将传动轴视为等截面部件，一般以传动轴端点为起点，沿轴中心线均匀设置。

(2)齿轮节点：齿轮齿宽中分平面与传动轴中心轴线交点。

(3)轴-轴承耦合节点：轴承宽度中分平面与传动轴中心轴线交点。

3.3.2　子单元动力学模型

实际齿轮装置是一个质量连续分布的弹性系统，具有无穷多个自由度。典型的齿轮转子系统通常由齿轮、弹性轴段和轴承 3 类部件组成。如图 3-10 所示，二级传动系统包含单元类型分为 3 类，分别为轴单元、齿轮单元与轴承单元。本节详细介绍 3 类子单元的动力学模型的构建过程。

1. 轴单元动力学建模

根据传动轴及直齿轮传动系统特点，可知其轴主要受到外力扭矩与齿轮传动产生的径向载荷的作用，且通常在齿轮系统中轴段宽径比($b/2r$)较小，需考虑剪切变形，对此结合 Timoshenko 梁理论进行受力分析，构造空间梁单元模型如图 3-11 所示。

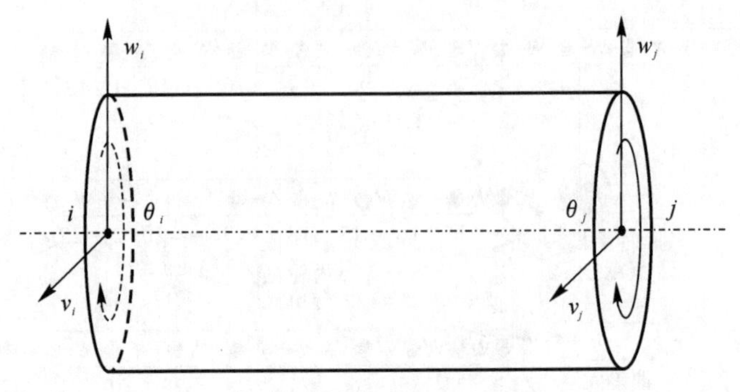

图 3-11　轴单元示意图

建模过程中,主要包括考虑传动轴节点位置 2 个横向自由度以及 1 个轴向的扭转自由度,以此定义轴单元两节点坐标系为$\{v_i, w_i, \theta_i, v_j, w_j, \theta_j\}$,得到维度为 6 的轴单元质量矩阵及单元刚度矩阵,其具体形式分别如下:

$$\boldsymbol{M}_{\mathrm{e}}=\frac{\pi r^3 l}{6}\begin{bmatrix} 2 & 0 & 0 & 1 & 0 & 0 \\ 0 & 2 & 0 & 0 & 1 & 0 \\ 0 & 0 & \dfrac{2J}{\pi r^2} & 0 & 0 & \dfrac{J}{\pi r^2} \\ 1 & 0 & 0 & 2 & 0 & 0 \\ 0 & 1 & 0 & 0 & 2 & 0 \\ 0 & 0 & \dfrac{J}{\pi r^2} & 0 & 0 & \dfrac{2J}{\pi r^2} \end{bmatrix} \tag{3-23}$$

$$\boldsymbol{K}_{\mathrm{e}}=\begin{bmatrix} \dfrac{G\cdot\pi r^2}{\lambda\cdot l} & 0 & 0 & -\dfrac{G\cdot\pi r^2}{\lambda\cdot l} & 0 & 0 \\ 0 & \dfrac{G\cdot\pi r^2}{\lambda\cdot l} & 0 & 0 & -\dfrac{G\cdot\pi r^2}{\lambda\cdot l} & 0 \\ 0 & 0 & \dfrac{G\cdot J}{l} & 0 & 0 & -\dfrac{G\cdot J}{l} \\ -\dfrac{G\cdot\pi r^2}{\lambda\cdot l} & 0 & 0 & \dfrac{G\cdot\pi r^2}{\lambda\cdot l} & 0 & 0 \\ 0 & -\dfrac{G\cdot\pi r^2}{\lambda\cdot l} & 0 & 0 & \dfrac{G\cdot\pi r^2}{\lambda\cdot l} & 0 \\ 0 & 0 & -\dfrac{G\cdot J}{l} & 0 & 0 & \dfrac{G\cdot J}{l} \end{bmatrix} \tag{3-24}$$

式中:r 为转轴半径;l 为轴单元长度;J 表示截面惯性矩;G 为剪切模量 λ 为转

轴单元截面形状系数。

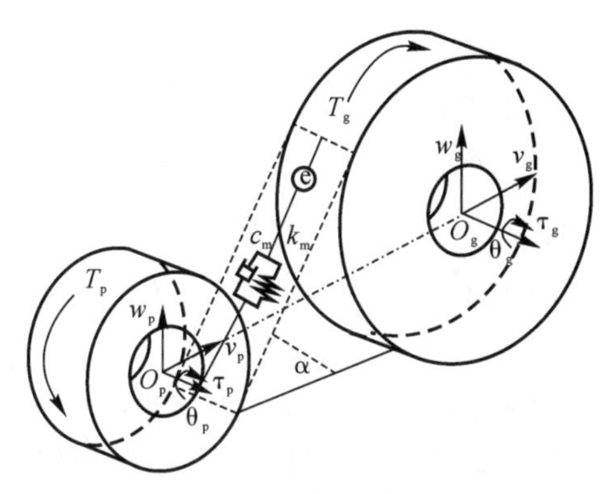

图 3-12　齿轮啮合单元示意图

2.齿轮单元动力学建模

针对直齿圆柱齿轮副模型特性，进行以下假设：

(1)忽略轮齿啮合过程中的相互滑移及摩擦作用；

(2)轮齿间啮合力始终作用于啮合面内，且与啮合线相垂直；

(3)将齿轮轮体视为刚性体，且将啮合轮齿作用效果等效为具有一定刚度的弹簧连接，其中弹簧刚度等于齿轮啮合刚度；

(4)齿轮副综合阻尼为黏性阻尼；

(5)忽略轮齿啮合过程中间隙影响；

(6)忽略轮体旋转过程中伴随的陀螺效应。

基于以上假设，将轮齿啮合作用等效为黏弹性体，采用开尔文模型对啮合效应进行描述。在此基础上，考虑综合误差及啮合刚度时变性，建立图 3-12 所示的六自由度齿轮啮合单元动力学模型。

图 3-12 中，θ_p、θ_g 为齿轮副扭转方向振动自由度，w_p、v_p、w_g、v_g 表示齿轮副横向振动自由度。其中，符号下标 p、g 分别表示主动轮、从动轮，α_q 代表压力角。因此，齿轮副啮合单元各振动自由度沿啮合线方向投影关系如下

$$\left.\begin{aligned}\bar{X}_p&=w_p\sin\alpha_q+v_p\cos\alpha_q-r_p\theta_p\\ \bar{X}_g&=w_g\sin\alpha_q+v_g\cos\alpha_q+r_g\theta_g\end{aligned}\right\}\tag{3-25}$$

式中：r_p 为主动轮基圆半径；r_g 为从动轮基圆半径。

则沿着啮合线方向齿轮副相对啮合线变形量 δ 为

$$\delta=x_p\sin\alpha_q+y_p\cos\alpha_q-r_p\theta_p-x_g\sin\alpha_q-y_g\cos\alpha_q-r_g\theta_g-e\tag{3-26}$$

式中：e 为综合传递误差。

结合 D'Alembert 原理，得该齿轮副运动微分方程为

$$\left.\begin{aligned}
&m_{\mathrm{p}}\ddot{v}_{\mathrm{p}}+c_{\mathrm{m}}\dot{\delta}\sin\alpha_{\mathrm{q}}+k_{\mathrm{m}}\delta\sin\alpha_{\mathrm{q}}+f_{\mathrm{s}}\sin\alpha_{\mathrm{q}}=0\\
&m_{\mathrm{p}}\ddot{w}_{\mathrm{p}}+c_{\mathrm{m}}\dot{\delta}\cos\alpha_{\mathrm{q}}+k_{\mathrm{m}}\delta\cos\alpha_{\mathrm{q}}+f_{\mathrm{s}}\cos\alpha_{\mathrm{q}}=0\\
&I_{\mathrm{p}}\ddot{\theta}_{\mathrm{p}}-c_{\mathrm{m}}\dot{\delta}r_{\mathrm{p}}-k_{\mathrm{m}}\delta r_{\mathrm{p}}-f_{\mathrm{s}}r_{\mathrm{p}}=0\\
&m_{\mathrm{g}}\ddot{v}_{\mathrm{g}}-c_{\mathrm{m}}\dot{\delta}\sin\alpha_{\mathrm{q}}-k_{\mathrm{m}}\delta\sin\alpha_{q}-f_{s}\sin\alpha_{\mathrm{q}}=0\\
&m_{\mathrm{g}}\ddot{w}_{\mathrm{g}}-c_{\mathrm{m}}\dot{\delta}\cos\alpha_{\mathrm{q}}-k_{\mathrm{m}}\delta\cos\alpha_{\mathrm{q}}-f_{s}\cos\alpha_{\mathrm{q}}=0\\
&I_{\mathrm{g}}\ddot{\theta}_{\mathrm{g}}-c_{\mathrm{m}}\dot{\delta}r_{\mathrm{g}}-k_{\mathrm{m}}\delta r_{\mathrm{g}}-f_{\mathrm{s}}r_{\mathrm{g}}=0
\end{aligned}\right\}\tag{3-27}$$

式中：m_{p}、m_{g} 分别为主动轮、从动轮质量；c_{m} 为齿轮啮合阻尼；k_{m} 为齿轮啮合刚度；I_{p}、I_{g} 分别为主动轮、从动轮转动惯量；f_{s} 为齿轮副的法向冲击力。

因此，齿轮副啮合刚度矩阵可表示为

$$\boldsymbol{K}_{\mathrm{m}}=\begin{bmatrix}
k_{\mathrm{m}}\sin^2\alpha_{\mathrm{q}} & k_{\mathrm{m}}\sin\alpha_{\mathrm{q}}\cos\alpha_{\mathrm{q}} & -k_{\mathrm{m}}\sin\alpha_{\mathrm{q}}r_1 & -k_{\mathrm{m}}\sin^2\alpha_{\mathrm{q}} & -k_{\mathrm{m}}\sin\alpha_{\mathrm{q}}\cos\alpha_{\mathrm{q}} & -k_{\mathrm{m}}\sin\alpha_{\mathrm{q}}r_2\\
k_{\mathrm{m}}\sin\alpha_{\mathrm{q}}\cos\alpha_{\mathrm{q}} & k_{\mathrm{m}}\cos^2\alpha_{\mathrm{q}} & -k_{\mathrm{m}}\cos\alpha_{\mathrm{q}}r_1 & -k_{\mathrm{m}}\sin\alpha_{q}\cos\alpha & -k_{\mathrm{m}}\cos^2\alpha_{\mathrm{q}} & -k_{\mathrm{m}}\cos\alpha_{\mathrm{q}}r_2\\
-k_{\mathrm{m}}\sin\alpha_{\mathrm{q}}r_1 & -k_{\mathrm{m}}\cos\alpha_{\mathrm{q}}r_1 & k_{\mathrm{m}}r_1^2 & k_{\mathrm{m}}\sin\alpha_{\mathrm{q}}r_1 & k_{\mathrm{m}}\cos\alpha_{\mathrm{q}}r_1 & k_{\mathrm{m}}r_1r_2\\
-k_{\mathrm{m}}\sin^2\alpha_{\mathrm{q}} & -k_{\mathrm{m}}\sin\alpha_{\mathrm{q}}\cos\alpha_{q} & k_{\mathrm{m}}\sin\alpha_{\mathrm{q}}r_1 & k_{\mathrm{m}}\sin^2\alpha_{\mathrm{q}} & k_{\mathrm{m}}\sin\alpha_{\mathrm{q}}\cos\alpha_{\mathrm{q}} & k_{\mathrm{m}}\sin\alpha_{\mathrm{q}}r_2\\
-k_{\mathrm{m}}\sin\alpha_{\mathrm{q}}\cos\alpha_{\mathrm{q}} & -k_{\mathrm{m}}\cos^2\alpha_{\mathrm{q}} & k_{\mathrm{m}}\cos\alpha_{\mathrm{q}}r_1 & k_{\mathrm{m}}\sin\alpha_{\mathrm{q}}\cos\alpha_{q} & k_{\mathrm{m}}\cos^2\alpha_{\mathrm{q}} & k_{\mathrm{m}}\cos\alpha_{\mathrm{q}}r_2\\
-k_{\mathrm{m}}\sin\alpha_{\mathrm{q}}r_2 & -k_{\mathrm{m}}\cos\alpha_{\mathrm{q}}r_2 & k_{\mathrm{m}}r_1r_2 & k_{\mathrm{m}}\sin\alpha_{\mathrm{q}}r_2 & k_{\mathrm{m}}\cos\alpha_{\mathrm{q}}r_2 & k_{\mathrm{m}}r_2^2
\end{bmatrix}\tag{3-28}$$

3. 轴承单元动力学建模

轴承在传动系统中主要起到支撑轴系，降低旋转运动的摩擦作用。在系统运转过程中，轴承滚子依次通过受载区域，将其材料视为弹性体，从而整体形变过程可分为初始接触状态→最大接触变形→弹性恢复。在此过程，轴承载荷状态大致可分为“奇压”与“偶压”，如图 3-13 所示。

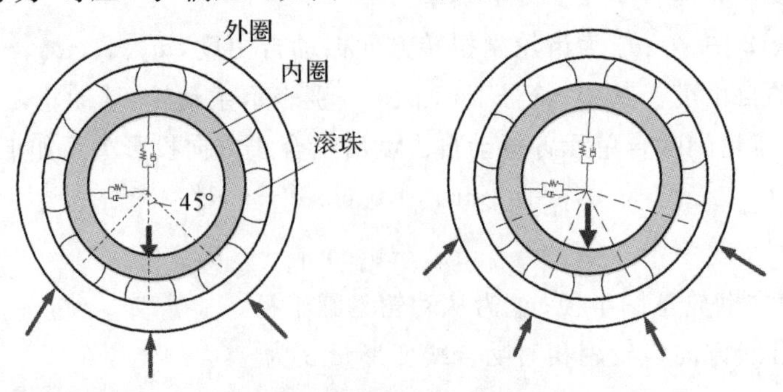

图 3-13　轴承单元示意图

“奇压”状态下，轴承支撑刚度 k_{bo} 可表示为

$$k_{bo}=\frac{F_r}{\delta_r} \tag{3-29}$$

式中：F_r 为轴承所受径向载荷；δ_r 为轴承径向位移。二者计算公式为

$$\left.\begin{aligned} F_r &= ZK_n\left(\delta_r-\frac{1}{2}P_d\right)^{10/9}J_r(\varepsilon) \\ \delta_r &= 4.36\times10^{-4}\times\frac{Q_{max}^{2/3}}{D^{1/3}\cos\alpha} \end{aligned}\right\} \tag{3-30}$$

式中：Z 为滚动体个数；K_n 为沿法向载荷方向的载荷-位移系数。

在偶压状态下，将分配到滚子方位角为 $\pm22.5°$ 的载荷视为此时最大载荷，并将该值代入式(3－29)和式(3－30)以得到轴承偶压状态下的刚度 k_{be}。

将本模型中的三组深沟球轴承的刚度分布视为各向同性，则 $K_v(t)$、$K_w(t)$ 分别代表水平方向与垂直方向轴承的时变刚度可表示为

$$K_{v,w}(t)=K_o+K_a\sin(2\pi f_b t+\beta_o) \tag{3-31}$$

式中：K_o 为轴承静刚度；K_a 为轴承刚度波动幅值；f_b 为轴承通过频率；β_o 为轴承相位角。其中，$K_o=(k_{bo}+k_{be})/2$。

3.3.3　单元矩阵总装

根据两级齿轮传动相位关系，建立系统整体传动模型。综合考虑总装矩阵的带宽进行编号(即总装矩阵非零数值集中程度越高越好)，再依次按照节点系数将子矩阵进行总装，得到系统总装矩阵如图 3－14 所示。在此基础上，去除刚体位移后，整体总装矩阵规模为 95×95。其中，输入轴包含 38 个自由度，中间轴包含 27 个自由度，输出轴包含 30 个自由度，其余空白处均为 0 元素。

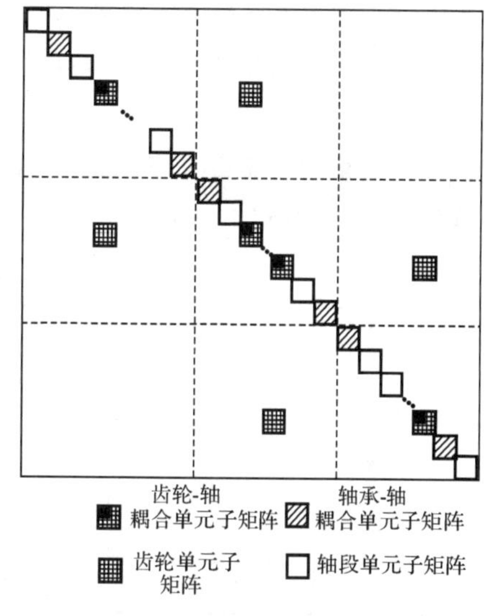

图 3－14　系统总装示意图

因此，构建系统总体动力学方程表示为

$$\boldsymbol{M}\ddot{\boldsymbol{X}}+\boldsymbol{C}\dot{\boldsymbol{X}}+\boldsymbol{K}\boldsymbol{X}=\boldsymbol{P}_o+\boldsymbol{F}_e \tag{3-32}$$

式中：$\boldsymbol{X}$ 表示位移列阵；$\boldsymbol{M}$、$\boldsymbol{C}$、$\boldsymbol{K}$ 均为 95×95 矩阵，其分别为系统的质量总装矩阵、系统的阻尼总装矩阵、系统的刚度总装矩阵；$\boldsymbol{P}_o$ 为系统外部激励；$\boldsymbol{F}_e$ 为系统误差激励。

3.3.4 系统动态响应分析

1. 模态分析

模态分析广泛应用于结构振动分析、故障诊断及结构优化多个领域。模态参数主要包括固有频率、固有振型、模态质量等。其中，固有频率与固有振型是能直接反映系统的振动特性，是系统辨识的重要参数。两者作为系统损伤检测的主要指标，具有测量精度高，工程易实现等优点。为辨识传动系统响应的主要频率成分及主要振动形式，对系统模态进行求解。

在外载荷 $F=0$ 时，可得系统自由振动方程：

$$\boldsymbol{M}\ddot{\boldsymbol{X}}+\boldsymbol{K}\boldsymbol{X}=0 \tag{3-33}$$

令式(3－33)的特解为$\{x\}=\{X\}e^{jwt}$，代入式(3－33)中，从而得到系统的振动特征方程为

$$[K-w_i^2M]\{X_i\}=0 \tag{3-34}$$

式中：w_i 为第 i 阶系统圆频率；X_i 为随之对应的模态振型；下标 i 为 1、2、3。

将圆频率通过式(3－35)转化为系统固有频率 w_i^n，即

$$w_i^n=w_i/2\pi \tag{3-35}$$

由此求解出系统 95 阶固有频率及其对应的振型，为辨析系统的频率成分列出前 10 阶固有频率见表 3－4。

表 3－4 系统前 10 阶固有频率

阶次	数值	主振型	阶次	数值	主振型
1	127.93	扭转	2	204.58	扭转
3	1 055.74	扭转	4	1 129.50	扭转
5	1 130.55	平移	6	1 230.07	扭转
7	2 119.63	扭转	8	2 875.79	扭转
9	2 969.44	平移	10	5 120.66	扭转

由表 3－4 可知，该传动系统主要振动形式包括齿轮副的扭转振动及传动轴的横向平移振动，其典型振动模式如图 3－15 所示。

图 3－15(a)为传动系统第 1 阶振型，其主要振动形式表现为以第 1 级齿轮副的主动轮的扭转振动为主；图 3－15(b)为传动系统第 3 阶振型，其主要振动

形式表现为以第2级齿轮副的主动轮的扭转振动为主；图3-15(c)为传动系统第5阶振型，其主要振动形式表现为以输出轴的横向振动为主；图3-15(d)为传动系统第9阶振型，其主要振动形式表现为以输入轴的横向振动为主。

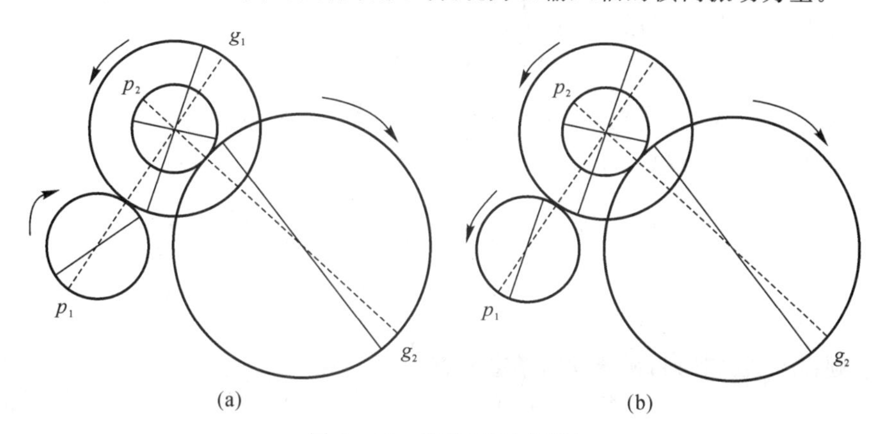

图3-15　传动系统振型图

(a)第1阶振型；(b)第3阶振型；(c)第5阶振型；(d)第9阶振型

2.动态响应

受齿轮时变啮合刚度和齿侧间隙等因素的影响，齿轮系统动力学微分方程组通常为非线性变系数微分方程组，因此定常微分方程组的许多解法无法直接使用。求解齿轮系统动力学方程组的方法主要分为解析法和数值法。解析法的关键问题是分析模型中的时变参数(啮合刚度等)和非线性参数(齿侧间隙等)的简化及描述问题，一般可直接得到稳态解。解析法主要包括模态叠加法、傅里叶级数法、谐波平衡法、多尺度法、AOM法等。数值法主要是各种数值积分方法，其应用场合比较广泛。在齿轮系统动力学分析时，常用的数值算法包括Newmark法、Runge Kutta法、Gill法和打靶法等。本节采用Newmark-β法对系统进行求解。

Newmark-β时域积分求解系统总体动力学方程基本思想如下

该算法假定在某一子步间其加速度$\ddot{X}$为常量，并且介于前一子步节点$\ddot{X}_i$，与后一子步节点$\ddot{X}_{i+\Delta t}$之间，其关系式为

$$\left.\begin{aligned}\ddot{X}&=\ddot{X}_i+\delta(\ddot{X}_{i+\Delta t}-\ddot{X}_i)\\ \ddot{X}&=\ddot{X}_i+2\alpha(\ddot{X}_{i+\Delta t}-\ddot{X}_i)\end{aligned}\right\}\tag{3-36}$$

式中：δ、α均为控制参数，其决定着计算过程的精度与稳定性。当参数满足下式

时，该算法始终保持稳定：

$$\left.\begin{aligned} &\delta > 0.5 \\ &\alpha > 0.25(\delta + 0.5) \end{aligned}\right\} \tag{3-37}$$

对式(3-36)进行积分运算可得

$$\left.\begin{aligned} &\dot{X}_{i+\Delta t} = \dot{X}_i + [(1-\delta)\ddot{X}_i + \delta\ddot{X}_{i+\Delta t}]\Delta t \\ &X_{i+\Delta t} = X_i + \dot{X}\Delta t + [(0.5-\alpha)\ddot{X}_i + \alpha\ddot{X}_{i+\Delta t}]\Delta t^2 \end{aligned}\right\} \tag{3-38}$$

由式(3-38)可得 $\dot{X}_{i+\Delta t}$、$\ddot{X}_{i+\Delta t}$ 的表达式，即

$$\left.\begin{aligned} &\ddot{X}_{i+\Delta t} = \frac{1}{\alpha\Delta t^2}(X_{i+\Delta t} - X_i) - \frac{1}{\alpha\Delta t}\dot{X}_i - \left(\frac{1}{2\alpha} - 1\right)\ddot{X}_i \\ &\dot{X}_{i+\Delta t} = \frac{\delta}{\alpha\Delta t^2}(X_{i+\Delta t} - X_i) - \left(1 - \frac{\delta}{\alpha}\right)\dot{X}_i - \left(1 - \frac{1}{2\alpha}\right)\ddot{X}_i \end{aligned}\right\} \tag{3-39}$$

则在 $t+\Delta t$ 时刻，系统动力学微分方程为

$$M\ddot{X}_{i+\Delta t} + C\dot{X}_{i+\Delta t} + KX_{i+\Delta t} = P_{i+\Delta t} \tag{3-40}$$

结合式(3-39)与式(3-40)计算出$\{X\}_{i+\Delta t}$，则

$$\hat{K}X_{i+\Delta t} = \hat{P}_{i+\Delta t} \tag{3-41}$$

式中：$\hat{K}$ 为系统的等效刚度矩阵；$\hat{P}_{i+\Delta t}$ 为系统的有效载荷向量。

其中

$$\left.\begin{aligned} &\hat{K} = K + \alpha_0 M + \alpha_1 C \\ &\hat{R}_{i+\Delta t} = R_{i+\Delta t} + M(\alpha_o X_i + \alpha_2 \dot{X}_i + \alpha_3 \ddot{X}_i) + C(\alpha_1 X_i + \alpha_4 \dot{X}_i + \alpha_5 \ddot{X}_i) \end{aligned}\right\} \tag{3-42}$$

式中：$\alpha_0 = \frac{1}{\alpha\Delta t^2}$；$\alpha_1 = \frac{\delta}{\alpha\Delta t}$；$\alpha_3 = \frac{1}{2\delta} - 1$；$\alpha_4 = \frac{\delta}{\alpha} - 1$；$\alpha_5 = \frac{\Delta t}{2}(\frac{\delta}{\alpha} - 2)$；$\alpha_6 = \Delta t(1-\delta)$；$\alpha_7 = \delta\Delta t$。

以此，联立式(3-39)与式(3-40)可得$\{X\}_{i+\Delta t}$、$\{\dot{X}\}_{i+\Delta t}$ 与$\{\ddot{X}\}_{i+\Delta t}$。

基于上述算法，设置输入转速 w 为 500 r/min，负载扭矩 $T=100$ N·m，求解系统振动响应。根据速度传递关系，则输入轴转频 $f_{t1}=8.3$ Hz，中间轴转频 $f_{t2}=3.3$ Hz，输出轴转频 $f_{t3}=0.96$ Hz。同时，结合齿轮相关参数，得到第 1 级齿轮副啮合频率 $f_{m1}=299.8$ Hz，第 2 级齿轮副啮合频率 $f_{m2}=95.7$ Hz。在此工况下，通过 Newmark-β 时域积分方法求得其振动响应，提取其输入轴右端的轴承振动信号如图 3-16 所示。

由图 3-16 可知，在正常状态下，其时域历程较为平稳，此时传动系统主要受齿轮啮合频率激励。因此，在其频域图中主要频率成分表现为系统固有频率、两级齿轮啮合频率及其倍频的组合。

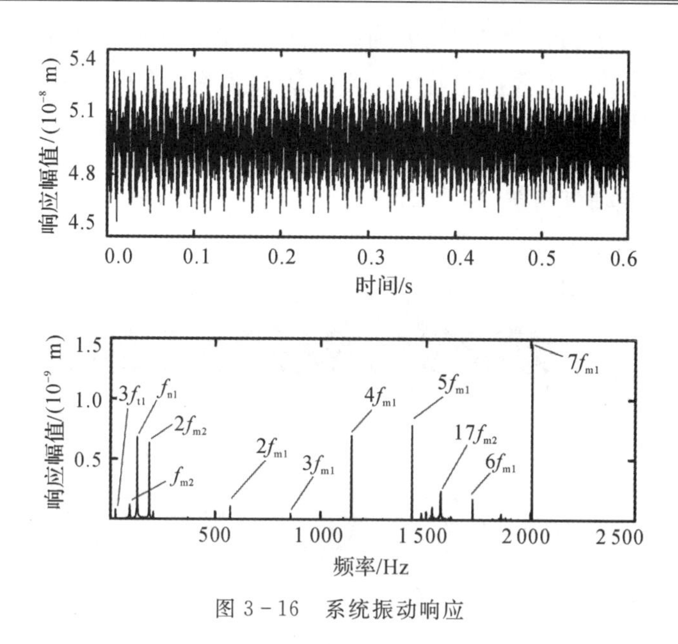

图 3-16　系统振动响应

3.3.5　有限元建模法有效性验证

在齿轮传动系统中，振动信号通过齿轮、轴和轴承传递到齿轮箱表面。振动信号在传输过程中会逐渐衰减，高频振动也会逐渐衰减，并且信号衰减速度比低频信号快。为了减少水平传播中的信号衰减，加速度测量点应放置在振动源附近，例如齿轮箱轴承座，如图 3-17(b)所示。测点方向为轴承的径向，通过将加速度传感器 608A11 在轴承座进行布点，使用采集卡 DT9837 将测得的振动信号进行导出分析。

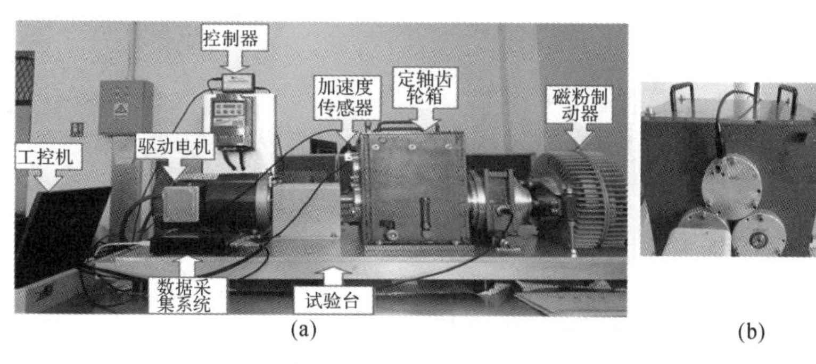

图 3-17　齿轮传动实验台
(a)传动试验台；(b)测点位置

在输入转速为 960 r/min,负载扭矩为 10 N·m,采样频率为 10 kHz 的工况下进行实验操作。计算时取若干连续周期,以消除瞬态激励的影响,进行傅里叶转换得到频谱图,如图 3-18 所示。从图中可以看出:振动响应中,主要的频率成分为第一级齿轮副和第二级齿轮副的啮合频率(f_{m1}、f_{m2})及其倍频成分,低频处存在轴承通过频率(f_b)成分。

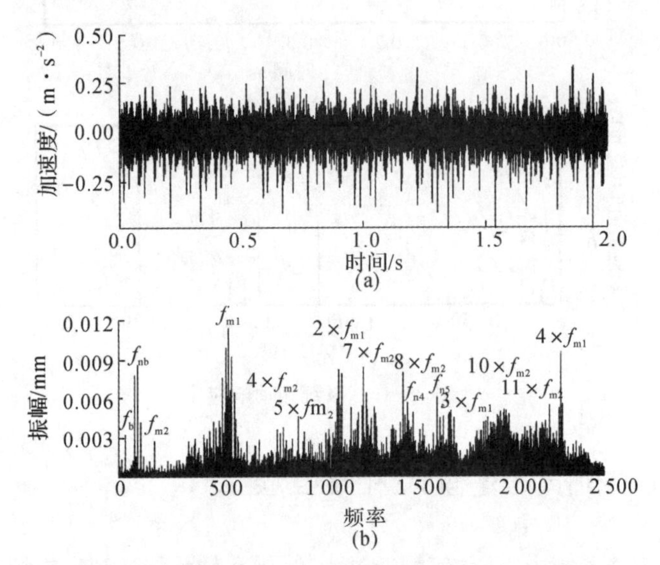

图 3-18　二级齿轮传动系统实验分析时域及频域图

二级齿轮传动系统在正常运转状态下,第一级啮合频率为 576 Hz,第二级啮合频率为 186 Hz($f_{m2}=\dfrac{w_1\times Z_{P1}}{2\pi\times Z_{g1}}Z_{p2}$,$f_{m1}=\dfrac{w_1\times Z_{P1}}{2\pi}$)。在输入转速为 960 r/min,负载扭矩为 10 N·m 时,利用 Newmark 时域积分算法仿真计算二级齿轮传动系统加速度时域信号,如图 3-19(a)所示,并进行傅里叶转换得到频谱图,如图 3-19(b)所示。

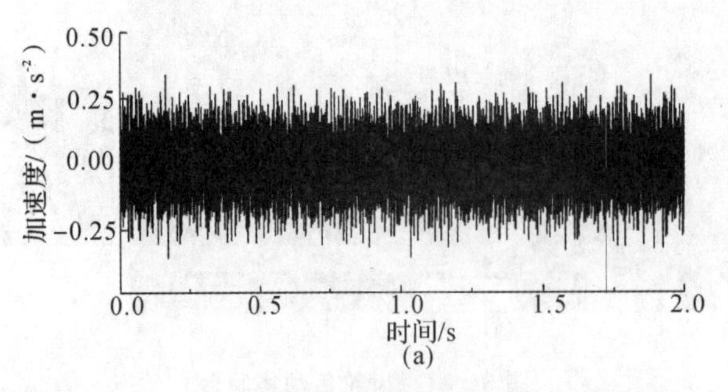

图 3-19　二级齿轮传动仿真分析时域图及频谱图

(a)加速度时域历程

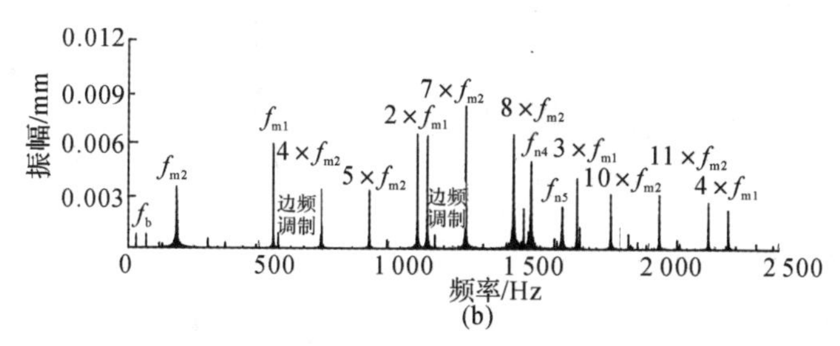

续图 3-19 二级齿轮传动仿真分析时域图及频谱图

(b)加速度频谱图

从图 3-19 中可以看出:除在极少时刻存在少量的振动冲击,振动响应信号相对平稳,节点位移加速度呈现周期性变化。振动响应中,主要频率成分包括:由于模型中计入了轴承刚度的时变性,在低频处产生了轴承通过频率(f_b)成分;第一级啮合频率(f_{m1})及第一级啮合频率的二至四倍频,其中二倍频(1 152 Hz)位置振动幅值较大,这是由于第一级啮合频率的二倍频与系统第 5 阶固有频率基本一致,使系统振动能量增大,第二级啮合频率(f_{m2})及其倍频位置也出现振动峰值,其中七倍啮合频率(1 299 Hz)与系统第 6 阶固有频率基本一致,故在此位置振动最为强烈,系统低阶固有频率如表 4 所示。第一级啮合频率及二倍频附近,存在明显的由轴承通过频率及其倍频所构成的变频调制成分。

仿真计算与实验测试加速度随转速的变化历程对比,如图 3-20 所示。从图中可以看出,当转速从 500 r/min 变化到 3 000 r/min 时,仿真计算的加速度随转速变化趋势与实验结果一致。两条曲线均含 A、B 两个峰值点,其中:A 点峰值对应转速为 1 700 r/min,传动系统第一级 2 倍啮合频率与第 3 阶固有频率(1 055 Hz)较为接近,系统振动加剧;B 点峰值对应转速为 2 200 r/min,第一级传动系统的啮合频率及二倍频与系统第 6、8 阶固有频率(1 230/2 875 Hz)相近,第二级传动系统的三倍频(1 270 Hz)与系统第 6 阶固有频率(1 230 Hz)基本一致,系统发生共振,加速度幅值急剧增加;通过共振区后,加速度随转速变化相对平稳,仿真计算的加速度值与实验测试加速度值相差不大,两条曲线基本吻合。

本节以齿轮传动试验台为研究对象,测得轴承端盖位置径向加速度,将获得的实验信号与仿真信号进行了对比分析,发现仿真与实验分析结果基本一致,验证了定轴轮系有限元建模法的有效性。

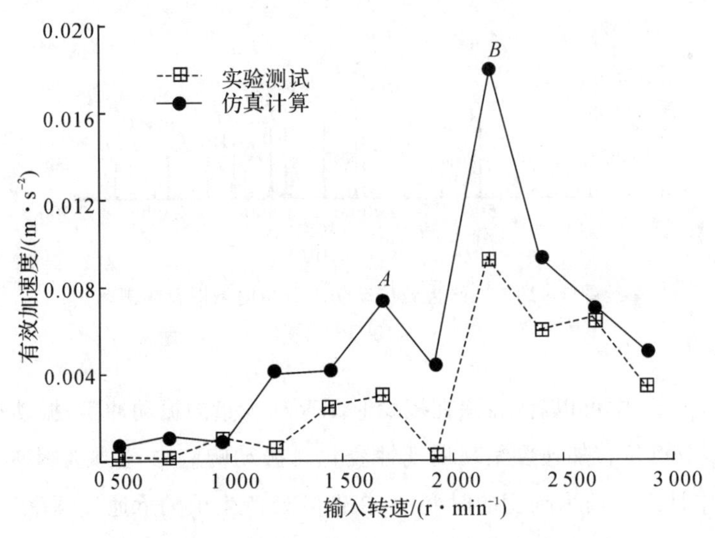

图 3-20 不同转速下的加速度仿真与实验对比

参考文献

[1] TUPLIN W A. Gear tooth stresses at high speed[J]. Proceedings of the Institution of Mechanical Engineers,1950,16:162-167.

[2] TUPLIN W A. Dynamic loads on gear teeth[J]. Machine Design,1953,25:203-211.

[3] 孙月海,张策,潘凤章,等. 直齿圆柱齿轮传动系统振动的动力学模型[J]. 机械工程学报,2000,36(8):47-54.

[4] 吴新跃,朱石坚. 人字齿轮传动的振动理论分析模型[J]. 海军工程大学学报,2001,13(5):13-19.

[5] 王立华,李润方,林腾蛟,等. 斜齿圆柱齿轮传动系统的耦合振动分析[J]. 机械设计与研究,2002,18(5):30-32.

第4章　周转轮系动力学建模

行星齿轮传动由于具有高扭矩质量比、高可靠性、高平稳性和高传动效率等优点，被广泛应用于车辆、航空、船舶、风力发电机、重型机械等各个传动领域。围绕动力学特性分析和动载荷计算的行星传动动态特性分析方法和结论一直是业界研究的焦点，研究的主要任务集中在寻找精简、高效的分析模型，预测系统的固有特性，研究计算动态响应的方法，探寻系统的激励机理和总结系统减振降噪技术。本章从上述方面对行星传动动力学的研究的发展状况予以介绍。

4.1　周转轮系模型分类

研究行星齿轮系统动力学首先要建立系统的动力学模型。根据建立动力学模型时考虑的因素的复杂程度的不同，可以把行星齿轮动力学分析模型分为线性动力学模型和非线性动力学模型。

4.1.1　周转轮系线性动力学模型

线性时不变模型(Linear Time-Invariant Models，LTIM)。这种模型不考虑齿侧间隙等非线性因素的影响，用平均啮合刚度来近似表示轮齿的啮合作用，可用来预测齿轮系统的固有频率和振型。

线性时变模型(Linear Time-Varying Models，LTVM)。这种模型考虑了啮合刚度和滚动轴承支承刚度的时变特性，从而引入了时变参数激励，得到的微分方程比较复杂。

4.1.2　周转轮系非线性动力学模型

非线性时不变模型(Nonlinear Time-Invariant Models，NTIM)。这种模型

考虑了齿侧间隙或者滚动轴承的间隙的影响。由于非线性问题的复杂性,因此许多模型中忽略了啮合刚度的时变性,就形成了非线性时不变模型。

非线性时变模型(Nonlinear Time-Varying Models,NTVM)。这种模型同时考虑了齿侧间隙和时变啮合刚度等因素的影响,包含因素最多,逐渐被后来的学者所认可,并在近些年研究中得到了广泛应用。

在这 4 种模型中,通常将非线性模型简化为单自由度或少数几个自由度,主要用来分析系统的非线性振动现象。而多自由度模型多用于系统的线性振动分析,侧重于分析齿轮系统的整体振动特性。

4.2 周转轮系动力学建模

由于行星齿轮机构结构复杂,且为过约束,因此对其进行动力学研究时必须考虑零件或运动副的弹性,根据建立动力学模型时所使用的方法和考虑的因素不同,可以把行星齿轮传动的动力学模型分为三大类,即集中参数模型、有限元模型和刚柔耦合模型[1]。

4.2.1 集中参数模型

集中参数模型将行星齿轮传动中的各个构件简化为集中质量,各个构件之间以及构件与基础之间的连接简化为弹簧,将构件的运动看成刚体运动和弹性变形的叠加,将机构在各个运动位置固化为各个位置的结构,从而构成一个多自由度的振动系统。如图 4 - 1 所示,根据模型中对集中质量运动模式的处理不同,有 3 种不同的模型:纯扭转振动模型、扭转-横向耦合振动模型和扭摆-横向-轴向耦合模型。

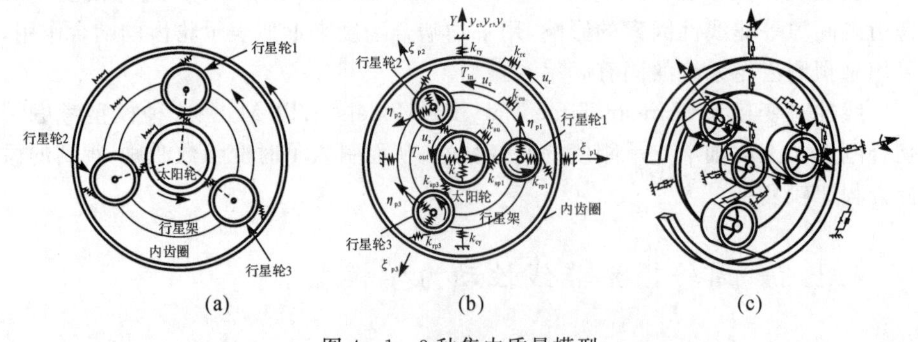

图 4 - 1　3 种集中质量模型

(a)纯扭转模型;(b)扭转-横向振动耦合模型;(c)扭摆-横向-轴向耦合模型

集中参数法是研究齿轮系统动态特性最常用的建模方法，分析模型也从最初的纯扭转，发展至扭转-横向振动耦合以及扭转-横向-轴向耦合模型[2]，如图 4-1(b)所示，并且为使分析模型更加贴近物理样机，更多的影响因素也不断地融入模型中。秦大同等人考虑风载和齿轮系统设计参数的随机性，利用随机抽样法和 Runge-Kutta 法求解系统的动态响应[3]；刘更等人计入了滑动支承的油膜刚度，研究结果表明油膜刚度不对称不会对振型特征产生影响[1]；Parker 进一步引入了齿轮啮合非线性因素以及支持轴承的间隙，开展了大量的齿轮传动系统的研究工作[4]。

4.2.2 有限元模型

有限元模型指基于行星传动的整体装配模型，并且定义构件相互作用关系和轮齿接触的有限元模型。通过建立系统的有限元接触模型，这种模型可以计入齿轮动力学中关键的齿廓真实几何形状和轮副的接触作用，不需要事先定义静态传递误差和啮合刚度波动，如图 4-2 所示。

Parker 认为集中参数模型与实际情况相差较远，因而建立了行星齿轮机构的有限元分析模型，如图 4-2(a)所示，Parker 等人用该模型获得了相近的固有频率和相同的振型特征，计算结果表明：用有限元模型计算的系统固有频率和振动模态与用分析模型计算的结果十分吻合。这也可以验证应用集中质量模型的特征值问题分析固有特性的有效性[5]。Singh 等人进一步建立了三维有限元-接触模型进行系统动力学分析[6]。Song 等人利用有限元方法研究轮齿裂纹对行星齿轮传动系统啮合刚度的影响，计算了行星架结构刚度对齿轮裂纹产生的灵敏度[7]。

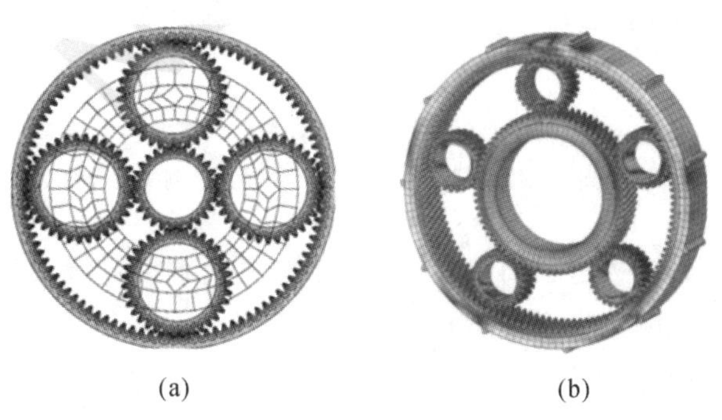

(a) (b)

图 4-2 有限元分析模型

(a) 平面有限元-接触有限元模型；(b) 三维有限元-接触模型

4.2.3 刚柔耦合模型

刚柔混合模型指部分构件被视作刚体,部分被视作柔体的分析模型。行星传动中内齿环构件的柔度相对于其他构件而言较大,刚柔混合模型一般考虑内齿圈的弹性变形,其他构件全部被作为刚体。文献[8]建立的刚柔混合模型则直接建立了内齿圈的有限元模型。刚柔耦合模型建模可以在一定程度上克服有限元分析模型计算工作量大的缺点,并且最大程度上保证计算的精确度。建模思想是将变形量较大的零部件处理为柔性体,其他变形量较小的零部件设置为刚体进行力学分析[9]。邱涛通过有限元分析工具和多体动力分析工具联合仿真技术,建立了图 4-3(b)所示的 RV 传动系统刚柔耦合仿真分析模型。经过分析得到曲柄轴、摆线齿轮和行星架输出盘等零部件的动态响应数据和减速器整机动态传动精度,结果表明:减速器传动误差的主要来源是曲柄轴受载扭转弹性变形[10]。

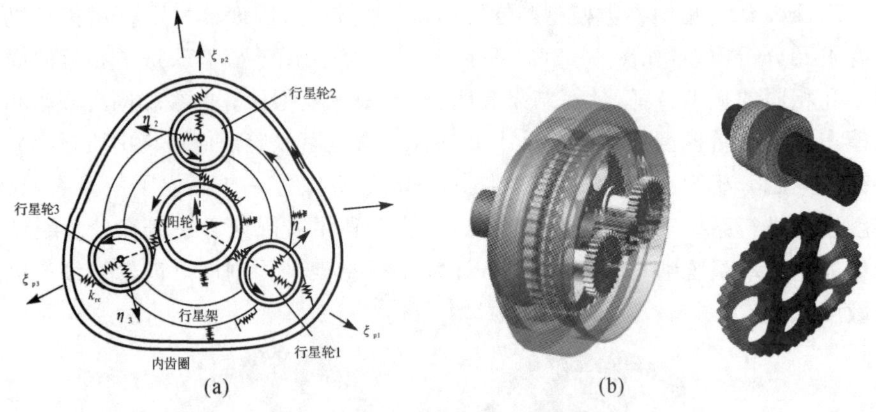

图 4-3 刚柔耦合动力学模型

(a) 行星轮系刚柔耦合模型;(b) RV 传动系统刚柔耦合模型

集中参数模型建模过程简单,求解速度快,并且预测系统动态特性的准确度与分布质量模型和刚柔混合模型相当。有限元分析技术已经日趋成熟,其不失为一种好的分析途径,有限元分析仿真过程更加真实,结果可视化效果更佳,但是三维模型处理过程复杂,对计算机软硬件的要求也较高。因此,根据系统构件的受力、变形状况和支撑形式建立合适的刚柔耦合分析模型是一种准确、高效的方法。

4.3 周转轮系动力学分析

本节将介绍周转轮系常见的行星齿轮传动系统及 RV 减速器传动系统集中质量建模方法，以及有限元接触应力状态分析等相关研究工作。

4.3.1 行星齿轮线性动力学模型

1. 行星齿轮系统模型[11-12]

本节所分析的对象为 2K－H 行星齿轮传动系统，如图 4－4 所示，其中 R 表齿圈，S 代表太阳轮，P 代表行星轮，C 为行星架。系统由太阳轮、3 个行星轮、行星架和齿圈构成。太阳轮为输入端，并且采用较细长的弹性轴连接，起弹性浮动作用。齿圈固定，行星架为输出端。

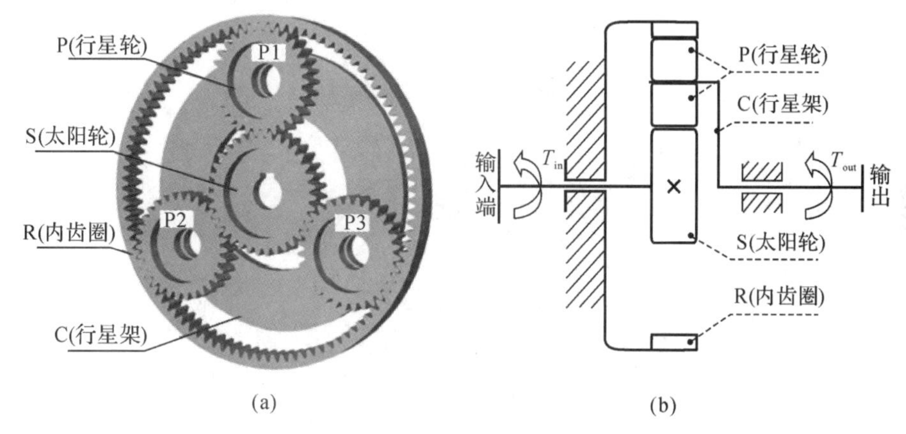

图 4－4 行星传动系统结构简图与三维模型

(a) 行星传动系统简图；(b) 行星传动系统装配模型

行星齿轮传动系统的基本参数见表 4－1，其中转动惯量、质量等均由 UG NX 经实体造型后得出，传动系统三维装配模型如图 4－4(a)所示。

表 4－1 行星齿轮传动系统参数

基本参数	太阳轮	行星轮	齿圈
齿轮齿数	34	31	96
模数/mm	3		

续表

基本参数	太阳轮	行星轮	齿圈
压力角/(°)	28		
齿宽/mm	42		
质量/kg	2.7	2.5	5.3
转动惯量/(kg·m²)	0.008	0.007	0.178

2.行星齿轮系统动力学模型

通过简化建立行星齿轮传动系统动力学模型，如图 4-5 所示，在行星架中心位置取坐标原点 O，并定义水平方向为 X 方向，竖直方向为 Y 方向。模型中采用弹簧表示各零件的支撑、扭转刚度及啮合刚度，并以 K 表示。模型中 K_s、K_{sq} 分别为太阳轮支撑与扭转刚度；k_{pi} 为行星轮支撑刚度，其中 $i=1$、2、3；k_{spi} 与 k_{rpi} 分别为太阳轮与行星轮及行星轮与齿圈啮合刚度；内齿圈在其 4 个对称位置实施约束，取 K_r 代表内齿圈支撑刚度。

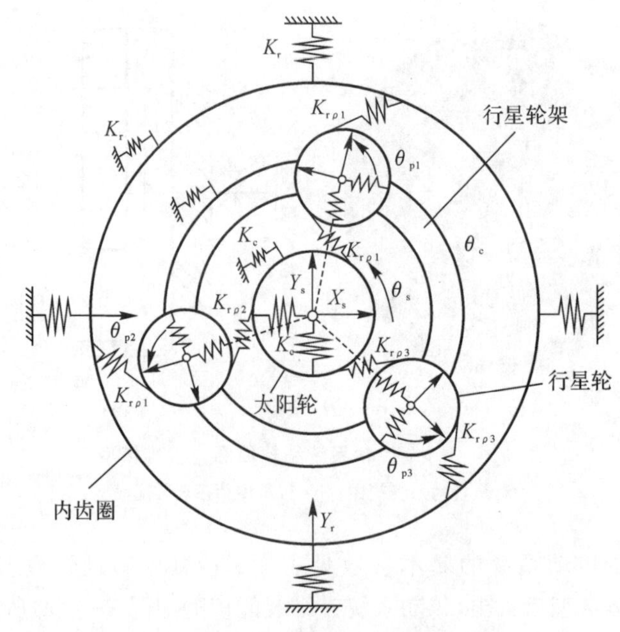

图 4-5　行星齿轮传动力学模型

系统中含各零件横向与扭转微位移，广义坐标中 X、Y 为横向微位移，θ 为扭转微位移。假设各齿轮均有横向与扭转自由度，系统的广义位移向量表示为

$$\{X\}=\{x_s\ y_s\ \theta_s,x_{p1}\ y_{p1}\ \theta_{p1},\cdots,\ x_r\ y_r\}^T \tag{4-1}$$

3. 齿轮副啮合力与碰撞力

当负载足够大时，相互啮合的两个齿轮齿廓始终保持贴合状态，并且两个齿面所产生的啮合力与弹性变形呈线性比例关系，这时可以把齿轮副刚度用线性弹簧来模拟，太阳轮与行星轮动力学模型如图 4-6 所示，太阳轮与行星轮的扭转和横向微位移均会对啮合作用产生影响，将其微位移转化至啮合线上。定义当啮合弹簧产生压缩为正，拉伸为负，则有

$$\delta_{spi}=x_s\cos\varphi_{spi}+y_s\sin\varphi_{spi}+u_s-x_{pi}\sin\alpha-y_{pi}\cos\alpha-u_{pi}-e_{spi}(t) \tag{4-2}$$

式中：$\varphi_{spi}=\varphi_c-\alpha+\varphi_{pi}+\pi/2$；$u_s=\theta_s r_s$；$u_{pi}=\theta_{pi}r_{pi}$；$\varphi_c=w_c t$；$\alpha$ 为啮合角，φ_{pi} 是相位角[$\varphi_i=2\pi(i-1)/3$]；r_s、r_{pi} 是太阳轮与行星轮基圆半径，$e_{spi}(t)$是啮合误差。

此时，齿轮啮合力为

$$F_{spi}=k_{spi}\delta_{spi}+c_{spi}\dot{\delta}_{spi} \tag{4-3}$$

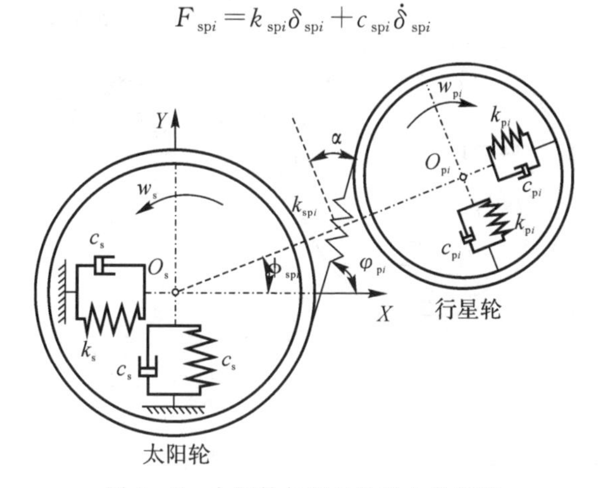

图 4-6　太阳轮与行星轮动力学模型

当传动系统负载较小时，齿轮副两齿面发生瞬时碰撞 k_{cpt} 作用，由于负载无法使两齿面保持持续贴合，故从动轮瞬时加速并与主动轮发生分离，就此往复。该过程中，齿轮在啮合过程中通过轮齿的相互接触来传递碰撞力合力，本书采用 Hertz 接触力学模型可以描述接触面之间的弹性作用。此时，太阳轮与行星轮动力学模型如图 4-7 所示，图中太阳轮与行星接触齿面由接触弹簧连接，表示齿面接触刚度。

在齿轮啮合过程中，由于误差与结构变形的影响，齿轮啮合力作用方向已不再沿理论啮合线方向，但是由于这样的误差较小，在求解齿轮接触力时，假设齿轮仍然沿着理论啮合线产生啮合作用，则可将两个接触轮齿看出发生相互碰撞

的质体，接触面法向为啮合线方向，考虑到材料阻尼，广义的 Hertz 公式具有如下形式：

$$F_{spi}=k_{cspi}\delta_{spi}^{n}+D_{cspi}(x)\dot{\delta}_{spi},\quad n=1.5 \tag{4-4}$$

式中：δ 为两个质体接触面法向相对形变量，$\dot{\delta}$ 为相对接触速度；$D_{cspi}(x)$为阻尼系数，且有 $D_{cspi}(x)=\lambda x^{n}$，其中 λ 为滞后阻尼系数；k_{cspi} 为 Hertz 接触刚度，可表示为

$$k_{cspi}=\frac{4}{3\pi(h_1+h_2)}\left(\frac{r_1r_2}{r_1+r_2}\right)^{1/2} \tag{4-5}$$

$$h_i=\frac{1-\nu_i^2}{\pi E_i},\quad i=1,2 \tag{4-6}$$

式中：r_1、r_2分别为太阳轮与行星轮齿廓曲率半径；E_1、n_2 分别为弹性模量和泊松比。

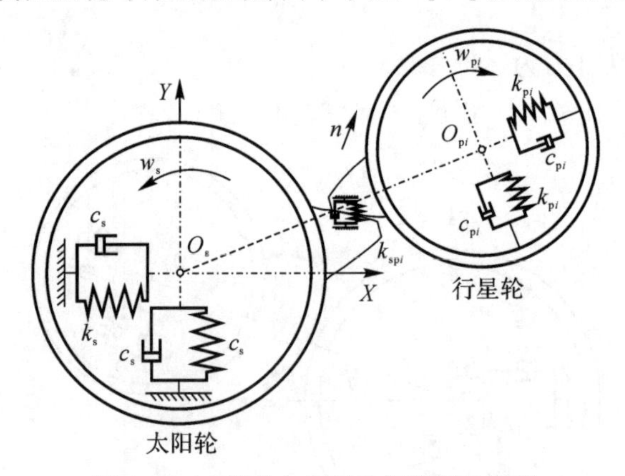

图 4-7　太阳轮与行星轮碰撞振动模型

4. 行星齿轮传动系统碰撞振动模型

本书 2K-H 型行星齿轮传动系统的太阳轮是输入端，输入转矩为 T_{in}（输入为正，输出为负），行星架为动力输出，输出转矩为 T_{out}，由行星传动系统内各部件间的受力关系分别得到各齿轮的运动微分方程。

太阳轮运动微分方程为

$$\left.\begin{aligned}
&m_s\ddot{x}_s+c_s\dot{x}_s-\sum_{i=1}^{3}F_{spi}\cos\varphi_{spi}+k_sx_s=0\\
&m_s\ddot{y}_s+c_s\dot{y}_s+\sum_{i=1}^{3}F_{spi}\sin\varphi_{spi}+k_sy_s=0\\
&m_{spi}\ddot{u}_s+c_\theta\dot{u}_s+\sum_{i=1}^{3}F_{spi}+k_\theta u_s=\frac{T_{in}}{r_s}
\end{aligned}\right\} \tag{4-7}$$

行星轮运动微分方程为

$$\left.\begin{aligned}&m_{pi}\dot{x}_i-k_{pi}\delta_{pix}-F_{spi}\sin\alpha+F_{rpi}\sin\alpha=0\\&m_{pi}\dot{y}_i-k_{pi}\delta_{piy}-F_{spi}\cos\alpha-F_{rpi}\cos\alpha=0\\&m_{eq,pi}\dot{u}_i-F_{rpi}+F_{spi}=0\\&m_{eqc}\dot{u}_c+\sum_{i=1}^{N}c_{pi}\dot{\delta}_{cpiy}+c_{cu}\dot{u}_c+\sum_{i=1}^{N}k_{pi}\delta_{cpiy}+k_{cu}u_c=\frac{T_{out}}{r_c}\end{aligned}\right\}\tag{4-8}$$

内齿圈运动微分方程为

$$\left.\begin{aligned}&m_r\dot{x}_r+c_r\dot{x}_r-\sum_{i=1}^{3}F_{rpi}\cos\varphi_{rpi}+k_rx_r=0\\&m_r\dot{y}_r+c_r\dot{y}_r+\sum_{i=1}^{3}F_{rpi}\sin\varphi_{rpi}+k_ry_r=0\\&m_{rpi}\dot{u}_r+c_{r\theta}\dot{u}_r+\sum_{i=1}^{3}F_{rpi}+k_{r\theta}u_r=0\end{aligned}\right\}\tag{4-9}$$

式中：m_{spi} 为太阳轮与第 i 个行星轮等效质量，$m_{spi}=\bar{m}_s\bar{m}_{pi}/(\bar{m}_s+\bar{m}_{pi})$，$\bar{m}_s=I_s/R_s^2$，$\bar{m}_g=I_{pi}/R_{pi}^2$，$m_{pi}$ 为行星轮质量，m_s 为太阳轮质量，m_r 为内齿圈质量。

系统运动微分方程的矩阵形式为

$$\boldsymbol{M}\ddot{\boldsymbol{X}}+[\boldsymbol{K}_a(t)+\boldsymbol{K}_m(t)+\boldsymbol{K}_n(t)]\boldsymbol{X}=\boldsymbol{T}(t)\tag{4-10}$$

式中：$\boldsymbol{M}$ 为系统的质量矩阵；$\boldsymbol{X}$ 为系统各构件的位移向量；$\boldsymbol{T}(t)$为系统的外部激励；$\boldsymbol{K}_a(t)$为支撑刚度矩阵；$\boldsymbol{K}_m(t)$为时变啮合刚度矩阵；$\boldsymbol{K}_n(t)$为扭转刚度矩阵。

4.3.2　RV减速器集中参数模型

1. RV传动系统参数[12]

以BX40E减速器为研究对象，其结构简图与几何模型图如图4-8所示，各齿轮基本参数见表4-2。

减速器包含Ⅰ渐开线行星齿轮传动机构、Ⅱ摆线针轮行星传动机构及Ⅲ行星架输出机构。减速器工作时，运动从太阳轮输入，通过啮合传至行星齿轮，进行一级减速。太阳轮顺时针方向旋转，行星轮及曲柄轴整体在公转的同时逆时针自转，自转运动又带动摆线齿轮作偏心运动，针齿与摆线齿轮啮合使其围绕针轮轴线公转的同时并沿顺时针方向自转，自转最终通过曲柄轴传递至行星架输出机构，完成输出。

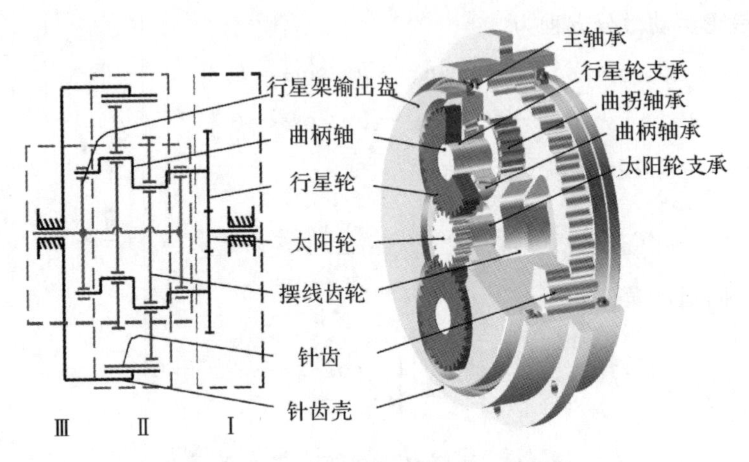

图 4-8　*BX40E* 结构简图与几何模型

表 4-2　减速器齿轮基本参数

基本参数	太阳轮	行星轮	基本参数	摆线齿轮	针 齿
齿数	16	32	齿数	39	40
模数/mm	1.5	1.5	齿宽/mm	12.5	25
压力角/(°)	20	20	针齿中心圆半径/mm	69.5	69.5
齿宽/mm	9	9	针齿半径/mm		3

2.坐标与模型参数设置

本书建立了计入支承和啮合处弹性变形的 RV 传动系统平移-扭转耦合多自由度线性动力学模型，如图 4-9 所示。

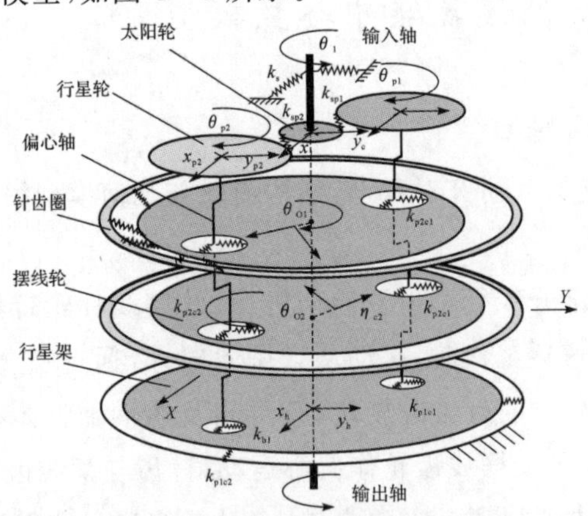

图 4-9　RV 减速器动力学模型

模型构建时取针齿圈中心 O 为原点，水平方向为 X，竖直方向为 Y，建立全局坐标系。定义摆线齿轮的理论质心 O_c 为原点，以摆线轮的偏心方向为 η_{cj} 轴，沿其公转角方向转动 90°为 ξ_{cj} 轴，建立摆线齿轮的局部动坐标系。使摆线齿轮在起始位置处时局部动坐标与全局坐标方向一致，e 为摆线齿轮的偏心距，R_b 为摆线齿轮节圆半径，R_a 为太阳轮与行星轮的中心距。定义 $\Phi_i=2\pi(i-1)/2\ (i=1,2)$ 为行星架上曲柄轴孔的相对位置，定义 $\psi_j=(j-1)\pi\ (j=1,2)$ 表示摆线齿轮理论质心 O_c 的相对位置。

图 4-9 中：k_s 和 k_{pi} 分别表示太阳轮轴的支承刚度和第 $i(i=1,2)$ 个行星轮轴的支承刚度，通过悬臂梁受力时的挠曲变形量来确定；k_{bi}、k_{ca} 和 k_{picj} 分别为曲柄轴与行星架输出盘轴孔间的支承刚度系数、行星架输出盘与针齿壳间的支承刚度系数和第 $i(i=1,2)$ 个曲柄轴与第 $j(j=1,2)$ 个摆线轮轴孔间的支承刚度系数。刚度系数通过 Palmgren 公式来确定，即

$$k=\frac{l^{0.8}F^{0.1}}{1.36(h_1+h_2)^{0.9}} \tag{4-11}$$

$$h_i=\frac{1-\nu_i^2}{\pi E_i},\quad i=1,2 \tag{4-12}$$

式中：E_i、ν_i 分别为接触材料的弹性模量和泊松比；l 为两弹性体接触线长度；F 为接触弹性体的载荷。

图 4-9 中，k_{spi} 代表太阳轮与第 i 个行星轮的接触刚度，k_{rcj} 为第 j 个摆线齿轮与针齿圈间的接触刚度，轮齿接触采用 Hertz 接触模型，如图 4-10 所示。

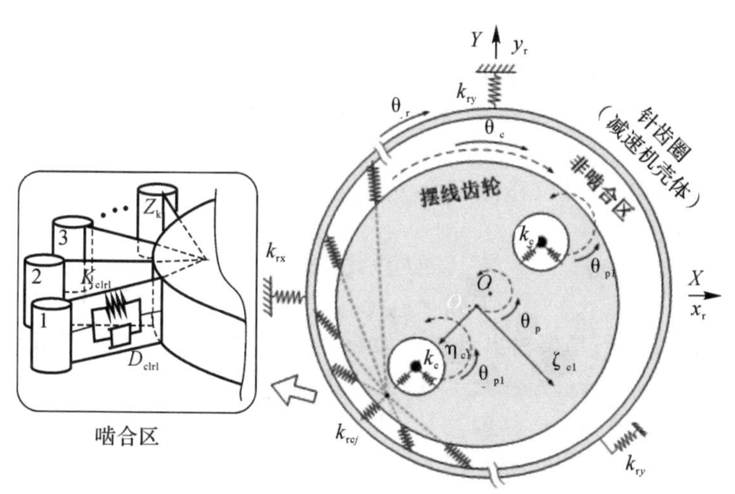

图 4-10　摆线齿轮啮合接触模型

从图 4-10 可以看出，齿轮的啮合过程可以等效为两质体的相互接触，考虑材料阻尼，广义的 Hertz 接触力可以表示为

$$F_k = K\delta^n + D(x)\dot{\delta} \tag{4-13}$$

式中：δ 为两个质体接触面法向相对形变量；$\dot{\delta}$ 为相对接触速度；$n=1.2\sim1.5$ 为碰撞力指数；$D(x)=\lambda x^n$ 为阻尼系数（λ 表示为滞后阻尼系数）；K 为接触刚度，（由材料特性和曲率半径决定）。

通过 Hertz 接触理论可将 k_{spi} 和 k_{rcj} 表示为

$$K = \frac{4}{3\pi(h_1+h_2)}\left(\frac{r_1 r_2}{r_1+r_2}\right)^{1/2} \tag{4-14}$$

$$h_i = \frac{1-\nu_i^2}{\pi E_i},\quad i=1,2 \tag{4-15}$$

式中：r_1、r_2 分别为两相接触体的曲率半径；E_i、ν_i 分别为接触材料的弹性模量和泊松比。

3.RV 减速器系统动力学模型

根据胡克定律，支承处的作用力可表示为支承刚度与位移的乘积。令太阳轮在支承处的微位移为 x_s、y_s 和 θ_s，则太阳轮的支承作用力可表示为

$$F_{sx} = k_s x_s \tag{4-16}$$

$$F_{sy} = k_s y_s \tag{4-17}$$

令行星轮轴的 3 个微位移分别为 x_{pi}、y_{pi} 和 $\theta_{pi}-\theta_p$，则摆线齿轮的 3 个微位移分别为 η_{dj}、$\theta_{dj}-\theta_c$ 和 $\theta_{Oj}-\theta_p$，则摆线轮对曲柄轴的支承作用力可表示为

$$F_{jix} = k_{picj}(x_{pi} + s_{cjix}) \tag{4-18}$$

$$F_{jiy} = k_{picj}(y_{pi} + s_{cjiy}) \tag{4-19}$$

式中：s_{cjix} 和 s_{cjiy} 为摆线齿轮在支承处的微位移，其表达式为

$$s_{cjix} = R_a(\theta_{dj}-\theta_c)\sin(\theta_c+\Phi_i) - \eta_{dj}\sin(\theta_p+\Psi_j) \tag{4-20}$$

$$s_{cjiy} = -R_a(\theta_{dj}-\theta_c)\cos(\theta_c+\Phi_i) + \eta_{dj}\cos(\theta_p+\Psi_j) \tag{4-21}$$

令行星架的 3 个微位移分别为 x_{ca}、y_{ca} 和 $\theta_{ca}-\theta_c$，则行星架对曲柄轴间的支撑作用力可表示为

$$F_{caix} = k_{bi}(s_{bix} + x_{pi}) \tag{4-22}$$

$$F_{caiy} = k_{bi}(s_{biy} + y_{pi}) \tag{4-23}$$

式中：s_{bix} 和 s_{biy} 为行星架输出盘在支承处 x、y 方向上的微位移，其表达式为

$$s_{bix} = -x_{ca} + R_a(\theta_{ca}-\theta_c)\sin(\theta_c+\Phi_i) \tag{4-24}$$

$$s_{biy} = -y_{ca} - R_a(\theta_{ca}-\theta_c)\cos(\theta_c+\Phi_i) \tag{4-25}$$

行星架对针齿壳间的支撑作用力可表示为

$$F_{cax} = k_{ca}x_{ca} \tag{4-26}$$

$$F_{cay} = k_{ca}y_{ca} \tag{4-27}$$

齿轮之间的啮合作用力的值可以表示为轮齿接触刚度与齿轮在啮合线方向

上位移的乘积。因此太阳轮与行星轮的啮合作用力可表示为

$$F_{spi}=k_{spi}(s_s+s_{pi}) \tag{4-28}$$

式中：s_s 和 s_{pi} 分别为太阳轮和行星轮在啮合线上产生的微位移，可表示为

$$s_s=x_s\cos\alpha+y_s\sin\alpha \tag{4-29}$$

$$s_{pi}=-x_{pi}\cos\alpha-y_{pi}\sin\alpha-r_p(\theta_{pi}-\theta_p) \tag{4-30}$$

摆线齿轮与针齿的啮合作用力可表示为

$$F_{jk}=k_{cjrk}s_{cjrk} \tag{4-31}$$

式中：s_{cjrk} 代表摆线齿轮与针齿在啮合线上的微位移，其表达式为

$$s_{cjrk}=\eta_{dj}\cos\alpha_{jk}-R_b(\theta_{dj}-\theta_c)\sin\alpha_{jk} \tag{4-32}$$

结合上述运动部件的受力分析，根据牛顿力学理论，建立第二级摆线齿轮传动的运动微分方程，太阳轮三自由度运动微分方程为

$$\left.\begin{aligned}&m_s\ddot{x}_s+F_{sx}+\sum_{i=1}^{2}F_{spi}\cos\alpha=0\\&m_s\ddot{y}_s+F_{sy}+\sum_{i=1}^{2}F_{spi}\sin\alpha=0\\&J_s\ddot{\theta}_s-r_s\sum_{i=1}^{2}F_{spi}=0\end{aligned}\right\} \tag{4-33}$$

行星轮三自由度运动微分方程为

$$\left.\begin{aligned}&m_p[\ddot{x}_{pi}-R_a\omega_c^2\cos(\theta_c+\Phi_i)-R_a\ddot{\theta}_{ca}\sin(\theta_c+\Phi_i)-2\omega_c\dot{y}_{pi}]-F_{spi}\cos\alpha+\sum_{j=1}^{2}F_{jix}+F_{caix}=0\\&m_p[\ddot{y}_{pi}-R_a\omega_c^2\sin(\theta_c+\Phi_i)+R_a\ddot{\theta}_{ca}\cos(\theta_c+\Phi_i)+2\omega_c\dot{x}_{pi}]-F_{spi}\sin\alpha+\sum_{j=1}^{2}F_{jiy}+F_{caiy}=0\\&J_p\ddot{\theta}_{pi}-F_{spi}r_p-e\sum_{j=1}^{2}[F_{jix}\sin(\theta_{pi}+\Psi_j)+F_{jiy}\cos(\theta_{pi}+\Psi_j)]=0\end{aligned}\right\} \tag{4-34}$$

结合摆线齿轮的受力与结构，可以得出其三自由度运动微分方程为

$$\left.\begin{aligned}&m_c[\ddot{\eta}_{dj}\cos(\theta_p+\Psi_j)-e\omega_p^2\cos(\theta_p+\Psi_j)-2\omega_p\dot{\eta}_{dj}\sin(\theta_p+\Psi_j)]-\\&\sum_{i=1}^{2}F_{jix}+\sum_{k=1}^{Z_r}F_{jk}\cos(\alpha_{jk}+\theta_p+\Psi_j)=0\\&m_c[\ddot{\eta}_{dj}\sin(\theta_p+\Psi_j)-e\omega_p^2\sin(\theta_p+\Psi_j)+2\omega_p\dot{\eta}_{dj}\cos(\theta_p+\Psi_j)]-\\&\sum_{i=1}^{2}F_{jiy}+\sum_{k=1}^{Z_r}F_{jk}\sin(\alpha_{jk}+\theta_p+\Psi_j)=0\\&J_c\ddot{\theta}_{dj}-\sum_{k=1}^{Z_r}F_{jk}R_b\sin\alpha_{jk}-R_a\sum_{i=1}^{2}[F_{jiy}\cos(\theta_c+\Phi_i)-F_{jix}\sin(\theta_c+\Phi_i)]=0\end{aligned}\right\} \tag{4-35}$$

行星架输出盘的三自由度运动微分方程为

$$\left.\begin{aligned}&m_{ca}\ddot{x}_{ca}-\sum_{i=1}^{2}F_{caix}+F_{cax}=0\\&m_{ca}\ddot{y}_{ca}-\sum_{i=1}^{2}F_{caiy}+F_{cay}=0\\&J_{ca}\ddot{\theta}_{ca}-R_{a}\sum_{i=1}^{2}\left[F_{caiy}\cos(\theta_{c}+\Phi_{i})-F_{caix}\sin(\theta_{c}+\Phi_{i})\right]=-T_{out}\end{aligned}\right\}\tag{4-36}$$

式中：m_s、m_p、m_c 和 m_{ca} 分别表示太阳轮、行星轮、摆线齿轮和行星架输出盘的质量；J_s、J_p、J_c 和 J_{ca} 分别为太阳轮、行星轮、摆线齿轮和行星架输出盘的转动惯量；r_s 和 r_p 分别为太阳轮和行星轮的基圆半径；α 和 α_{jk} 分别为第一、二级齿轮传动的压力角；ω_p 和 ω_c 分别表示理想行星架输出盘的角速度；T_{out} 为负载扭矩。

将减速器的运动微分方程整理为矩阵形式为

$$\boldsymbol{M}\ddot{\boldsymbol{X}}+\boldsymbol{C}\dot{\boldsymbol{X}}+[\boldsymbol{K}_b+\boldsymbol{K}_m]\boldsymbol{X}=\boldsymbol{T}_{out}\tag{4-37}$$

式中：$\boldsymbol{M}$ 和 $\boldsymbol{C}$ 分别表示 RV 传动系统的质量总装矩阵、阻尼总装矩阵；$\boldsymbol{K}_m$ 为齿轮啮合刚度矩阵；$\boldsymbol{K}_b$ 为轴承支承刚度矩阵；$\boldsymbol{T}_{out}$ 为负载矩阵；$\boldsymbol{X}$ 为系统各构件的位移向量，其可以表达如下：

$$\boldsymbol{X}=(\underbrace{x_s,y_s,\theta_s-\theta_{in}}_{\text{太阳轮}},\underbrace{x_{pi},y_{pi},\theta_{pi}-\theta_p}_{\text{行星轮2个}},\underbrace{\eta_{dj},\theta_{dj}-\theta_c,\theta_{Oj}-\theta_p}_{\text{摆线轮2个}},\underbrace{x_{ca},y_{ca},\theta_{ca}}_{\text{行星架}})^{T}\tag{4-38}$$

4.3.3 摆线齿轮副有限元分析模型

1. 摆线齿轮几何模型介绍

根据摆线齿轮传动设计手册，设计的摆线齿轮传动，齿轮参数见表 4-3，几何模型如图 4-11 所示。

表 4-3 减速器齿轮基本参数

基本参数	摆线齿轮	针齿圈
齿数	20	21
齿宽/mm	12.5	25
中心距/mm	2.5	2.5
针齿中心圆半径/mm	69.5	69.5
针齿半径/mm	6	6

续表

基本参数	摆线齿轮	针齿圈
等距修形量/mm	D_{rrp}	
移距修形量/mm	D_{rp}	
材料	聚碳酸酯	聚碳酸酯
密度/(kg · m^{-3})	1 200	1 200
弹性模量/MPa	2 400	2 400
泊松比	0.35	0.35

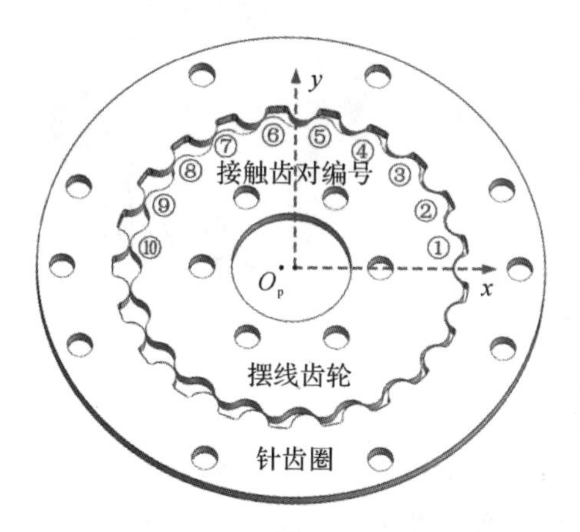

径向间隙Δ/mm	等距修形量D_{rrp}/mm	移距修形量D_{rp}/mm
0	0	0
0.001	0.002 954	−0.001 954
0.005	0.014 768	−0.009 768
0.010	0.029 537	−0.019 537
0.025	0.073 842	−0.048 842
0.050	0.147 683	0.147 683
0.075	0.221 525	−0.146 525
0.100	0.295 367	−0.195 367

图 4-11 摆线齿轮传动几何模型与修形参数

在图 4-11 中，几何模型由摆线齿轮和针齿圈 2 个零件组成。O_p 为针齿分布圆中心点，O_c 为摆线齿轮几何中心点，以 O_c 为原点，以过 O_c 点水平方向为 x 轴，实际应用中，为补偿制造误差并确保良好的润滑，往往采用修形的摆线齿轮齿廓，其中修形量参数的选取遵循文献[16]中公式确定：

$$K_1 = az_p/r_p \tag{4-39}$$

$$\Delta r_{rp} = \Delta/[1-(1-K_1^2)^{1/2}] \tag{4-40}$$

$$\Delta r_p = -\Delta(1-K_1^2)^{1/2}/[1-(1-K_1^2)^{1/2}] \tag{4-41}$$

式中：Δ 为径向修形间隙，其数值一般根据产品设计要求和机加工条件人为选定；Δr_p 为摆线齿轮的移距修形量；Δr_{rp} 为摆线齿轮的等距修形量；a 为摆线齿轮的偏心距；K_1 为短副系数。

2. 摆线齿轮有限元分析模型构建

为综合考虑摆线齿轮副中零件结构柔性带来的多齿啮合变形协调过程，采用有限元分析软件 ABAQUS 对摆线齿轮副进行变工况分级计算，ABAQUS 软件擅长处理非线性机构力学问题。

(1)几何模型定义。在有限元分析工具的建模模块中建立几何模型，采用含修形摆线齿轮齿廓曲线，使用样条曲线命令绘制高阶曲线，每个齿采用 400 个样本点定义齿形，以确保模型的准确性，同时将建模全过程集成于二次开发子程序中，以实现自动化参数化模型精确建模，摆线齿轮几何模型主要参数为针齿数、中心距、针齿中心圆半径、针齿半径、移距修形量和等距修形量，摆线齿轮、针齿圈及摆线齿轮副装配图如图 4-12 所示。

图 4-12　针齿壳、摆线齿轮及摆线齿轮副几何模型

(2) 材料属性定义。聚碳酸酯(Polycarbonate)材料具有光弹效应，可以用于进行摆线齿轮接触状态光弹测试实验，所以本章选择与后文验证实验相同的聚碳酸酯材料，其密度为 1 070 $kg \cdot m^{-3}$、弹性模量为 2 410 MPa，泊松比为 0.39，屈服极限为 40 MPa。

(3) 约束边界条件设置。有限元分析中约束条件的设置要尽可能与实际物理模型的边界条件保持一致，在物理模型的实验中采用法兰对摆线齿轮针齿圈进行了固定约束，同时对摆线齿轮也进行了相似结构的固定约束使其固定于加载装置上，轴的旋转自由度无约束，摆线齿轮的旋转自由度只受摆线齿轮接触限制。因此，在有限元分析模型中也要进行等效边界设置以确保分析结果的可靠性和准确性，此处对针齿圈外圈采用固定约束，同时保留摆线齿轮内孔绕针齿分布圆中心的公转自由度，摆线齿轮于针齿圈之间设置体-体接触，并设置摩擦因数为 0.08，法向接触行为设置为硬接触，物理模型边界条件如图 4-13 所示。

(4) 载荷边界条件设置。同样遵循于物理模型载荷边界条件设置一致的原则，对摆线齿轮绕针齿中心圆公转轴线方向施加扭矩 T，为一次性计算各载荷下的接触状态、扭转刚度及回差数据，采用动力分析求解，扭矩 T 设置为幅值为 20，周期为 π 的正弦函数。采集前 4 s 的计算结果，摆线齿轮的设计额定扭矩为 20 N · m。这样的载荷设置便于采集正反加载的回差分析数据，同时采用隐式动力分析(Implicit Dynamics)可以保证计算结果的精确性,并且相对于离散点的静力学分析,低速的准静态隐式动力分析结果的时域计算数据比较密集,有利于获得连续的回差及扭转刚度数据曲线,且运算效率较高。

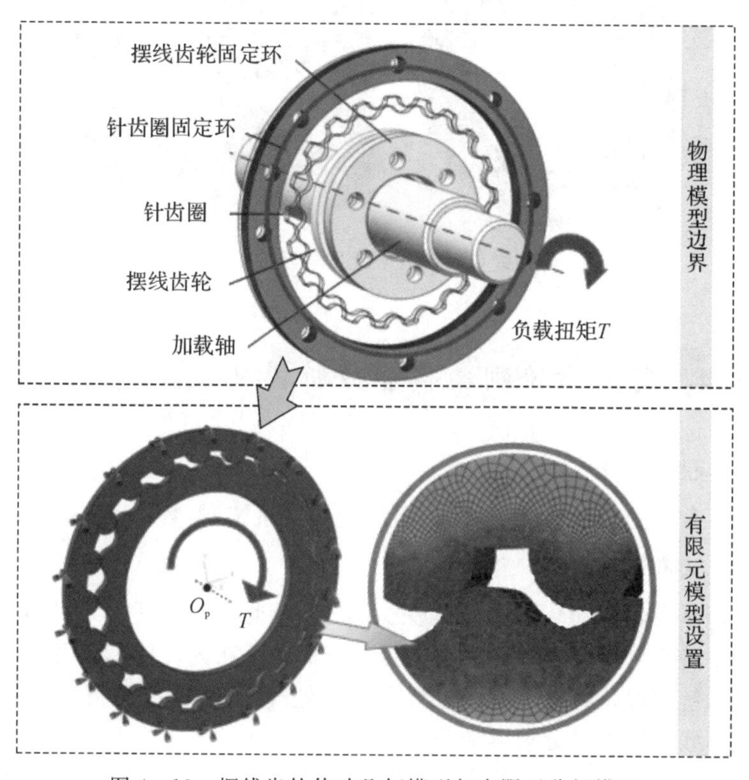

图 4-13　摆线齿轮传动几何模型与有限元分析模型

(5)有限元网格设置。在同样的网格单元数量规模条件下,机械结构采用六面体单元的计算精度要高于四面体网格,故本文使用六面体单元对零件进行扫掠网格划分。如图 4-14 所示,为了节省计算资源采用分区域网格划分的策略,其中全局网格大小设置为 2 mm,同时,为了保证接触区域的计算精度,轮齿的接触部分网格设置为 0.1 mm,扫掠网格的网格层数设置为 5 层,以获得更高精度的接触应力有限元分析结果,最终有限元网格如图 4-14 所示。

(6)分析步设置。使用隐式动力分析,便于提取回差曲线,以及各负载处的应力状态,同时也保证了有限元运算的精确度。值得注意的是:虽然使用隐式动力分析,但是负载变化非常缓慢,所以负载扭矩的加载过程可以视为准静态加载。分析时长为 4 s,最小迭代步为 0.005 s,最大迭代步为 0.05 s,收集应力场数据和摆线齿轮旋转位移历史数据,可以在后处理中获得相对连续的转角曲线图。

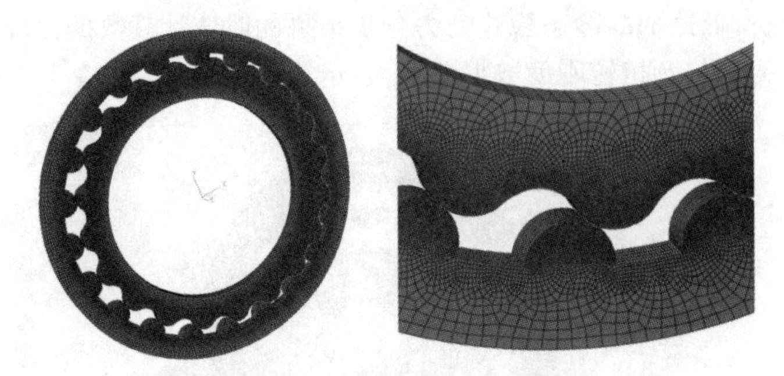

图 4-14 摆线齿轮副有限元网格及接触加密效果图

4.3.4 行星齿轮刚柔耦合分析模型

1. 实体模型构建

本节所分析的对象为 2K-H 行星齿轮传动系统，参数与 4.3.1 节相同。

2. 系统的有限元建模

由于行星齿轮传动装置的结构更为复杂，因此在对其进行动力学建模时，要将系统中各部分构件以及运动副的弹性变形考虑在内。使用有限元法对行星齿轮传动系统建模是将整个系统进行离散化处理，该方法能将模型中的非线性因素转变为线性因素进行求解和分析。

依据行星齿轮传动装置的模型，采用有限元的方法建立该系统的动力学模型[13]，如图 4-15 所示。首先，将系统中的各个齿轮、轴等零件分别进行逐个建模，将输入轴等效成空间梁单元模型，并对其进行离散化，对离散后的节点进行编号，这里编为 1～10。同样地，将内齿圈也等效成空间梁单元模型，将其离散成 96 个节点，节点编号为 15～110。太阳轮与输入轴相连接，将其进行单独离散并编号为 11。行星轮是通过销轴固接在行星架上，并且呈现出均匀分布，将三个行星轮分别离散并编号为 12～14。另外，将系统中的太阳轮-行星轮、行星轮-内齿圈作为啮合单元分别进行建模。

关于坐标系的选取，是以该模型内齿圈的中心作为坐标系的原点，其中：x_s 表示太阳轮 S 的中心沿 X 方向的微位移；y_s 表示太阳轮 S 的中心沿 Y 方向的微位移；θ_s 表示太阳轮 S 的扭转微位移；x_{pi} 表示第 i 个行星轮 p_i 的中心沿 X 方向微位移；y_{pi} 表示第 i 个行星轮 p_i 的中心沿 Y 方向的微位移($i=1,2,3$)；x_c 表示行星架 C 的中心沿 X 方向微位移；y_c 表示行星架 C 的中心沿 Y 方向的微位移；θ_s 表示行星架 C 的扭转微位移；L 表示内齿圈两个邻近支撑点之间的跨度。

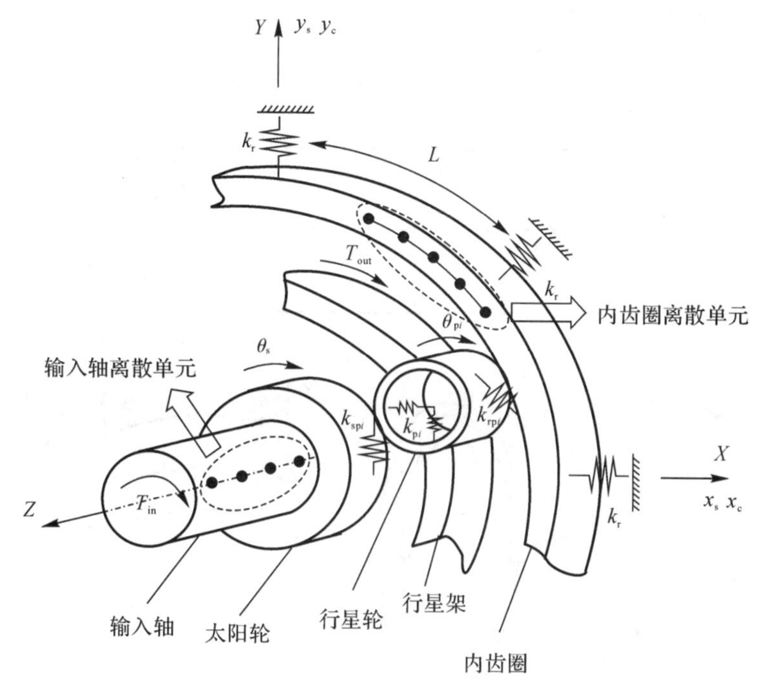

图 4－15　2K－H 型行星齿轮传动的有限元模型

3. 梁单元等效模型

对输入轴和内齿圈进行建模时，如图 4－16 所示，选取离散后一个弹性轴段进行分析，根据其受力的状态，可以采用空间梁单元理论进行分析。在实际的工程应用中 Euler-Bernoulli 梁单元的是最为经典的梁单元，但是，这种梁单元没有将剪切变形的作用考虑在内，仅仅适用于宽径比较大的轴段。而在实际的齿轮传动系统中会存在许多个宽径比较小的轴段，这时剪切变形的影响则不得不考虑在内，如果采用 Euler 梁单元进行分析，会对求解的精度造成影响。鉴于此，本章采用 Timoshenko（铁木辛柯）梁理论进行建模。

对输入轴进行建模分析时，选取离散后的一个微小的典型轴段单元进行受力分析，如图 4－16(a)所示，将该轴段单元的两个节点分别编号为 i 和 j，每个节点分别受到两个横向自由度 v、w 及一个扭转自由度 θ_x，则该梁单元的位移自由度可表示为

$$\{\partial\}^e=\{v_i\ \omega_i\ \theta_i, v_j\ \omega_j\ \theta_j\}^T \tag{4-42}$$

在对内齿圈进行建模分析时，同样地，选取离散化后的一个典型的微小轴段

单元进行受力分析，如图 4-16(b)所示，每个节点会受到两个横向自由度 v_r、ω_r 以及一个扭转自由度 θ_r，b 代表内齿圈的齿宽，h 表示内齿圈的厚度。该梁单元的位移自由度可表示为

$$\{\delta\}^e = \{v_{ri}\ \omega_{ri}\ \theta_{ri},v_{rj}\ \omega_{rj}\ \theta_{rj}\}^T \tag{4-43}$$

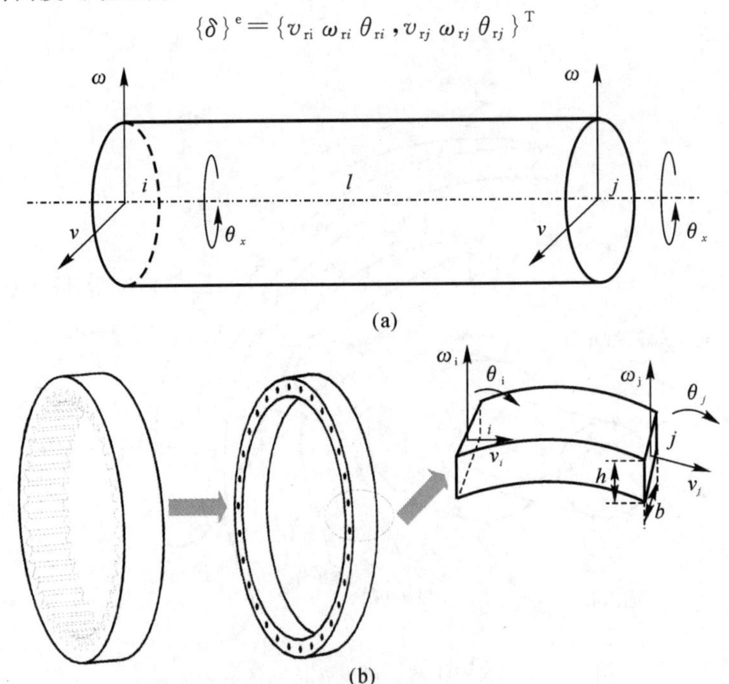

图 4-16　空间梁单元等效模型

(a)输入轴等效模型；(b)内齿圈等效模型

根据弹性力学的相关理论，会分别得到输入轴梁单元以及内齿圈梁单元 6×6 阶的单元刚度矩阵 $\boldsymbol{K}_s$、$\boldsymbol{K}_n$ 和一致的质量矩阵 $\boldsymbol{M}_s$、$\boldsymbol{M}_n$，其他矩阵的详细形式及计算过程参见文献[15]。

输入轴轴段单元的刚度矩阵可表示为

$$\boldsymbol{K}_s = \begin{bmatrix} GA/kl & 0 & 0 & -GA/kl & 0 & 0 \\ 0 & GA/kl & 0 & 0 & -GA/kl & 0 \\ 0 & 0 & GJ/l & 0 & 0 & -GJ/l \\ -GA/kl & 0 & 0 & GA/kl & 0 & 0 \\ 0 & -GA/kl & 0 & 0 & GA/kl & 0 \\ 0 & 0 & -GJ/l & 0 & 0 & GJ/l \end{bmatrix} \tag{4-44}$$

质量矩阵为

$$M_s=\frac{\rho Al}{6}\begin{bmatrix}2&0&0&1&0&0\\0&2&0&0&1&0\\0&0&2J/A&0&0&J/A\\1&0&0&2&0&0\\0&1&0&0&2&0\\0&0&J/A&0&0&2J/A\end{bmatrix} \tag{4-45}$$

式中:l 表示梁单元的长度;ρ 表示材料密度;G 表示切变模量;J 表示截面极惯性矩;A 表示横截面积;k 表示截面形状系数(矩形截面 $k=6/5$;圆形截面 $k=10/9$),这里 $k=10/9$。

内齿圈梁单元的刚度矩阵具体形式为

$$K_n=\begin{bmatrix}EA/l&0&0&-EA/l&0&0\\0&GA/kl&0&0&-GA/kl&0\\0&0&GAl/4k+EI_z/l&0&0&GAl/4k-EI_z/l\\-EA/l&0&0&EA/l&0&0\\0&-GA/kl&0&0&GA/kl&0\\0&0&GAl/4k-EI_z/l&0&0&GAl/4k+EI_z/l\end{bmatrix} \tag{4-46}$$

质量矩阵为

$$M_n=\frac{\rho Al}{6}\begin{bmatrix}2&0&0&1&0&0\\0&2&0&0&1&0\\0&0&1&0&0&0\\1&0&0&2&0&0\\0&1&0&0&2&0\\0&0&0&0&0&1\end{bmatrix} \tag{4-47}$$

式中:l 表示梁单元的长度;ρ 表示材料密度;G 表示切变模量;E 表示弹性模量;J 表示截面极惯性矩;I_z 表示截面惯性矩;A 表示横截面积;k 表示截面形状系数(矩形截面 $k=6/5$;圆形截面 $k=10/9$),这里 $k=6/5$。

在外载荷作用下空间梁单元结构的动力学微分方程可以表示为

$$M_{ij}\ddot{X}_{ij}+C_{ij}\dot{X}_{ij}+K_{ij}X_{ij}=F_{ij} \tag{4-48}$$

式中:M_{ij} 表示所取轴段单元的质量矩阵;C_{ij} 表示所取轴段单元的阻尼矩阵;K_{ij} 表示所取轴段单元的刚度矩阵;F_{ij} 表示所取轴段单元的负载矩阵。

工程实际应用中的阻尼大多采用 Raleigh(瑞利)阻尼,因此,在对轴段单元进行建模时其阻尼形式为

$$C_s=\alpha K_s+\beta M_s \tag{4-49}$$

式中：$\boldsymbol{K}_{\mathrm{s}}$ 表示所取轴段单元的刚度矩阵；$\boldsymbol{M}_{\mathrm{s}}$ 表示所取轴段单元的质量矩阵；α 和 β 分别表示该阻尼的比例系数。

4. 啮合单元的动力学模型

(1) 太阳轮与行星轮啮合单元。将太阳轮与行星轮作为一个独立啮合单元进行建模，如果需要考虑齿轮副中支撑弹簧的作用，那么不仅要考虑该齿轮副的扭转振动，还要考虑其自身其他的振动形式。在对该啮合单元进行建模时，齿轮被看作一个黏弹性体，将平移和扭转振动形式考虑在内，而齿轮的轴向振动则可忽略不计。如图 4-17 所示，建立此啮合单元的动力学模型。其中：s 表示太阳轮；p_i 表示第 i 个行星轮（$i=1,2,3$）；v_{s}、ω_{s}、θ_{s} 分别表示太阳轮的平移振动位移和扭转振动位移；v_{p_i}、ω_{p_i}、θ_{p_i} 分别表示第 i 个行星轮 p_i 的平移振动位移和扭转振动位移（$i=1,2,3$），则该啮合单元的位移自由度可表示为

$$\{X\}=\{v_{\mathrm{s}}\ \omega_{\mathrm{s}}\ \theta_{\mathrm{s}},v_{\mathrm{p}_i}\ \omega_{\mathrm{p}_i}\ \theta_{\mathrm{p}_i}\}^{\mathrm{T}} \tag{4-50}$$

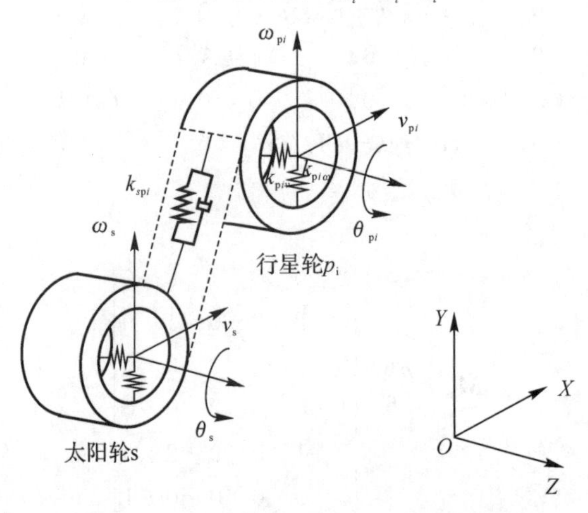

图 4-17　太阳轮与行星轮齿轮副动力学模型

齿轮的啮合状态会受到齿轮的平移和扭转自由度的影响，太阳轮与行星轮的各个自由度沿作用线的投影可表示为

$$\left.\begin{aligned}
\bar{x}_{\mathrm{s}}&=-v_{\mathrm{s}}\cos\alpha_i+\omega_{\mathrm{s}}\sin\alpha_i+\theta_{\mathrm{s}}r_{\mathrm{s}}\\
\bar{x}_{\mathrm{p}_i}&=-v_{\mathrm{p}_i}\cos\alpha_i+\omega_{\mathrm{p}_i}\sin\alpha_i-\theta_{\mathrm{p}_i}r_{\mathrm{p}_i}\\
\bar{x}_{\mathrm{sp}_i}&=-v_{\mathrm{s}}\cos\alpha_i+\omega_{\mathrm{s}}\sin\alpha_i+\theta_{\mathrm{s}}r_{\mathrm{s}}+\\
&\quad\ v_{\mathrm{p}_i}\cos\alpha_i-\omega_{\mathrm{p}_i}\sin\alpha_i+\theta_{\mathrm{p}_i}r_{\mathrm{p}_i}
\end{aligned}\right\} \tag{4-51}$$

式中：r_{s} 表示太阳轮 s 的基圆半径；r_{p_i} 表示第 i 个行星轮 p_i 的基圆半径；α_i 表

示太阳轮 s 与第 i 个行星轮 p_i 在啮合位置的压力角($i=1,2,3$)。该啮合单元在啮合位置处的弹性啮合力为

$$F_{sp_i}=k_{sp_i}(-v_s\cos\alpha_i+\omega_s\sin\alpha_i+\theta_s r_s+v_{p_i}\cos\alpha_i-\omega_{p_i}\sin\alpha_i+\theta_{p_i}r_{p_i}) \tag{4-52}$$

太阳轮与行星轮啮合单元的刚度矩阵具体形式为

$$K=\begin{bmatrix} -k_{spi}\cos^2\alpha_i & k_{spi}\cos\alpha_i\sin\alpha_i & k_{spi}r_s\cos\alpha_i & k_{spi}\cos^2\alpha_i & -k_{spi}\cos\alpha_i\sin\alpha_i & k_{spi}r_{pi}\cos\alpha_i \\ k_{spi}\cos\alpha_i\sin\alpha_i & -k_{spi}\sin^2\alpha_i & -k_{spi}r_s\sin\alpha_i & -k_{spi}\sin\alpha_i\cos\alpha_i & k_{spi}\sin^2\alpha_i & -k_{spi}r_{pi}\sin\alpha_i \\ k_{spi}r_s\cos\alpha & -k_{spi}r_s\sin\alpha_i & -k_{spi}r_s^2 & -k_{spi}r_s\cos\alpha_i & k_{spi}r_s\sin\alpha_i & -k_{spi}r_s r_{pi} \\ k_{spi}\cos^2\alpha_i & -k_{spi}\sin\alpha_i\cos\alpha_i & -k_{spi}r_s\cos\alpha_i & -k_{spi}\cos^2\alpha_i & k_{spi}\sin\alpha_i\cos\alpha_i & -k_{spi}r_{pi}\cos\alpha_i \\ -k_{spi}\cos\alpha_i\sin\alpha_i & k_{spi}\sin^2\alpha_i & k_{spi}r_s\sin\alpha_i & k_{spi}\sin\alpha_i\cos\alpha_i & -k_{spi}\sin^2\alpha_i & k_{spi}r_{pi}\sin\alpha_i \\ k_{spi}r_{pi}\cos\alpha_i & -k_{spi}r_{pi}\sin\alpha_i & -k_{spi}r_s r_{pi} & -k_{spi}r_{pi}\cos\alpha_i & k_{spi}r_{pi}\sin\alpha_i & -k_{spi}r_{pi}^2 \end{bmatrix} \tag{4-53}$$

(2)行星轮与内齿圈啮合单元。同理,在对行星轮与内齿圈啮合单元建模时,由于行星轮在绕太阳轮进行公转时其自身也在自转,需考虑行星轮的两个横向自由度 v_{pi}、ω_{pi} 以及一个扭转自由度 θ_{pi},而内齿圈在与行星轮啮合时不存在扭转自由度,仅考虑两个横向自由度 v_r、ω_r,如图 4-18 所示。该啮合单元的位移分量可以表示为

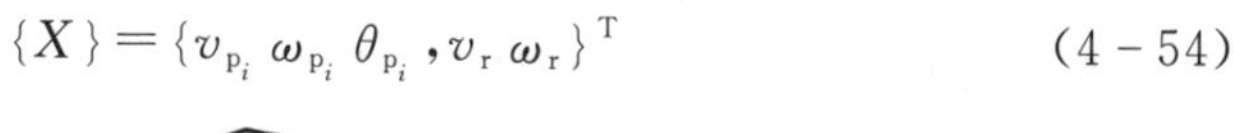

$$\{X\}=\{v_{p_i}\ \omega_{p_i}\ \theta_{p_i},v_r\ \omega_r\}^T \tag{4-54}$$

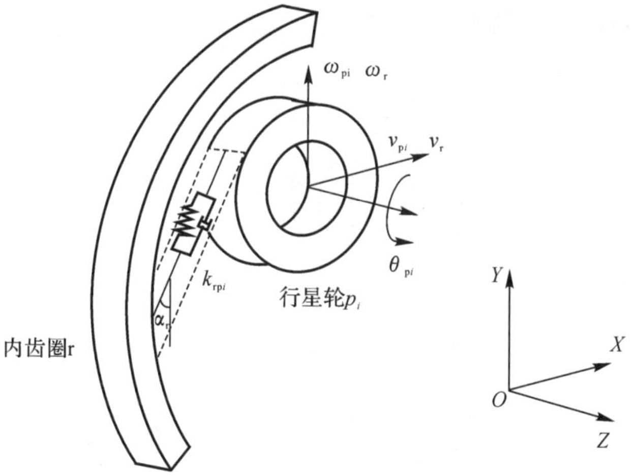

图 4-18　行星轮与内齿圈齿轮副动力学模型

齿轮各自由度沿啮合线方向上的矢量投影为

$$\left.\begin{aligned}\bar{x}_{r}&=v_{r}\cos\alpha_{r}+\omega_{r}\sin\alpha_{r}\\ \bar{x}_{pi}&=v_{pi}\cos\alpha_{r}+\omega_{pi}\sin\alpha_{r}-\theta_{pi}r_{pi}\\ \bar{x}_{rpi}&=v_{pi}\cos\alpha_{r}+\omega_{pi}\sin\alpha_{r}-\theta_{pi}r_{pi}-v_{r}\cos\alpha_{r}-\omega_{r}\sin\alpha_{r}\end{aligned}\right\}\tag{4-55}$$

式中：r_{pi} 表示第 i 个行星轮 p_i 的基圆半径；α_r 表示内齿圈与第 i 个行星轮 p_i 在啮合位置的压力角，$i=1,2,3$。因此该啮合单元在啮合位置的弹性啮合力可表示为

$$F_{rpi}=k_{rpi}(v_{pi}\cos\alpha_{r}+\omega_{pi}\sin\alpha_{r}-\theta_{pi}r_{pi}-v_{r}\cos\alpha_{r}-\omega_{r}\sin\alpha_{r})\tag{4-56}$$

式中：k_{rpi} 表示内齿圈与第 i 个行星轮 p_i 的平均啮合刚度，$i=1,2,3$。

该啮合单元的刚度矩阵具体形式为

$$\boldsymbol{K}=\begin{bmatrix}-k_{rpi}\cos^{2}\alpha_{r} & -k_{rpi}\cos\alpha_{r}\sin\alpha_{r} & k_{rpi}r_{pi}\cos\alpha_{r} & k_{rpi}\cos^{2}\alpha_{r} & k_{rpi}\cos\alpha_{r}\sin\alpha_{r}\\ -k_{rpi}\cos\alpha_{r}\sin\alpha_{r} & -k_{rpi}\sin^{2}\alpha_{r} & k_{rpi}r_{pi}\sin\alpha_{r} & k_{rpi}\sin\alpha_{r}\cos\alpha_{r} & k_{rpi}\sin^{2}\alpha_{r}\\ k_{rpi}r_{pi}\cos\alpha_{r} & k_{rpi}r_{pi}\sin\alpha_{r} & -k_{rpi}r_{pi}^{2} & -k_{rpi}r_{pi}\cos\alpha_{r} & -k_{rpi}r_{pi}\sin\alpha_{r}\\ k_{rpi}\cos^{2}\alpha_{r} & k_{rpi}\sin\alpha_{r}\cos\alpha_{r} & -k_{rpi}r_{pi}\cos\alpha_{r} & -k_{rpi}\cos^{2}\alpha_{r} & -k_{rpi}\sin\alpha_{r}\cos\alpha_{r}\\ k_{rpi}\cos\alpha_{r}\sin\alpha_{r} & k_{rpi}\sin^{2}\alpha_{r} & -k_{rpi}r_{pi}\sin\alpha_{r} & -k_{rpi}\sin\alpha_{r}\cos\alpha_{r} & -k_{rpi}\sin^{2}\alpha_{r}\end{bmatrix}\tag{4-57}$$

(3)行星架支撑单元。在行星齿轮传动系统中，由于三个行星轮均匀分布固定在行星架上且行星架随着行星轮的公转而转动，此时行星架的作为输出端，故在对该单元进行建模时，需考虑行星轮的两个横向自由度 v_{pi}、ω_{pi} 及一个扭转自由度 θ_{pi}，如图 4-19 所示。

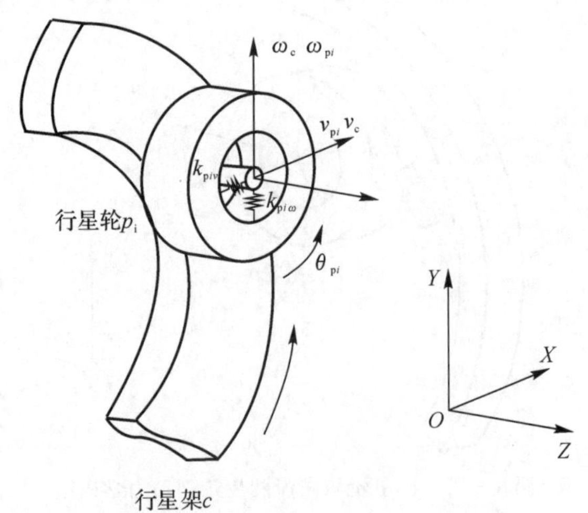

图 4-19 行星架支撑单元动力学模型

该支撑单元的弹性啮合力可以表示为

$$\left.\begin{aligned} F_{piv} &= k_{piv}(v_{pi} - \theta_c r_d) \\ F_{pi\omega} &= k_{pi\omega}\omega_{pi} \end{aligned}\right\} \tag{4-58}$$

式中：r_d 表示行星架的分度圆半径。

行星架支撑单元的刚度矩阵具体形式为

$$\boldsymbol{k}_{pc} = \begin{bmatrix} k_{piv} & 0 \\ 0 & -k_{pi\omega} \end{bmatrix} \tag{4-59}$$

（4）单元总装。对行星齿轮传动系统的各个单元完成建模后，按照有限元的方法对所建各个单元模型的刚度矩阵、阻尼矩阵、质量矩阵、负载矩阵等进行总装，也就是将所建各个单元模型的刚度矩阵事先进行节点编号，然后将其逐个送入总体刚度矩阵 K_T 中所处的位置，对于不同耦合单元中含有相同节点编号的情况，要将其所对应的子矩阵进行叠加处理，从而建立外载荷与位移关系。整个系统中的总体位移向量可以表示为

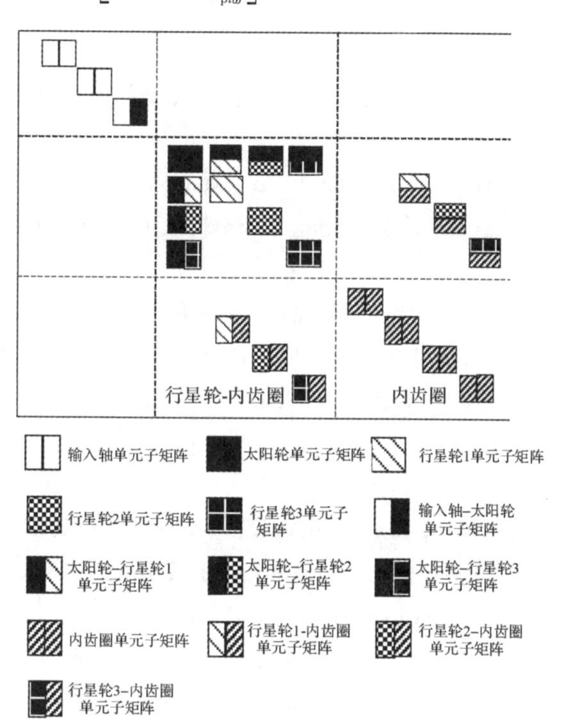

图 4-20　系统总体刚度矩阵装配示意图

$$\{X_T\} = \{\underbrace{x_{ix}, y_{ix}, \theta_{ix}}_{\text{输入轴}i=1-10}, \underbrace{x_s, y_s, \theta_s}_{\text{太阳轮}}, \underbrace{x_{pi}, y_{pi}, \theta_{pi}}_{\text{行星轮}i=12-14}, \underbrace{x_c, y_c}_{\text{行星架}}, \underbrace{x_{rm}, y_{rm}, \theta_{rm}}_{\text{内齿圈}m=15-110}\} \tag{4-60}$$

在进行总装时要考虑其边界条件，即动力学模型中的第一个节点与输入轴相连接，这样以达到约束其扭转自由度的目的。第 12～14 个节点分别与行星架相连接，主要承受负载扭矩。

整个系统的动力学模型一共划分为 110 个单元，包含 332 个自由度。系统总体刚度矩阵装配示意图，如图 4-20 所示。所构成的系统整体动力学方程可

表示为

$$\boldsymbol{M}_{\mathrm{T}}\ddot{\boldsymbol{X}}_{\mathrm{T}}+\boldsymbol{C}_{\mathrm{T}}\dot{\boldsymbol{X}}_{\mathrm{T}}+\boldsymbol{K}_{\mathrm{T}}\boldsymbol{X}_{\mathrm{T}}=\boldsymbol{F}_{\mathrm{T}} \tag{4-61}$$

式中：$\boldsymbol{M}_{\mathrm{T}}$ 表示系统的总体质量矩阵；$\boldsymbol{C}_{\mathrm{T}}$ 表示系统的总体阻尼矩阵；$\boldsymbol{K}_{\mathrm{T}}$ 表示系统的总体刚度矩阵；$\boldsymbol{X}_{\mathrm{T}}$ 表示系统的总体位移；$\boldsymbol{F}_{\mathrm{T}}$ 表示系统所受的外载荷。

参考文献

[1] 卜忠红，刘更，吴立言. 行星齿轮传动动力学研究进展[J]. 振动与冲击，2010，29(9)：161-166.

[2] SAADA A，VELEX P. An extended model for the analysis of the dynamic behavior of planetary trains[J]. Journal of Mechanical Design，1995，117(6)：241-247.

[3] 陈会涛，秦大同，吴晓铃. 变风载下风力发电机齿轮传动系统动力学特性研究[J]. 太阳能学报，2014，35(10)：1936-1943.

[4] YI G，PARKER R G. Dynamic analysis of planetary gears with bearing clearance[J]. Journal of Computational and Nonlinear Dynamics，2012，7：1-15.

[5] PARKER R G，AGASHE V，VIJAYAKAR S M. Dynamic response of a planetary gear system using a finite element/contact mechanics model [J]. Journal of Mechanical Design，2000，122(9)：304-310.

[6] SINGH A. Application of a system level model to study the planetary load sharing behavior [J]. Journal of Mechanical Design，2005，127(12)：469-476.

[7] SONG X，RODNEY E，ILYAS M. The spur planetary gear torsional stiffness and its crack sensitivity under quasi-static conditions [J]. Engineering Failure Analysis. 2016，2：1-31.

[8] ABOUSLEIMAN V，VELEX P. A hybrid 3D finite element/lumped parameter model for quasi-static and dynamic analyses of planetary/epicyclic gear sets[J]. Mechanism & Machine Theory，2009，41(6)：725-748.

[9] WU X H，PARKER R G. Modal properties of planetary gears with an elastic continuum ring gear [J]. Journal of Applied Mechanics，2008，75(3)：031014.

[10] 邱涛,杜群贵.基于刚柔耦合的 RV 减速器动力学仿真研究[J].机械传动,2019,43 (12):93－96.

[11] 周建星,孙文磊,曹莉,等.行星齿轮传动系统碰撞振动特性研究[J].西安交通大学学报,2016,50(3):16－21.

[12] 孙占飞.计入齿形误差的风电机组行星齿轮传动系统动态特性研究[D].乌鲁木齐:新疆大学,2021.

[13] 贾吉帅,周建星,曾群锋,等.RV 减速器柔性因素对动态传动误差影响分析[J].机床与液压,2023,51(1):158－165.

[14] 刘向阳.考虑齿圈柔性的风电机组行星传动均载特性与灵敏度分析[D].乌鲁木齐:新疆大学,2020.

[15] 徐斌,高跃飞,余龙.MATLAB 有限元结构动力学分析与工程应用[M].北京: 清华大学出版社,2009.

[16] 关天民.摆线针轮行星传动中摆线轮最佳修形量的确定方法[J].中国机械工程,2002(10):7－10.

第二篇　齿轮传动系统动态特性分析

第5章　齿轮传动系统结构动应力分析

齿轮是机械传动中最普遍最常用的零件，起着传递动力，改变转速及运动方向的重要作用。在工作过程中，轮齿会承受强烈的冲击作用，使得齿根部分承受着较大的交变应力。为了使齿轮传动能够更好满足重载、高速、低噪声及高可靠性的运行要求，需要从齿轮的静态和动态特性出发进行系统的设计。齿轮运转过程中的振动、轮齿变形及啮合状态的周期性变化使得轮齿会承受随时间变化的动应力。轮齿应力的计算是分析齿轮承载能力的基础，故建立精确模型进行准确求解轮齿的动应力具有重要意义。

5.1　基本概念

5.1.1　应力基础

物体在外因（力、温度等）作用下产生变形时，物体内会产生相互作用的内力来抵抗外因作用，并试图使物体恢复原状。在所考察的截面某一点单位面积上的内力称为应力。同截面垂直的称为正应力或法向应力，同截面相切的称为剪应力或切应力。静应力指零件在工作过程中由外因（受力、温度变化等）作用而产生的不变化的应力。动应力指零件在工作过程中由外因（受力、温度变化等）作用而产生的变化的应力。

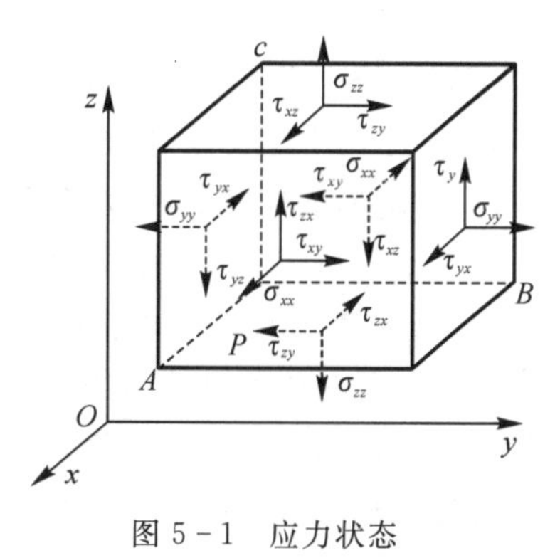

图5-1　应力状态

如图5-1所示，P为直角坐标系中变形体内的任意点，在此点附近切取一个各平面都平行于坐标平面的六面体。此六面体上 3 个互相垂直的 3 个平面上的应力分量即可表示该点的应力状态。为规定应力分量的正负号,首先假设:法向与坐标轴正向一致的面为正面;与坐标轴负向一致的面为负面。进而规定:正面上指向坐标轴正向的应力为正,反之为负;负面上指向坐标轴负向的应力为正,反之为负。3 个正面上共有 9 个应力分量(包括 3 个正应力和六个切应力)。此 9 个应力分量可写成如下矩阵形式:

$$\boldsymbol{\sigma}_{ij}=\begin{bmatrix}\sigma_{xx} & \tau_{xy} & \tau_{xz}\\ \tau_{yx} & \sigma_{yy} & \tau_{yz}\\ \tau_{zx} & \tau_{zy} & \sigma_{zz}\end{bmatrix} \tag{5-1}$$

式中:应力分量的第一个下标表示作用平面的法向;第二个下标表示应力作用的方向。

5.1.2 齿轮应力概述

随着齿轮的高速、重载、低噪声、高可靠性方向的发展,对齿轮传动的静动态特性提出了更高的要求。计算技术和计算机的迅速发展与广泛应用为齿轮强度有限元分析提供了强有力的工具。国内外在轮齿弯曲应力与变形研究方向做了不少有益的工作。

1893 年,Lewis 基于材料力学的抛物线梁理论视轮齿为等强度悬臂梁,推导出 Lewis 公式,奠定了齿轮弯曲强度计算的理论基础。1961 年,会田俊夫和寺内喜男成功将保角映射法用于求解轮齿的应力。1973 年,Wallance[1] 建立了二维单齿模型,模拟齿面上 3 个离散点的赫兹冲击和移动负荷下的动/静应力、变形和断裂。1985—1988 年,国内学者程乃士和刘温[2] 编制了求解渐开线齿轮齿廓保角映射函数的计算机程序,完成了渐开线齿轮齿廓保角映射函数的计算机求解。1988 年,Ramamurti[3] 利用二维有限元子结构技术和轮齿循环对称特征,计算了齿廓上几个加载点对应的齿根应力。1993 年,Vijayarangan[4] 采用三维单齿模型,研究了脉冲载荷下的动应力与静应力的关系。

然而,以往关于齿根应力的研究中存在一些局限性,例如:应用梁的初等弯曲理论,计算轮齿应力忽略了轮齿径向载荷的影响有较大误差[5];轮齿的几何模型大多以圆角代替过渡曲线,有的整个齿廓以样条曲线近似。而有限元法的出现使齿轮应力分析变得方便,计算精度更加可靠。同传统的计算方法相比,有限元法能处理复杂的载荷工况和边界条件,较全面地反映齿轮的应力场、齿根应力集中与轮齿变形等。

5.2　齿轮应力求解方法简述

在齿轮应力变形方面,国内外学者运用不同方法进行了研究。图 5 - 2 简要概括了齿轮应力的计算方法[6]。

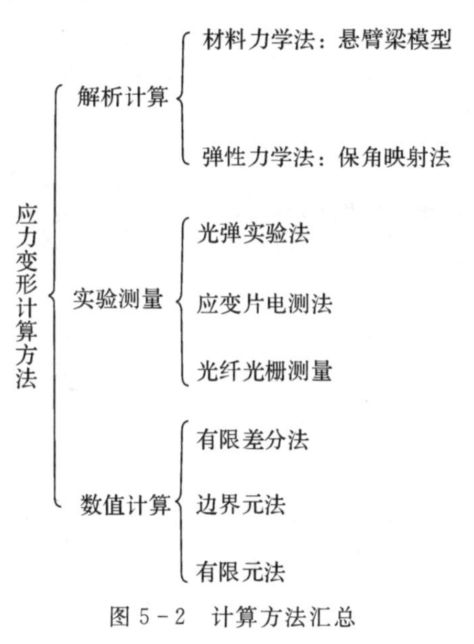

图 5 - 2　计算方法汇总

5.2.1　解析计算

1. 材料力学法:悬臂梁模型

齿轮传动通常使用油脂进行润滑,因轮齿间的摩擦力较小故可忽略其对轮齿受力的影响。已知转矩 T 为求解齿轮名义法向力 F_n,可将其在分度圆处分解为圆周力 F_t 和径向力 F_r,如图 5 - 3 所示。

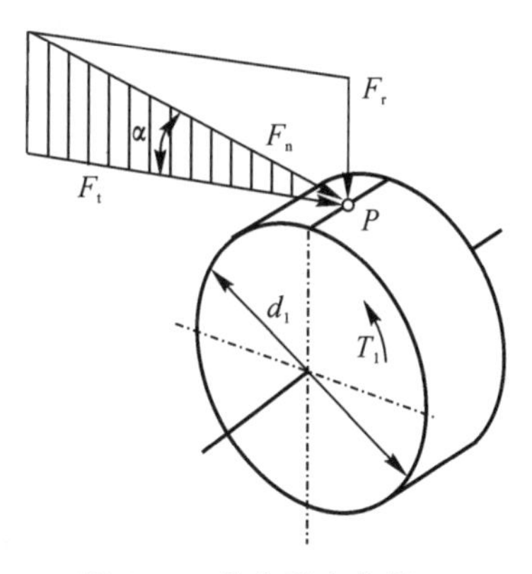

图 5 - 3　轮齿受力分析

由力平衡及各力几何关系可得

$$\left.\begin{aligned}F_t &= 2T_1/d_1 \\ F_r &= F_t\tan\alpha \\ F_n &= F_t/\cos\alpha\end{aligned}\right\} \tag{5-2}$$

式中:T_1 为该齿轮传递的转矩;α 为压力角。

当轮齿在齿顶处啮合时,处于双对齿啮合区,齿根处应力并非最大。根据分析,当载荷作用在单对齿啮合区的最高点时,齿根会产生最大的弯曲应力。为简化计算并保证精度,以往常采用计算结果偏于安全的方法,即将载荷作用在齿顶,计算单对轮齿的齿根弯曲应力,其误差使用重合度系数 Y_ε 修正[7]。

轮齿齿顶承受载荷情况如图 5-4 所示,其中:γ 为载荷作用于齿顶时的压力角;载荷 F_n 可分解为 $F_n\cos\gamma$ 和 $F_n\sin\gamma$ 两个分量。其中,$F_n\cos\gamma$ 分量主要会在齿根产生弯曲应力 s_{F0},而 $F_n\sin\gamma$ 分量主要在齿根产生压应力 s_{c0}。因压应力较小,以往主要考虑弯曲应力的影响,由此造成的误差通过引入系数进行修正。

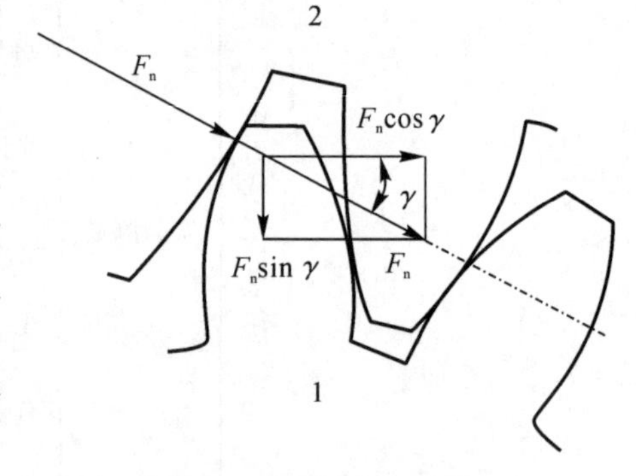

图 5-4　齿顶啮合受载

图 5-5 所示为由 30°切线法确定的轮齿危险截面的齿根应力。图 5-5 中,作与轮齿对称线成 30°角,并与齿根过渡曲线相切的两条直线,切点分别为 A、B,两者连线表示齿根处的危险截面。

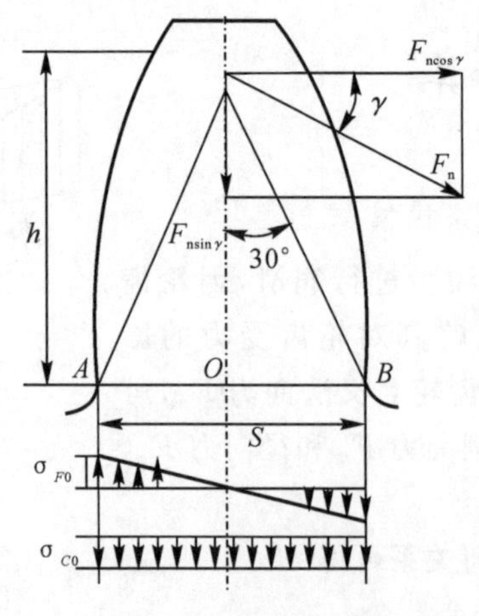

图 5-5　齿根应力图

该处的弯曲应力为

$$\sigma_{F0}=\frac{M}{W}=\frac{F_n\cos\gamma h}{\frac{bs^2}{6}}=\frac{6F_n\cos\gamma h}{bs^2} \tag{5-3}$$

将式(5-2)代入式(5-3),引入载荷系数 K_F,则危险截面弯曲应力为

$$\sigma_{F0}=\frac{K_F F_t}{bm}\cdot\frac{6\dfrac{h}{m}\cos\gamma}{\left(\dfrac{s}{m}\right)^2\cos\alpha}=\frac{K_F F_t}{bm}\cdot Y_{Fa} \tag{5-4}$$

式中:K_F 为弯曲疲劳强度计算的载荷系数,$K_F=K_A K_V K_{F\alpha} K_{F\beta}$;$K_A$ 为使用系数(通过实践确定),修正传动系统特性、质量比及运行状态的影响;K_V 为动载系数,修正制造装配误差及齿轮弹性变形对传动比及动载荷的影响;$K_{F\alpha}$ 为齿间载荷分配系数,修正多齿啮合时各齿承担载荷不同的影响;$K_{F\beta}$ 为齿向载荷分布系数,修正因齿轮、轴承、支座等变形和制造装配误差引起齿面载荷分布不均的影响;Y_{Fa} 为齿形系数,与齿制、变位系数和齿数相关。

以往研究和实验表明,以“悬臂梁”为代表的轮齿模型主要存在如下不足:部分粗短轮齿无法满足标准梁模型所要求的长高比;无法用等强度梁理论来模拟齿廓梯度的急剧变化和齿根应力集中;不能直接计算齿间载荷分配、齿向载荷分布、传动系统变形以及齿轮制造、装配误差与磨损的影响。后来出现了改进的“悬臂板”模型和各向同性楔模型,但计算精度和应用范围仍有一定的局限性。

2. 弹性力学法:保角映射法

因材料力学法中理论模型与实际齿形相差较大,故较难准确地反映复杂齿形、过渡曲线及传动系统对轮齿应力和变形的影响。于是以保角映射法为代表的平面弹性力学法应运而生。保角映射法的实质是将轮齿曲线边界映射为直线边界,由作用在半平面上集中力复变函数求解出半平面的位移场,从而得到轮齿受载点的应力和变形。其计算的精确性关键在于适当地选取映射函数及其项系数,其基本原理介绍如下[8]。

设 $\omega(\zeta)$ 把 Z 平面齿形边界围成的域 D 映射为ζ平面的下半平面域Δ的映射函数,如图 5-6 所示,则轮齿应力的复变函数表示为

$$\left.\begin{aligned}&\sigma_n+\sigma_t=4Re\left[\frac{\varphi'(\zeta)}{\omega'(\zeta)}\right]\\&\sigma_t-\sigma_n+2i\tau_{nt}=\frac{2}{\bar{\omega}'(\bar{\zeta})}\left\{\bar{\omega}(\bar{\xi})\left[\frac{\varphi'(\zeta)}{\bar{\omega}'(\bar{\zeta})}\right]+\psi'(\zeta)\right\}\end{aligned}\right\} \tag{5-5}$$

式中：σ_n、σ_t 为齿廓法线和切线方向应力；τ_{nt} 为 $t-n$ 坐标下剪应力；$\varphi(\zeta)$、$\psi(\zeta)$ 为满足边界条件的两个解析函数。把函数 $\varphi(\zeta)$、$\psi(\zeta)$ 分成非解析部分 $\varphi(\zeta)$ 和 $\psi(\zeta)$ 以及解析部分 $\varphi(\zeta)$ 和 $\psi(\zeta)$，则

$$\left.\begin{aligned}\varphi(\zeta)&=\varphi_0(\zeta)+\varphi'(\zeta)\\ \psi(\zeta)&=\psi_0(\zeta)+\psi'(\zeta)\end{aligned}\right\}\tag{5-6}$$

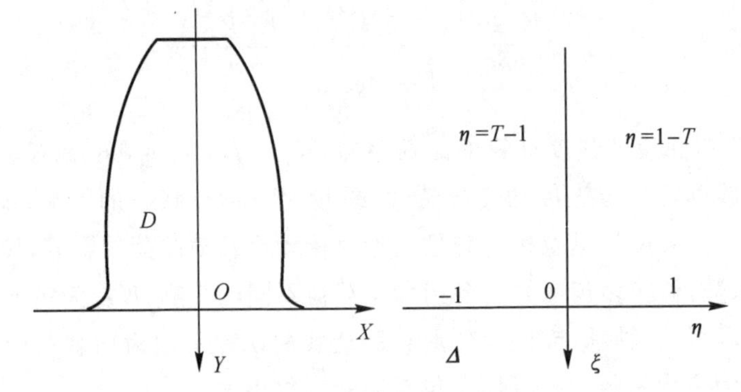

图 5-6　映射关系简图

由圣维南原理和边界条件得

$$\left.\begin{aligned}\varphi_0(\zeta)&=-\frac{P}{2\pi}e^{\beta i}\ln(\zeta-\tau)\\ \psi_0(\zeta)&=-\frac{P}{2\pi}e^{\beta i}\ln(\zeta-\tau)\\ \varphi'(\zeta)&=\frac{1}{2\pi i}\int\frac{\omega(\sigma)}{\zeta\bar{\omega}(-\sigma)}\bar{\varphi}'(-\sigma)\frac{d\sigma}{\sigma-\zeta}\\ \psi'(\zeta)&=\frac{1}{2\pi i}\int\frac{\bar{\omega}(-\sigma)}{\zeta\omega(\sigma)}\varphi'(-\sigma)\frac{d\sigma}{\sigma-\zeta}\end{aligned}\right\}\tag{5-7}$$

式中：P 为单位齿宽上的载荷；b 为 P 与 x 轴方向夹角；t 为 P 点作用点；s 为 Δ 域边界上任意一点。

保角映射法在轮齿应力与变形的精确求解中虽然取得了一些进步，但仍存在一定的局限性：因映射函数的精确程度及计算公式的复杂性而很难向空间弹性问题推广；载荷作用点由齿廓上移至轮齿对称线上，在作用点不断靠近齿根的过程中这种移动对齿根应力的影响明显增加；考虑复杂齿形、轮缘厚度、支承条件乃至整个传动系统时建模与计算困难；很难嵌入加工误差、装配偏差及磨损等。

5.2.2 实验测量

1.光弹实验法

目前光弹性法[9]有光弹性贴片法、三维光弹性法、散光光弹性法等几个主要分支。光弹性贴片法是利用材料应力-光学原理进行弹性力学中应变场测量的一种实验方法,这种方法在构件表面粘贴具有光学灵敏度的光弹性贴片,在一定的载荷作用下,用偏振光照射粘贴在构件表面的贴片以观察其应力(应变)分布及其变化规律。

相较于电阻应变片法,光弹性贴片法可以连续显示构件表面的应力(应变)分布情况,得到的信息不止一个小区域的平均应变值,而是较大面积上某确定点处的确定值及该区域应力(应变)场分布情况。其具有直观形象、信息量大等特点,并可直接观测到应力集中区域。光弹性材料的老化非常缓慢,适合长期监测(光弹性贴片粘贴10年后仍可正常使用)。有些各向同性的非晶体材料,如环氧树脂、有机玻璃、聚碳酸酯等,虽然在自然状态下不会产生双折射,但是当其受到载荷作用而产生应力时,就会像晶体一样表现出光学各向异性,产生双折射现象,去掉载荷后,双折射现象随即消失,这种现象称为暂时双折射或人工双折射。光弹性方法就是利用了这种暂时双折射效应。

平面应力-光学定律:当具有暂时双折射效应的材料受到载荷的作用时,其内部的应力与折射率之间存在一定的关系。用透明材料如环氧树脂等制成平板模型,并使模型受力处于平面应力状态,当光束垂直入射到受力模型内部时,就会产生人工双折射现象。通过模型后的出射光遵循以下规律[10]:

(1)一束平面偏振光通过平面受力模型内任一点时,它将会沿该点两个主应力的方向分解为两束振动方向相互垂直的平面偏振光。

(2)实验证明,模型上任一点的主应力与折射率有下列关系:

$$\left.\begin{aligned} n_1-n_0&=A\sigma_1+B\sigma_2 \\ n_2-n_0&=A\sigma_2+B\sigma_1 \end{aligned}\right\} \tag{5-8}$$

式中:n_0 为无应力状态下材料的折射率;n_1、n_2 分别为沿主应力 σ_1、σ_2 方向的折射率;A 和 B 为与材料性质有关的常数,称为绝对应力光学系数。

在式(5-8)中消去 n_0,并令 $C=A-B$ 为材料的应力光学系数得

$$n_1-n_2=C(\sigma_1-\sigma_2) \tag{5-9}$$

由于沿 σ_1 与 σ_2 方向的两束偏振光在模型中传播速度不同,因此两束光在通过模型后会产生光程差,两束光通过模型的时间分别为

$$\left.\begin{aligned} t_1 &= \frac{d}{v_1} \\ t_2 &= \frac{d}{v_2} \end{aligned}\right\} \tag{5-10}$$

光程差为

$$\Delta = v(t_1 - t_2) = v\left(\frac{d}{v_1} - \frac{d}{v_2}\right) \tag{5-11}$$

由折射率的定义，$n_1 = \frac{v}{v_1}$，$n_2 = \frac{v}{v_2}$，代入式(5-12)得

$$\Delta = d(n_1 - n_2) \tag{5-12}$$

联立式(5-9)及式(5-12)得

$$\Delta = Cd(\sigma_1 - \sigma_2) \tag{5-13}$$

由光学理论中相位差与光程差间的关系可得两束偏振光的相位差为

$$\delta = \frac{2\pi}{\lambda} Cd(\sigma_1 - \sigma_2) \tag{5-14}$$

式(5-14)即为平面应力-光学定律，其含义为当模型厚度一定时，任一点的光程差与该点的主应力差成正比，此式为光弹法应力测量的基础。

2. 应变片电测法

电测法基本原理[11]，构件的应力-应变关系由下式给出：

$$\sigma = E\varepsilon \tag{5-15}$$

式中：σ 为构件所受的应力；E 为杨氏模量（也称弹性模量）；ε 为构件在载荷作用下的应变。

可由应变片测出测点位置处的应变值，再由式(5-15)导出测点处的应力值大小。

电阻式应变片中金属丝的电阻变化率与其敏感栅所受到的应变成线性关系，即

$$\frac{\Delta R}{R} = K\varepsilon \tag{5-16}$$

式中：K 为应变片的灵敏系数，当齿根处在载荷作用下产生应变时，可通过测量电桥测出应变片敏感栅的电阻变化率来得到齿根相应测点处的应变值。

进行应变片种类选择时，应根据测试的环境条件、被测构件的应变状态、被测构件的材料性质、应变计的尺寸和电阻值及测量精度等因素来决定。在实际应用中，应遵循试验或应用条件（即测量精度，包括温度、湿度、环境恶劣状况等在内的环境条件，各类干扰，共模共地问题，试件材料大小尺寸，粘贴面积，曲率

半径，安装条件等）为先，被测试件材料状况（材料线膨胀系数、弹性模量、结构、大概受力状况或应力分布状况等）次之的原则来进行应变计种类的选择。

选择应变片的系列主要是对敏感栅材料及基底材料进行选择。可查阅到的基底材料包括纸基、胶基、玻璃纤维布、金属薄片等，而常见的敏感栅材料包括康铜箔、卡玛合金箔等。实验齿轮的齿根应力应变测试在实验室环境下进行，工作条件良好，没有过高的温度和湿度，且需要保证应变片的基底材料具有一定柔性以便于粘贴在齿根过渡曲面处。综合考虑上述各种因素，可选用以康铜箔为敏感栅，酚醛-环氧为基底的应变片，且这类应变片在市面上最为常见，成本较低且能够满足使用要求。

应变片在加载状态下的输出应变是敏感栅区域的平均应变[12]，为了获得真实的测量值，通常应变片的栅长应不大于测量区域半径的 1/5～1/10。栅长较长的应变片有易于贴片、接线及散热性好的优点，但过小栅长的应变片（如栅长小于 3 mm），许多性能将下降，尤其是应变极限、蠕变、静态测量稳定性以及疲劳寿命等。由于齿根处空间较小，且应变梯度较大（根据有限元仿真得到的结果，当贴片处的齿根弯曲应力还未到最大值即齿轮处于多齿啮合阶段时齿根部位应力梯度会很大；当贴片处的齿根弯曲应力达到最大值即轮齿处于单齿啮合上界点时，齿根部位应力梯度在一定程度上有所下降，但是测量区域的曲率半径依然较小，而且齿根过渡曲线处的空间本身也很小），同时考虑到应变梯度、测量区域面积大小、所需精度等因素，最终选择栅长为 1 mm 的应变片，因为此类应变片在市面上较为常见且栅长≤1 mm 的应变片在齿根应力应变测试方面有着广泛的应用，且该应变片基底尺寸较小，削弱了平均效应的影响，能够满足所需测量精度的要求。

3. 光纤光栅测量

对于齿根应变检测常用方法光弹法、电测法及光纤光栅传感器[13]，光弹法需要较为复杂的光学系统，同时需要非密闭性的齿轮箱，这对于齿轮传动系统来说较为困难，且难以测量；电测法虽应用广泛，且相对简单，但是在安装电阻应变片时需要行星齿轮传动系统提供一个较大的空间来适应电阻片的安装，这就要求行星齿轮箱的空间足够大。因此其在传统的平行轴齿轮传动系统中的应用较为广泛。

光纤光栅传感器（FBG）目前已经广泛地应用在各种结构的应变检测，且由于其体积小，适合用于分布式检测及抗电磁干扰的优势，对于行星齿轮传动系统中的应用较为方便。

光纤光栅传感器的纤芯通常是经过紫外线等光照下进而加工出来的，通过这种加工手段，使得光纤传感器对于特定光具有反射能力，反射光的谐振波长主要是由于光纤光栅工作状态下的周期以及光纤传感器中的纤芯有效折射率有关。

在工作状态下光纤光栅由于结构的变形从而导致光纤传感器同步产生变形，此时入射光源发生偏移，偏移后的应变在轴向的偏移量 ε 与入射光波在变形后的偏移量 $\Delta\lambda$ 的关系为

$$\varepsilon=\frac{1}{\lambda_{\mathrm{B}}(1-p_{\mathrm{e}})}\Delta\lambda \tag{5-17}$$

式中：λ_{B} 为光纤传感器测量之前未变形时的谐振波长；p_{e} 为光纤传感器在工作过程中的有效弹光系数，通常情况下 p_{e} 取常数。

由式(5-17)可知，当非密闭性结构下，在对被测结构测量时，通常认为光纤传感器随着被测结构一起产生相等的形变，由式(5-17)可知对于均匀应变场的测量较为方便，但是对于非均匀应变场的测量需要采用传递矩阵方法。即将光纤光栅均匀地划分为 M 段，且每段的长度相等，并假设每段光纤光栅在测量激励作用下结构应变时同样得到的均匀应变，可知光纤光栅的测量所得到的电场信号幅值可表示为

$$\begin{bmatrix} A_M^+ \\ B_M^+ \end{bmatrix}=T_M T_{M-1}\cdots T_k\cdots T_1\begin{bmatrix} A_0^+ \\ B_0^+ \end{bmatrix} \tag{5-18}$$

式中：A_k^+、B_k^+ 分别为穿过光纤传感器在工作过程中第 k 段光栅测量得到的电场幅值，其中 $A_0^+=1$，$B_0^+=0$，表示光纤光栅工作过程中出射端的所测量得到的电场幅值；$\boldsymbol{T}_k$ 为 k 段光栅在工作过程中的传输矩阵，其形式为

$$\boldsymbol{T}_k=\begin{bmatrix} \cosh(\Omega \mathrm{d}L)-i\dfrac{\zeta^+}{\Omega}\sinh(\Omega \mathrm{d}L) & -i\dfrac{\kappa}{\Omega}\sinh(\Omega \mathrm{d}L) \\ i\dfrac{\kappa}{\Omega}\sinh(\Omega \mathrm{d}L) & \cosh(\Omega \mathrm{d}L)+i\dfrac{\zeta^+}{\Omega}\sinh(\Omega \mathrm{d}L) \end{bmatrix} \tag{5-19}$$

式中：ζ^+、κ 为光纤光栅在工作过程中的支流和交流耦合系数；$\Omega=\sqrt{\kappa^2-\zeta^{+2}}$；$\mathrm{d}L$ 为光纤光栅每段长度。

进而可得光纤光栅反射率为

$$R(\lambda)=\left|\frac{B_M^+}{A_M^+}\right|^2 \tag{5-20}$$

非均匀应变场影响 ζ^+，如下式所示：

$$
\left.\begin{aligned}
&n'_{\mathrm{eff}}=n_{\mathrm{eff}}-n_{\mathrm{eff}}p_{\mathrm{e}}\varepsilon(k)\\
&\lambda'_{\mathrm{B}}=\lambda_{\mathrm{B}}+\lambda_{\mathrm{B}}(1-p_{\mathrm{e}})\varepsilon(k)\\
&\zeta^{+}=2\pi n'_{\mathrm{eff}}[1/\lambda-1/\lambda'_{\mathrm{B}}]+2\pi/\lambda\times\bar{\delta}n_{\mathrm{eff}}(k)-4\pi n'_{\mathrm{eff}}/\lambda'^{2}_{\mathrm{B}}\times\mathrm{d}\lambda'_{\mathrm{B}}/\mathrm{d}z
\end{aligned}\right\}
\tag{5-21}
$$

式中:Λ 和 n_{eff} 为光纤光栅在设计之初所得到的原始的波动周期以及纤芯在工作过程中的有效折射率;$\varepsilon(k)$为光纤传感器在工作过程中第 k 段光栅处所测量得到的应变值;$\bar{\delta}n_{\mathrm{eff}}(k)$为光纤传感器工作过程中第 k 段光栅对光波折射过程中的折射率变化的幅值。

5.2.3　数值计算

随着计算技术和计算机的迅速发展及广泛应用,以有限元法为代表的数值计算方法使齿轮应力和变形分析变得方便、可靠、准确。目前齿轮工程中实用的数值解法主要有 3 种有限差分法(FDM)、边界元法 (BEM)和有限元法(FEM)。

1. 有限差分法

有限差分法是一种直接将微分问题转变为代数问题的近似数值解法。其特点是用有限个节点代替原连续求解域,将原方程和定解条件中的微商用差商来近似。但它用于几何形状复杂的问题时精度将降低甚至收敛困难,因此在复杂齿轮系统强度分析方面应用不多。其基本原理如下。

自变量 x 的解析函数 $y=f(x)$,则有

$$
\frac{\mathrm{d}y}{\mathrm{d}x}=\lim_{\Delta x\to 0}\frac{\Delta y}{\Delta x}=\lim_{\Delta x\to 0}\frac{f(x+\Delta x)-f(x)}{\Delta x}
\tag{5-22}
$$

式中:$\mathrm{d}x$、$\mathrm{d}y$ 为自变量和函数微分;$\mathrm{d}y/\mathrm{d}x$ 为函数对自变量的一阶导数;$\Delta y/\Delta x$ 为函数对自变量的一阶差商。

则向前差分为

$$
\Delta y=f(x+\Delta x)-f(x)
\tag{5-23}
$$

向后差分为

$$
\Delta y=f(x)-f(x-\Delta x)
\tag{5-24}
$$

中心差分为

$$
\Delta y=f\left(x+\frac{1}{2}\Delta x\right)-f\left(x-\frac{1}{2}\Delta x\right)
\tag{5-25}
$$

由此可知差商的截断误差,将函数 $f(x+\Delta x)$按泰勒级数展开,有

$$f(x+\Delta x)=f(x)+\frac{\Delta x}{1!}f'(x)+\frac{(\Delta x)^2}{2!}f''(x)+\frac{(\Delta x)^3}{3!}f'''(x)+0[(\Delta x)^4] \tag{5-26}$$

则向前截断误差为

$$\frac{f(x+\Delta x)-f(x)}{\Delta x}-f'(x)=\frac{\Delta x}{2!}f''(x)+\frac{(\Delta x)^2}{3!}f'''(x)+0[(\Delta x)^3] \tag{5-27}$$

向后截断误差为

$$\frac{f(x)-f(x-\Delta x)}{\Delta x}-f'(x)=\frac{\Delta x}{2!}f''(x)+\frac{(\Delta x)^2}{3!}f'''(x)+0[(\Delta x)^3] \tag{5-28}$$

中心截断误差为

$$\frac{f(x+\frac{1}{2}\Delta x)-f(x-\frac{1}{2}\Delta x)}{\Delta x}-f'(x)=\frac{(\Delta x)^2}{2!\times 3!}f'''(x)+0[(\Delta x)^3] \tag{5-29}$$

2.边界元法

边界元法则是先将求解域内的控制方程，用数学方法转化为求解域边界上的边界积分方程，再用数值解法求出边界结点上待求量的近似解，然后根据边界结点量计算得到区域内任意点的待求量。这种方法输入数据少，直接性较好，适合于大应力梯度的边界问题；但由于所用的矩阵通常为稠密阵，其求解效率较低，求解规模也受到限制。

其基本原理为[14]，设 R^m 是 m 维欧氏空间，$\Omega\subset\Gamma_n$ 是有界开区域，其边界记作 Γ。设所需求解的微分方程为

$$L(u)=f \tag{5-30}$$

式中：L 是定义在 Ω 上的微分算子。

运用边界元法求解上式时，主要步骤如下：

(1)将微分方程(5-31)转化成定义在 Γ 上的边界积分方程，有

$$T(u)=y,\quad u,y\in S \tag{5-31}$$

式中：S 是由定义在 Γ 上的一类函数组成的赋范空间。

(2)将边界 Γ 剖分成 n 个“元”，这些元的拼接构成近似边界 Γ_n，于是方程(5-32)可近似为

$$\tilde{T}_n(\tilde{u}_n)=\tilde{y}_n,\quad \tilde{u}_n,\tilde{y}_n\in\tilde{S}^n \tag{5-32}$$

式中：$\tilde{S}^n$ 是由定义在近似边界 Γ_n 上的函数组成的 n 维赋范空间；$\tilde{u}_n$ 即是所求的近似解；$\tilde{T}_n$ 是 $\tilde{S}^n$ 到 $\tilde{S}^n$ 的算子 。

空间 $\widetilde{S}^n$ 将称为边界元子空间，可构造如下：

在近似边界 Γ_n 上选定 N 个互不相重的节点 $r^i=(x_1^i,\ x_2^i\cdots x_m^i)$，$i=1,2,\cdots,N$，记这 N 个节点的集合为 $N_r=\{r^i \mid i=1,2,\cdots,N\}$。

构造函数集合 $\{l^i(r) \mid i=1,2,\cdots,N\}$，它满足条件：

a. $\{l^i(r) \mid i=1,2,\cdots,N\}$ 是有界支集函数系，即对每一节点 r^i，存在一正数 ε_i 使得

$$l^i(r)\begin{cases}\neq 0, & |r-r^i|\leqslant\varepsilon_i\\ =0, & |r-r^i|>\varepsilon_i\end{cases} \tag{5-33}$$

b. 函数集合 $\{l^i(r) \mid i=1,2,\cdots,N\}\subset C(\Gamma_n)$，且

$$l^i(r^j)=\delta_{ij} \tag{5-34}$$

式中：$C(\Gamma_n)$ 表示 Γ_n 上连续函数集合，容易验证式式(5-33)和式(5-34)的函数关系是线性无关，于是边界元子空间 $\widetilde{S}^n$ 可令为

$$\widetilde{S}^n=\mathrm{Span}\{l^1(r),l^2(r),\cdots,l^N(r)\} \tag{5-35}$$

通常称满足式(5-33)和式(5-34)的函数系为 Lagrange 基函数。近似解 $\widetilde{u}_n(r)$ 可展开为

$$\widetilde{u}_n(r)=\sum_{i=1}^{N}u_i l^i(r) \tag{5-36}$$

以后将称之为精确解 $u(r)$ 在 $\widetilde{S}^n$ 中的投影，或称为 $u(r)$ 的边界元展开。现将边界元展开式(5-36)代入式(5-32)可得到

$$\sum_{i=1}^{N}u_i\widetilde{T}_n[l^i(r')]=\widetilde{y}_n(r),\quad r\in\Gamma_n \tag{5-37}$$

式中：r' 是积分变量。

除非在 Γ_n 几何上是极其简单，否则一般是很难找到满足式(5-33)和式(5-34)及定义在整个 Γ_n 上的 Lagrange 基函数系。因此和有限元法一样，边界元法也是采用区域剖分，用分片解析函数来构造边界元基函数系。

(3)利用配置技术，即令方程(5-37)在 Γ_n 的 N 个节点上精确成立，故可得

$$\boldsymbol{T}_N^*\boldsymbol{u}_n^*=\boldsymbol{y}_n^*\ \boldsymbol{u}_n^*,\quad y_n^*\in\mathbf{R}^N \tag{5-38}$$

式中：$\boldsymbol{T}_N^*$ 是 $N\times N$ 矩阵；$\boldsymbol{u}_n^*=(u_1,u_2,\cdots,u_N)^{\mathrm{T}}$，$\boldsymbol{y}_n^*=[\widetilde{y}_n(r^1),\widetilde{y}_n(r^2),\cdots,\widetilde{y}_n(r^N)]^{\mathrm{T}}$。求解方程组(5-38)可得到近似解[见式(5-36)]。

3. 有限元法

有限元法是一种通用的工程数值分析方法，应用最为广泛。同传统的计算方法相比，有限元法能处理复杂的载荷工况和边界条件较全面地反映齿轮体的

应力场、位移场、齿根应力集中与轮齿变形等。计算技术和计算机的迅速发展与广泛应用为齿轮强度有限元分析提供了强有力的工具，常用的有 ANSYS、Abaqus 等。图 5-7 所示为运用 ANSYS 进行齿轮强度分析，通过应力云图可直观了解齿轮轮齿的受力特点及大小。

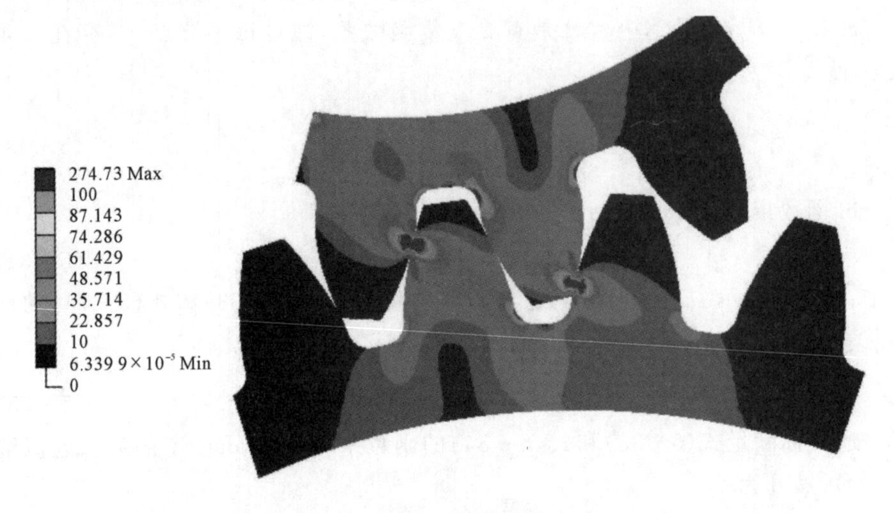

图 5-7　齿轮应力云图

5.3　齿轮动应力的有限元求解方法

以往常用上述方法计算静止状态下齿轮的应力及理论设计阶段的强度校核，不能有效反映齿根弯曲应力随着齿轮运动而产生的动态变化过程，亦无法展现在考虑齿轮传动系统动态特性下齿根应力的变化特点。因实际工程中齿轮传动系统较为复杂，完整建立整个系统有限元模型进行瞬态动力学计算面临着诸多困难，既不经济，效率也低下。为了真实而形象地模拟齿轮啮合过程中齿根弯曲应力的变化，在综合考虑齿轮所受啮合激励的情况下提出了齿轮动应力的计算方法，如图 5-8 所示。

首先通过集中质量法在考虑齿轮传动系统各部件间关系的基础上建立了动力学模型，提取了轮齿间的动态啮合力。其次建立有限元分析模型并将轮齿接触面的齿廓离散出 n 条接触线，然后将动态啮合力离散出 n 个冲击载荷，并通过子步Δt 逐步施加在轮齿接触面。而后通过模态叠加法齿轮传动系统动力学模型进行解耦，在此基础上利用 Newmark-β 时间积分法求解在啮合激励作用下齿轮的振动特性，在得到振动特性之后进一步可求得齿轮动应力。

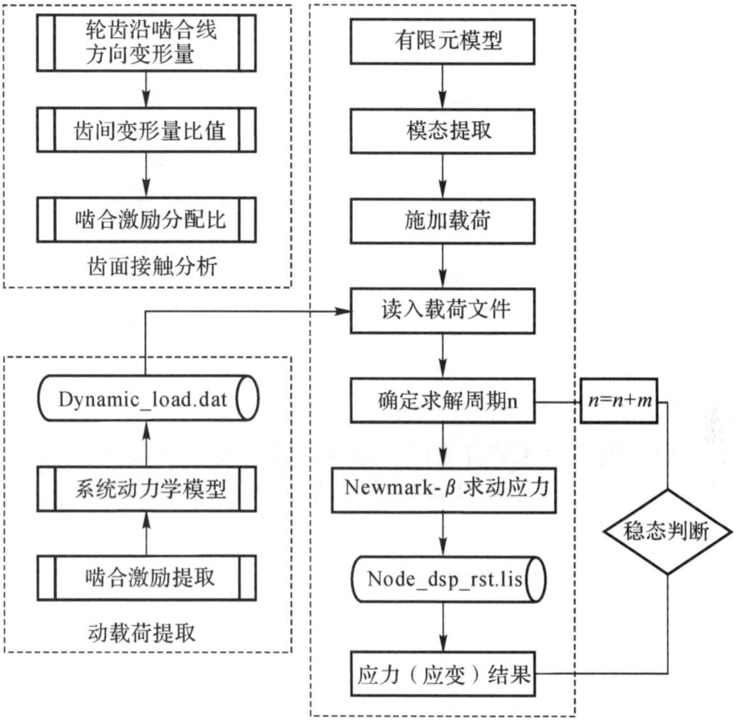

轮齿沿啮合线方向变形量
齿间变形量比值
啮合激励分配比
齿面接触分析
Dynamic_load.dat
系统动力学模型
啮合激励提取
动载荷提取
有限元模型
模态提取
施加载荷
读入载荷文件
确定求解周期n
$n=n+m$
Newmark-β 求动应力
稳态判断
Node_dsp_rst.lis
应力（应变）结果

图 5-8　动应力求解流程

5.3.1　动载施加原理

以内齿圈为例，行星齿轮传动系统工作过程中，理想状况下将一直处于线接触的状态，为避免接触面划分大量的网格，本书在计算过程中将轮齿接触面离散出 n 条接触线，从而模拟轮齿啮合过程如图 5-9 所示。

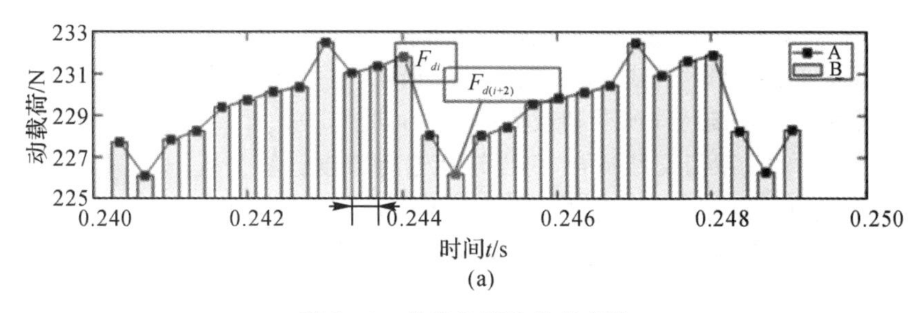

图 5-9　轮齿齿廓及载荷离散

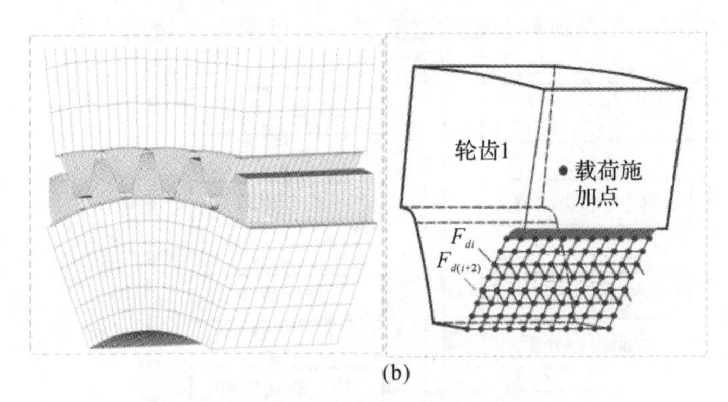

(b)

续图 5-9　轮齿齿廓及载荷离散

行星轮系工作过程中,由于输入转速的方向一致,行星轮及内齿圈将保持单侧面接触,对此将齿圈参与啮合轮齿接触齿面进行离散,可以得到 n 条接触线,对此可将第 2 章中得到的动载荷进行离散,离散为 n 个冲击载荷,然后逐步施加进而模拟行星轮-内齿圈啮合单元啮合过程。分析上图以 Δt 为载荷步,将冲击载荷进行离散,并逐步施加至轮齿接触面,如图 5-9 所示,离散后的冲击载荷经时间子步 2 Δt 由 F_{di} 变至 $F_{d(i+2)}$,同时其在轮齿接触面载荷施加位置接触线也随时间改变。

分析图 5-9,将曲线 A 离散为 12 个冲击载荷。将第一个冲击载荷施加在第一条啮合线上,然后模拟整个从啮入到啮出齿轮的啮合过程,每个冲击载荷作用时间为Δt,作用位置依次从进入啮合首条接触线,逐个更替直至过渡到退出啮合,即完成整个啮合过程。

5.3.2　齿间载荷分配

在多齿同时参与啮合时,还存在齿间动载荷分配问题。本书采用轮齿承载接触分析(LTCA)方法对内齿圈所受动载荷的一个周期进行离散,确定一个周期中各参与啮合轮齿沿接触线方向的变形量 $\Delta_{ij}(t)$(第 j 个参与啮合轮齿在 t 时刻沿第 i 条接触线的变形量),如图 5-9 所示。$F_{ij}(t)$为第 j 个参与啮合轮齿在 t 时刻沿第 i 条接触线所受动载荷的分力,如图 5-9 所示。且行星轮-内齿圈啮合单元为单齿、双齿交替啮合,由齿轮理论重合度计算公式[见式(5-39)]得到在一个啮合周期中,93%的时间处于双齿啮合,7%的时间处于单齿啮合。

行星轮-内齿圈啮合单元重合度理论计算公式:

$$\varepsilon_a=\frac{1}{2\pi}[z_1(\tan\alpha_{a1}-\tan\alpha')-z_2(\tan\alpha_{a2}-\tan\alpha')] \tag{5-39}$$

式中：α_{a1}、α_{a2} 分别为行星齿轮传动系统中行星轮以及内齿圈齿顶圆压力角，z_1、z_2 为行星轮与内齿圈的齿数；α'为啮合角。

由于行星轮-内齿圈啮合单元重合度为 1.93，其 96.4%的时间处于双齿啮合，因此对于载荷分配过程中忽略参与啮合轮齿单齿啮合区，仅计入行星轮-内齿圈啮合单元的双齿啮合状态。为有效确定内齿圈参与啮合轮齿的齿间载荷关系，需确定参与啮合齿对间的弹性变形量，而轮齿由于其结构的特殊性，因此不能忽略其弯曲变形量。

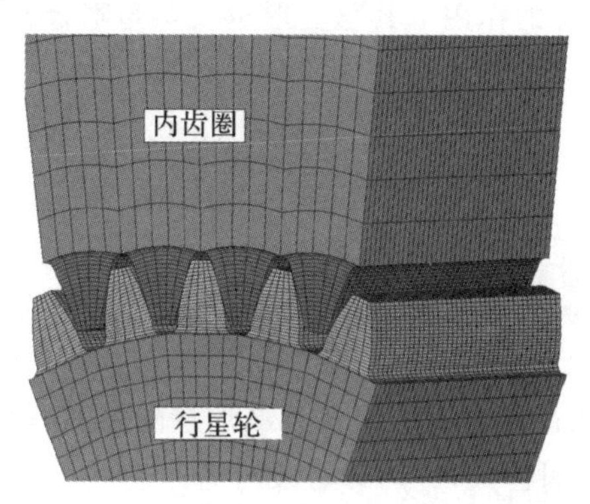

图 5-10　行星轮-内齿圈有限元接触模型

结合上述分析，建立行星轮-内齿圈啮合单元有限元分析模型，采用轮齿承载接触分析方法(LTCA)确定齿间载荷关系，如图 5-10 所示。

依据图 5-10 可知，首先将内齿圈外侧固定点位进行全约束，然后对行星轮内圈节点施加载荷，为保证计算的精确性，将图 5-9 中的离散化载荷逐步施加，并依次对行星轮进行旋转直至过一个啮合周期(行星轮旋转 3.6°)。其计算如图 5-11 所示。

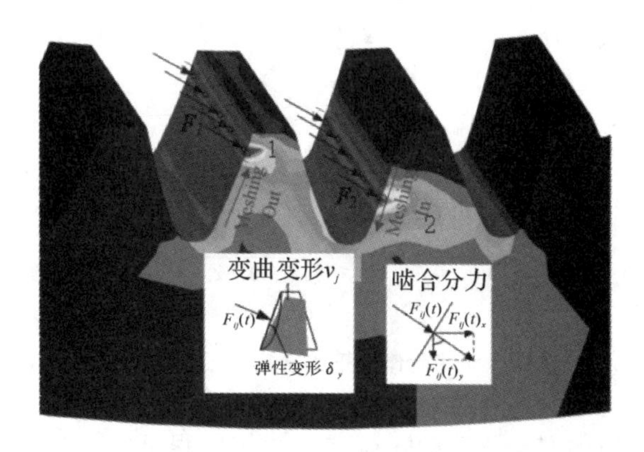

图 5-11　t_q 时刻内齿圈参与啮合齿对间载荷分配关系

分析图 5-11，δ_j 表示承载齿的弹性变形，ν_j 代表承载齿的弯曲变形，$F_{ij}(t)$为 t 时刻行星轮-内齿圈啮合单元啮合力，γ 为啮合力与竖直方向的夹角。

假设 t_q 时刻轮齿参与啮合齿对所受的啮合力分别为 F_1、F_2，总啮合力为 F_q，则此时参与啮合的两轮齿其弹性变形量和弯曲变形量为 δ_1、δ_2、ν_1、ν_2。

依据力的矢量性及其叠加原理可得总啮合力表达式为

$$F_q = F_1 + F_2 \tag{5-40}$$

则此时内齿圈在啮合力的作用下其总变形量及参与啮合轮齿的变形量的关系可表示为

$$\Delta_q = \Delta_1 + \Delta_2 \tag{5-41}$$

$$\Delta_j = \delta_j + \nu_j \tag{5-42}$$

第 j 个参与啮合轮齿所受的载荷为

$$F_j = \frac{\Delta_j}{\Delta_q} F_q \tag{5-43}$$

在实际工作中，内齿圈所受载荷及其变形量随时间变化而变化，对此其动荷载可改写为 $F_q(t)$，此时公式(5-43)可改写为

$$F_j(t) = \frac{\Delta_j(t)}{\Delta_q(t)} F_q(t) \tag{5-44}$$

式中：$F_j(t)$、$\Delta_j(t)$表示 t 时刻第 j 个参与啮合轮齿沿接触线方向的啮合力及变形量(其中 $j = 1,2$)，$\Delta_q(t)$为 t 时刻参与啮合齿对的变形量总和。

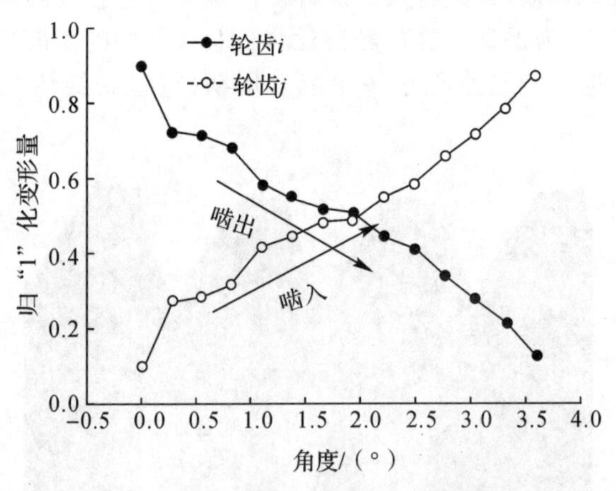

图 5-12 动载荷作用下啮合轮齿沿接触线变形量

由内齿圈的加载方式及其动载荷波动时域历程可知，内齿圈载荷的变形量也将呈现出周期性变化，对此按照上述方法依次将离散载荷施加进而可以得到

啮合轮齿沿接触线方向的变形量如图 5-12 所示。其中横轴 X 代表行星轮公转的角度，纵轴 Y 代表内齿圈参与啮合轮齿的归“1”化变形量。

以齿面凹入为变形量的正方向，则参与啮合轮齿可以表示为

$$\left.\begin{aligned}F_{jx}(t)&=\sin[\gamma+3.6\times j]F_j(t)\\F_{jy}(t)&=\cos[\gamma+3.6\times j]F_j(t)\end{aligned}\right\}\tag{5-45}$$

式中：γ 为轮齿 1 所受啮合激励沿接触线方向与 Y 轴正方向的夹角，由于相邻两对齿之间相差角度为 3.6°，所以第 j 对齿沿接触线方向夹角为 $\gamma+3.6\times j$，$j=0\sim99$；$F_{jx}(t)$、$F_{jy}(t)$ 为第 j 个齿在 t 时刻所受啮合激励沿 X 轴、Y 轴方向的分量。

依据图 5-12，当轮齿 j 进入啮合时，此时啮合位置位于轮齿根部，所受啮合力较小，其弯曲以及弹性变形较小，随着行星轮的公转，轮齿 j 所受载荷逐渐增大弹性变形增大，且从齿根到齿顶的过程中弯曲变形也呈现出增大的趋势。同理，轮齿 i 退出啮合的过程中，其受力逐渐减小导致其弹性变形和弯曲变形均呈现减小的趋势。

5.4　齿圈动应力求解算例

与常见的外啮合齿轮相比，内齿圈的承载及应力变化更具复杂性。其一，典型的复合运动形式导致行星轮系系统的振动响应相较定轴更复杂，故内齿圈承受的动载荷更加复杂；其二，风电机组行星轮系承受的载荷具有很强的时变性。齿圈是行星齿轮传动系统主要承载部件，其同时受到多个啮合激励源的作用，导致其振动形式复杂成为行星齿轮传动系统中故障易发的部件。以往常计算研究齿轮静应力，无法精确表示齿轮的受力及运行状态，故通过运用瞬态动力学计算并研究内齿圈动应力，可为行星齿轮传动系统的设计提供一定的理论参考。

5.4.1　有限元模型

行星轮齿轮传动系统部件繁多，为保证内齿圈计算结果的准确性并提高计算效率，故本书对行星轮系模型进行合理简化，将内齿圈三维模型导入 Ansys 中建立有限元模型，并将齿根位置进行加密。然后，运用轮齿承载接触分析方法将所求动态啮合力离散，并按比例进行齿间分配施加，即通过动载荷分步施加在齿圈上来等效内齿圈与行星轮的啮合过程，有限元模型及边界条件如图 5-13

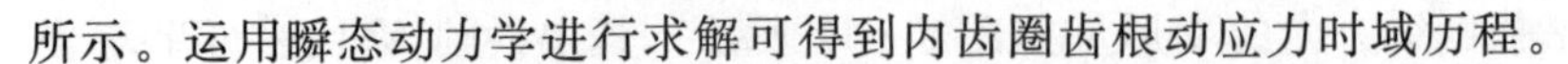

所示。运用瞬态动力学进行求解可得到内齿圈齿根动应力时域历程。

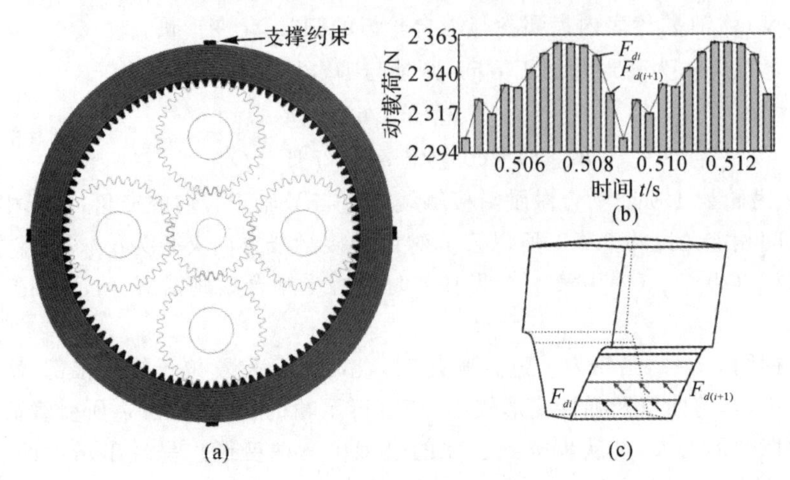

图 5-13　齿圈有限元模型

5.4.2　求解原理

采用有限元方法构建内齿圈动力学模型,其矩阵形式为

$$[M]\{\ddot{q}\}+[C]\{\dot{q}\}+[K]\{q\}=\{F^a\} \tag{5-46}$$

式中:$[M]$为风电机组中内齿圈通过网格划分后得到的质量矩阵;$[K]$为内齿圈在网格划分后所得到的刚度矩阵;$\{q\}$为内齿圈在啮合激励作用下的节点的位移向量;$\{F^a\}$为内齿圈所承载的啮合激励矩阵;其阻尼矩阵$[C]$可认为是由质量矩阵$[M]$及刚度矩阵$[K]$的线性组合,即

$$[C]=a[M]+b[K] \tag{5-47}$$

从数学的角度分析,上述质量、阻尼、刚度矩阵均为高阶矩阵,因此采用一般方法求解时需花费大量计算时间,由于模态叠加法计算方便,且在工程中应用广泛,对此本书采用模态叠加法对式(5-46)解耦。

由式(5-46)可知,内齿圈的无阻尼自由振动方程为

$$[M]\{\ddot{q}\}+[K]\{q\}=0 \tag{5-48}$$

无阻尼自由振动方程应满足

$$q=\{\delta_i\}\cos\xi_i t \tag{5-49}$$

式中:$\{\delta_i\}$为内齿圈自由状态下的第 i 阶模态所对应的特征向量;ξ_i 为内齿圈自由状态下第 i 阶模态所对应的振动频率;t 为时间。

由式(5-48)、式(5-49)可得结构的振动特征方程为

$$|-\xi_i{}^2M+K|=0 \tag{5-50}$$

由式(5-50)可得内齿圈自由状态下第 i 阶振动频率 ξ_i，进而可以求出内齿圈自由状态下第 i 阶模态形状所对应的特征向量$\{\delta_i\}$。

在得到内齿圈模态矩阵$[\Phi]$后，利用模态矩阵进行坐标转换：

$$\{q(t)\}=[\Phi]\{Y(t)\} \tag{5-51}$$

式中：$\{Y(t)\}$是随时间变化的主坐标矩阵 $Y_1(t),Y_2(t),\cdots,Y_p(t)$。

将式(5-51)代入方程(5-46)可得

$$[M][\Phi]\{Y(t)\}+(a[M]+b[K])[\Phi]\{Y(t)\}+[K][\Phi]\{Y(t)\}=\{F^a\} \tag{5-52}$$

等式两侧同乘$\{\Phi\}^{\mathrm{T}}$ 可得

$$[\Phi]^{\mathrm{T}}[M][\Phi]\{\ddot{Y}(t)\}+[\Phi]^{\mathrm{T}}\{a[M]+b[K]\}[\Phi]\{\dot{Y}(t)\}+[\Phi]^{\mathrm{T}}[K][\Phi]\{Y(t)\}=[\Phi]^{\mathrm{T}}\{F^a\} \tag{5-53}$$

依据模态矩阵的正交性，对$[M]$进行正规划“1”后可得

$$[\Phi]^{\mathrm{T}}[M][\Phi]=[I] \tag{5-54}$$

$$[\Phi]^{\mathrm{T}}[K][\Phi]=\begin{bmatrix}\ddots & & \\ & \omega^2 & \\ & & \ddots\end{bmatrix} \tag{5-55}$$

式中：$[I]$表示对角矩阵，其表达式可表示为$\begin{bmatrix}\ddots & & \\ & \omega^2 & \\ & & \ddots\end{bmatrix}$。

将式(5-55)代入方程(5-53)可得

$$\{\ddot{Y}\}+\left[a[I]+b\begin{bmatrix}\ddots & & \\ & \omega^2 & \\ & & \ddots\end{bmatrix}\right]\{\dot{Y}\}+\begin{bmatrix}\ddots & & \\ & \omega^2 & \\ & & \ddots\end{bmatrix}\{Y\}=\{N\} \tag{5-56}$$

式中：$\{N\}=[\Phi]^{\mathrm{T}}\{F^a\}$为将载荷向量通过模态矩阵转换至主坐标系下。

其标量形式可改写为

$$\ddot{Y}_i(t)+(a+b\omega_i^2)\dot{Y}_i(t)+\omega_i^2Y_i(t)=N_i(t) \tag{5-57}$$

式中：$i=1,2,\cdots,p$，且$(a+b\omega_i^2)$为齿圈结构的模态阻尼系数，将第 i 阶主模态进一步定义为$\zeta_i=\dfrac{a+b\omega_i{}^2}{2\omega_i}$。

进而可得主坐标下运动方程为

$$\ddot{Y}_i(t)+2\zeta_i\omega_i\dot{Y}_i(t)+\omega_i{}^2Y_i(t)=N_i(t) \tag{5-58}$$

式(5－58)为 p 个无耦合二阶微分方程。

对于动力学方程求解方法通常有 Wilson 方法、中心差分方法及 Newmark-β 时间积分方法。在这几种方法中，Newmark-β 时间积分法具有无条件收敛性及稳定性，因此使用广泛。

相较于传统的积分方法，Newmark-β 时间积分法求解方便，且计算效率高，因此本书采用此方法对方程(5－58)选用子步时间Δt 的有限差分展开式可表示为

$$\left.\begin{aligned}&\{\dot{Y}_{n+1}\}=\{\dot{Y}_n\}+[(1-\beta)\{\ddot{Y}_n\}+\beta\{\ddot{Y}_{n+1}\}]\Delta t\\&\{Y_{n+1}\}=\{Y_n\}+\{\dot{Y}_n\}\Delta t+[(\frac{1}{2}-\gamma)\{\ddot{Y}_n\}+\gamma\{\ddot{Y}_{n+1}\}]\Delta t^2\end{aligned}\right\}\tag{5-59}$$

式中：β、γ 为 Newmark-β 法时间积分常数；Δt 为两子步的时间差$\Delta t=t_{n+1}-t_n$。

由式(5－59)可得

$$\left.\begin{aligned}&\{\dot{Y}_{n+1}\}=\frac{\beta}{\gamma\Delta t}[\{Y_{n+1}\}-\{Y_n\}]+\left(1-\frac{\beta}{\gamma}\right)\{\dot{Y}_n\}+\frac{\Delta t}{2}\left(2-\frac{\beta}{\gamma}\right)\{\ddot{Y}_n\}\\&\{\ddot{Y}_{n+1}\}=\frac{1}{\gamma\Delta t^2}[\{Y_{n+1}\}-\{Y_n\}]-\frac{1}{\gamma\Delta t}\{\dot{Y}_n\}-(\frac{1}{2\gamma}-1)\{\ddot{Y}_n\}\end{aligned}\right\}\tag{5-60}$$

齿圈的有限元分析结构为多自由度系统，对此在时间的终止位置将动力学方程改写为

$$[M]\{\ddot{Y}_{n+1}\}+[C]\{\dot{Y}_{n+1}\}+[K]\{Y_{n+1}\}=\{F^a_{n+1}\}\tag{5-61}$$

将式(5－60)代入式(5－61)，可根据 Y_n、$\dot{Y}_n$ 和 $\ddot{Y}_n$ 直接计算 $\{Y_{n+1}\}$，进而可求得任意时刻内齿圈的位移场为

$$[\bar{K}]\{Y_{n+1}\}=\{\bar{F}\}\tag{5-62}$$

式中：$[\bar{K}]$、$\{\bar{F}\}$ 可表示为

$$\begin{cases}[\bar{K}]=[K]+\dfrac{1}{\gamma\Delta t^2}[M]+\dfrac{\beta}{\gamma\Delta t}[C]\\\{\bar{F}\}=\{F^a_{n+1}\}+[M]\left[\dfrac{1}{\gamma\Delta t^2}\{Y_n\}+\dfrac{1}{\gamma\Delta t}\{\dot{Y}_n\}+(\dfrac{1}{2\gamma}-1)\{\ddot{Y}_n\}\right]+\\\qquad[C]\left[\dfrac{\beta}{\gamma\Delta t}\{Y_n\}+(\dfrac{\beta}{\gamma}-1)\{\dot{Y}_n\}+\dfrac{\Delta t}{2}(\dfrac{\beta}{\gamma}-2)\{\ddot{Y}_n\}\right]\end{cases}$$

在得到内齿圈各单元位移场后，可进一步求得任一时刻内齿圈齿根应力。

$$\{\sigma\}=[D][B]Y(t+\Delta t)=[S]Y(t+\Delta t)\tag{5-63}$$

式中：$[D]$为弹性常数矩阵；$[B]$为应变矩阵；$[S]=[D]\cdot[B]$为应力矩阵。

其中$[D]$由材料的属性决定，其表达形式为

$$[D]=\frac{E(1-\mu)}{(1+\mu)(1-2\mu)}\begin{bmatrix}1 & \frac{\nu}{1-\nu} & \frac{\nu}{1-\nu} & 0 & 0 & 0 \\ 0 & 1 & \frac{\nu}{1-\nu} & 0 & 0 & 0 \\ 0 & 0 & 1 & 0 & 0 & 0 \\ 0 & 0 & 0 & \frac{1-2\nu}{2(1-\nu)} & 0 & 0 \\ 0 & 0 & 0 & 0 & \frac{1-2\nu}{2(1-\nu)} & 0 \\ 0 & 0 & 0 & 0 & 0 & \frac{1-2\nu}{2(1-\nu)}\end{bmatrix} \tag{5-64}$$

式中：E 为结构材料的弹性模型，ν 为结构材料的泊松比。

而对于齿圈结构的应变可表示为

$$\{\varepsilon\}=[B]\{Y_i\} \tag{5-65}$$

式中：矩阵[B]的表达形式可表示为

$$B=\begin{bmatrix}\frac{\partial}{\partial x} & 0 & 0 \\ 0 & \frac{\partial}{\partial y} & 0 \\ 0 & 0 & \frac{\partial}{\partial z} \\ \frac{\partial}{\partial y} & \frac{\partial}{\partial z} & 0 \\ 0 & \frac{\partial}{\partial z} & \frac{\partial}{\partial y} \\ \frac{\partial}{\partial z} & 0 & \frac{\partial}{\partial x}\end{bmatrix}[N_1 \quad N_2 \quad N_3 \quad N_4 \quad N_5 \quad N_6 \quad N_7 \quad N_8 \quad N_9 \quad N_{10} \quad N_{11}] \tag{5-66}$$

式中：[N_i]为形状函数。

5.4.3　实验验证

1. 光纤光栅检测

采用光纤传感器对行星齿轮箱的应变检测过程中，其主要是通过光纤传感器获得所测量区域的平均应变。相较于径向，测量内齿圈的周向应变更为方便且可得到更为精确的结果，而在测量时由于齿轮-齿槽结构的影响，在啮合激励作用下的其齿根位置应变更为明显，而无论是故障条件下还是正常工况下，其周向应变可以更加直观地反应齿圈结构在啮合激励作用下的应变情况，因此在对齿圈结构齿根应变测量时，将光纤传感器贴于齿圈结构的齿根位置处，而该位置相较于其他位置的变形更加明显。

本书以 SQI 公司生产的风力发电机组试验台为研究对象如下图所示，电机提供输入转速，磁粉制动器提供行星齿轮箱的负载。实验所用光纤光栅长度为 2 mm，直径为 0.125 mm，按照上述分析将光纤贴于内齿圈垂直于地面方向逆时针第 6 齿与第 7 齿中间侧部齿根位置处，如图 5－15 所示。

图 5－15　风力发电机组行星齿轮组内齿圈周向应变测量实验台

光纤从行星齿轮箱侧部引出；光栅光纤动态监测系统为自设计系统。光纤传感器紧贴于齿根位置。在检测过程中，由于内齿圈所受啮合频率较高，因此需要保证较高的解调频率才能保证所采集齿根应变信号达到预期的效果。对此本书在对齿圈结构的应变测量过程中，采用了 MOI 公司的解调仪产品，即 SM130 波长解调仪，该解调仪优点突出，在对波长进行解调过程中，其解调频率最高可以达到 1 000 Hz 这满足了齿圈结构的应变测量。在光纤传感器贴于齿根位置后，其出射光源（扫描光源）会均匀地发射出同一波段的波长的光，并随时间变化的窄光带，在出射光源发射出来的光波经过光耦合器时可以分为两条光波，其中之一进入光纤光栅传感器，另一部分进入梳状滤波器，在经过信号转变和处理之后可以各自展现出来自己的光谱状态。

2. 仿真及实验结果对比

(1) 时域历程结果对比。在进行实验分析过程中，为验证仿真算法的有效性，需分别提取仿真算法下及实验结果齿根应变时域历程进行分析，进而可以直观反映出计算方法的准确性，以电机输入转频为 7.5 Hz，负载扭矩为 59 N·m 的工况下，分别得到实验测量及仿真计算结果下齿根应变。其齿根动应变时域历程如图 5－16 所示。

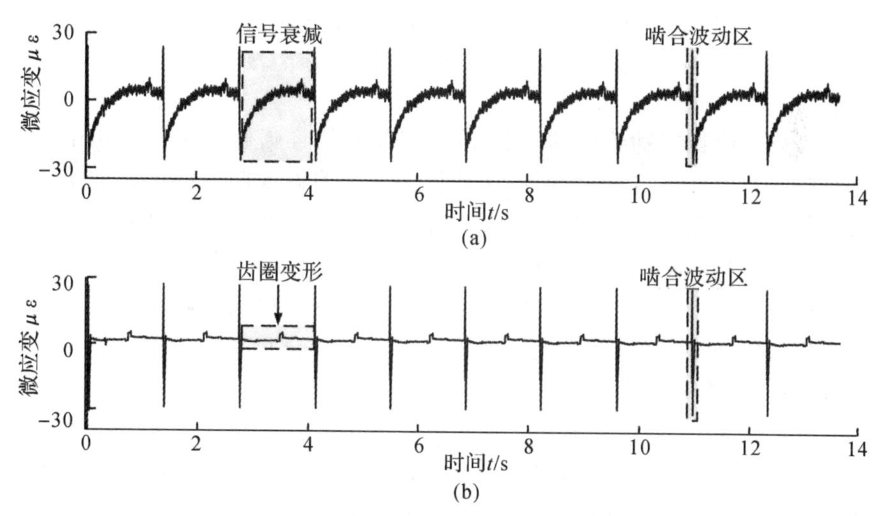

图 5－16　内齿圈齿根应变时域历程结果

(a)光纤光栅测量下齿根应变时域历程；(b)仿真算法下齿根应变时域历程

分析图 5－16(a)可知，其时域历程大致可分为信号衰减区和啮合波动区。当行星轮啮合接近应变提取位置时其齿根应变出现阶跃式的增加，而当行星轮远离应变提取位置时，其应变值又呈现出阶跃式的减小，随后其应变值呈现出逐渐减小的趋势。而在仿真结果中，行星轮啮合至应变提取位置时其值呈现出阶跃式的增加，而当行星轮啮合过应力提取位置时，其应变值直接阶跃至“0”附近。这是由于光纤光栅传感器光波传递过程中其信号的衰减过程，而对于仿真结果并不存在信号衰减的情况，因此仿真结果下应变值阶跃减小至“0”附近。而在仿真结果中，非啮合区其应变曲线呈现出微小的波动，这是由于齿圈变形引起的应变微小波动。

对于内齿圈齿根应变的波动对比，由于啮合区的波动较为复杂，且啮合区经历了行星轮啮入至啮出的受力过程，对其单独进行对比分析可以更加有效地了解计算方法的准确性。对此将图 5－16 中内齿圈齿根应变的啮合波动区拿出来单独分析如图 5－17 所示。

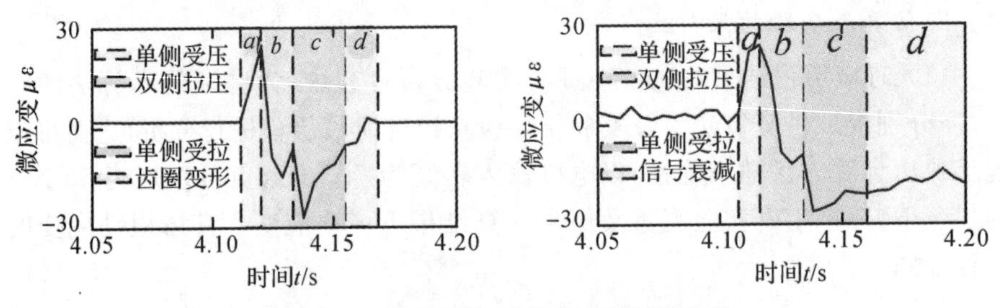

图 5－17　内齿圈齿根应变时域历程结果

(a)仿真算法啮合波动区；(b)实验测量啮合波动区

对比内齿圈齿根啮合区动应变，取行星轮从第 6 齿啮入至第 8 齿啮出为一个完整的啮合波动区，以内齿圈齿面受压为正。假设太阳轮以逆时针旋转来输入转矩带动行星轮系转动，此时轮齿 6 首先进入啮合状态，内齿圈应力提取位置单侧受压，齿根动应变呈现出急剧增加，与图 5－17 中 a 区域展示的结果一致；随着轮齿 7 进入啮合，此时随着轮齿 7 受载，应变提取位置为双侧受力，此时应变呈现出急剧减小的趋势，这是由于轮齿 7 参与啮合此时齿根位置受压急剧减小，而随着其应变呈现出先减小再增大的趋势，同时应变提取位置受拉逐渐占据主导，如图 5－17 中 b 区域所示。伴随着轮齿 6 逐渐退出啮合，此时轮齿 7 将成为主要受力齿，此时其应变值将达到最小，如图 5－17 中 c 区域所示；进而随着轮齿 7 退出啮合，在仿真结果下其计算结果呈现出阶跃式减小至“0”附近。

(2) 不同负载结果对比。为进一步验证仿真计算方法的准确性，需要进一步测量不同负载下仿真结果齿根应变值和实验测量结果下齿根应变值的误差。对此在实验测量过程中，负载由磁粉制动器提供，因此取电机转频为 7.5 Hz，磁粉制动器负载电流分别为 0.6 A、1.0 A、1.5 A 和 2.0 A，对应的负载扭矩为 16 N·m、34 N·m、59 N·m 及 79 N·m。其计算结果如图 5－18 所示。

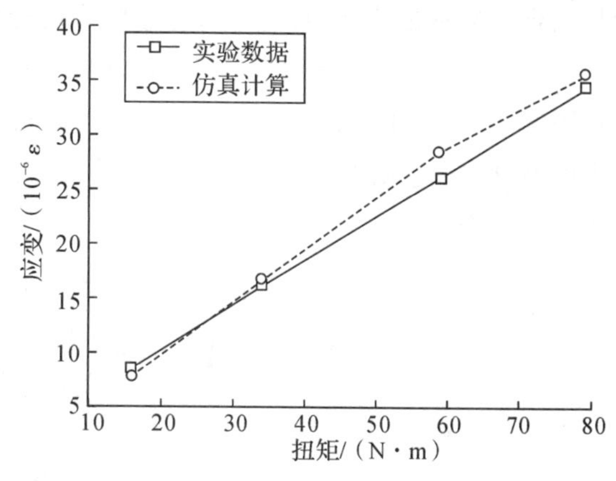

图 5－18　不同负载下内齿圈齿根应变对比结果

传统对比方法中，通常取均值或者幅值进行对比，但是对于本书中齿根应变对比可以发现，由于实验条件下光纤传感器信号的衰减过程导致其均值小于仿真计算结果下齿根应变，而相对于幅值来说，其实验结果大于仿真计算结果下的齿根应变。对此本书选取应变绝对值的最大值作为对比分析。

分析图 5－18 可知，随着负载的增大，齿根应变呈现出线性增大的趋势。且仿真计算结果大于实验结果，这是由于光纤光栅传感器测量的是齿根应变2 mm的均值。且仿真计算结果与实验结果最大误差仅为 8.88%，由此可以证明本书所提仿真计算方法有效性。

5.4.4　影响因素分析

1. 齿圈齿根受力分析

以往学者常采用 30°切线法来确定齿根位置的危险截面并计算提取最大齿根弯曲应力，该方法理论基础为将刚度较大的轮齿看作为悬臂梁模型，如图 5－19 所示。

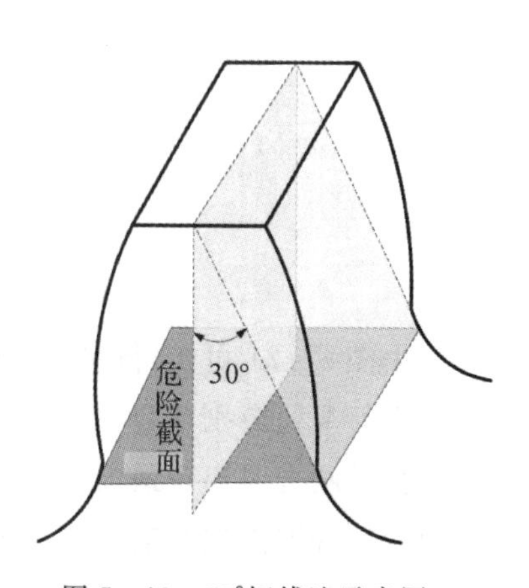

图 5－19　30°切线法示意图

以往研究简化认为，轮齿齿根受拉侧啮合时从啮入到啮出的过程中其应力值呈由 0 先增大再减小至 0 的趋势，但在行星轮系实际传动中内齿圈的单个轮齿的受力并不是孤立的，如图 5－20 所示。

由图 5－20 可看出，内齿圈在与行星轮啮合过程中各个轮齿啮合变形不是独立的，当一对轮齿啮合时会影响其附近齿的齿根应力，如图 5-20 (a)所示。当内齿圈轮齿 12 开始啮合时，轮齿 13 齿根(h点)受到压应力[见图 5-20 (b)中Ⅰ区域]作用，而当轮齿 2 刚开始啮入时，则 h 点会受到拉压应力的共同作用[见图 5-20 (b)中Ⅱ区域]，随着行星轮的继续转动则该点主要受到拉应力作用。

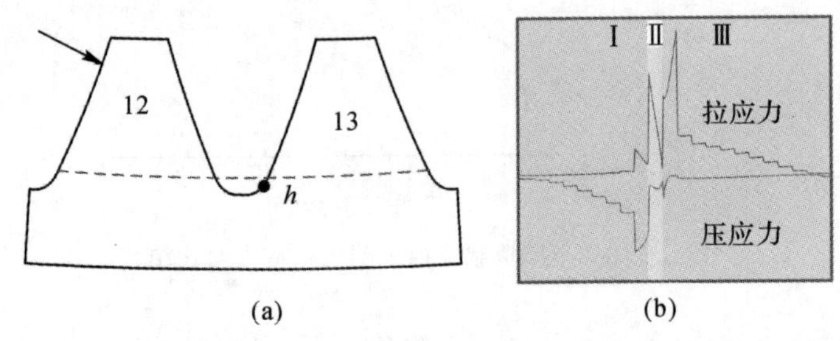

图 5-20 内齿圈轮齿受拉侧齿根应力变化过程

(a)轮齿受力特点；(b)啮合区应力变化

设置输入转速为 600 r/min，输出负载为 600 N·m，以厚度系数为 6.11(外径 130 mm)的 4 支撑齿圈为例，提取 4 支撑内齿圈结构两支撑间第 13 齿的齿根主应力时域历程，如图 5-21 所示。

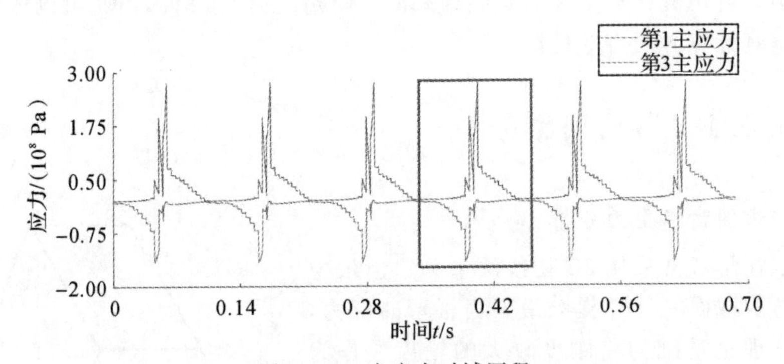

图 5-21 主应力时域历程

由图 5-21 可知，行星轮运转过程中该应力提取点所在轮齿每隔确定时间与 4 个行星轮分别啮合，故其应力时域历程呈现周期性的变化。当该轮齿齿顶与行星轮啮合时出现最大的应力值，而当该轮齿远离行星轮时，齿圈的弯曲变形使得应力提取点在非啮合区产生应力波动。分析其在啮合区的应力变化，可知在行星轮与该轮齿的啮合过程中，齿根承受压—拉压—拉变化的应力特点。

2. 应力时域历程分析

当行星轮运动时，内齿圈轮齿和结构弯曲变形的叠加作用，使得内齿圈齿根受到复杂的应力历程。冯·米塞斯（Von Mises）等效应力是各主应力(Maximum、Middle、Minimum)值平方和的开方，因此它总是正值。使用该等效应力无法分析齿圈结构是否正在经历拉紧或压缩状态。而带符号(Signed Von Mises)等效应力不仅考虑了绝对值，还考虑了齿圈结构所受应力的拉压特点。因此本书中主要运用带符号的冯·米塞斯(Signed Von Mises)等效应力来研究分析齿圈的受力及弯曲变形。

带符号等效应力 σ_{svm} 可由如下公式求得：

$$\sigma_{mps}=\begin{cases}\sigma_1, & |\sigma_1|>|\sigma_3| \\ \sigma_3, & |\sigma_3|>|\sigma_1|\end{cases} \tag{5-67}$$

$$\sigma_{svm}=\frac{\sigma_{mps}}{|\sigma_{mps}|}\cdot\sigma_{vm} \tag{5-68}$$

式中：s_1 为最大主应力；s_3 为最小主应力；s_{vm} 为 Von Mises 等效应力。

柔性齿圈一般通过螺栓支撑固定在齿轮箱体上，支撑分布形式的作用使得内齿圈不同于每个轮齿受力及变形特点相同的外啮合齿轮。当行星轮与内齿圈运动啮合时，在两支撑间柔性齿圈不同区域的刚度不同使得其会产生不同程度的结构弯曲变形。在轮齿变形与齿圈结构变形的叠加作用下，不同区域的轮齿齿根应力时域历程不尽相同。

(1) 不同轮缘厚度应力对比。结构设计理念的不断更新发展使得行星轮系的轻量化设计已愈发重要。在一定程度上增大齿圈结构柔性可出现内齿圈轮齿与行星轮的多齿啮合状态，从而实现啮合力的多齿分配，实现降低轮齿承受应力提高其使用寿命的目标。当支撑数目一定时，内齿圈的轮缘厚度对齿圈柔性变形有较大影响，不同的轮缘厚度会影响轮齿齿根应力的大小和分布特点，内齿圈轮齿的齿根应力随着行星轮的运动呈现周期性变化，通过其应力时域历程可研究齿圈结构的弯曲变形及受力特点。故研究不同轮缘厚度下轮齿的应力对行星轮系的结构设计具有重要的参考意义。本书将外径为 130 mm(厚度系数为6.11)的原模型逐渐削薄，计算内齿圈的变形及应力，并提取轮缘厚度系数分别为 1.66、2.77、3.88、5.00、6.11 (齿圈外径为 110 mm、115 mm、120 mm、125 mm、130 mm)的四支撑齿圈第 8 齿的齿根应力时域历程，如图 5-22 所示。

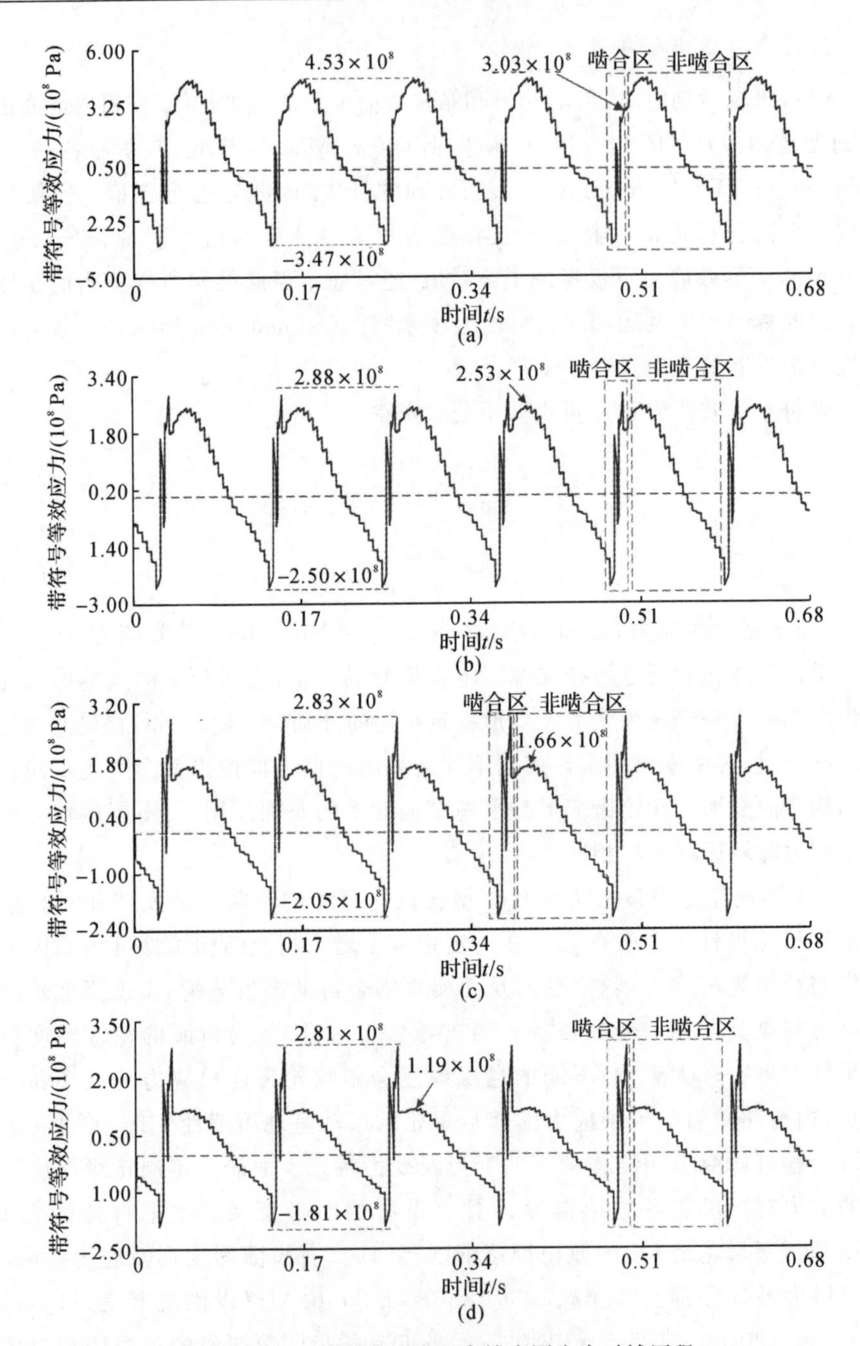

图 5-22　不同轮缘厚度四支撑齿圈应力时域历程

(a) 轮缘厚度系数 1.66 齿圈应力时域历程；(b) 轮缘厚度系数 2.77 齿圈应力时域历程；
(c) 轮缘厚度系数 3.88 齿圈应力时域历程；(d) 轮缘厚度系数 5.00 齿圈应力时域历程

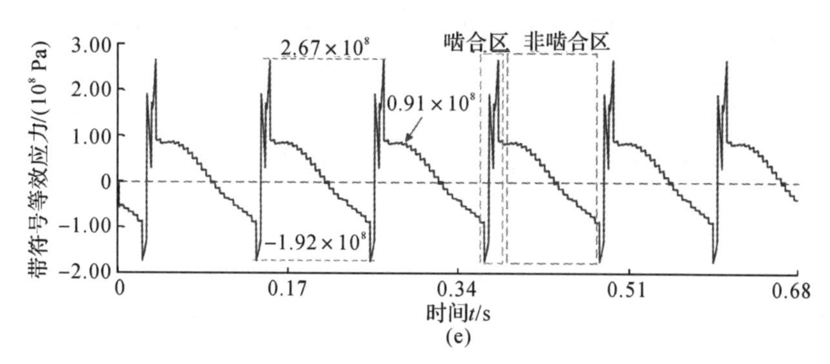

续图 5－22　不同轮缘厚度四支撑齿圈应力时域历程

(e) 轮缘厚度系数 6.11 齿圈应力时域历程

以厚度系数为 6.11 内齿圈的动应力时域历程为例进行分析，可将齿根动应力时域历程划分为轮齿啮合区和齿圈结构弯曲变形导致的非啮合区。当行星轮运动逐渐接近应力第 8 齿时，在啮合力的挤压作用下齿圈结构发生弯曲变形，使得该应力提取位置附近区域产生了较大的压应力波动，当行星轮与第 7 齿啮合时有最大压应力最大值为 192 MPa。同理可知，当行星轮运动啮出第 8 齿过程中，在啮合力作用下使得齿圈在已啮合区域产生拉伸变形。当啮合位置处于第八轮齿的齿顶时有最大拉应力 267 MPa，拉应力远大于压应力。行星轮继续运动逐渐远离，动应力逐渐趋近于零。随着下一个行星轮的逐渐靠近，该齿根动应力时域历程呈周期性变化。

对比分析不同轮缘厚度下齿根应力时域历程可看出，随着齿圈轮缘厚度增大，由齿圈结构弯曲变形导致的非啮合区拉应力波动逐渐减小。当轮缘厚度系数为 1.66 时，呈周期性变化的齿根动应力在非啮合区的最大拉应力 453 MPa，而啮合区最大拉应力为 303 MPa。当内齿圈外径达到 130 mm(轮缘厚度系数为 6.11)时，非啮合区最大拉应力仅为 91 MPa，啮合区最大拉应力为 267 MPa。由此可知，当齿圈结构支撑数一定时，随着轮缘的逐渐变薄齿圈柔性逐渐增大，轮齿的齿根动应力最大值由轮齿弯曲变形引起逐渐转变为由柔性齿圈结构的弯曲变形引起。

为量化分析轮缘厚度对齿圈动应力的影响，故提取不同轮缘厚度下齿圈动应力时域历程在啮合区和非啮合区最大拉应力变化，如图 5－23 所示。

由图 5－23 可知，随着轮缘厚度系数的增大，轮齿在啮合区承受的最大拉应力缓慢变小，从轮缘厚度系数 1.66 齿圈的最大拉应力 303 MPa 减小为轮缘厚度系数为 6.11 齿圈的 267 MPa，降低了 11.8%。而内齿圈轮齿在非啮合区承受的最大拉应力呈反比例减小的趋势，其从最大值 453 MPa 降低为 91 MPa，降低了 79.9%。由此可知，轮缘厚度主要影响轮齿齿根在非啮合区的最大应力，而对啮合区的应力影响较小，这说明在一定程度下，增大轮缘厚度可降低齿圈结构的应力从而增大其使用寿命，当非啮合区最大应力小于啮合区最大应力时，增大轮缘厚度对延长齿圈的使用期限效果较小。

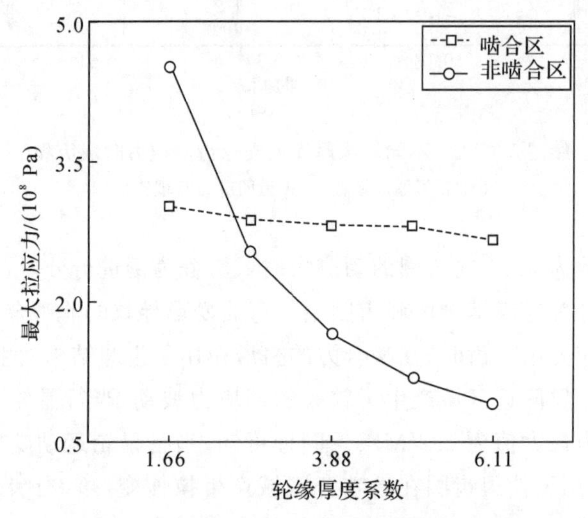

图 5-23 啮合区与非啮合区齿根应力变化

(2) 不同支撑数应力对比。当轮缘厚度一定时，齿圈的柔性取决于支撑数目，故为研究支撑对齿圈动应力的影响，以轮缘厚度系数为 6.11 的厚齿圈为例，提取其在四、六、八支撑下的第 8 齿动应力时域历程，如图 5-24 所示。

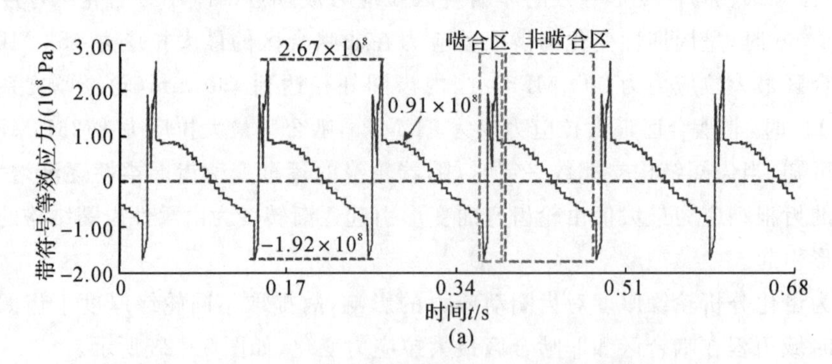

图 5-24 不同支撑下厚度系数 6.11 齿圈应力时域历程

(a) 四支撑齿圈应力时域历程 八支撑齿圈应力时域历程

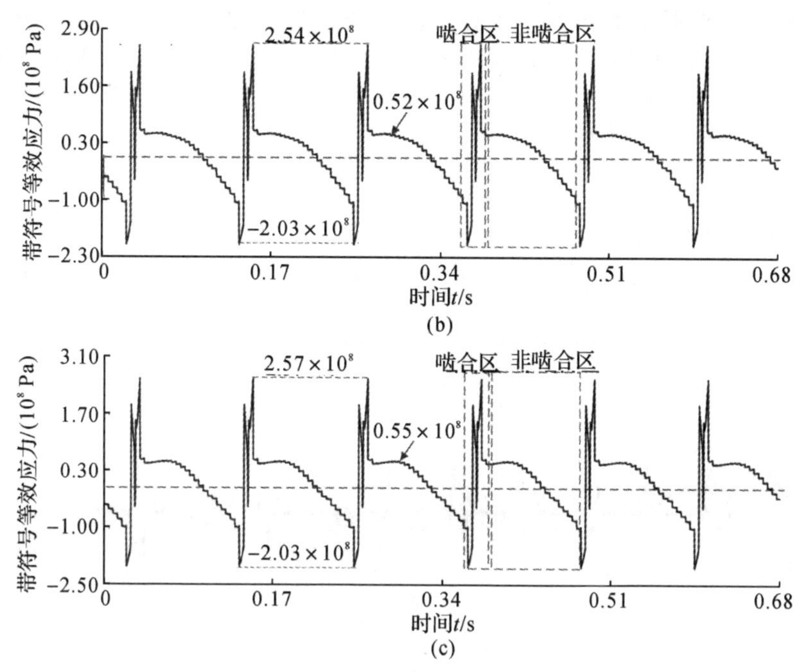

续图 5 - 24　不同支撑下厚度系数 6.11 齿圈应力时域历程

(b)六支撑齿圈应力时域历程；(c) 八支撑齿圈应力时域历程

由图 5 - 24 所示可知，可以看到当齿圈从四支撑增加到六支撑时，其啮合区最大应力和非啮合区最大应力皆有较明显的减小，分别减小了 3.7%和 42.8%。而当齿圈从六支撑增加到八支撑时，其应力基本无变化。由此说明，当齿圈的刚度达到一定程度时，支撑数的增加不会降低齿圈的应力。支撑数目的增加意味着加工成本的增加，故通过研究支撑数目对盈利的影响对齿圈结构设计的经济性有重要的参考意义。

(3) 不同转速应力对比。研究行星轮系运转过程中内齿圈的应力分布，对于预测疲劳发生位置保障工程安全等具有重要意义，而共振情况下对于齿圈应力的影响尤为显著。针对上述问题，本书计算并分析了不同转速下的齿圈的应力情况。为更加直观地反应齿圈的应力情况，本书分别提取了齿圈齿根处周向应力时域历程，如图 5 - 25 所示。

分析图 5 - 25 不同转速下齿圈的时域历程，以太阳轮输入转速 600 r/min 为例，可将动应力时域历程分为啮合变形区及振动导致的应力波动区。当行星轮靠近应力提取位置时，由于啮合力的作用以及薄壁齿圈的柔性，在应力提取点两侧轮齿参与啮合之前出现了明显的齿圈压缩变形从而导致了齿根应力较大的波动，其压应力大小 σ_c=35.6 MPa。同理，当行星轮啮出应力提取位置时，由于啮合力的作用此时应力提取位置处于拉伸变形状态，此时齿圈的拉应力 σ_t = 61.5 MPa。齿根位置压应力 σ_t 明显小于拉应力 σ_c。随着行星轮远离应力提取位置，可明显看到动应力呈现出在 0 附近的波动，这是由于啮合激励引起的薄壁齿圈振动变形导致的应力波动。

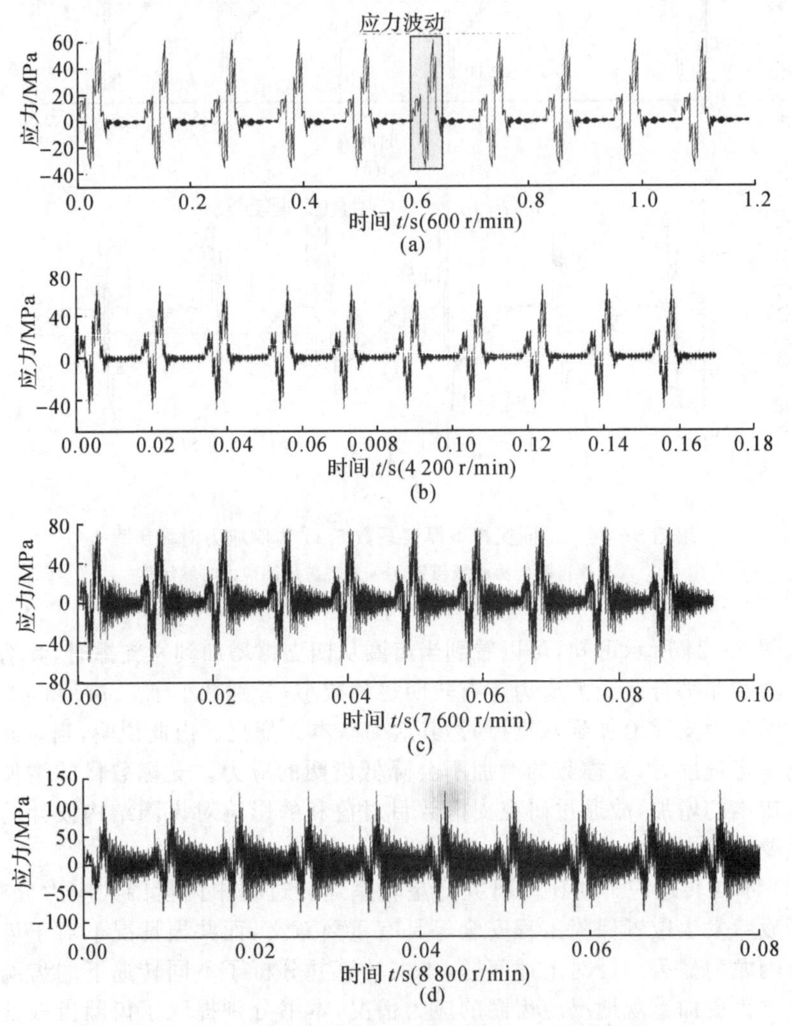

图 5-25　不同转速下内齿圈齿根动应力时域历程

转速是影响啮合激励的直接因素，由图 5-25(b)在 4 200 r/min 时可以看到齿根动应力明显增大这是由于转速的增大，激励频率与固有频率接近导致齿圈变形加剧。随着太阳轮输入转速继续增大达到 7 600 r/min 以及 8 800 r/min 时，内齿圈动应力波动尤为明显。以 8 800 r/min 为例，由于共振的影响，齿圈应力波动明显加剧。随着行星轮转动，应力提取位置处振动逐渐由强到弱再到强，此时应力也呈现出先增大再减小再增大的变化趋势。其压应力大小为σ_c＝83.9 MPa，拉应力大小为σ_t＝126 MPa，其拉应力大小为非共振情况下的2倍。

3.周向应力分布特点

行星齿轮传动系统的应力分布将直接影响其使用寿命，同时对于故障预测具有重要意义，而在以往对于应力的分析中多集中在静应力，齿圈在工作过程中的应力将更加直观地反应齿圈的应力状况。对此本书分析了八支撑下内齿圈的应力分布情况。

齿轮在啮合过程中由于行星轮的公转，导致其啮合位置的变化，在支撑位置将会直接限制内齿圈的变形，而在非支撑位置将产生更大的弹性变形。对此为分析不同支撑位置齿圈的应力分布情况，以太阳轮输入转速为600 r/min，行星架负载为600 N·m的工况下对内齿圈的应力分布进行研究。在应力提取时，为了保证内齿圈应力分布的连续性，取内齿圈轮体位置距离齿根位置1 mm处进行应力提取，及沿圆周方向距离齿根位置1 mm定义一条完整的应力提取路径，分别提取内齿圈3个啮合位置内齿圈的应力分布情况如图5-26所示。

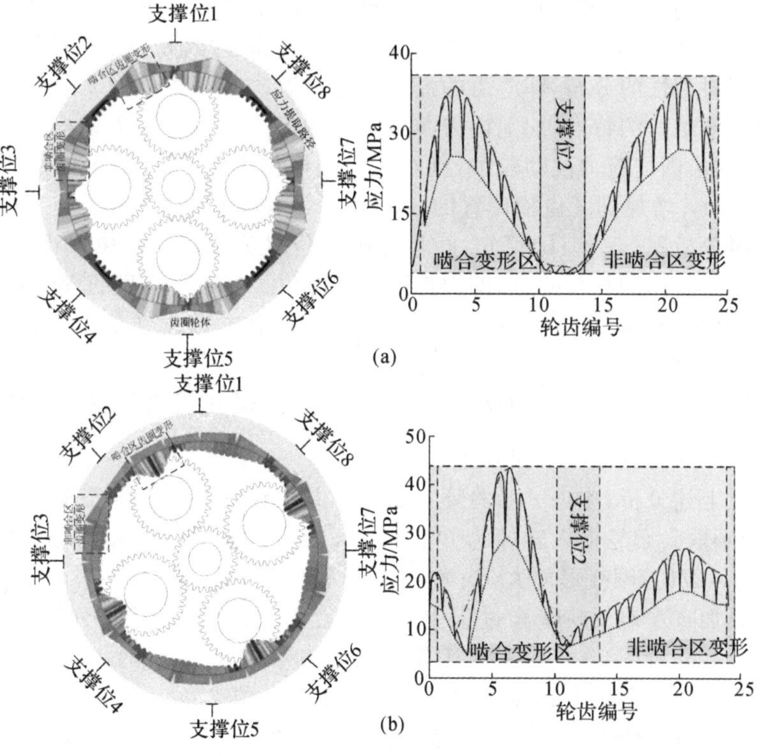

图5-26　不同位置内齿圈动应力几何云图与应力波动曲线

(a) 支撑位齿圈应力分布；(b) 两支撑中间齿圈应力分布

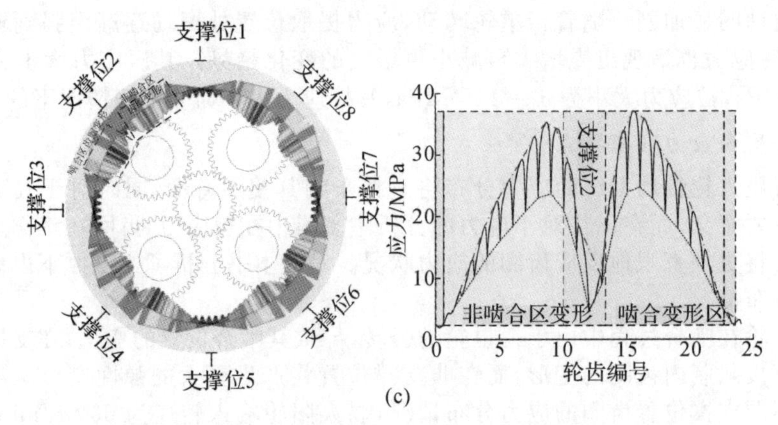

续图 5-26　不同位置内齿圈动应力几何云图与应力波动曲线

(c) 支撑位齿圈应力分布

分析图 5-26 可知，当行星轮在支撑位 1 附近啮合时，由于临近支撑位，限制了内齿圈的变形，但是啮合力将会导致支撑位左侧形成外凸变形，支撑位右侧形成了内凹变形，即在支撑位两侧形成了反对称趋势，因此导致支撑位两侧应力呈现出了对称性的分布，即应力的最大值分别为 35.2 MPa 和 37.0 MPa。同时由于内齿圈结构的特点，加上内齿圈结构弯曲应力和内齿圈齿根应力的叠加作用，导致内齿圈的应力波动较大，且在远离支撑位置时波动更加明显，其轮齿应力 25.4 MPa 增加到了齿槽位置的 38.9 MPa，增幅达到 135%。

同时分析图 5-26(b)可知，行星轮啮合位置位于两支撑位置中间，此时齿圈结构的柔性作用相对明显，即内齿圈在啮合位置产生了明显的弯曲变形，导致内齿圈产生了较大的弯曲应力，叠加内齿圈齿槽应力达到了最大值，其值为 43.4 MPa。此时反对称的应力波动较小。

在啮合位置 3 时，由于对称性齿圈结构应力分布与啮合位置 1 时基本相似。

4. 齿圈变形与应力波动关系

针对上述分析，为进一步验证共振与非共振情况下应力与齿圈变形之间的关系，分别取太阳轮输入转速为 600 r/min 和 8 800 r/min，得到齿圈的变形情况如图 5-27(齿圈变形放大 10 000 倍)所示。

为更加直观地反映啮合过程中齿圈的变形情况，行星轮每公转 15°取一次齿圈变形。分析图 5-27(a)，太阳轮输入转速为 600 r/min 时齿圈的变形情况。在行星轮 1 与太阳轮中心连线方向与 Y 轴正方向的夹角为 0°时，此时行星轮与内齿圈啮合齿对位于约束位置附近。由于啮合力的作用，两约束间齿圈逐渐由外凸变形过渡到内凹变形，而应力提取位置刚好处于受拉状态，应力为正。当行星轮 1 与太阳轮中心连线与 Y 轴正方向的夹角为 15°时，此时应力提取位置位于外凸变形处，其齿圈外侧为受拉状态，内侧为受压状态，应力为负。随着行星轮的公转，当行星轮 1 与太阳轮中心连线与 Y 轴正方向的夹角为 30°时，此时应力提取位置处齿圈为内凹变形，其齿圈外侧处于受压状态，内侧为受拉状态，应力为正。行星轮继续旋转，当行星轮 1 与太阳轮中心连线与 Y 轴正方向的夹角为 45°、60°及 75°时，约束 1 和 2 之间未有行星轮参与啮合，此时应力呈现出在 0 附近的波动，这是由于齿圈振动导致的微变形引起的。

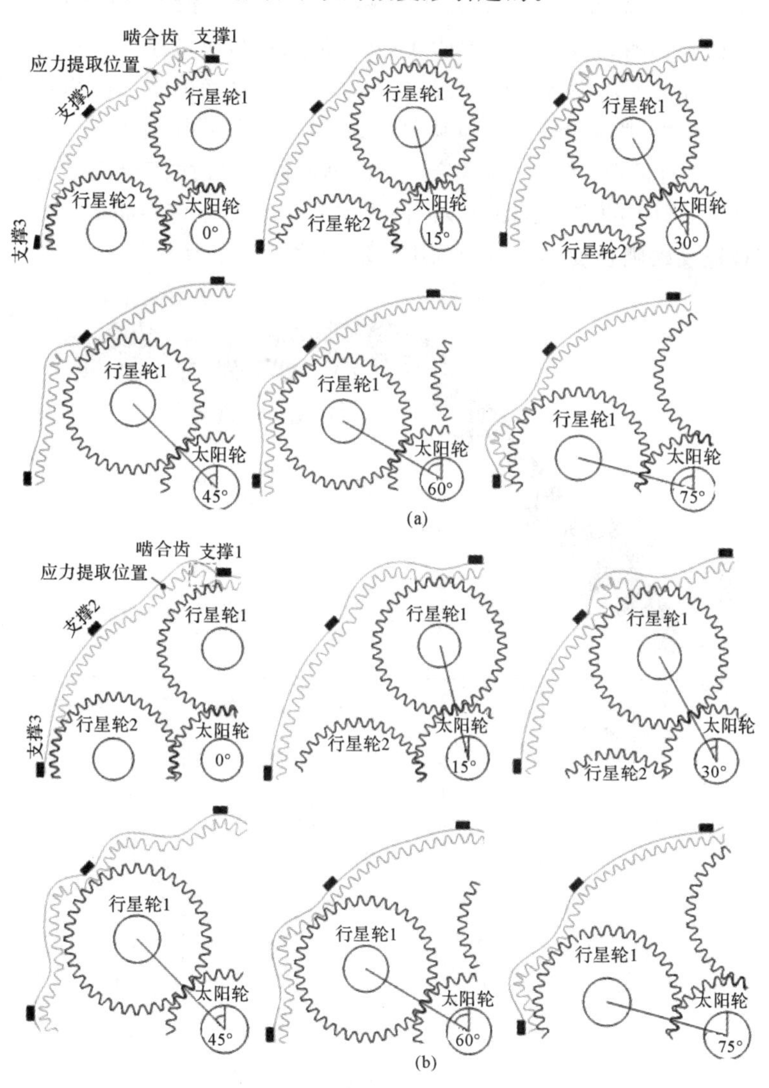

图 5－27　不同转速下齿圈变形情况

(a)600 r/min 齿圈变形情况；(b)8 800 r/min 齿圈变形情况

同理,分析太阳轮输入转速为 8 800 r/min 时齿圈的变形情况可知,在行星轮 1 与太阳轮中心连线与 Y 轴正方向的方向夹角为 0°、15°及 30°时,除齿圈变形明显增大外,并未有明显的区别。但是,当行星轮 1 与太阳轮中心连线与 Y 轴正方向的夹角为 45°时,约束 1 和 2 之间虽没有行星轮参与啮合,但是啮合激励导致的共振影响使齿圈整体变形增大,从而导致了应力出现较大的波动。但随着行星轮 1 的远离,其振动引起的变形逐渐减小,进而导致了在非啮合变形区应力呈现出由强到弱的波动。综上所述,其变形趋势与应力波动一致。

由上述分析可知,啮合变形是影响应力波动的直接因素。但相较于图5-25动应力时域曲线,其啮合变形范围明显扩大,且齿根位置压应力 σ_c 明显小于拉应力 σ_t。针对上述问题,为进一步探究啮合激励导致薄壁齿圈变形对应力的影响,取齿圈啮合变形附近的应力云图以及沿圆周方向应力波动趋势如图5-28 所示,为更加直观地反映啮合变形对应力的影响取等效应力作为输出应力。

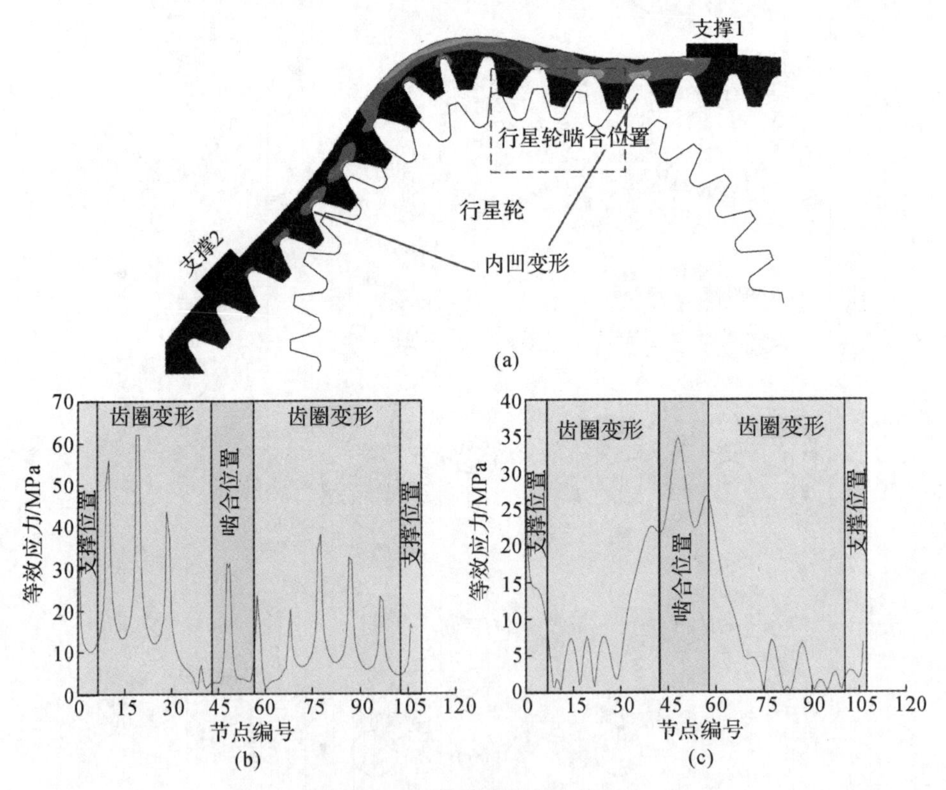

图 5-28 薄壁齿圈应力分布

(a)薄壁齿圈应力云图;(b)薄壁齿圈齿根应力波动;(c)薄壁齿圈轮缘应力波动

分析图5-28(a)齿圈应力云图可将其分为三个区域,即啮合齿对左侧受拉导致的内凹变形区、啮合区域附近挤压导致的外凸变形区以及啮合齿对右侧轮体变形导致的内凹变形区。根据应力云图从约束位置1到约束位置2其应力集中位置逐渐由齿根位置过渡到轮体位置再到齿根位置。依据图5-28(b)齿根处应力波动曲线可知,应力最大位置位于啮合轮齿左侧,大小为106 MPa,而在啮合位置应力大小为53 MPa,此时齿根位置处受拉变形导致的应力大小为啮合位置挤压变形应力的2倍,其结果与周向应力时域历程所得结果一致。同时可以看到,相邻两峰值间应力呈现出较大的波动,这是由于轮齿—齿槽—轮齿的间隔分布对应力造成的影响。分析图5-28(c)齿圈外侧应力波动曲线可以看到,在啮合位置应力呈现出急剧增加而其两侧应力相对较小,这是由于啮合激励导致的挤压变形形成外凸式翘曲,齿圈外侧轮体相对于内侧应力更为集中,此时其应力最大值为70 MPa。另外,在图5-28(c)中可以发现在约束位置1处应力呈现出急剧下降,这是由于约束的限制阻止了齿圈变形,因此在约束位置交汇处产生了应力集中。

5.总结

本章运用瞬态动力学计算并提取了内齿圈在动态啮合力作用下,不同结构齿圈的齿根应力时域历程变化和周向应力分布,采用光纤光栅实验测量并提取了内齿圈齿根应变从而验证了动应力的有效性,得出如下结论:

(1)内齿圈轮齿齿根在一个啮合周期中受到压—拉压—拉的应力历程。内齿圈轮齿的应力由轮齿变形和齿圈结构变形共同作用,当齿圈厚度到达一定程度时增加支撑数对应力影响较小。

(2)随着轮缘的逐渐变薄齿圈柔性逐渐增大,轮齿的齿根动应力最大值由轮齿弯曲变形引起逐渐转变为由柔性齿圈结构的弯曲变形引起,即内齿圈轮缘较厚时最大应力发生在啮合区,较薄时最大应力发生在非啮合区。

(3)行星轮啮合至内齿圈支撑位置时,由于啮合力的作用将在支撑位对称一侧形成一个反对称的变形区域。当内齿圈远离支撑位时,由于缺乏支撑对于变形的限制此时其齿根应力将大幅增加。而对于径向应力分析中,随着路径的延伸,其应力先减小再增大,其应力逐渐由受压弯曲变形演变至受拉弯曲变形,其应力先增大再减小。

(4)薄壁齿圈啮合变形导致的应力波动区域增大,且齿根应力最大位置出现在齿圈受拉变形一侧,拉应力大小为压应力的2倍。在啮合位置,由于薄壁齿圈柔性的影响,齿圈外侧轮体相较于齿根位置应力更为集中。

参考文献

[1] 王成龙,周建星,孙文磊,等,行星齿轮传动柔性齿圈齿根动应力计算及光纤光栅检测方法[J]. 西安交通大学学报,2020,54(6):122-132.

[2] 程乃士,刘温. 计算机求解渐开线齿轮齿廓的保角映射函数[J]. 应用数学和力学,1988(11):1037-1044.

[3] RAMAMURTI V, ANANDA M R. Dynamic analysis of spur gear teeth [J]. Computers and Structures,1988,29(5): 831-843.

[4] VIJAYARANGAN S, GANESAN N. A study of dynamic stresses in a spur gear under a moving line load and impact load conditions by a three-dimensional finite element method. Journal of Sound and Vibration, 1993,162(1) : 185-189.

[5] 唐进元,周长江,吴运新. 齿轮弯曲强度有限元分析精确建模的探讨[J]. 机械科学与技术,2004(10):1146-1149.

[6] 周长江,唐进元,吴运新. 齿根应力与轮齿弹性变形的计算方法进展与比较研究[J]. 机械传动,2004(5):1-6.

[7] 濮良贵,陈国定. 机械设计[M]. 北京:高等教育出版社,2008.

[8] 许立忠. 保角映射法求解渐开线直齿轮齿根应力[J]. 工程力学,1999(1):89-93.

[9] 花世群. 发光光弹性涂层方法研究[D]. 镇江:江苏大学,2013.

[10] WANG M J,et al. a new photoelastic investigation of the dynamic bending stress of spur gears[J]. Journal of Mechanial Design,2003,125(2):365-372.

[11] 计欣华,邓宗白. 工程实验力学[M]. 北京:机械工业出版社,2005.

[12] 周长江. 多种载荷下齿轮弯曲强度与齿面摩擦因数的计算方法研究[D]. 长沙:湖南大学,2013.

[13] 牛杭,侯成刚,张小栋,等. 行星齿轮箱齿根应变的光纤光栅测量方法[J]. 振动. 测试与诊断,2019(4):745-751.

[14] 文舸一. 边界元法的基本原理[J]. 西北电讯工程学院学报,1987(2):108-116.

第6章　齿轮传动系统热分析

齿轮传动系统作为风力发电机组的主要组成部件之一，其工作可靠性的高低将直接影响整体机组的稳定运行，对于工程中的安全保障有着极其重要的作用，而产生系统故障的方式多种多样，其中因齿轮箱过热造成故障的案例不在少数，例如风电机组传动系统在机舱长期运转，并时常伴随瞬时过载，齿轮轴承等零部件快速温升，造成了胶合失效等严重故障。因此，齿轮传动系统动态温度场的研究对于改进传动系统设计、完备系统的润滑性能并提高冷却效率具有一定的参考价值。

6.1　热量传递与温度分析方法

6.1.1　热量传递的基本方式

在齿轮传动系统温度场分析的过程中，首先要对各个部分的生热量和散热参数进行确定，不同部件工作方式的差异或者同一部件所处工作环境的不同在进行热分析时所适用的热量传递方式是不一样的。热能的传递有3种基本方式，即热传导、热对流与热辐射[1]，不同传导方式的简述如下。

1. 热传导

固体是不能像流体那样发生随意的运动，想要进行热量的传递，其必须依靠内部大量分子、原子以及电子这些微小的粒子热运动来进行，这种方式被叫作热传导。例如，在人们向水杯里倒入热水后，热量就会从温度较高的内壁向温度较低的外壁进行传递，这个从杯子内壁向外壁进行热量传递的过程，或者杯底的热量向与之接触的桌子传递的现象就叫作热传导。

在本章研究中，齿轮、传动轴、轴承、箱体的内部所进行的热能的传递，齿轮与传动轴相接触位置、传动轴与轴承相接触位置、轴承与箱体相接触位置的热量传递就是以这种方式进行的。

对于最简单的一维热传导问题，采用图 6-1 所示的示意图进行介绍。

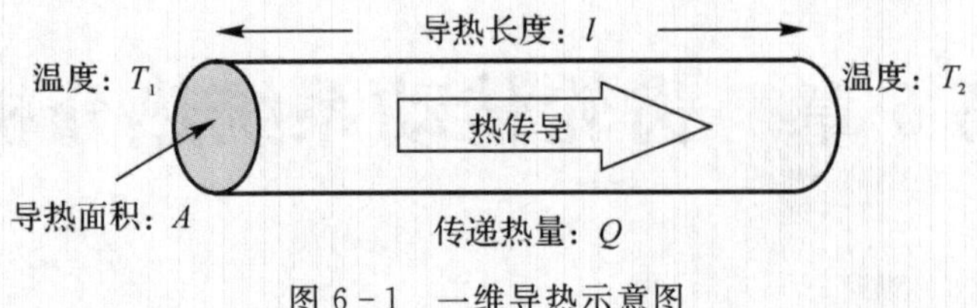

图 6-1　一维导热示意图

热量从左边温度为 T_1 的位置传递到右边温度为 T_2 的位置，传递的热量可用下式进行计算：

$$Q=-\lambda A\,\frac{T_1-T_2}{l} \tag{6-1}$$

式中：Q 为导热量的速率；λ 为导热系数；负号表示温升的朝向与内部热传递的朝向是相反的；A 为热量传递通过的面积；T_1、T_2 表示温度；l 表示热量传递通过的厚度。

2. 热对流

对于水、油、空气等这些流体来说，由于其内部各分子之间具有很好的流动性，其形状也可以随意变化，因此流体的热量传递方式与固体相比有着很大不同。正是由于流体的这种特性，虽然其发生热传递时也是通过内部微小粒子间的运动进行的，但是很不规则，与热传导有着较大区别。例如人们刚洗完手，表面有水存在的时候，如果有风吹过，很快就能感觉到凉，这就是简单的对流散热。

在本章的研究中，如图 6-2 所示，齿轮、传动轴、轴承和箱体的各个表面与润滑油或空气间的热传递就是以这种方式进行的。由于不同部件的表面形状不同，工作状态不同，例如箱体处于静止状态，其表面的换热情况与齿轮、传动轴、轴承等表面的换热情况是不一样的，同时齿轮的端面与啮合面在与流体发生换热时，其对流换热的计算也有所区别。

计算的时候可采用牛顿冷却公式。

固体表面温度大于流体温度时，有

$$q=h(t_W-t_F) \tag{6-2}$$

固体表面温度小于流体温度时，有

$$q=h(t_F-t_W) \tag{6-3}$$

式中：q 为通过固体表面的热流密度；h 为表面传热系数；t_W、t_F 分别为固体表面的温度和流体温度。

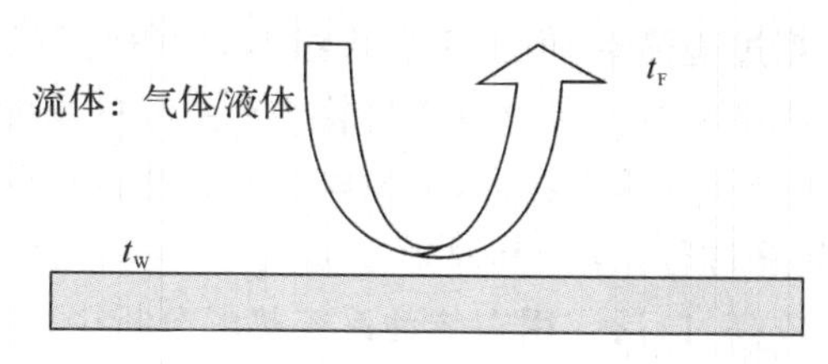

图 6－2　平板对流换热示意图

3. 热辐射

热辐射是存在于各个物体之间的以电磁波的形式来传递能量的，其传热原理如图 6－3 所示。不同环境下的不同物体会由于不同的原因向外发出辐射，伴随能量的传递，在这一部分能量中，因热的原因而出去的就被叫作热辐射。可以说在自然界里，任何物体都会不停地向外产生热辐射，但同时它也会将其他物体的热辐射吸收进去。这一进一出的综合效果形成了这种特殊的热量传递方式——辐射传热，有时候在不同的领域或工程中会被叫作辐射换热。与之前介绍的热传导、对流换热有所区别的是，辐射换热不需要介质的存在，可以在真空中进行，且在真空中辐射能的传递最有效。

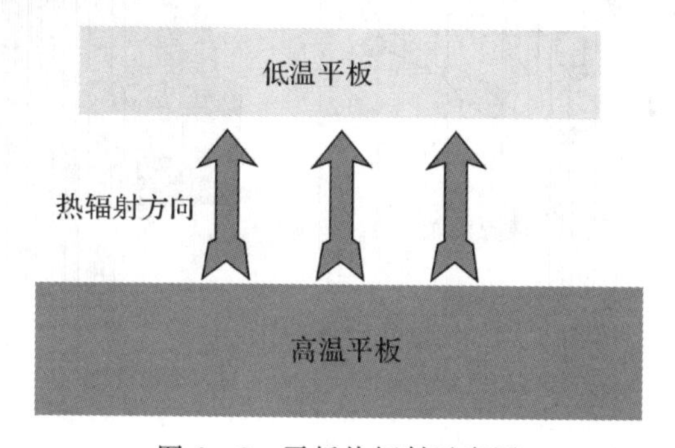

图 6－3　平板热辐射示意图

6.1.2　齿轮传动系统温度分析方法

随着齿轮传动系统的相关研究不断发展，温度对齿轮传动系统的影响也受到越来越多学者的重视，关于齿轮箱体温度的测量和计算方法也在不断发展。目前，关于齿轮传动系统温度场的研究主要集中在 3 个方面：齿轮传动系统温度的数值计算、基于有限元软件的仿真分析和实验测量。其中基于有限元软件仿真分析部分前人已有很多探究，本节不赘述。

目前，传动系统温度场数值分析方法有等效热路法、热网格法及有限元法。

其中:等效热路法计算过程简单,但由于假设过多,使得计算结果与实际情况存在较大差别;热网络法是将行星风电机组齿轮传动系统的温度场离散化为网格,并进一步将分析参数转换为集中参数,模拟电路的方法构成等效热网格,将场的问题转化为电路的问题进行求解,其原理图如图 6-4(a)所示。热网格法计算工作量适中,准确度较高,广泛应用在传动系统热场分析中。有限元热分析法是将复杂的传动模型简化为若干个连续的有限单元如图 6-4(b)所示,网格数量越多,模型计算结果的精确度越高。有限元法相比于热网络法有着更高的精度和更好的仿真效果,随着计算机水平的大力发展,有限元法越来越得到人们的广泛关注和使用,具有较好的应用前景。首先通过对传动系统进行分析确定其内部各个热源以及零件之间的热交换,对其生热原因和热量流通进行了研究和分析。利用有限元思想分析得出了齿轮传动系统热源主要是由于齿轮之间和轴承滚动体与滑道摩擦产生的。通过传热学原理对系统热源和各热交换系数计算,并通过有限元软件进行仿真获取系统整体温度场。

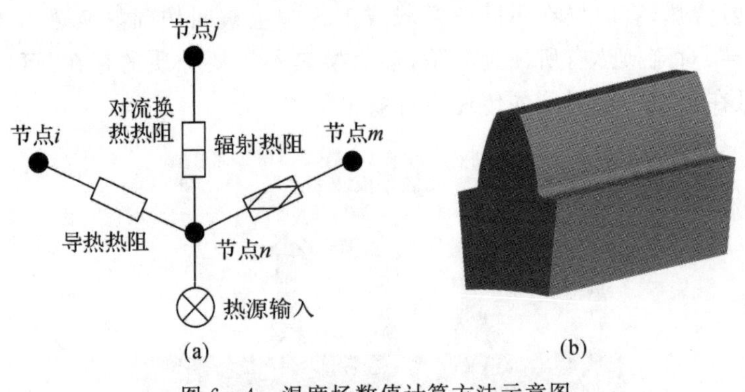

图 6-4　温度场数值计算方法示意图

(a)热网络法示意图;(b) 有限元法有限单元图

目前,常用的测量温度的方法如图 6-5 所示,其主要有动态热电偶传感器测温法和红外线辐射测温法两种。动态热电偶传感器测温法是将热电偶直接放置在深入轮齿啮合面内部选定的各个测量点处,对齿轮温度进行测量。为检测齿轮实时温度场,业界学者通过在齿轮啮合端面直接粘贴热电偶的方式,对齿轮运行温度进行测量,然后通过滑环与外界信号传输系统和显示设备进行连接,来测量齿轮各个位置的温度变化情况。红外线辐射测温法是通过在齿轮箱内部,齿轮啮合位置的侧面安装红外线摄温仪的方法,从上方施加润滑油,测量齿轮瞬时温度和本体温度以及在不同供油压力作用下的齿轮温度变化情况,红外线辐射测温法的优点在于可检测齿轮不同位置的实时温度场,便于了解齿轮传动系统温度分布情况，但仅适用于无光线阻挡的物体测温，对测试环境要求较高。

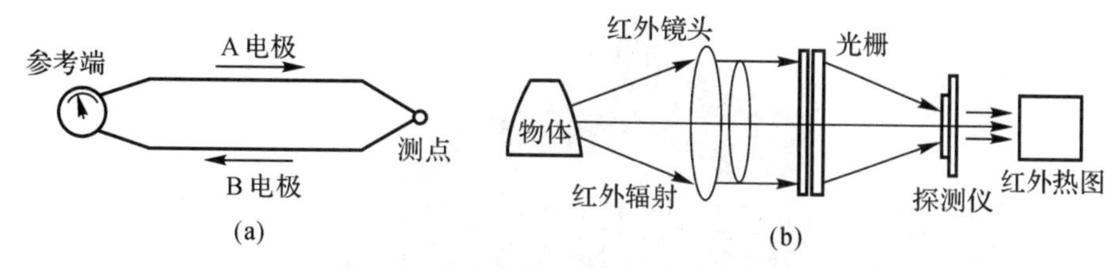

图 6-5 温度场实验测量方法原理图
(a) 热电偶传感器测温法原理；(b) 红外线辐射测温法原理图

6.2 齿轮传动系统温度场分析模型构建

6.2.1 齿轮传动系统温度场模型建立

在温度场有限元分析中，使用的单元类型主要有一维线性单元、二维平面单元和三维实体单元。在结构有限元分析中，每个节点通常有三个自由度，而热分析单元通常只有温度这一个自由度。由于本章是对一个三维模型进行有限元热分析，三维热分析单元见表 6-1，故对常用的三维热分析单元介绍如下。

表 6-1 三维热分析单元

单元类型	形状和特征	自由度
Solid87	四面体，10 节点	温度
Solid70	六面体，8 节点	温度
Solid90	六面体，20 节点	温度

对于动态温度场的仿真分析，建立了齿轮传动系统的三维有限元模型，如图 6-6 所示。由于需要对温度场进行分析，因此采用 Solid70 六面体 8 节点单元进行网格划分。考虑到齿轮形状的不规则性，六面体单元在齿根过渡处难以划分，故采用 Solid87 四面体 10 节点单元进行填充。经分析，单元质量达到了 0.82。因此，模型的质量较好。针对系统中不同的部件，由于材料不同，对应的属性也不一致，查找机械设计手册并根据参考数值，取箱体的导热系数为

50 W/m²,传动轴和齿轮的导热系数为 55 W/m²。

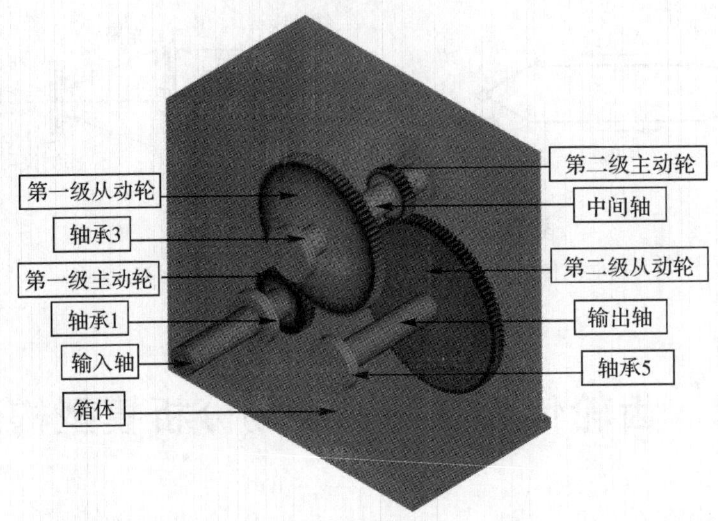

图 6-6　齿轮传动系统有限元模型

在对系统进行热分析时,随着工作的进行,不同部位的温度分布也是时刻变化的,这是一个不稳定的动态传热过程。本章假设每个部件都是各向同性的材料且都无内热源,因此可根据傅里叶导热定律获得非稳态条件下的传热微分方程:

$$\rho c\ \frac{\partial T}{\partial t}=\frac{\partial}{\partial x}\left(\lambda\ \frac{\partial T}{\partial x}\right)+\frac{\partial}{\partial y}\left(\lambda\ \frac{\partial T}{\partial y}\right)+\frac{\partial}{\partial z}\left(\lambda\ \frac{\partial T}{\partial z}\right) \tag{6-4}$$

式中:ρ 为材料的密度;c 为比热容。

6.2.2　齿轮传动系统温度场计算

首先,在考虑齿轮、轴承在运行过程中不断变化的时变刚度基础之上,基于有限元法构建了两级平行轴齿轮箱的齿轮-轴-轴承耦合系统模型,该模型中也同时虑及了轴系的柔性,并采用时域积分法求解了齿轮传动系统的动力学模型,获得各单元的动载荷和振动位移等结果。然后,结合摩擦学和传热学理论,确定各热源位置的生热热流密度和各表面的对流换热系数等参数,以此作为仿真模型的载荷输入条件对其稳态和动态温度场进行求解。同时,搭建齿轮箱温度场测量实验平台。通过将获得的仿真结果与 SQI 风电机组传动系统实验平台中两级定轴齿轮箱在同种工况下的实验结果对比、分析，验证该模型对系统动态温度场分析的有效性。最后分析不同转速、不同载荷与系统温升之间的关系，以及系统发生共振时温度场的变化规律，并在此基础上，探究齿轮安装位置的调节对系统温度场尤其是降低高温区域温度响应的影响。齿轮传动系统热分析流程如图 6 - 7 所示。

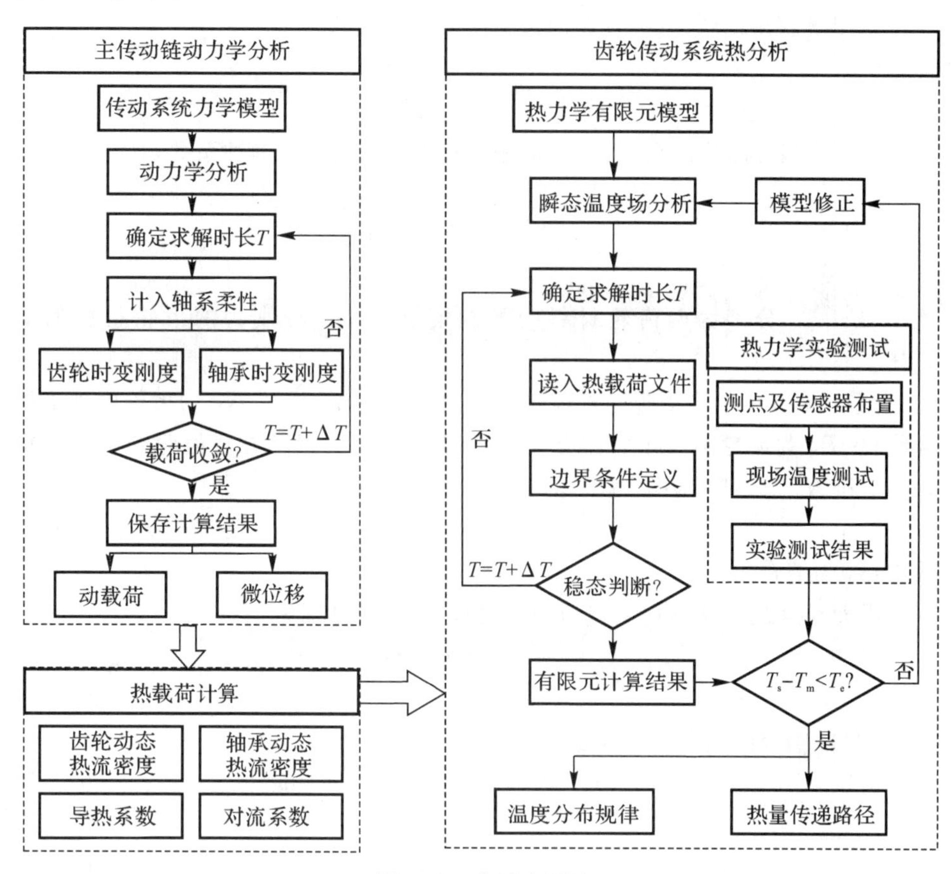

图 6 - 7　分析流程图

要对两级齿轮传动系统的动态温度场进行研究，首先要确定系统运行过程中的热源。本节将对齿面生热热流密度的计算进行介绍。直齿圆柱齿轮的摩擦生热主要由两啮合齿面的滑动摩擦，滚动摩擦和弹塑性变形引起的内摩擦这三部分组成。由于后两种类型摩擦的生热量相对于滑动摩擦量值很小，因此在本模型的计算中对该部分的生热忽略不计。

啮合齿面的摩擦因数与齿面的材料性能、粗糙度、润滑油黏度以及齿面相对滑动速度等参数密切相关，本书模型采用文献[2]中对齿面摩擦因数的研究结

论，得到任意啮合位置 C 处的计算公式为

$$f_{\mathrm{C}}=0.002\left(\frac{F_{\mathrm{t}}}{B\times0.001}\right)^{0.2}\times\left[\frac{2}{\cos\alpha_0 V_{12}R_{\mathrm{C}}\times0.001}\right]^{0.2}\eta^{-0.05}Ra \quad (6-5)$$

式中：F_{t} 为啮合面切向载荷；B 为齿宽；α 为齿轮压力角；R_{C} 为齿轮副综合曲率半径；η 为润滑油动力黏度；Ra 为齿面粗糙度因子。

根据赫兹接触理论，啮合齿面接触应力的表达式为

$$\sigma_{\mathrm{H}}=Z_{\mathrm{E}}\sqrt{\frac{F_{\mathrm{n}}}{LR_{\mathrm{C}}}} \quad (6-6)$$

式中：F_{n} 为啮合面法向载荷，L 为接触线长度；Z_{E} 为材料弹性系数，其表达式为

$$Z_{\mathrm{E}}=\sqrt{\frac{1}{\pi\left(\frac{1-\nu_1^2}{E_1}+\frac{1-\nu_2^2}{E_2}\right)}} \quad (6-7)$$

式中：E_1、E_2 分别为两齿轮材料的弹性模量；ν_1、ν_2 分别为两齿轮材料的泊松比。

图 6-8 展示了当量圆柱直齿轮的速度分析图，图中 N_1N_2 为齿轮副理论啮合线，B_1B_2 为齿轮副实际啮合线，P 为节点。两个当量圆柱直齿轮的中心分别在 N_1 和 N_2 点，则中心距为

$$N_1N_2=(r_1+r_2)\sin\alpha_0 \quad (6-8)$$

式中：α_0 为啮合角。

沿着啮合线位移，两个当量圆柱直齿轮的半径分别为

$$R_{\mathrm{c1}}=r_1\sin\alpha_0+s \quad (6-9)$$

$$R_{\mathrm{c2}}=r_2\sin\alpha_0-s \quad (6-10)$$

s 值随啮合线的动态变化区间为

$$s_1=-\left[(r_2+h_2)^2-r_2^2\cos^2\alpha_0-r_2\sin\alpha_0\right] \quad (6-11)$$

到

$$s_2=\left[(r_1+h_1)^2-r_1^2\cos^2\alpha_0-r_1\sin\alpha_0\right] \quad (6-12)$$

式中：h 为齿顶高，角标 1、2 分别表示主、从动轮。

进一步分析可以得到在齿轮副一个啮合周期内任意啮合位置对应的时间为

$$t_{\mathrm{c}}=\frac{|B_1C|}{s_2-s_1}T_{\mathrm{c}} \quad (6-13)$$

式中：T_{c} 为齿轮副啮合周期。

任意时刻两齿轮的啮合面相对于接触点 C 的绝对速度为

$$u_1(t)=\omega_1R_{\mathrm{c1}}=\omega_1\cdot|N_1C| \quad (6-14)$$

$$u_2(t)=\omega_2R_{\mathrm{c2}}=\omega_2\cdot|N_2C| \quad (6-15)$$

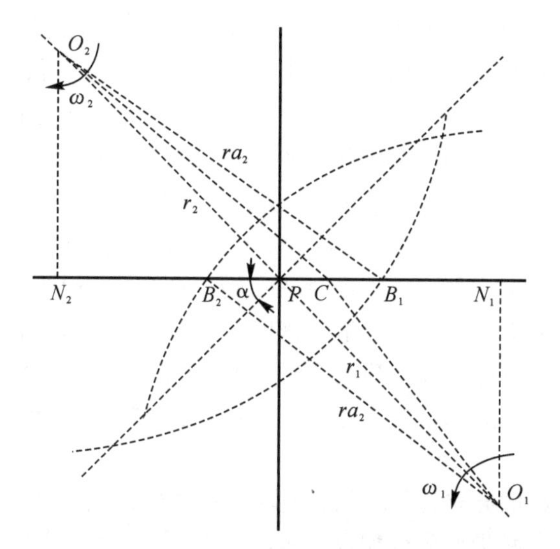

图 6－8　当量圆柱直齿轮速度分析图

任意时刻两啮合面的相对滑移速度为

$$V_{12}(t)=u_1(t)-u_2(t) \tag{6-16}$$

将公式(6－8)～(6－16)联立即可得到任意时刻两啮合齿面的相对滑移速度 $V_{12}(t)$。通过计算获得了 2 400 r/min 和 3 000 r/min 两种转速下啮合副两齿面切向速度沿啮合线的分布如图 6－9 所示。

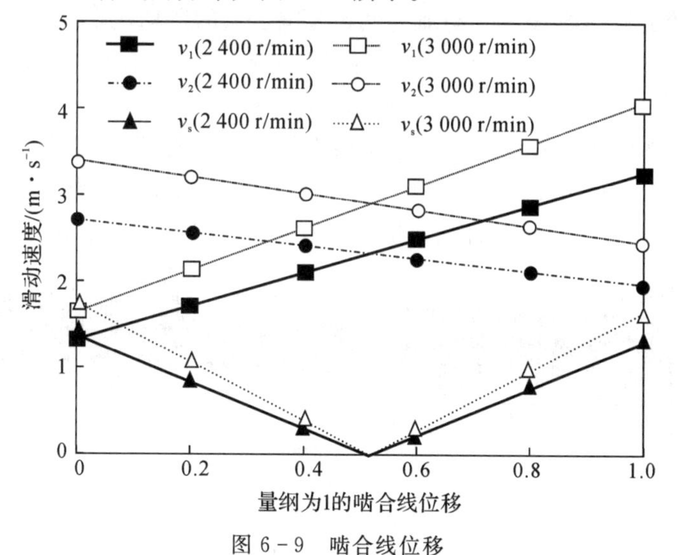

图 6－9　啮合线位移

图 6-9 中，v_1 与 v_2 分别表示第一级啮合副的主动轮和从动轮在啮合线方向上的绝对滑动速度，而 v_s 则代表两相互摩擦齿面沿着啮合线的相对滑动速度；v_1(2 400 r/min)与 v_1(3000 r/min)分别表示当系统工作期间输入轴的转速为 2 400 r 和 3 000 r 的时候第一级齿轮副主动轮沿着啮合线的绝对滑动速度；v_2(2 400 r/min)和 v_2(3 000 r/min)分别表示当系统工作期间输入轴的转速为 2 400 r 与 3000 r 的时候第一级齿轮副从动轮沿啮合线的绝对滑动速度；v_s(2400 r/min)和 v_s(3 000 r/min)分别表示转速在 2 400 r 和 3 000 r 工况下第一级啮合副两齿面沿啮合线的相对滑动速度。由图 6-9 可以得知：两齿面相对滑移速度在主动轮齿根啮入和齿顶啮出时较大，到节点 P 处变化为 0，在一个啮合周期内呈现出“高—低—高”的变化规律，且转速的提升会使两齿面间的相对滑动速度增大。

由于不同材料的导热性能，材料密度以及比热容等存在差异，故啮合齿面间的摩擦热流密度在两齿面的分配也不相同。

$$\left.\begin{aligned} q_{C2} &= \lambda q_C = \lambda\gamma f_C \sigma_H V_{12} \\ q_{C2} &= (1-\lambda) q_C = (1-\lambda)\gamma f_C \sigma_H V_{12} \end{aligned}\right\} \tag{6-17}$$

热流密度分配因子 λ 为

$$\lambda = \frac{\sqrt{\beta_1 \rho_1 c_1 v_1}}{\sqrt{\beta_1 \rho_1 c_1 v_1} + \sqrt{\beta_2 \rho_2 c_2 v_2}} \tag{6-18}$$

式中：β_1、β_2 分别是两个齿轮的导热系数；ρ_1，ρ_2 分别是两齿轮的密度；c_1、c_2 分别是两齿轮的比热容；v_1、v_2 分别是两齿轮啮合点的滑动速度。

经过上述各个参数的计算，可以得到齿面热流密度的表达式为

$$q_C(t) = \gamma f_C(t) \sigma_C(t) V_{12}(t) \tag{6-19}$$

式中：$q_C(t)$ 为齿轮副任意啮合位置摩擦生热的热流密度；γ 为摩擦能转化热能系数，一般取 0.90～0.95；$f_C(t)$ 为齿面啮合位置处摩擦因系数；$\sigma_C(t)$ 为啮合齿面法向接触应力；$V_{12}(t)$ 为计入系统振动的两啮合齿面动态相对滑动速度。

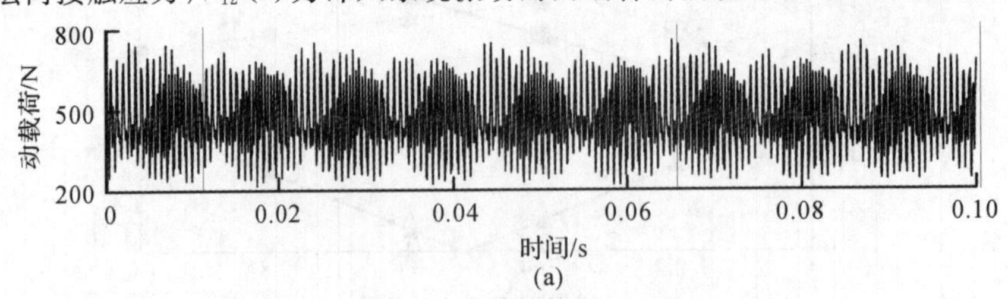

(a)

图 6-10　第一级主动轮动载荷及热流密度时域图

(a)动载荷时域图

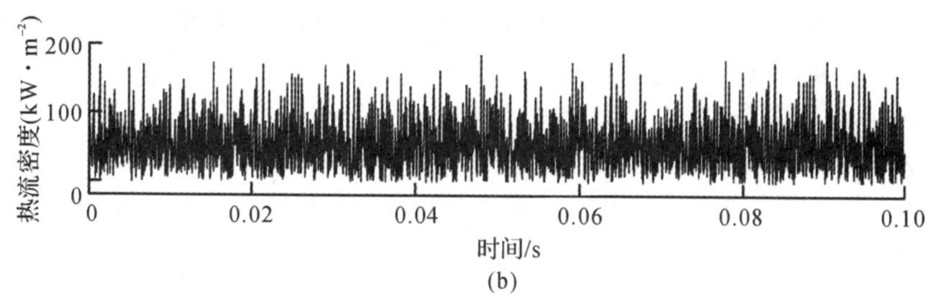

(b)

续图 6-10　第一级主动轮动载荷及热流密度时域图

(b)热流密度时域图

图 6-10 所示在转速为 2 400 r/min，负载为 100 N·m 的工况下，经动力学模型求解，结合摩擦学知识计算后得到的第一级主动轮的动载荷与热流密度时域图，对比后分析可得两者波动周期具有很好的一致性，可初步判断齿面生热的热流密度与其承受的动载荷大小密切相关。

由于单个啮合周期内啮合齿面不同位置的生热量并不相同，为了进一步分析其生热情况，如图 6-11 所示，在相同的 100 N·m 负载下，2 400 r/min 和 3 000 r/min 时单个啮合周期内的齿面摩擦热流密度。由图 6-11 分析可得在一个啮合周期内，齿面的摩擦热流密度呈现出与齿面相对滑动速度相同的“高—低—高”变化规律，这主要因为在单个啮合周期内，齿根啮入和齿顶啮出时，两齿面间相对滑动速度较大，摩擦最为剧烈，而在节点附近齿面摩擦热流密度几乎为零，则是因为该位置两齿面间几乎无相对滑动的结果。

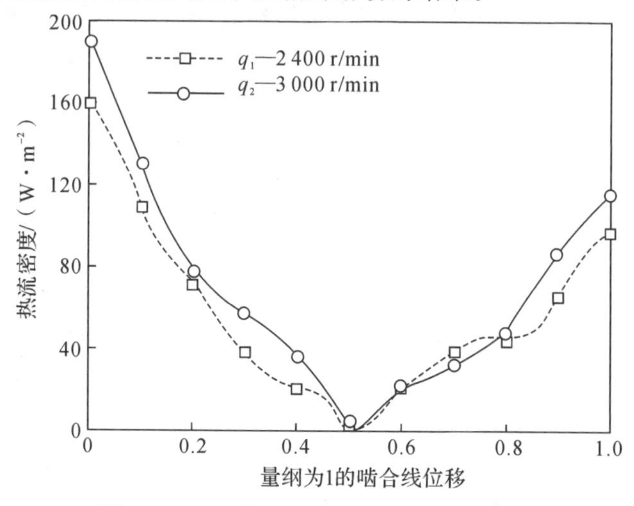

图 6-11　不同工况下的齿面摩擦热流密度

在齿轮传动系统运行过程中，轴承作为主要承载部件，其稳定性对于整个系统有着至关重要的作用。由于外加载荷、轴承内部的滚子跟润滑剂间的摩擦作用等原因，这些内部的不同程度的摩擦消耗成了轴承功率损失的主要来源，这些功率损失将以热的形式被释放。根据本模型的特点，依据经验公式[3]对轴承的摩擦生热热流密度进行了计算。基于功率损失与生热的能量平衡关系可以得到下列平衡方程：

$$Q(t)=q(t)A \tag{6-20}$$

式中：q 为生热热流密度；A 为轴承的散热面积；$Q(t)$ 为摩擦造成的功率损失，可用下式计算，即

$$Q(t)=1.047\times10^{-4}(M_1+M_v)\cdot n \tag{6-21}$$

式中：M_1 为外加载荷引起的摩擦力矩；M_v 为润滑剂黏性摩擦产生的力矩；n 为轴承转速。

根据 Palmgren 等人[3]对轴承摩擦力矩进行的描述，采用下述表达式对外加载荷引起的力矩进行了计算：

$$M_1=f_1F_\beta d_m \tag{6-22}$$

式中：f_1 为与轴承结构和载荷有关的系数；F_β 为取决于轴承作用力大小和方向当量载荷；d_m 为轴承节圆直径。

由于润滑剂黏性的存在，轴承运转过程中引起的摩擦力矩是轴承功率损耗的又一重要因素，润滑剂黏性摩擦产生力矩的计算表达式为

$$M_v=10^{-7}f_o(v_o n)^{\frac{2}{3}}d_m^3 \tag{6-23}$$

式中：f_o 为与轴承类型及其润滑方式有关的系数，取值为 2；v_o 为润滑油黏度。

由于系统运行过程中各激励的相互作用会不可避免地对轴承运转情况及其承载形式产生影响，造成轴承转速和承载的动态波动，因此在考虑系统动态响应基础上结合上述理论分析，联立各式得到了轴承动态摩擦热流密度的计算表达式为

$$q(t)=\frac{\pi\cdot n}{30\times10^3A}\times\left[10^{-7}f_o(v_o n)^{\frac{2}{3}}d_m^3+f_1F_\beta d_m\right] \tag{6-24}$$

图 6-12 所示传动系统在转速为 2 400 r/min，负载为 100 N·m 的工况下，轴承 1 位置的动载荷与热流密度时域图，两者波动周期规律与齿轮位置类似，均保持着较高一致性，即轴承生热的热流密度与其承受的动载荷大小联系紧密。

通过对齿轮传动系统分析可知，两级齿轮传动系统中齿轮的齿面摩擦与轴承内部的各种摩擦都会产生热量，这些内部或表面生成的热量将通过不同的热量传递方式如热传导向系统的不同部位进行传递，包括周围的空气中。其中热辐射由于是各个部件都普遍存在又相互传递的，故本章忽略热辐射的散热作用。

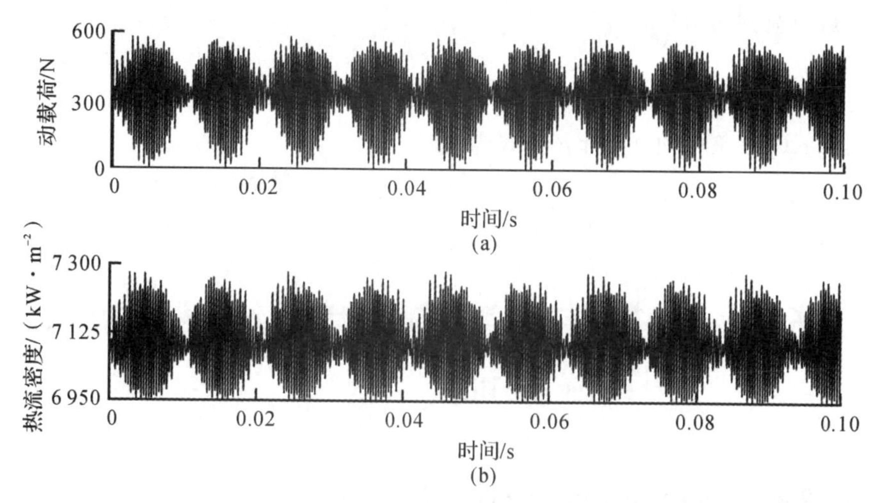

图6-12　轴承动载荷及热流密度时域图

(a)动载荷时域图;(b)热流密度时域图

由于系统中各部分的结构较为复杂,不同位置的换热系数应采用不同的计算方法。对于齿轮的端面,在进行散热分析时可以简化为圆盘进行处理[4],则对流换热计算表达式为

$$h_{d}(t)=Nu_{d}(t)\lambda_{k}\left(\frac{\pi n}{30\nu_{k}\sin\alpha}\right)^{0.5} \tag{6-25}$$

式中:λ_{k}为空气的导热系数;ν_{k}为运动黏度;Nu_{d}为努塞尔系数,其数值大小与齿面流动的流体参数及流动状况有关。

$$Nu_{d}(t)=Re_{k}(t)Pr_{k}^{1/3} \tag{6-26}$$

式中:$Re_{k}(t)$为空气雷诺数;Pr_{k}为普朗特数。其计算公式分别为

$$Re_{k}(t)=\frac{\pi nLh}{60\nu_{k}} \tag{6-27}$$

$$Pr_{k}=\frac{\rho_{k}\nu_{k}c_{k}}{\lambda_{k}} \tag{6-28}$$

式中:L为齿宽中间点的分度圆直径;h为齿轮的工作齿高;ρ_{k}为空气密度;c_{k}为空气比热容。

齿轮啮合面的对流换热计算公式为

$$h_{n}(t)=\frac{0.086\,3Re_{k}^{0.618}(t)Pr_{k}^{0.35}\lambda_{k}}{d_{a}} \tag{6-29}$$

式中:d_{a}为各传动轴的直径。

对于传动轴表面的对流换热系数,可采用单管外对流换热系数进行等效计

算[3]，计算公式为

$$h_r(t)=\frac{Nu_r(t)\cdot\lambda_k}{d_a} \tag{6-30}$$

式中：$Nu_r(t)$为努塞尔数，计算公式为

$$Nu_r(t)=0.3+\frac{0.62Re_k^{1/2}(t)Pr^{1/3}}{[1+(0.4/Pr)^{2/3}]^{1/4}}\times\left\{1+\left[\frac{Re_k(t)}{282\ 000}\right]^{5/8}\right\}^{4/5} \tag{6-31}$$

6.3　齿轮传动系统温度场结果分析及实验验证

6.3.1　齿轮传动系统温度场分析

齿轮传动系统工作时，齿轮箱内的齿面间以及轴承内部的剧烈摩擦会生成很多的热，从而导致整体系统温度响应的升高，同时由于各金属部件间的导热、固体与油，气等流动介质的对流换热，所有对象的热辐射作用，又会使得整个齿轮传动系统的温度响应变低，在经历一段时间之后，整个系统最后会处于热平衡的一个状态。对于本研究对象，生成热量的地方主要存在于啮合齿面与轴承内部，而能够散热的地方则主要是各个固体表面和两固体互相接触的地方，例如齿轮的端面，非啮合面，箱体的内、外表面，轴露出的没有与其他部件接触的表面等都可以通过对流方式来散热；而其他两固体或者多个固体相接触的地方则可以通过热传导，把热量从高温的位置传向低温的位置。如图 6 - 13 所示，转速为 2 400 r/min，负载为 100 N · m 条件下第一级主动轮啮合齿面温度场的稳态三维分布图，其齿面的温度并不是均匀分布。在系统稳定运行时，齿面上的温度分布存在两个峰值，即齿宽中线上的齿顶和齿根位置，并呈现出沿齿宽方向从中间向两边逐渐降低的对称式分布，而沿啮合线方向节点位置的温度相对较低。这是因为在齿根和齿顶位置，两啮合齿面间的相对滑动最大，摩擦产生热量也最高，而在节点位置相对滑动速度几乎为 0，该位置的温升主要是其他位置的热量经热传导到该位置的结果。

由于齿轮箱中传动轴同时连接着轴承和齿轮这两个生热部件，且轴向长度贯穿整个齿轮箱，因此对其温度分布和热量传递规律进行研究，对于整个系统温度分布和热量传递方向的掌握具有重要参考价值。本节以传动轴为研究对象，在负载为 100 N · m，转速为 2 400 r/min 的工况下，对比分析了不同传动轴上的热量传递及其温度分布特性。

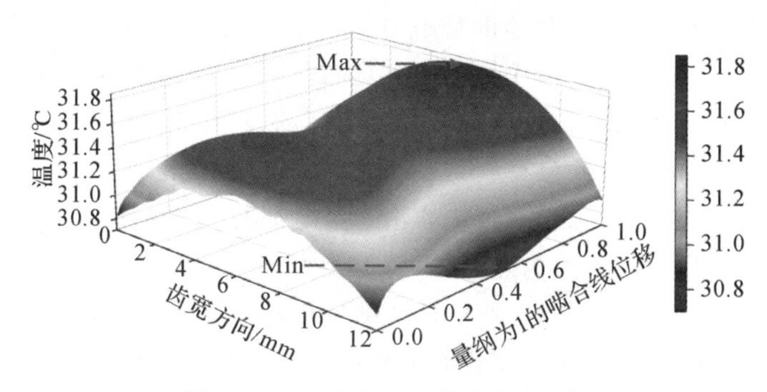

图 6－13　啮合齿面三维稳态温度场

图 6－14 展示了沿传动轴轴向的温度分布曲线。通过对比分析可得，传动轴的温升主要来自两侧轴承的摩擦生热，产生的热量通过热传导从轴承位置沿轴向向其他位置传递，轴承和传动轴之间接触位置的温度明显高于其它位置。然而齿轮虽同为热源，但齿轮与传动轴之间接触位置的温度却处于较低水平，即由齿面产生的热量对传动轴的温升影响很小。啮合齿面的温度高于传动轴与齿轮之间接触位置的温度。其主要原因是直齿轮的直径较大，端面的热交换面积也较大，冷却效率较高。该分析结果与文献[2]获得的分析结果相一致。另外，不同传动轴的轴向温度分布也存在明显差异，并不是简单的线性均匀分布或对称分布。

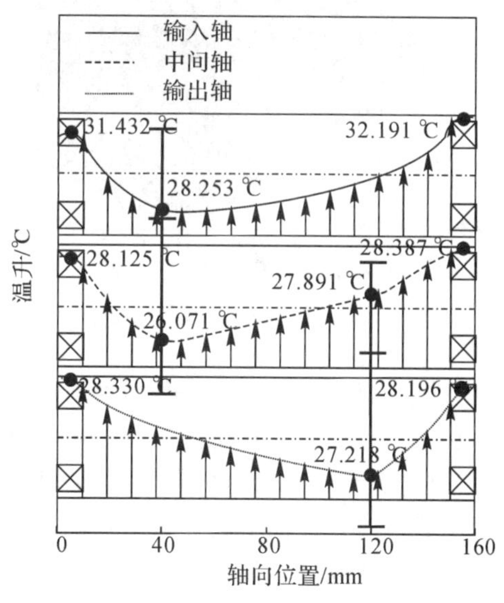

图 6－14　传动轴稳态温度分布图

图 6-15 展示了系统整体的稳态温度场分布情况。对于传动系统来说，其温度分布呈现出从输入轴轴承位置向其他位置扩散开来的分布规律；而对于 6 个轴承来说，输入轴两端轴承成为了温度最高的位置；对于传动轴而言，其与同为热源的齿轮接触位置并没有成为最高温区域；对于齿轮而言，第一级主动轮温度最高，第二级主动轮次之，两级从动轮的温度都处于较低水平。这是因为在系统运行过程中，啮合齿面虽为热源之一，但是齿轮端面较大，且与齿轮箱内的润滑油接触良好，散热性能较好，所以这一部分热量基本没有传递到各传动轴位置就被润滑油带走了，这也是体积较大地从动轮温度水平低的主要原因，而主动轮由于体积较小，散热性能不如从动轮。齿轮在摩擦生热的过程中，其热源位置是不断变化，其表面的温度分布也不是均匀分布，与图 6-13 对比可以清楚发现在整体的温度场分布图中，无法对啮合齿面的温度分布状况进行有效的分析，但是可以清楚地判断齿轮本体的温度与系统其他位置温度的差异。

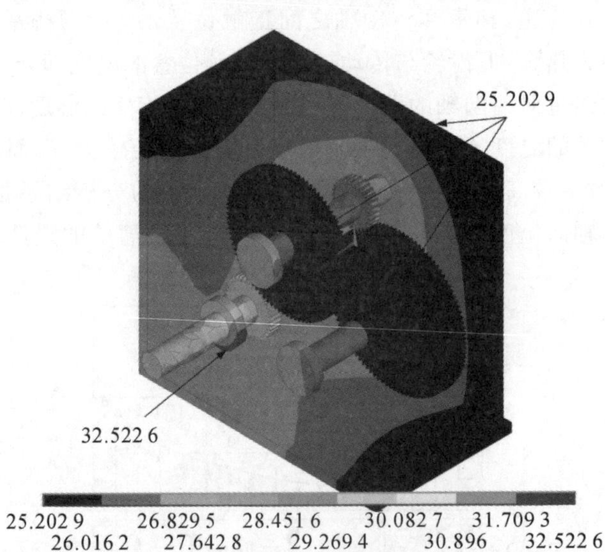

图 6-15　系统整体稳态温度分布

通过前几节对系统进行的稳态温度场分析后，对齿轮、传动轴和整体的温度分布有了大致的了解，从本节开始将在稳态温度场分析的基础上，进行关键部位瞬态温度场的研究，并采用实验方法对仿真结果进行验证。

首先，为了研究不同运行时刻齿面上的热量传递路径与温度分布特性，进行了瞬态有限元热分析，计算了不同啮合周期时的齿轮温度，其啮合面温度分布云图如图 6-16 所示，端面温度分布图如图 6-17 所示。

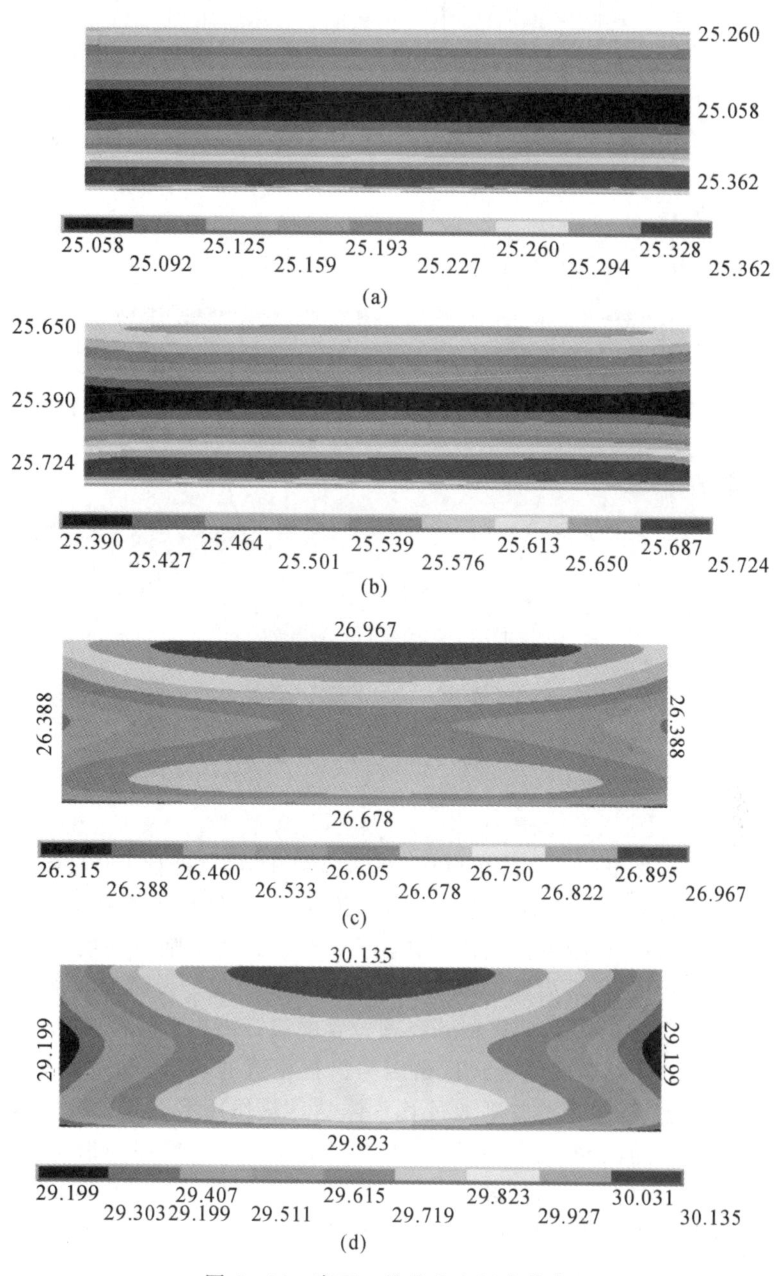

图 6-16　齿面二维非稳态温度分布

(a) 20 个周期;(b) 200 个周期;(c) 2 000 个周期;(d) 20 000 个周期

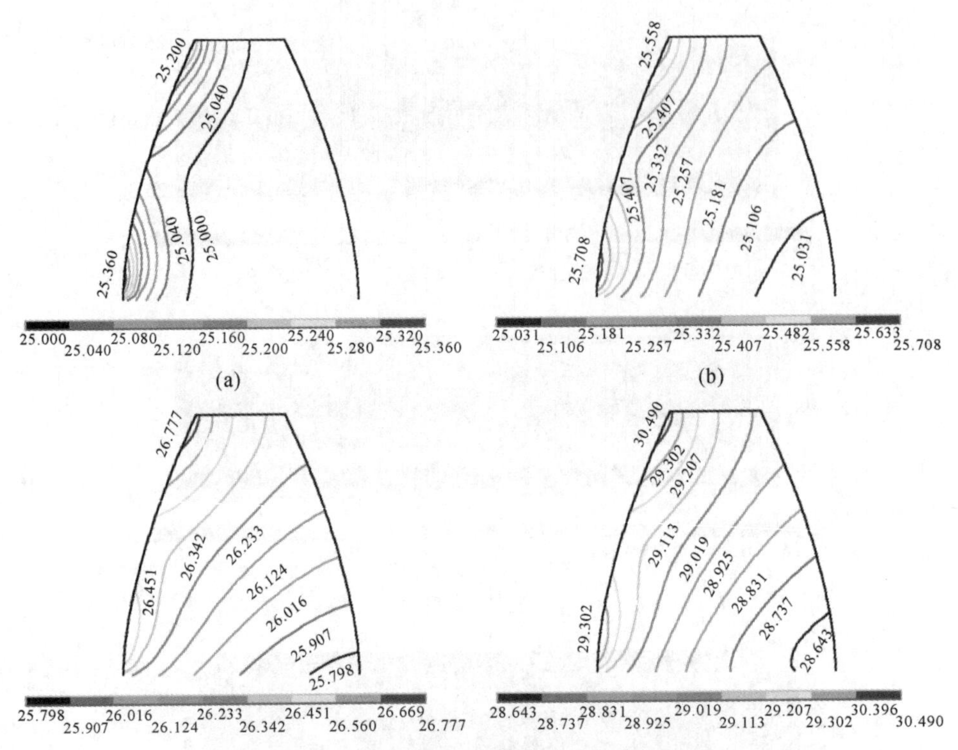

图 6-17　齿轮端面二维非稳态温度分布

(a) 20 个周期；(b) 200 个周期；(c) 2 000 个周期；(d) 20 000 个周期

由图 6-16 及图 6-17 分析可得：在啮合刚开始，只进行了 20 个周期时，由于齿面附近的热量还未来得及向齿轮内部传递，高温区域出现在摩擦生热量最大的齿根位置，此时齿根温升高出齿顶温升 48.6%；随着啮合周期的增加，摩擦生成的热量不断积累，沿齿宽中线位置的齿顶也开始成为齿面上的高温区域；最后，经历 20 000 个周期后，计算得到齿顶位置的温升高出齿根位置 12.7%，齿顶成为了齿面上温度最高的位置。这是因为齿根位置的热量，首先被与其直接接触的润滑油带走了，还有一些则通过其本体的导热作用将热量传向了齿轮的内部，使齿根位置的温度得到下降，而对于主要依靠润滑油冷却的齿顶位置，降温能力有限，最终成为了高温区域。

为了更直观地分析不同时刻齿面中线与齿面边缘的温度分布规律，如图 6-18 所示，得到不同运转周期下齿宽中线与边缘位置沿啮合线的温度曲线。分析可得，在啮合初期，由于产生热量很少，齿宽中线与边缘位置的温升基本一致，而随着啮合周期的增加，由于边缘位置不容易发生热量积累，散热性能要高于中线位置，中线与边缘位置温差逐渐增大，20 000 个周期后，齿宽中线上的最高温升高出边缘上最高温升 14.6%。此仿真所得直齿圆柱齿轮温度场分布与文献[2]实验所得规律一致。

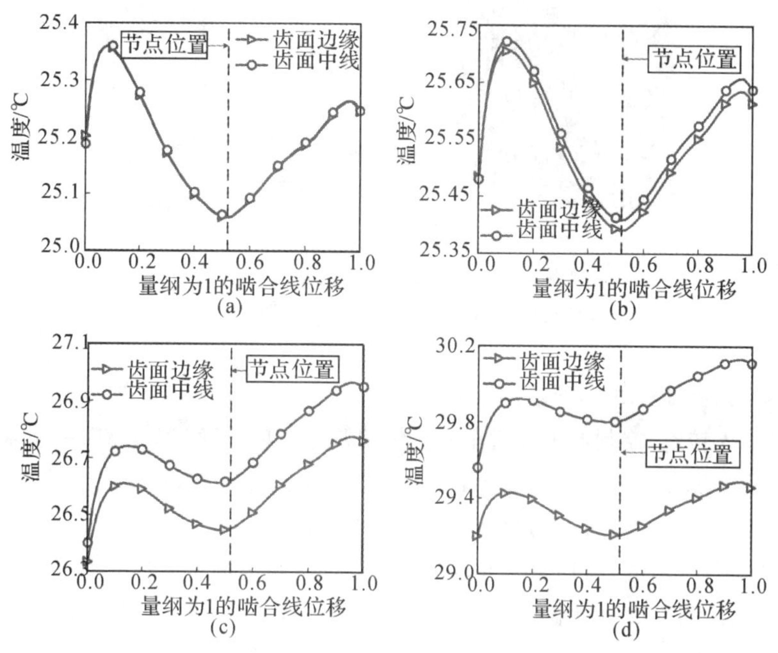

图 6-18　不同啮合周期下齿宽中部和边缘部分的非稳态温度变化

(a) 20 个周期；(b) 200 个周期；(c) 2 000 个周期；(d) 20 000 个周期

6.3.2　系统整体温度场结果分析及实验验证

为了进一步验证本模型的有效性，在转速为 2 400 r/min，负载为 100 N·m 的工况下，进行了仿真与实验的对比分析，实验平台及测量仪器如图 6-19 所示。

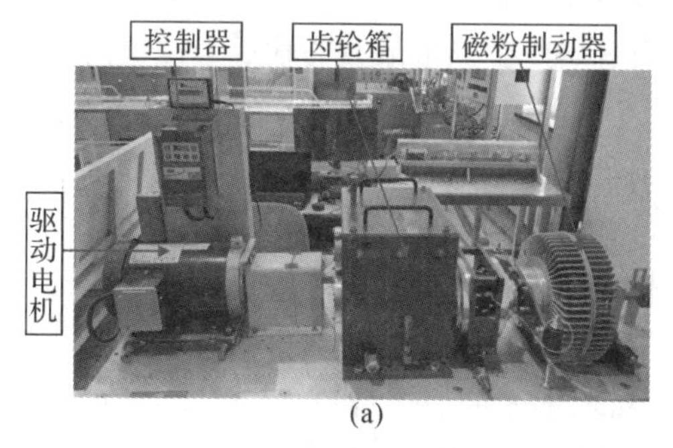

图 6-19　两级齿轮传动系统实验平台

(a)实验平台

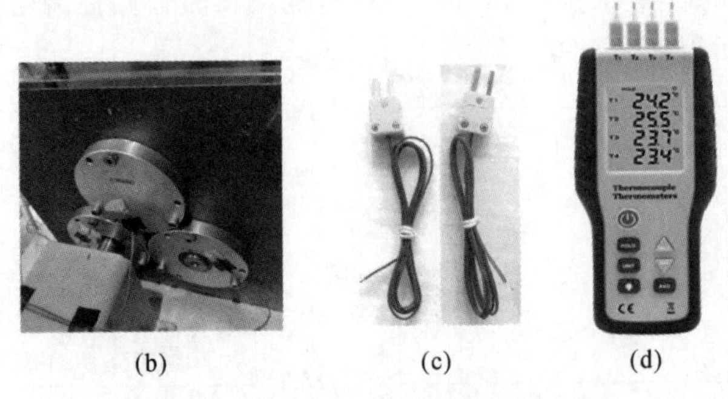

续图 6-19　两级齿轮传动系统实验平台

(b)测点位置；(c)K 型热电偶；(d)温度测量仪

本章以图 6-19(a)所示的实验台为研究对象，其中驱动电机作为系统的动力源提供输入转速，控制器可以对驱动电机的转速实现精确控制，磁粉制动器可为齿轮箱提供负载。进行温度测量时，测点位置如图 6-19(b)所示，图 6-19(c)为温度采集所使用的 K 型热电偶，可测量的温度范围为－50～280 ℃。采用如图 6-19(d)所示的 YHT309 型接触式测温仪对系统轴承位置的动态温度进行了实验测试，该测量仪的测温范围为：－200～1 372 ℃，在 1 000 ℃以下时测量精度可达 0.1 ℃，且测量误差为±0.15%的读数＋1 ℃，可以满足本章需求。

关于仿真时温度测量点的选取，考虑到实验中温度测点为轴承座外端(距离热源位置 10 mm 处)，且仿真计算时，若直接在热源位置进行温度提取，由于热源位置闪温现象的存在，会对温度提取结果造成影响，因此在考虑热传导作用且材料各向同性假设的前提下，选取与实验测试时测点和热源距离相同的位置作为仿真计算结果的温度提取点。

齿轮传动系统轴承侧外表面稳态温度分布等值线图如图 6-20 所示，该表面温度分布整体上表现出由生热量最大的轴承 1 位置向周围不均匀扩散的分布形式，轴承 3 和轴承 5 周围的温度呈现随着与轴承 1 距离的增加而逐渐减小的趋势。转速最高的轴承 1 位置成为整体温度最高的位置，温度达到了 13.5 ℃，而轴承 3 和轴承 5 位置的温升分别为轴承 1 位置的 51.1%和 54.1%，转速对系统温度分布产生了较大影响。

同时对比分析可得，轴承 1 周围温度梯度方向与第一级齿轮副啮合线方向基本一致，而轴承 3 和轴承 5 的温度梯度方向与轴承的主承载方向并不一致。这是由于中间轴和输出轴两侧轴承的生热量较小，轴承 1 生成的热经传导后对这两个位置的温度分布产生了显著影响造成的。

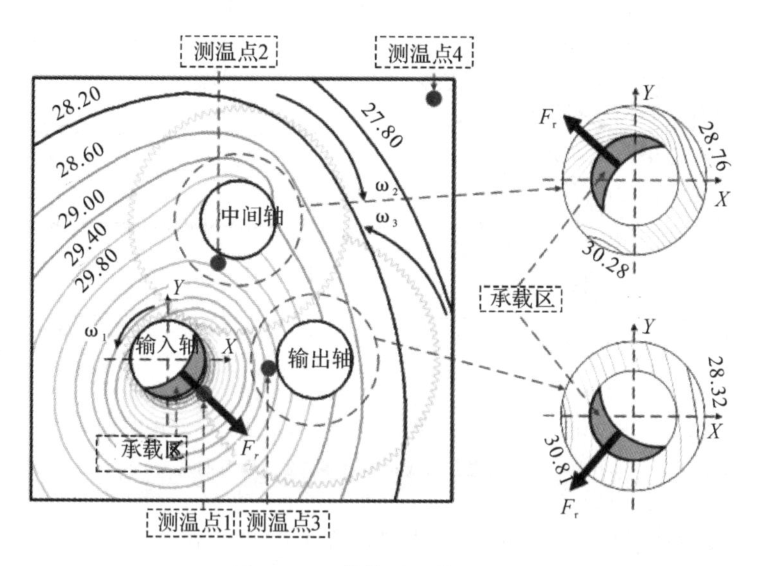

图 6-20　箱体壁面等温线图

对各测量位置的温度进行动态监测，并与仿真结果进行的对比如图 6-21 所示。由图 6-21 分析可得，整个温升过程中实验测试和仿真曲线基本一致，运行初期各轴承位置温度急剧上升，随后逐渐转为平缓上升，整体呈现对数函数形式分布。这一结果也与传热学理论分析保持了很好的一致性，系统在稳定运行状态下，由于热量生成速率稳定，环境可视为准静态，因此系统各部分温度将逐渐趋于稳定，最终在稳态值附近波动。而箱体边缘的测温点 4，因为距系统热源位置较远，温度基本保持在室温(25 ℃)左右。

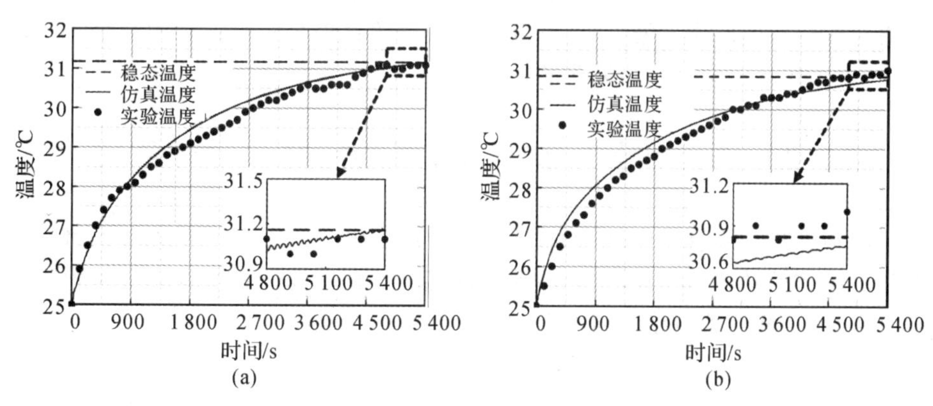

图 6-21　仿真温升曲线与实验测量结果的对比图

(a)轴承 1 温升曲线；(b)轴承 3 温升曲线

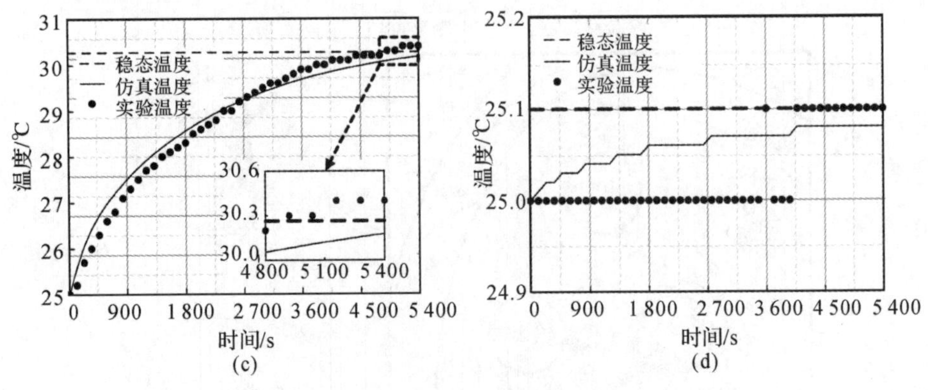

图 6-21 仿真温升曲线与实验测量结果的对比图

(c)轴承 5 温升曲线;(d)箱体测量点温升曲线

本节首先通过对 3 种基本传热方式的介绍以及对本研究中不同部件所适用的传热计算方法进行分析,然后对齿轮和轴承这两个热源位置的生热量进行了具体计算,最后针对系统多个部件不同表面换热的区别,采用不同的计算方法对其进行了等效。通过对齿轮、传动轴以及整个系统进行稳态温度场的研究及其结果分析分析可得:对于齿面来说,其高温区域主要集中在齿根和齿顶位置,而节点附近温度则处于较低水平;对于传动轴而言,其高温区域则集中在与传动轴相接触的地方;整个系统的高温区域出现在输入轴两端的轴承位置,而对于齿轮本体,从动轮得益于其较大体积所带来的更大的散热面积,其温度处于较低水平,但是体积较小的主动轮温度较高。而在动态分析中发现齿面温度并不是一直处于均匀分布状态,而是随着啮合的进行不断变化的,同时沿齿宽方向始终保持着对称分布的形式。最后,将模拟计算获得的结果与实验记录的结果进行对比,检验了仿真模型计算结果的准确性。

6.3.3 不同因素对系统温度场影响规律的研究

在齿轮传动系统工作过程中,运行工况的变化,内、外部激励的变化,都会影响系统整体的动力学响应,进而导致系统温度场的变化。在实验验证了模型有效性后,本节将详细讨论不同因素对系统温度场的影响规律。

1. 负载对系统温度场的影响

本节首先对不同工况参数对系统温度响应的影响规律进行分析,通过相同转速下连续增加负载获得了,轴承 1 位置在 500 r/min、2 000 r/min、3 500 r/min、5 000 r/min 这 4 个转速下温度响应随负载的变化曲线如图 6-22

所示。

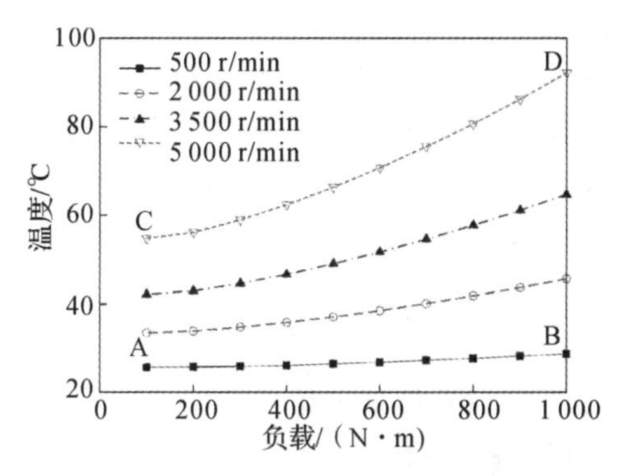

图 6－22　不同转速下负载对温度的影响

负载的增加，会导致轴承内部和齿面摩擦加剧，从而造成系统温度响应升高。由图 6－22 可知，在 500 r/min 时，A、B 两点的纵横坐标差之比仅为 0.34％，温度响应随负载增加表现出平缓的线性增大；而在 5 000 r/min 时，C、D 两点的纵横坐标差之比则达到了 4.2％，温度响应随负载增加呈现快速的非线性增大。这是因为在高转速条件下，相同时间内轴承和齿轮副摩擦更加剧烈且生热量更大，所以负载增加造成的温度升高被进一步放大。因此随着转速提升，温度响应对负载灵敏度逐渐升高。

2. 转速对系统温度场的影响

在负载恒为 100 N·m 的条件下，通过连续增速对不同转速下轴承 1 的动载荷波动幅值及对应的稳态温度响应进行提取得到如图 6－23 所示的曲线，转速对系统温度响应的影响规律与负载相比有着明显差异。

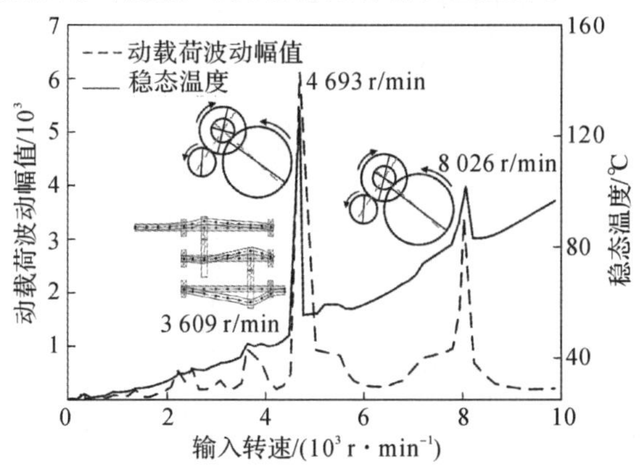

图 6－23　动载荷波动幅值与稳态温度随转速变化图

随着转速的提高,系统温度响应整体呈现出上升趋势,但与图 6-22 中随负载变化的趋势差异较大,主要是在随转速增加而增加的同时,在个别特定转速下出现了随载荷振幅变化而变化的峰值。即在 4 693 r/min 和 8 026 r/min 这两个转速工况下,温升与载荷振幅同时出现了明显峰值。这是由于在 4 693 r/min 转速下,系统第一级啮合频率处于系统第 7 阶固有频率附近,引起了扭转共振,使得载荷和转速出现了剧烈波动,系统稳态温度达到了 129 ℃,远超出了系统正常工作时温度;在 8 026 r/min 转速下,系统第二级啮合频率的二倍频在系统第 8 阶固有频率附近,引起了系统的扭转共振,使得系统稳态温度达到了 101 ℃,对比 4 693 r/min 转速下的温升结果分析可得,较高阶的扭转共振对系统温度场的影响要小于较低阶的扭转共振。

在 3 609 r/min 转速条件下,温升曲线并没有随载荷波动曲线同步出现峰值。这主要是该转速对应的系统第一级啮合频率的二倍频处于系统第 9 阶固有频率附近,虽然引起了载荷幅值的突变,但对应的振型是传动轴的弯曲、偏摆振动,可见该振型对系统生热没有产生显著影响。

3. 振动对系统温度场的影响

从前面分析得到,在个别特定转速的外部激励作用下,会引起系统温升的剧增,故本节将对特定转速下系统温度响应进行计算,研究系统运行过程中不同振动特性下热量传递及温度分布的规律。

在 100 N · m 的恒定负载下,以转速为 2 400 r/min 时的计算结果为参照,对比分析了相同负载下转速为 3 609 r/min、4 693 r/min 和 8 026 r/min 时部件中热量的传递规律及温度分布。不同工况下啮合齿面沿齿宽中线的温度分布曲线如图 6-24 所示,通过对比分析可得,不同转速下的温度分布规律基本一致,由于齿根啮入和齿顶啮出使得这两个位置成为摩擦最为剧烈的区域,对应的温升也最大,而节点处温度较低。

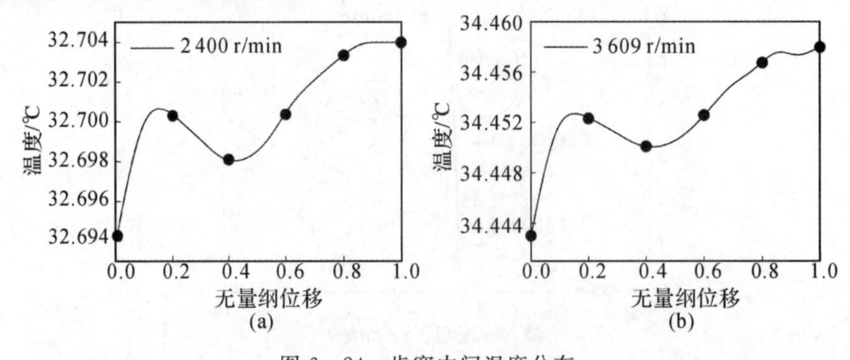

图 6-24 齿宽中间温度分布

(a) 2 400 r/min;(b) 3 609 r/min

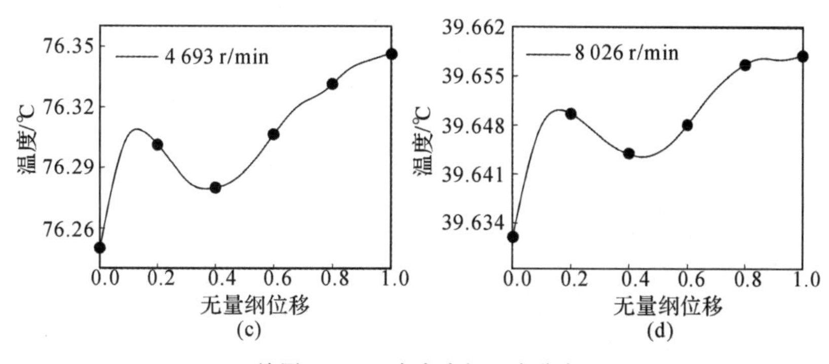

续图 6-24　齿宽中间温度分布

(c) 4 693 r/min;(d) 8 026 r/min

不同转速下各位置的最终温升并不相同，经计算得到转速为 3 609 r/min 和 8 026 r/min 的最高温升相对于 2 400 r/min 时分别增加了 22.8%和 90.3%，主要是因为转速的提升使得单位时间内齿面摩擦次数增多，生热量变大造成的，即弯曲、偏摆振动和二级啮合频率引起的扭转振动对第一级的齿面温升影响不大。但转速为 4 693 r/min 时的最高温度相对于 2 400 r/min 时增加了566.4%，远超出由转速增加带来的温升，这主要因为在 4 693 r/min 时，系统第一级啮合频率引起了扭转共振，对第一级主动轮的齿面温升产生了巨大影响，其带来的高温极易导致齿面润滑失效，进而造成齿面胶合，影响齿轮传动的稳定性。

特定转速下输入轴的温度分布曲线如图 6-25 所示，输入轴上的温度呈现出两轴承位置最高，并沿轴向降低的分布规律。分别对比 4 693 r/min 和 8 026 r/min 转速与 2 400 r/min 转速时的温度分布曲线，轴承位置的温度响应均明显偏高，这同样是外部激励引起系统扭转共振使得轴承内部摩擦加剧，发热量上升导致的，最终输入轴的整体温升都明显增加，最高温度分别达到了 2 400 r/min 时的 7.1 倍和 13.8 倍，而 3 609 r/min 时的温度分布曲线与 2 400 r/min 转速相比，趋势基本一致且温升差异较小。

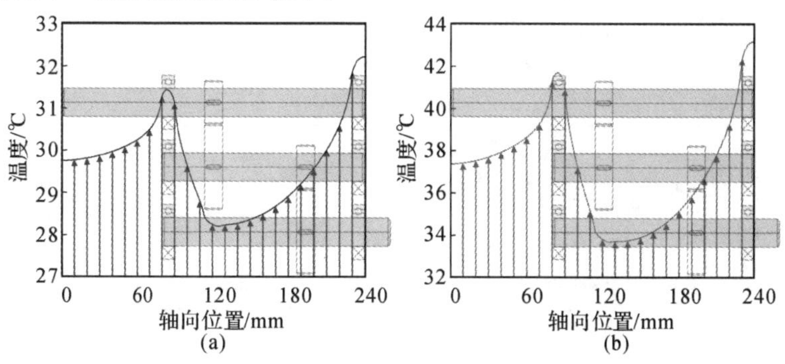

图 6-25　不同转速下输入轴轴向温度分布图

(a)2 400 r/min;(b)3 609 r/min

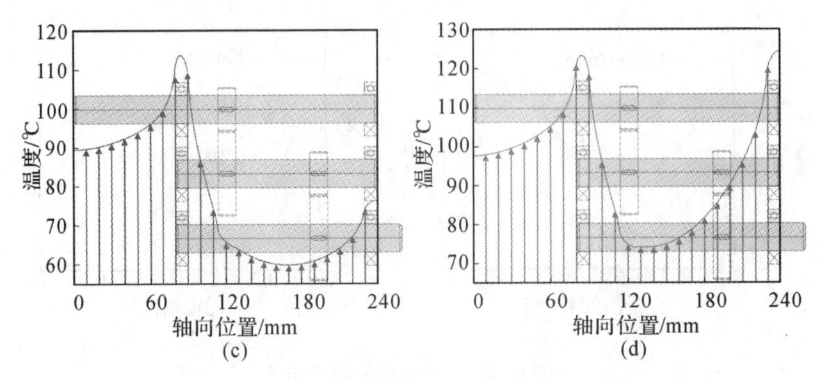

续图 6-25　不同转速下输入轴轴向温度分布图

(c)4 693 r/min;(d)8 026 r/min

4.安装位置对系统温度场的影响

通过对图 6-25 分析还可得出,以传动轴安装齿轮的位置为临界点,两侧的温度分布规律并不相同,因此本小节将从不同齿轮安装位置的角度出发,进行系统热量传递及温度分布规律的研究。

在负载为 100 N·m,转速为 2 400 r/min 的工况下,进行了 4 种不同齿轮安装位置下热量传递路径及温度分布的研究,具体的齿轮安装位置如图 6-26 所示。

经计算对输入轴沿轴向的温度响应进行提取获得的分布曲线如图 6-27 所示。通过对比分析可得不同齿轮安装方式下传动轴轴向的热量传递及温度分布规律差异显著,同时最高温度均出现在两轴承处。由于输入轴在轴承 1 位置有部分伸出齿轮箱体外部,增强了该侧的散热效果,因此轴承 1 位置的温度始终略低于轴承 2 位置。

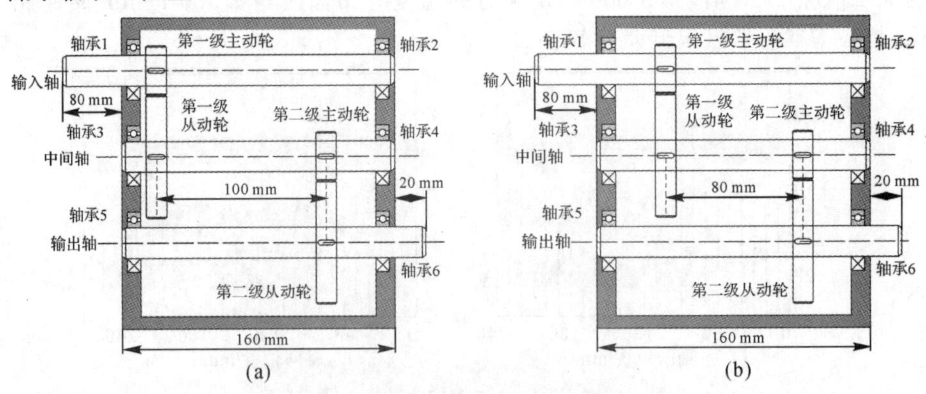

图 6-26　不同齿轮安装位置的结构图

(a) 位置 1;(b) 位置 2

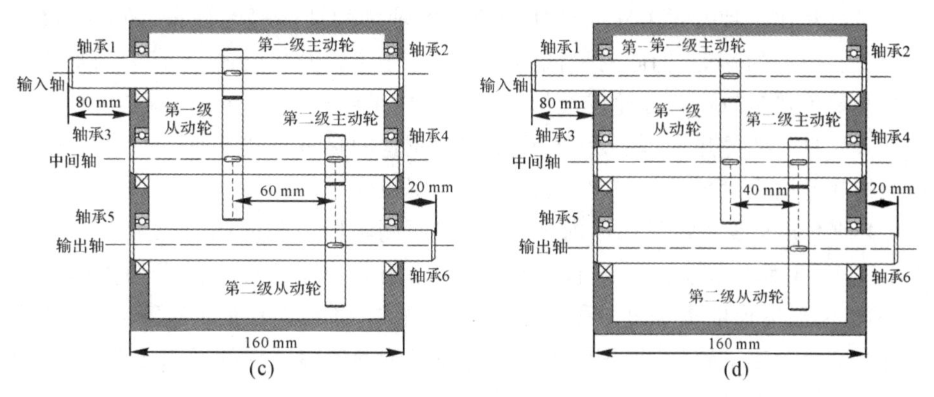

续图 6-26　不同齿轮安装位置的结构图

(c) 位置 3;(d) 位置 4

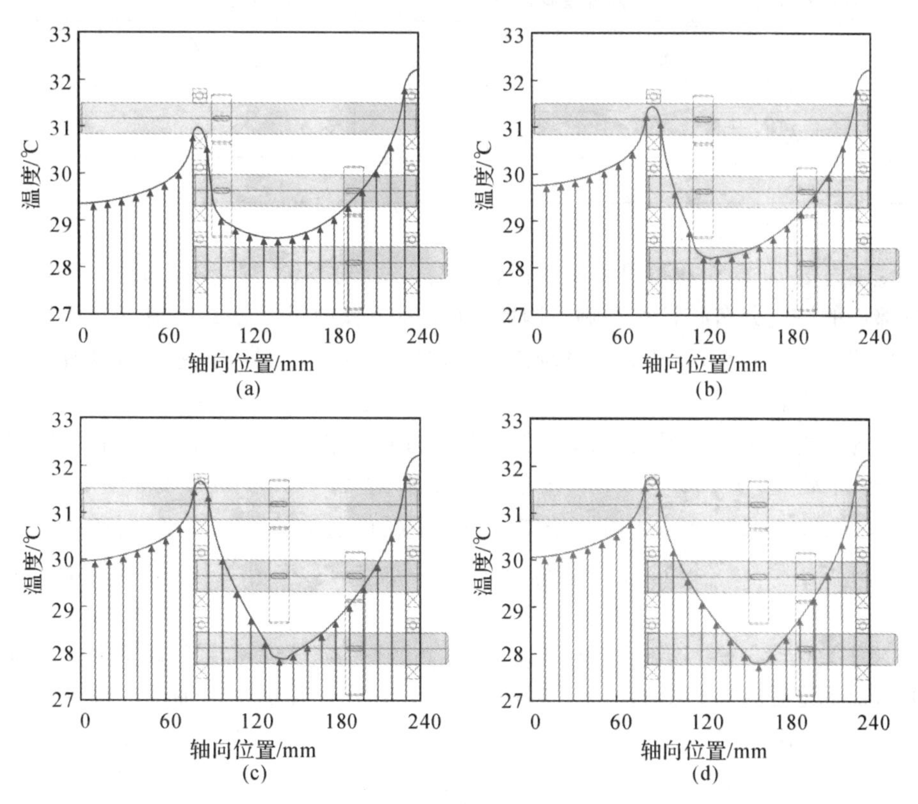

图 6-27　不同齿轮安装位置下输入轴轴向温度分布图

(a) 位置 1;(b) 位置 2;(c) 位置 3;(d) 位置 4

通过对比4种方式下输入轴处于箱体内轴段的轴向温度分布，随着一级主动轮安装位置的移动，轴向的最低温度始终处于齿轮安装位置，这是因为啮合齿面的摩擦生热量较小且齿轮受润滑油的冷却效果明显，本体的温升幅度很小，得益于金属良好的导热性，轴段上与齿轮接触位置的热量将被迅速带走，所以输入轴上的热量向齿轮传递，对应位置的温度也明显降低。

4种不同安装方式下箱体内齿轮左、右两侧轴段沿轴向的温度分布梯度变化见表6-2，结合图6-27进行分析可知：当齿轮位于箱体内轴上的中间位置时，两边的温度梯度呈现出对称分布；而当齿轮在输入轴上非对称安装时，随着齿轮距轴承1越来越近，齿轮位置左侧轴段沿轴向的温度梯度将明显增大，右侧的温度梯度将随之减小。

表6-2 齿轮左、右两侧轴段温度梯度

齿轮安装方式	左侧温度梯度/(℃·m^{-1})	右侧温度梯度/(℃·m^{-1})
方式1	127	23
方式2	91	34
方式3	68	45
方式4	53	57

通过表6-2对比可得不同的齿轮安装方式，对系统内热量传递的路径及其它部件的温度分布有较大影响。因此，在实际工程中可根据具体情况对齿轮的安装位置进行调整，以达到对系统热量传递路径的修正，从而使系统各部分的温度分布更加合理。

为了进一步研究不同外部激励下系统齿轮安装位置对温度分布的影响规律，在负载恒为100 N·m条件下，分别对2 400 r/min、3 609 r/min、4 693 r/min、8 026 r/min这4个特定转速下的传动轴的稳态温度进行提取，将数据展示如图6-28所示，其中图6-28(a)(b)分别表示轴承1位置和轴承2位置的温度结果。

对图6-28对比分析可知，在2 400 r/min时齿轮安装位置的改变对传动轴上两轴承位置的温升影响不大，不同齿轮安装方式下轴承1和轴承2位置的最高温度与最低温度分别仅差了0.8 ℃和0.1 ℃。而在3 609 r/min、4 693 r/min、8 026 r/min这些共振转速条件下，通过齿轮安装位置的调整，其两轴承位置的温升最高可以分别降低27%、79%、53%。这主要是由于调整齿轮安装位置后，系统的固有特性发生了改变，可以引起系统共振的转频激励随之发生变化，因此，在转速不变的条件下，有效降低了轴承位置的高温响应，尤其是扭转共振引起的高温。

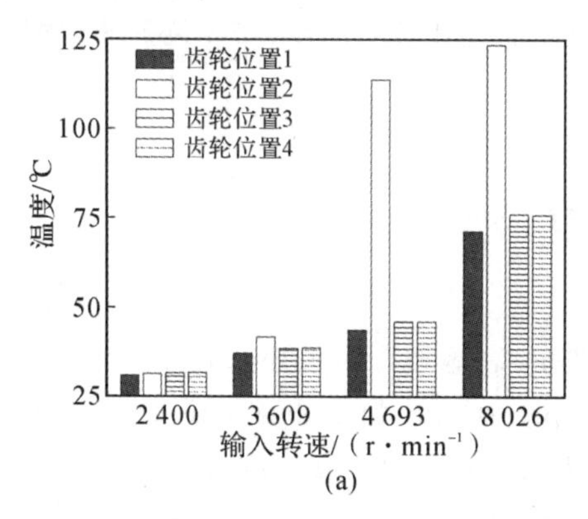

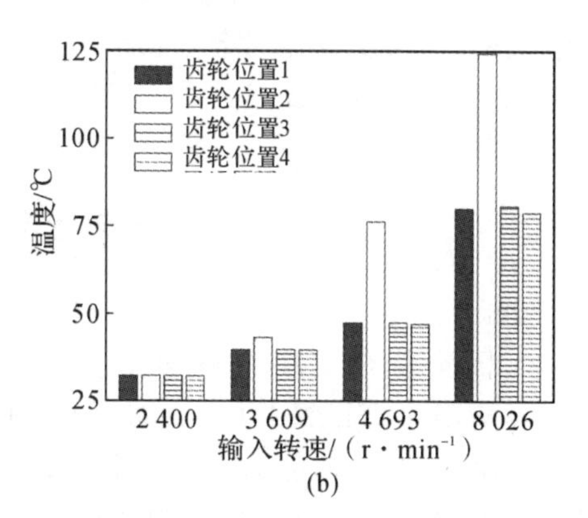

图 6－28　不同转速下不同齿轮安装位置对应的温升

(a)轴承 1;(b)轴承 2

为了分析系统发生高温响应时，齿轮位置的调节对系统降温能力的影响，进一步研究了齿轮位于传动轴不同节点位置时系统的温度响应。结果如图 6－29 所示，图 6－29(a)(b)分别表示轴承 1 和轴承 2 位置的最高温度随齿轮位置变化的曲线。经计算：在 3 609 r/min 时，第一级主动轮位于第 12 节点（第一级从动轮位于第 21 节点）时，降温能力最大，达到了 29％；在 4 693 r/min 时，第一级主动轮位于第 6 节点（第一级从动轮位于第 15 节点）时，降温能力最大，达到了 79％；在 8 026 r/min 时，第一级主动轮位于第 6 节点（第一级从动轮位于第 15 节点）时，降温能力最大，达到了 53％。

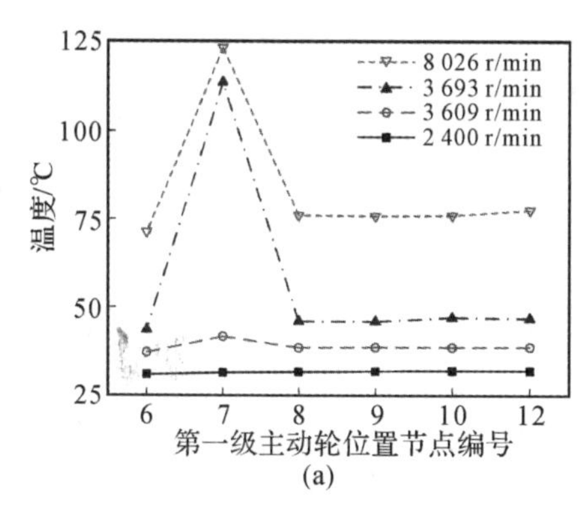

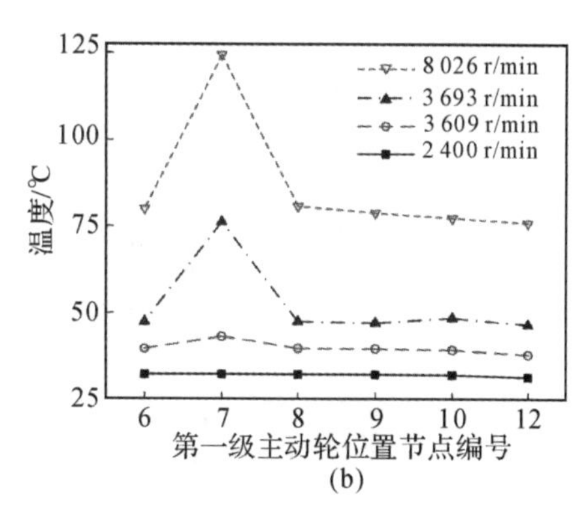

图 6－29　不同转速下的温度响应曲线

(a)轴承 1;(b)轴承 2

本节通过研究不同转速、载荷等条件下的系统温度场，发现随着载荷和转速的提升，系统温度都会升高，且在高转速情况下系统温度响应对负载的灵敏性更高。在系统发生共振时会导致系统温度的急剧提升，通过齿轮安装位置的调整，可以有效降低系统高温。

参考文献

[1] 杨世铭，陶文铨. 传热学[M]. 4 版. 北京：高等教育出版社，2006.

[2] WEI L, TIAN J. Unsteady-state temperature field and sensitivity analysis of gear transmission[J]. Tribology International, 2017, 116: 229 - 243.

[3] TOWNSEND D P, AKIN L S. Analytical and experimental spur gear tooth temperature as affected by operating variables[J]. Journal of Mechanical Design, 1980, 103(4): 219 - 226.

[4] PATIR N, CHENG H S. Prediction of the bulk temperature in spur gears based on finite element temperature analysis[J]. Tribology Transactions, 2008, 22(1): 25 - 36.

第7章　齿轮传动系统寿命分析

7.1　疲劳和疲劳寿命

7.1.1　疲劳寿命定义

材料或构件因受到交变应力作用，导致经过一段时间工作后出现点蚀、剥落、裂纹或断裂的现象称为疲劳[1]。大多数时候，这些应力远远小于材料的屈服极限，但是经过一定循环次数累积后便会产生疲劳失效。疲劳失效是材料或构件的损伤经长时间积累的结果，它的形成主要分为疲劳裂纹形成和疲劳裂纹扩展两个阶段。其中疲劳裂纹形成的 3 个发展阶段依次为显微级别损伤、初始微裂纹损伤和宏观裂纹阶段。

当材料或构件处于低应力循环时，其始终处于线弹性状态，应力-应变满足胡克定理，该情况下发生疲劳破坏时历经的应力循环次数通常可达 10^5 以上，此时称为高周应力循环。反之，当材料或构件处于高应力循环作用下时，材料将发生塑性变形，应变较大，应力-应变曲线不再是直线，不再满足胡克定理，发生疲劳破坏时应力循环次数低于 10^4，此时称为低周应力循环。材料或构件从承受应力循环开始，直到出现疲劳破坏或失效所历经的循环总时间称为材料或构件的疲劳寿命。

7.1.2　疲劳的发展简史

疲劳是一个既古老又年轻的研究分支，最早由 Wohler 将疲劳纳入科学研究的范畴。发展至今，疲劳研究仍有方兴未艾之势，对材料疲劳机理研究的科学描述仍没有得到很好的解决。疲劳寿命分析方法是疲劳研究的主要内容之一，疲劳寿命研究方法贯穿于疲劳研究的整个过程。

金属疲劳的研究最初是由一位德国矿业工程师 W. A. J. Albert 在 1829 年前后完成的,通过对铁质矿山升降机链条进行反复加载实验,校验其可靠性。1843 年,英国铁路工程师 W. J. M. Rankine 对疲劳断裂的不同特征有了进一步的认识,并注意到机械部件存在应力集中的危险性。疲劳"耐久极限"概念最早出现于 1852—1869 年,Wohler 通过对疲劳破坏进行系统的研究,发现钢制车轴在循环载荷作用下,其强度远远低于它们的静载强度,并提出了利用 $S-N$ 曲线描述疲劳行为的方法。1874 年,德国工程师 H. Gerber 开始研究疲劳设计方法,提出了考虑平均应力影响的疲劳寿命计算方法。1910 年,O. H. Bairstow 指出,应力对疲劳循环数的双对数图在很大的应力范围内表现为线性关系,提出了描述金属 $S-N$ 曲线的经验规律。Bairstow 通过多级循环实验和测量滞后回线,给出了有关形变滞后的研究结果,并指出形变滞后与疲劳破坏的关系。1937 年,H. Neuber 指出缺口根部区域内的平均应力比峰值应力更能代表受载的严重程度。1945 年,M. A. Miner 在 J. V. Palmgren 工作的基础上提出线性疲劳累计损伤理论。L. F. Coffin 和 S. S. Manson 各自独立提出了塑性应变和疲劳寿命之间的经验关系,即 Coffin - Manson 公式,随后形成了局部应力-应变法。

7.1.3 疲劳寿命预测方法

寿命预测大致可以分为早期预测和中晚期预测,早期预测主要是确定设备的设计寿命或计算寿命,主要以理论和实验的方法进行,中期预测是为了避免设备运行期间出现意外事故,通过对当前还处于设计寿命之内的设备进行状态监测实现剩余寿命预测,对累计运行时间已经超过设计寿命的设备进行剩余寿命预测属于晚期预测。在过去的 100 余年里,人们针对不同材料与结构的破坏(失效)规律建立了寿命预测理论。

1. 应力曲线法

1847 年,德国 Wohler 用旋转疲劳试首先对疲劳现象进行了系统的研究,提出了著名的 $S-N$ 疲劳寿命曲线及疲劳极限的概念,从而奠定了疲劳破坏的经典强度理论基础。在此后的很长一段时间里,人们逐步深入研究,形成了目前工程中最为广泛应用的经典疲劳强度理论。

$S-N$ 曲线[3] 又称为 Wohler 曲线,如图 7 - 1 所示,反映了外加应力 S 和疲劳寿命 N 之间的关系。通过 $S-N$ 曲线建立外载荷与寿命之间的关系,评价和估算疲劳寿命或疲劳强度。如图所示为一典型的 $S-N$ 曲线,通常可划分为 3 个阶段:

低周疲劳区(LCF)、高周疲劳区(HCF)和亚疲劳区域(SF)。通常定义静拉伸对应的疲劳强度 $S_{max}=S_b$，$N=10^6\sim10^7$ 对应的疲劳强度为疲劳极限 $S_{max}=S_e$。

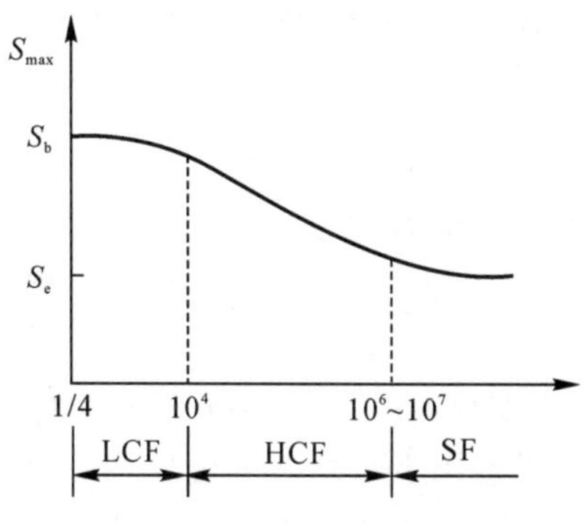

图 7-1　金属材料 $S-N$ 曲线示意图

描述 $S-N$ 曲线常用的经验方程主要有：①指数函数公式；②幂函数公式。

指数函数公式：

$$N\cdot e^{\alpha S}=C \tag{7-1}$$

式中：α 和 C 为材料常数。对式(7-1)两边分别取对数可得

$$\lg N=a+bS \tag{7-2}$$

式中：a 和 b 为材料常数。

根据经验公式，指数函数的 $S-N$ 曲线在半对数坐标图上为一直线。

幂函数公式：

$$S^{\alpha}N=C \tag{7-3}$$

式中：a 和 C 为材料常数。对式(7-3)两边分别取对数，整理可得

$$\lg N=a+b\cdot\lg S \tag{7-4}$$

式中：a 和 b 为材料常数。

由此可见，幂函数的 $S-N$ 经验公式在双对数坐标图上为一直线。

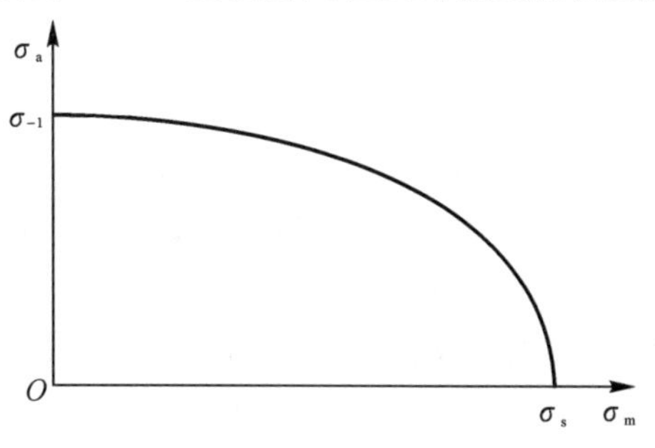

图 7-2　材料疲劳曲线(等寿命)

图 7-2 描述了当应力循环次数 N 一定时疲劳极限应力幅值 S_a 与平均应力 S_m 的关系，该曲线实际反映了特定寿命条件下最大应力 $S_{max}=S_a+S_m$ 与应力比 $r=(S_a-S_m)/(S_a+S_m)$ 的关系，故称其为等寿命曲线或极限应力线图。

2. 断裂力学法

19 世纪末到 20 世纪初，人们利用金相显微镜观察金属微观结构，发现了破坏的过程可分为 3 个阶段：疲劳裂纹形成阶段、疲劳裂纹扩展阶段、疲劳裂纹失稳扩展阶段。在此后的一个多世纪中，基于裂纹扩展规律的研究一直是人们关注的焦点。

齿轮在工作时承受交变载荷的作用，在此过程中应力较大的部位会萌生微小的裂纹，裂纹渐渐扩展就会引发齿轮疲劳破坏。应力强度因子理论是研究裂纹扩展的常用方法，齿轮裂纹前缘应力强度因子的计算是研究齿轮疲劳断裂问题的关键和前提。在研究齿轮裂纹时，国内外学者主要是从应力强度因子的角度出发，研究齿轮裂纹特性，预测裂纹扩展。其基本思想是将齿轮疲劳寿命分为裂纹萌生寿命和裂纹扩展寿命，分别对两者进行计算，两者相加即得到齿轮最终疲劳寿命。

断裂力学以材料或构件存在缺陷(称为裂纹)为前提。当有载荷作用时，裂纹尖端附近，将产生弹性力场，它可用应力强度因子 k 描述。当应力强度因子达到临界值时，构件就会发生断裂。疲劳裂纹扩展速率 $\mathrm{d}a/\mathrm{d}N$ 或 $\mathrm{d}a/\mathrm{d}t$ 用来描述疲劳载荷作用下裂纹长度 a 随着循环周次(或循环载荷作用时间)的变化率，即表示裂纹扩展的快慢。考虑各有关因素对疲劳寿命的影响，$\mathrm{d}a/\mathrm{d}N$ 可以一般地表达为

$$\frac{\mathrm{d}a}{\mathrm{d}N}=f(\Delta K,R,\cdots) \tag{7-5}$$

只要确定了上述关系，就可以估计疲劳裂纹扩展寿命。显然，式(7-5)积分后，得

$$N_c=\int_0^{Ne}\mathrm{d}N=\int_{a_0}^{a_c}\frac{\mathrm{d}a}{f(\Delta K,R,\cdots)} \tag{7-6}$$

式中：N_c 是裂纹从 a_0 到 a_c 的寿命。

然而，由于疲劳裂纹扩展机理复杂，影响因素很多，疲劳寿命至今没有准确的定量解析表达式。因此，基于断裂力学的裂纹扩展公式直到今天一直是人们研究的热点。基于疲劳裂纹扩展理论的寿命预测存在的困难表现在以下几个方面：

(1)初始裂纹尺寸分布不确定，初始裂纹尺寸难以测量。

(2)公式中材料参数(C、m)的不确定性。

(3)载荷的随机性。

3. 损伤力学法

大多数工程机械或结构长期服役在高载荷,高转速的工况下，各部件承受着复杂交变载荷的作用,一系列变幅循环载荷所产生的疲劳损伤累积[11],造成疲劳成为最主要破坏形式。疲劳累计损伤理论研究的是在变幅疲劳载荷作用下疲劳损伤的累积规律和疲劳破坏的准则:一方面可以预测或者估算出构件的疲劳寿命,以此来预防结构发生破坏性损失;另一方面则是解决延寿问题,可以进行材料优选和工艺过程的优化。

(1)线性疲劳累积损伤理论。线性疲劳累积损伤理论是指在循环载荷作用下,疲劳损伤是可以线性累加的,各应力之间相互独立和互不相关,当累加损伤达到某一数值时,试件或结构就发生疲劳破坏。线性累积损伤理论中典型的是Palmgren - Miner 理论,简称 Miner 理论。对于 Miner 理论有以下相关解读:

1)一个循环造成的损伤为

$$D=\frac{1}{N} \tag{7-7}$$

式中:N 为对应于当前载荷水平 S 的疲劳寿命。

2)等幅载荷下,n 个循环造成的损伤为

$$D=\frac{n}{N} \tag{7-8}$$

变幅载荷下,n 个循环造成的损伤为

$$D=\sum_{i=1}^{n}\frac{n}{Ni} \tag{7-9}$$

式中:N_i 为对应于当前载荷水平 S_i 的疲劳寿命。

3)临界疲劳损伤 D:当载荷为常幅循环载荷,循环次数 n 等于其疲劳寿命 N 时,发生疲劳破坏,即 $n=N$ 时,得 $D=1$。

目前工程上广泛采用 Miner 理论的原因:由于 Miner 理论属于线性疲劳累积损伤理论,没有考虑载荷次序的影响,实际上加载次序对于疲劳寿命的影响很大,对于二级或者三级加载的情况,试验件破坏时的临界损伤值 D 偏离 1 很大,而对于随机载荷,试验件破坏时的临界损伤值 D 在 1 附近,比较符合随机工况的要求。

当疲劳损伤累积到临界值时,即认为发生疲劳失效。Miner 法则认为无论在常幅载荷还是变幅载荷作用下,这一临界值皆为 1。应用 Miner 法则进行疲劳累积损伤预测时,其优势在于形式简单并易于实现计算。虽然 Miner 法则具

有以上优点，但采用 Miner 法则得到的寿命预测值与试验寿命之间的差异有时能达到 2～4 倍，甚至是 5～10 倍，这是由于 Miner 法则的基本假设常与工程实际不符。例如，研究表明，在变幅载荷作用下，低幅载荷包括低于材料疲劳极限的一部分小载荷，皆会影响材料的损伤累积情况。因为高幅载荷作用时，在材料内部会产生裂纹，而当低幅载荷作用时，裂纹则会继续扩展甚至失稳断裂。另外，Miner 法则认为损伤累积与加载次序和载荷间相互作用无关，而事实上，二者在很大程度上影响着疲劳寿命的预测精度。

(2)非线性疲劳损伤累计理论。线性疲劳累计损伤理论形式简单、使用方便，但是线性累计损伤理论没有考虑应力之间的相互作用，从而使预测结果与试验值相差较大，有时甚至相差很远。从而提出了非线性疲劳累计损伤理论，其中典型的就是 Carten - Dolan 理论。Carten - Dolan 理论可以总结为以下几方面的内容。

1)载荷一个循环造成的损伤为

$$D=m^c r^d \tag{7-10}$$

式中：m 为材料损伤核的数目，应力越大，m 越大；r 为损伤发展速率，它正比于应力水平 S；c、d 为材料常数。

2)等幅载荷在 n 个循环下对材料造成的损伤为

$$D=nm^c r^d \tag{7-11}$$

变幅载荷在 n 个循环下对材料造成的损伤为

$$D=\sum_{i=1}^{p} n_i m_i^c r_i^d \tag{7-12}$$

3)临界疲劳损伤 D_{CR} 为

$$D_{CR}=N_1 m_1^c r_1^d \tag{7-13}$$

对于等幅载荷，N_1 为此疲劳载荷下的疲劳寿命，对于变幅载荷，式中下标“1”代表已作用的载荷中最大一级载荷所对应的疲劳寿命值，即

$$D=\sum_{i=1}^{p} n_i m_i^c r_i^d=N_1 m_1^c r_1^d \tag{7-14}$$

因为疲劳损伤核产生后不会在后面的疲劳加在过程中消失，只会增加不会减少，所以有 $m_i=m_1$，式(7-14)成为

$$\sum_{i=1}^{p} n_i r_i^d=N_1 r_1^d \tag{7-15}$$

因为损伤发生率 r 正比于应力水平 S，所以有

$$1=\sum_{i=1}^{p}\frac{n_i}{N_1\left(\dfrac{S_1}{S_i}\right)^d} \tag{7-16}$$

式中：S_1 为本次载荷循环之前的载荷系列中最大一次的载荷；N_1 为对应于 S_1 的疲劳寿命 d 为材料常数，Carten 和 Dolan 基于疲劳实验数据建议：

$$d=\begin{cases}4.8, & \text{高强度钢}\\5.8, & \text{其他}\end{cases} \tag{7-17}$$

4. 连续损伤力学理论

自从 Kachanov 首先提出连续损伤概念以来，连续损伤力学已经发展成为一门新的学科，它以连续尺度处理一个不断退化对象的力学特性。在外载荷作用下材料内部发生的损伤(微裂纹或微孔洞等)可以认为是连续分布的，所引起的材料和结构性能劣化可用损伤变量表示。在等幅应变疲劳情况下，金属材料的连续损伤模型可表示为

$$D=1-\frac{\Delta\sigma}{\Delta\sigma_0} \tag{7-18}$$

式中：$\Delta\sigma_0$ 是初始无损伤时循环应力差；$\Delta\sigma$ 是疲劳损伤过程中不断降低的循环应力差。

Chaboche 建立了非线性连续损伤模型如下：

$$D=1-[1-r^{1/(1-\alpha)}]^{1/(1+\beta)} \tag{7-19}$$

式中：α 是应力状态的函数；β 是材料常数；γ 是损伤状态。

疲劳累计损伤理论是疲劳寿命预测的关键问题，是研究当变幅载荷作用于材料时，所产生的疲劳损伤会以怎样的规律累积发展，累积发展到一个怎样的程度，材料就会产生疲劳失效的相关理论。因此，寿命研究的核心问题是疲劳损伤累积导致的疲劳破坏。

5. 基于能量的寿命预测方法

基于能量的损伤参数可以统一由不同的载荷类型造成的损伤，如热循环、蠕变、疲劳等。

在实际工程计算中，基于数值分析与仿真的有限元技术，如 ANSYS、NASTRAN 等已经成为一种不可缺少的重要工具，根据有限元获得的应力应变结果进行进一步的疲劳寿命估算已经得到广泛应用。基于数值分析与仿真可以减少试验样机的数量，缩短产品的开发周期，进而降低开发成本，提高企业的市场竞争力。用有限元估算疲劳寿命通常分两步：①根据载荷和几何结构计算应力应变历史，这是有限元分析的主要任务；②根据得到的应力应变响应，结合材料的性能参数，应用所选的损伤模型进行寿命估算。基于有限元的疲劳设计分析系统 MSC/FATIGUE 就为实现此技术提供了软件平台。它支持 3 种目前最常用的疲劳寿命分析方法：总寿命或名义应力寿命分析(包括焊接结构分析)、裂

纹初始化或应变寿命分析以及基于线弹性断裂力学的裂纹扩展寿命分析。ADAMS软件是机械系统动力学仿真分析软件，该软件可以组建系统虚拟样机，在虚拟环境中真实地模拟系统的运动，并对其在各种工况下的运动和受力情况进行仿真分析，研究重要机构在运行过程中动态特性。通过动力学仿真，该软件可以输出虚拟样机工作过程中的各种力学参数(如速度、加速度、位移和力等)的时变规律，利用输出结果实现寿命预测。综上所述，基于力学的寿命预测方法在机械重大装备寿命预测技术中占有举足轻重的地位。针对研究对象与工程应用中的具体问题，研究者们展开了深入研究，取得了巨大的成就。

6.基于概率统计的寿命预测方法

本部分主要依据风力发电机齿轮箱展开描述。相对于静强度而言，结构疲劳强度的分散性更大，结构的疲劳寿命的分析有着更多的不确定性，这些不确定性成为工程结构安全性评定的难点。可靠性主要是分析产品寿命期内的故障原因和性能特征，进而实现预防故障、改善产品品质目的的工程技术。通过长期的发展，可靠性技术已逐步进入全新的阶段，其研究分布多个领域，其中比较具有代表性的包括军工、机械装备等。可靠性计算流程如图7-3所示。

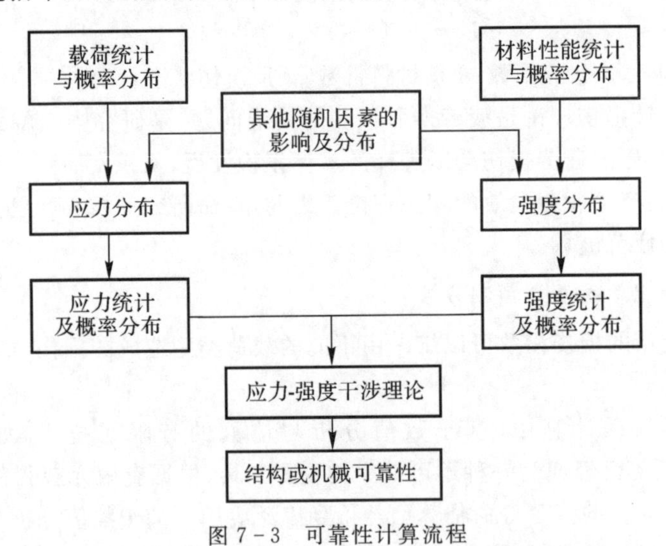

图7-3　可靠性计算流程

在进行零件可靠性设计的过程中，应用较为广泛的模型是应力-强度干涉模型，即

$$Z=X-Y>0 \tag{7-20}$$

式中：X为零件可承受的强度；Y为外界施加的应力。

X 与 Y 彼此互不影响，$X \sim N(\mu_1, \sigma_1^2)$ $Y \sim N(\mu_2, \sigma_2^2)$，$Z$ 属于随机变量，故可靠度可表示为 $R = P(Z > 0)$，则失效的概率可表示为 $P_F = 1 - R = P(Z < 0)$。

图 7-4 是概率密度干涉曲线图，图中阴影部分称为干涉区，表示零件在此区间内可能出现失效。

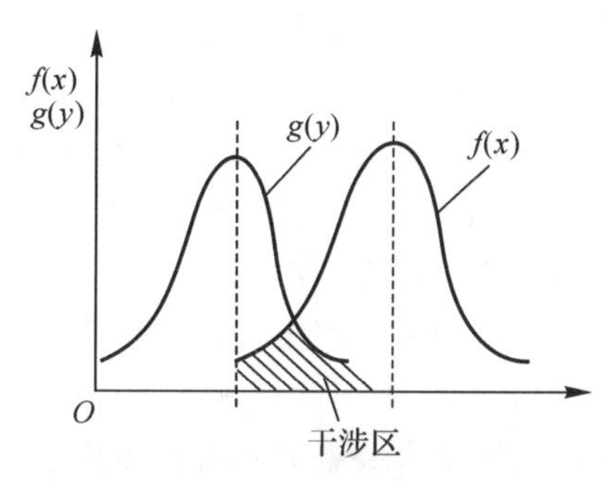

图 7-4　概率密度干涉图

由于风机齿轮传动系统各零部件所受动载荷随时间变化对可靠性产生的影响不容忽视，因此采用随机过程来模拟各零部件的强度和应力，建立功能函数为

$$g(X,t) = \delta(t) - s(Y',t) \tag{7-21}$$

式中：$\delta(t)$ 为零部件材料强度退化时的随机变量；$s(t)$ 为构件载荷作用效应随机过程；Y' 为与载荷作用效应有关的随机变量。

由一次二阶矩方法和摄动法[12]知，功能函数的动态可靠性指标和动态可靠性计算式分别为

$$\beta(t) = \frac{\mu_{g(t)}}{\sigma_{g(t)}} = \frac{E[g(X,t)]}{\sqrt{\mathrm{var}[g(X,t)]}} \tag{7-22}$$

式中：$\mu_{g(t)}$ 为功能函数的均值；$\sigma_{g(t)}$ 为功能函数的标准差；$R = \varphi[\beta(t)] = P\{\delta(t) > s(Y',t)\}$，$t \in [0, T]$，表示零部件在其设计服役期内每一时刻 t 的强度都大于载荷作用时零件才能处于可靠状态的概率。

6. 信息新技术下的寿命预测方法

被称为是 21 世纪世界三大尖端技术之一的人工智能技术在很多学科领域都获得了广泛应用，并取得了丰硕的成果。人工智能技术主要包括神经网络、专家系统、模糊计算、粗糙集理论、进化算法等。在美国 20 世纪 90 年代早期制定的一体化高性能涡轮发动机技术项目计划中，机载的发动机寿命测量和诊断系统的研制是其主要内容之一，而神经网络则被认为是最具潜力的诊断工具。

机械设备状态监测的寿命预测方法，由机械设备信号可以反映出机械设备千变万化的运行状态，通过连续监测机械设备运行过程可以获得表征机械设备

从投入使用到报废的退化信号。通过传感技术可以获得反映机械设备使用状况的信号,通过特征提取技术及信号处理技术分析表征机械设备运行状况的退化信号就可以实现预测机械设备的剩余寿命。基于振动信号的滚动轴承寿命预测方法,该方法主要分为3部分:首先通过连续采集轴承从投入使用到失效报废的整个过程的振动信号从而建立轴承退化信号数据库;其次通过信号分析获得表征轴承退化状态的特征量;最后建立合适的智能退化模型(神经网络)进行寿命预测。概括地讲,基于力学的寿命预测方法是从失效与破坏机制的动力学特性来预测其剩余寿命,这是工程上常用的方法之一。当零件的失效是单一的失效机制或由一种失效机制起主要控制作用时,其剩余寿命的预测显得较为简单易行,如疲劳寿命预测、蠕变寿命预测和磨损寿命预测等。但是由于机械重大装备服役环境严酷,多种失效形式耦合出现的情况要求研究多种失效形式耦合的破坏理论并在此基础上发展机械重大装备的寿命预测技术。基于概率统计的寿命预测方法通过积累的试验数据和现场数据建立统计模型,通过确定寿命特征值随时间的分布和失效概率,预测在要求可靠度下的寿命。从概率统计的意义上来说,基于概率统计的寿命预测结果更能反映机械产品寿命的一般规律和整体特性,但是需要大量试验和数据的积累。而近年来兴起的基于信息新技术的寿命预测方法相对基于力学的寿命预测方法和基于概率统计的寿命预测方法显得还不够成熟,有待于今后进一步的研究与发展。

7.2 应力曲线法寿命分析

与常见的外啮合齿轮相比,行星轮系内齿圈的疲劳寿命预估更具有特殊性。其一,典型的复合运动形式导致行星轮系系统的振动响应相较定轴更复杂,故内齿圈承受的动载荷更加复杂;其二,在部分场景中,行星轮系承受的载荷具有很强的时变性。内齿圈失效的主要原因是与行星轮啮合作用使得齿圈结构发生循环往复地弯曲变形从而造成疲劳破坏。因此,本节运用基于 Miner 准则的线性损伤理论计算及讨论不同因素对齿圈结构疲劳寿命的影响。

7.2.1 动力学模型构建及求解

内齿圈作为行星轮系关键部件之一,受限于算力,以往研究较少关注动载荷激励下柔性齿圈结构疲劳寿命的变化特点。因此,本节在考虑内齿圈柔性及动力学特性的基础上，计算动载荷激励下柔性齿圈[12]结构疲劳寿命。内齿圈在工作时所受的应力均在弹性范围内，因此内齿圈的疲劳寿命属于高周疲劳问题，计算流程如图 7-5 所示。

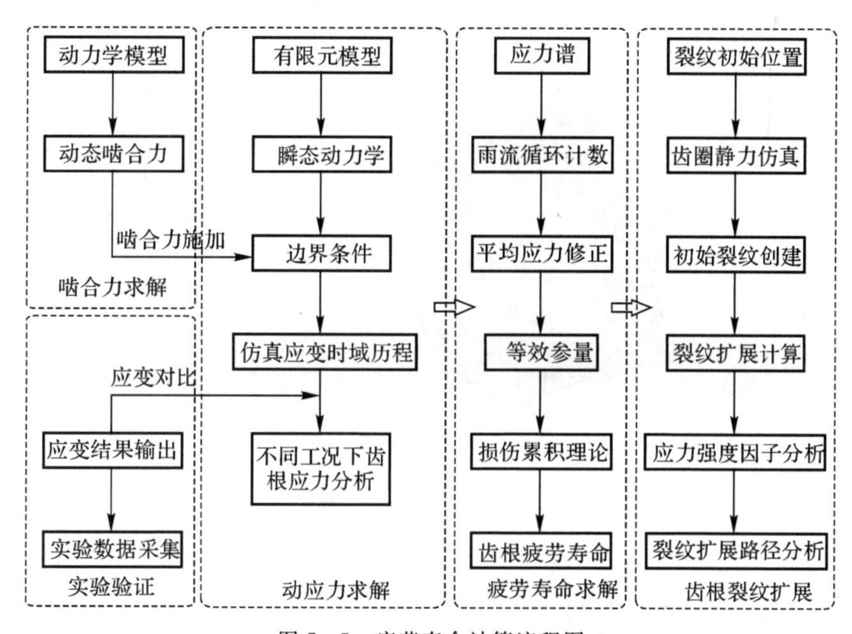

图 7-5　疲劳寿命计算流程图

由图 7-5 可知，内齿圈结构疲劳寿命求解流程主要包括动态啮合力的获取、应力(应变)时域历程的求解、动应变的试验验证和齿圈疲劳寿命计算。

首先，综合考虑行星轮系各部件复杂耦合关系，建立行星轮系动力学模型，提取内齿圈轮齿所受行星轮的动态啮合力。其次，建立内齿圈有限元模型，将动态啮合力按照载荷分配理论施加到内齿圈轮齿齿廓，进行瞬态动力学仿真计算获取应力(应变)时域历程，并通过光纤光栅试验验证动应力仿真结果是有效的。运用雨流循环计数法对应力时域历程进行计数处理，并采用 Goodman 平均应力修正法将非对称应力循环进行修正。最后，选择带符号的等效应力作为等效参量进行内齿圈的疲劳寿命计算，综合分析不同工况对齿圈结构疲劳的影响。

以风力发电机组试验台行星齿轮变速箱为研究对象，该行星轮系三维模型如图 7-6(a)所示，其中内齿圈固定，太阳轮、行星架分别为系统输入、输出端。图 7-6(b)为该实验平台几何模型结构简图。

行星轮系在工作过程中，各部件不仅会产生沿 X、Y 方向的平移微位移，同时也将产生绕 Z 轴的扭转微位移，因此综合考虑各部件间耦合关系的情况下，建立行星轮系平移-扭转耦合动力学模型，如图 7-7 所示。图中：k_{rp}、k_{sp} 分别表示行星轮与内齿圈、行星轮与太阳轮的时变啮合刚度；k_p、k_r 分别表示行星轮和内齿圈支撑刚度；w_r、v_r、w_p、v_p、w_s、v_s 分别表示内齿圈、行星轮、太阳轮横向和纵向微位移；q_s、q_p、q_r 分别表示太阳轮、行星轮及内齿圈的扭转角微位移。

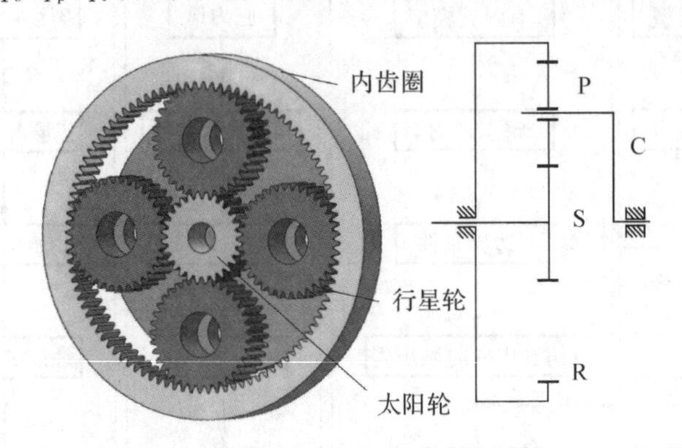

图 7-6 行星轮系几何模型及结构简图

(a)行星轮系三维模型；(b)行星轮系结构简图

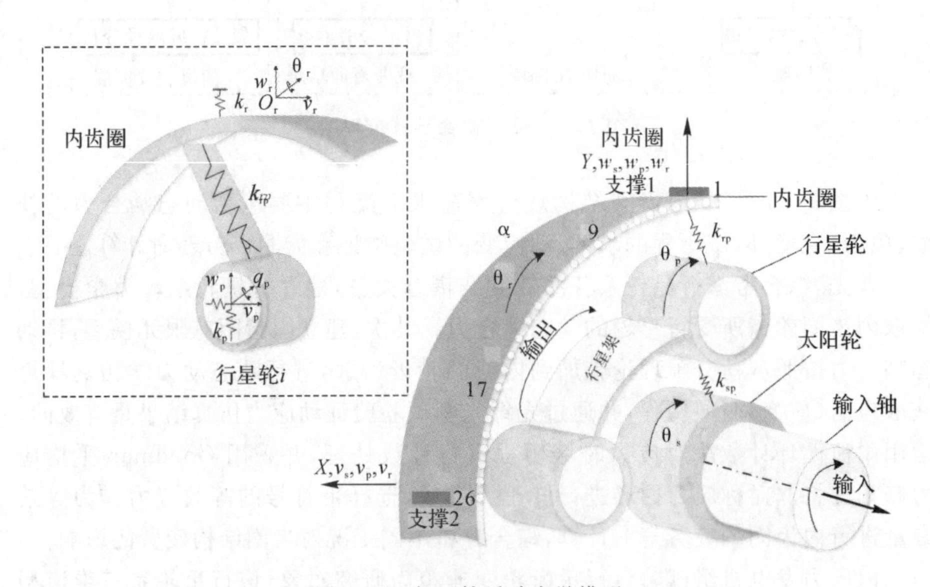

图 7-7 行星轮系动力学模型

系统 18 自由度位移阵列可表示为

$$\{X_N\}=\{x_s,y_s,\theta_s,x_{pi},y_{pi},\theta_{pi},x_r,y_r,\theta_r\} \tag{7-23}$$

该模型用弹簧来代替内齿圈与齿轮箱的弹性连接，并采用具有时变啮合刚度的弹簧模拟行星轮与内齿圈等啮合部件的啮合过程。在工作状态下，各啮合单元的平移及径向、切向、扭转等微位移对啮合过程有不可忽视的影响。故将各啮合部件微位移运用几何原理投影至啮合线上，则啮合位置的啮合力为

$$F_{\mathrm{rpi}}=k_{\mathrm{rpi}}[v_{\mathrm{p}i}\cos(\alpha_i+\varphi_{\mathrm{p}i})+w_{\mathrm{p}i}\cos(\alpha_i+\varphi_{\mathrm{p}^i})+\theta_{\mathrm{p}i}R_{\mathrm{p}i}-v_Y\cos(\alpha_i+\varphi_{\mathrm{p}i})-w_Y\sin(\alpha_i+\varphi_{\mathrm{p}i})-\theta_Y R_Y] \tag{7-24}$$

式中：$\varphi_{\mathrm{p}i}$ 为行星轮相位角；α_{i} 为行星轮与内齿圈的啮合角；R_{i} 为内齿圈基圆半径；$R_{\mathrm{p}i}$ 为行星轮基圆半径。

依据牛顿力学理论，分析内齿圈与行星轮啮合单元的激励情况，可得动力学微分方程为

$$\left.\begin{aligned}&m_{\mathrm{r}}\ddot{v}_{\mathrm{r}}-\sum_{i=1}^{n}k_{\mathrm{rpi}}\eta_{\mathrm{rpi}}\sin(\alpha_{\mathrm{i}}+\varphi_{\mathrm{p}i})+k_{\mathrm{r}}v_{\mathrm{r}}=0\\&m_{\mathrm{r}}\ddot{w}_{\mathrm{r}}-\sum_{i=1}^{n}k_{\mathrm{rp}i}\eta_{\mathrm{rp}i}\cos(\alpha_{\mathrm{i}}+\varphi_{\mathrm{p}i})+k_{\mathrm{r}}w_{\mathrm{r}}=0\\&(I_{\mathrm{r}}/R_{\mathrm{r}}^2)\ddot{\theta}_{\mathrm{r}}R_{\mathrm{r}}+\sum_{i=1}^{n}k_{\mathrm{rp}i}\eta_{\mathrm{rpi}}+k_{\mathrm{r}\theta}\theta_{\mathrm{r}}R_{\mathrm{r}}=0\end{aligned}\right\} \tag{7-25}$$

式中：$n=1,2,3,4$；η_{rpi} 为啮合单元沿啮合线的弹性变形；m_{r} 为内齿圈的质量；I_{r} 为内齿圈转动惯量。

式(7－25)可简化为

$$\boldsymbol{M}\dot{\boldsymbol{U}}+\boldsymbol{C}\dot{\boldsymbol{U}}+[k_{\mathrm{rp}}+k_{\mathrm{r}}+k_{\mathrm{r}\theta}]\boldsymbol{U}=\boldsymbol{0} \tag{7-26}$$

式中：$\boldsymbol{M}$ 为内齿圈质量阵；$\boldsymbol{C}$ 为阻尼矩阵；$\boldsymbol{K}_{\mathrm{rp}}$ 为啮合单元时变刚度阵；$\boldsymbol{K}_{\mathrm{r}}$ 为内齿圈支撑刚度阵；$\boldsymbol{K}_{\mathrm{r}\theta}$ 为内齿圈扭转刚度阵；$\boldsymbol{U}$ 为位移矢量。

将工况设置为太阳轮输入转速 600 r/min、行星架输出负载 600 N·m 进行求解，图 7－8 展示了此工况下柔性齿圈所受动态啮合力的时域历程及频谱分析。

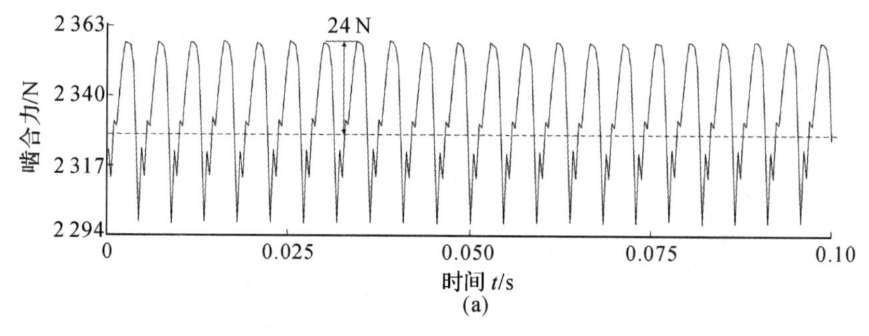

图 7－8 啮合力时域及频谱分析

(a)内齿圈啮合力时域历程

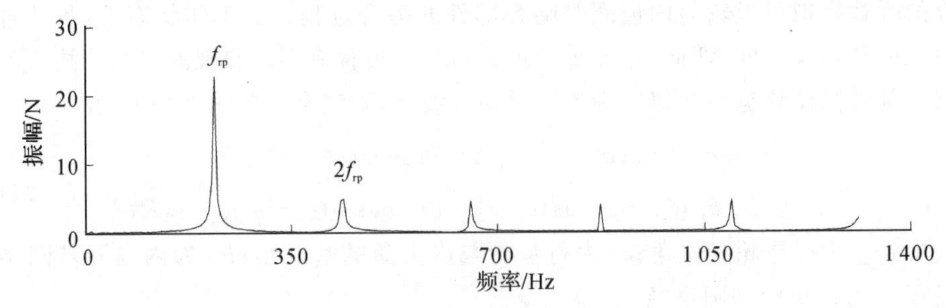

续图 7-8 啮合力时域及频谱分析

(b)内齿圈啮合力频谱分析

由图 7-8 可得,在运转过程中内齿圈受到周期性的啮合激励。当负载为 600 N·m 时,内齿圈所受啮合激励平均值为 2 336.2 N,其波动幅值为 24 N。由频谱分析可看出行星轮与内齿圈的啮合频率(218 Hz)及其倍频为啮合激励周期性波动的主要能量来源。

行星轮齿轮传动系统部件繁多,为保证内齿圈计算结果的准确性并提高计算效率,故本文对行星轮系模型进行合理简化,将内齿圈三维模型导入 ANSYS 中建立有限元模型,并将齿根位置进行加密,模型网格数为 76 600。然后运用轮齿承载接触(LTCA)分析方法[13]将 7.2.1 节所求动态啮合力离散,并按比例进行齿间分配施加,即通过动载荷分步施加在齿圈上来等效内齿圈与行星轮的啮合过程,有限元模型及边界条件如图 7-9 所示。运用瞬态动力学进行求解可得到内齿圈齿根动应力时域历程。

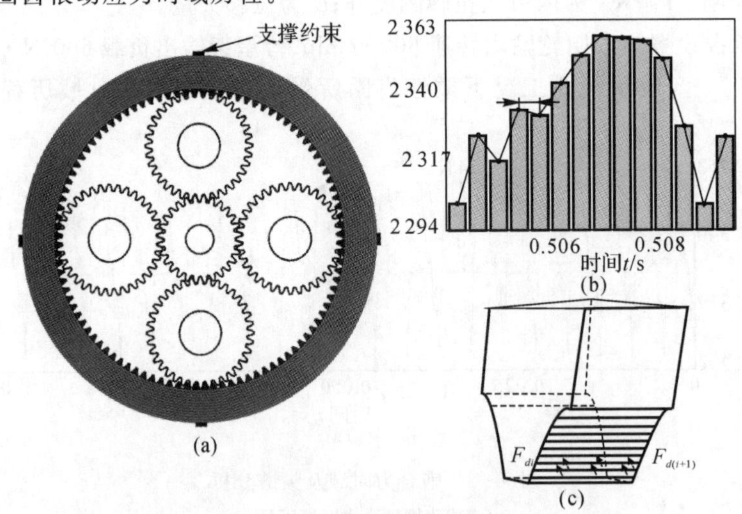

图 7-9 有限元模型及边界条件

该瞬态响应分析的目的是计算内齿圈在动载荷作用下的响应,可求得所需节点的位移、速度及应力的时域历程。有限元动力学一般方程为

$$\boldsymbol{M}(t)+\boldsymbol{Ca}(t)+\boldsymbol{Ka}(t)=\boldsymbol{Q}(t) \tag{7-27}$$

式中:$\boldsymbol{M}$ 为质量矩阵;$\boldsymbol{C}$ 为阻尼矩阵;$\boldsymbol{K}$ 为刚度矩阵;$\boldsymbol{a}(t)$为节点位移向量;$\boldsymbol{Q}(t)$为时变载荷向量。

为便于本书后续应力及疲劳寿命结果的提取分析,故以第一个支撑位置为起点沿逆时针方向对内齿圈各个齿进行编号,图 7-10(a)中编号 1～26 所示为支撑 1、2 之间各轮齿编号及试验传感器位置示意,图 7-10(b)所示为内齿圈两支撑中间第 13 齿齿根应力时域历程。

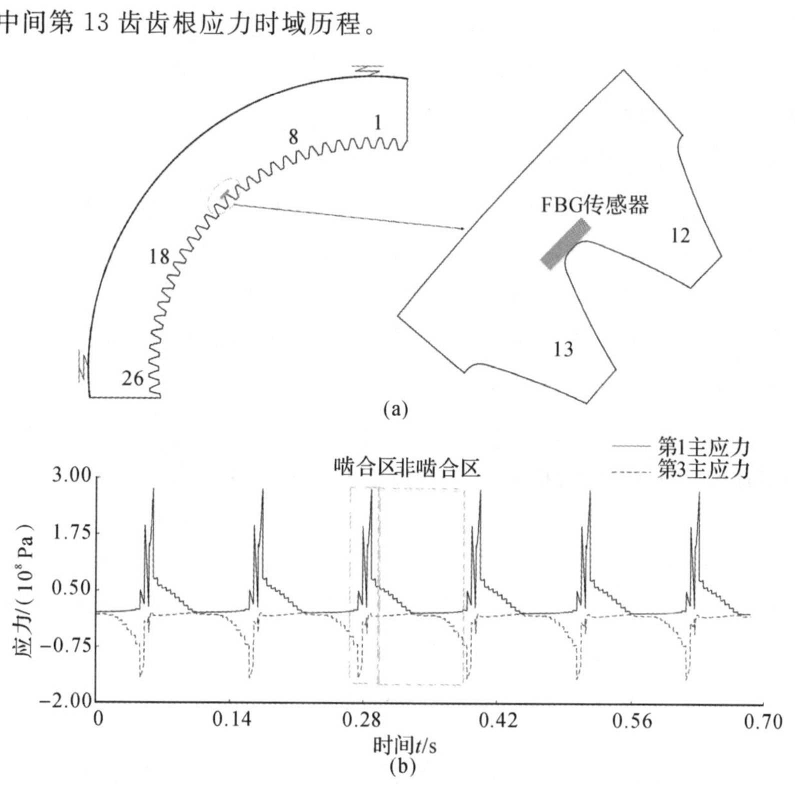

图 7-10　应力时域历程

(a)轮齿编号及传感器位置示意;(b)应力时域历程

由图 7-10 可看出,行星轮系工作过程中内齿圈齿根受到复杂的拉压应力作用。由计算可得该内齿圈重合度为 1.93,即理论上行星轮与内齿圈为单双齿啮合且在一个啮合周期中只有 7%的时间处于单齿啮合,内齿圈柔性变形使其单齿啮合时间更短,故本书忽略其单齿啮合状态。由图 7-11 可知,在该工况下

内齿圈齿根应力呈周期性变化且在啮合区时有最大应力，齿圈结构弯曲变形导致该点处于非啮合区时也存在应力。当行星轮与第11、12齿啮合时该应力提取点处于受压状态，其齿根压应力值急剧增大；当第13齿开始啮合时，该点受到拉压应力的共同作用，随着行星轮的继续转动则该点主要受到拉应力作用，即内齿圈齿根在一个啮合周期中受到压—拉压—拉的应力历程。

7.2.2 疲劳寿命计算及结果分析

本实例通过瞬态动力学仿真求解出内齿圈结构的动应力，并将其导入ANSYS nCode DesignLife中求解计算行星架旋转一周时内齿圈所受损伤。该高周疲劳计算过程如下。

1.齿圈危险位置的确定

由工程实践可知，齿根弯曲疲劳破坏为齿轮的主要失效形式之一。行星轮的啮合作用使内齿圈轮齿发生弯曲变形使其两侧分别承受拉应力和压应力。拉应力会促进齿圈轮齿受拉侧的裂纹扩展，而压应力的作用则相反。内齿圈轮齿受拉侧齿根应力是决定疲劳强度的关键因素，故其齿根为危险部位。

2.齿圈材料疲劳性能曲线的修正

由瞬态动力学计算可得齿根位置应力谱，将其进行雨流计数[10]处理可得内齿圈齿根所受应力幅的循环频数、平均应力及应力变化范围。

材料$S-N$曲线是由标准试样在实验加载对称循环应力(即应力比为1)下得到，而行星轮系内齿圈工作过程中因轮齿单面受载，所以齿根受到均值不为0的非对称循环应力作用。故将雨流循环计数法处理后的数据运用Goodman平均应力修正法对其进行修正，其方程如下：

$$\frac{S_a}{S_e(R=-1)}+\frac{S_m}{S_u}=1 \tag{7-28}$$

式中：S_m为实际工况平均应力；S_a为实际工况应力幅；S_u为材料拉伸极限强度；S_e为对称循环应力幅；R为应力比。

在风力发电行星轮系中齿圈会承受高频次低应力幅的作用，因此对寿命曲线的水平部分进行修正，常用EM线和MM线对OM线进行修正。EM常用于结果偏于保守的航空航天等领域，本书使用MM进行修正，图中S_σ为疲劳寿命极限应力。

材料$S-N$曲线是对标准试件施加单向的拉压力通过测量而得的，在实际工作环境下构件承受的为多轴疲劳应力。为了将实际工作环境下的应力与标准

$S-N$ 曲线进行联合来评估构件的疲劳损伤，故需要将构件在实际工作环境下的多轴应力进行等效转化，在实际运用中对构件受力进行具体分析选择恰当客观的评价标准主应力，该过程称为等效参量的选择。

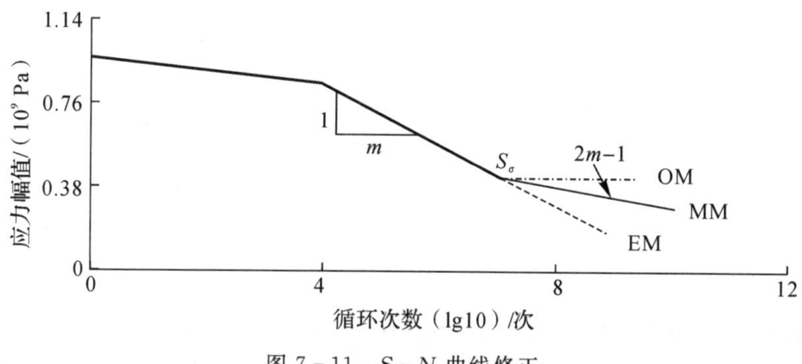

图 7-11　$S-N$ 曲线修正

该应力矩阵包含 9 个分量，因对称性可将该应力张量矩阵减少为如式(7-29)所示的 6 阶矩阵：

$$\sigma_{ij}=\begin{bmatrix}\sigma_{xx} & \tau_{xy} & \tau_{xz}\\ \tau_{yx} & \sigma_{yy} & \tau_{yz}\\ \tau_{zx} & \tau_{zy} & \sigma_{zz}\end{bmatrix} \tag{7-29}$$

式中：σ_{xx} 为 x 方向正应力；σ_{yy} 为 y 方向正应力；σ_{zz} 为 z 方向正应力；τ 为剪切应力。

3. 等效参量的选择。

(1) 最大主应力绝对值：

$$\left.\begin{aligned}\sigma_{\mathrm{AMP}}=\sigma_3, \quad |\sigma_3|>|\sigma_1|\\ \sigma_{\mathrm{AMP}}=\sigma_1, \quad |\sigma_3|\leqslant|\sigma_1|\end{aligned}\right\} \tag{7-30}$$

(2)带符号的冯·米塞斯等效应力：

$$\sigma_{\mathrm{SVM}}=\frac{\sigma_{\mathrm{AMPP}}}{|\sigma_{\mathrm{AMP}}|}\sqrt{\frac{(\sigma_1-\sigma_2)^2+(\sigma_2-\sigma_3)^2+(\sigma_1-\sigma_3)^2}{2}} \tag{7-31}$$

(3) 带符号地剪切应力：

$$\sigma_{\mathrm{SSh}}=\frac{\sigma_{\mathrm{AMPP}}}{|\sigma_{\mathrm{AMP}}|}(\sigma_1-\sigma_3) \tag{7-32}$$

(4) 临界面法。由工程经验可知，在循环应力作用下微小裂纹总是最先出现在构件的表面。可建立 Z 轴垂直于构件表面的局部坐标系，因没有沿 Z 轴方向的剪切应力作用于表面裂纹，故可以去掉应力矩阵中与 Z 轴方向相关的应力分量，从而得到新的应力矩阵。

采用此原理可将空间应力转化为平面应力，即

$$\sigma_{ij}=\begin{bmatrix}\sigma_{xx} & \tau_{xy} & 0\\ \tau_{yx} & \sigma_{yy} & 0\\ 0 & 0 & 0\end{bmatrix} \tag{7-33}$$

(5) 最大主应力。该方法有一定的局限性，因构件的受力情况较复杂，未考虑当最小主应力幅值大于最大主应力时的情况。

(6) 冯·米塞斯等效应力：

$$\sigma_{\mathrm{VM}}=\sqrt{\frac{(\sigma_1-\sigma_2)^2+(\sigma_2-\sigma_3)^2+(\sigma_1-\sigma_3)^2}{2}} \tag{7-34}$$

行星轮运动时内齿圈齿根受到多轴应力，但当齿顶啮合时主应力最大且方向不发生变化，故该多轴疲劳可等效为多轴比例加载的疲劳问题。因等效应力(Von Mises)总是正值，而带符号等效应力在考虑绝对值时还考虑了应力拉压特点。因此本书采用带符号等效应力(Signed Von Mises)作为等效参量。

带符号等效应力 σ_{svm} 可由如下公式求得：

$$\sigma_{\mathrm{mpe}}=\begin{cases}\sigma_1, & |\sigma_1|>|\sigma_3|\\ \sigma_3, & |\sigma_3|>|\sigma_1|\end{cases} \tag{7-35}$$

$$\sigma_{\mathrm{svm}}=\frac{\sigma_{\mathrm{mps}}}{|\sigma_{\mathrm{mps}}|}\cdot\sigma_{\mathrm{vm}} \tag{7-36}$$

式中：σ_1 为第 1 主应力；σ_3 为第 3 主应力；σ_{vm} 为冯·米塞斯等效应力。

4. 运用 Miner 准则估算寿命

Palmgren－Miner 线性损伤累积理论[11]可用于变幅循环载荷的寿命预测。零件受到不同的循环载荷作用，每次所受损伤线性叠加直至零件疲劳失效。

$$D=\sum_{i=1}^{k}D_i=\sum_{i=1}^{k}\frac{n_i}{N_i} \tag{7-37}$$

式中：不同应力水平下的疲劳寿命 N_i 由材料 $S-N$ 曲线确定。当 $D=1$ 时，零件发生疲劳破坏。

内齿圈具有不同于外啮合齿轮的结构特点，当行星轮系工作时柔性齿圈两支撑间不同区域会发生不同程度弯曲变形，导致其各轮齿具有不同的齿根弯曲疲劳寿命。为探究齿圈结构变形对疲劳寿命的影响，以四支撑厚齿圈为例，工况为太阳轮输入转速 600 r/min，行星架输出负载 600 N·m。因该行星轮系呈对称结构，故提取应力变形云图(文中变形皆放大 300 倍)及两支撑之间各轮齿[见图 7－13(a)中轮齿编号 1～26]的弯曲疲劳寿命，如图 7－14 所示。

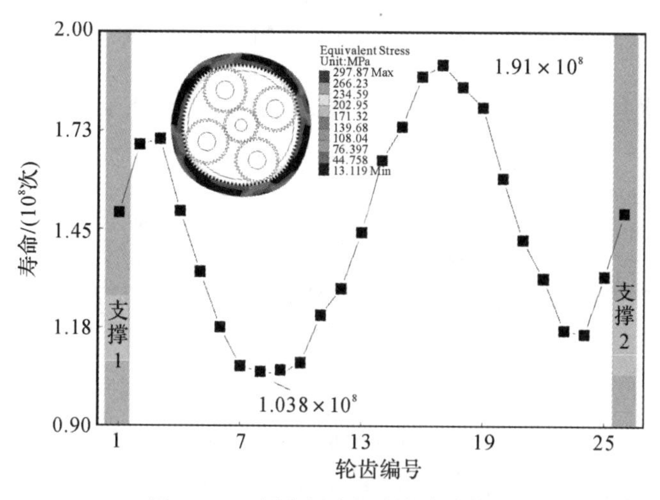

图 7-12　厚齿圈齿根疲劳寿命变化

由图 7-12 可知，当内齿圈为四支撑约束时，两支撑间(1～26 齿)各齿的齿根疲劳寿命呈现减小再增大再减小的变化趋势。疲劳寿命在 17 齿及支撑附近区域较高，最高为 1.91×10^8 次；在第 8 齿区域其疲劳寿命最低，最小值为 1.038×10^8 次。应力幅和平均应力是影响疲劳寿命的关键因素，柔性齿圈复杂弯曲变形导致了各轮齿齿根动应力具有较大差别。

该四支撑内齿圈各齿根疲劳寿命不同取决于行星轮系工作过程中动应力的差异，故提取第 8、17 齿根位置的带符号等效应力时域历程，其结果如图 7-13 所示。

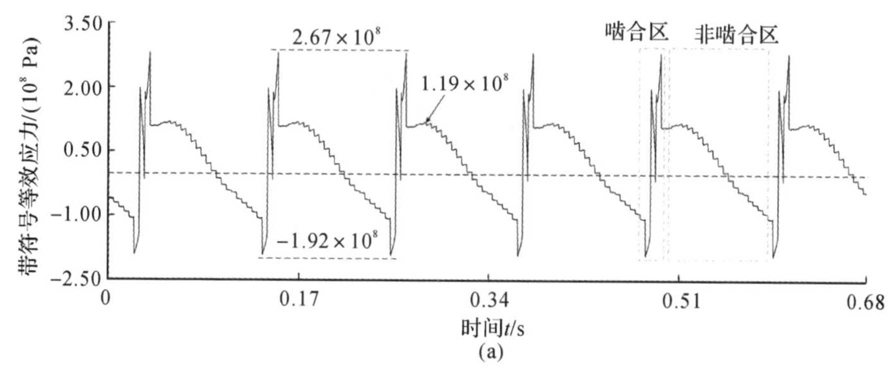

图 7-13　应力时域历程

(a)第 8 齿齿根应力时域历程

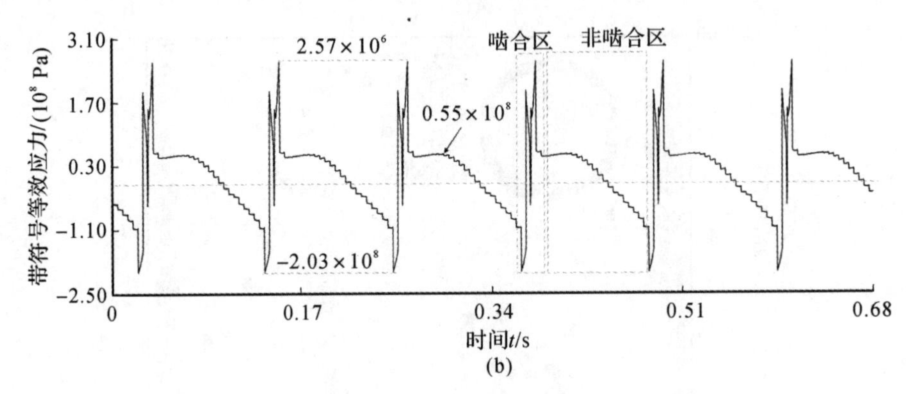

续图 7 - 13　应力时域历程

(b)第 17 齿齿根应力时域历程

由图 7 - 13 可看出动应力时域历程可分为啮合区和非啮合区两部分。在该工况下齿根最大应力值出现在啮合区,即此时该应力值由轮齿的受拉变形引起。在啮合区,齿根经受了从受压到受拉的啮合过程。在非啮合区,行星轮运动过程中引起齿圈结构变形使齿根承受的应力在受拉与受压之间转变。当啮合位置处于第 6 齿时由于齿圈结构的弯曲变形会在第 8 齿齿根产生最大压应力;当啮合位置处于第 8 齿齿顶时在齿根产生最大拉应力。在行星轮系工作过程中,第 8 齿齿根所受最大应力幅值及平均应力皆大于第 17 齿,所以其齿根疲劳寿命较小。

行星轮啮合激励导致内齿圈变形对应力产生影响,取行星轮与内齿圈在第 8 齿啮合时沿周向各轮齿齿根应力波动及应力云图,如图 7 - 14 所示。

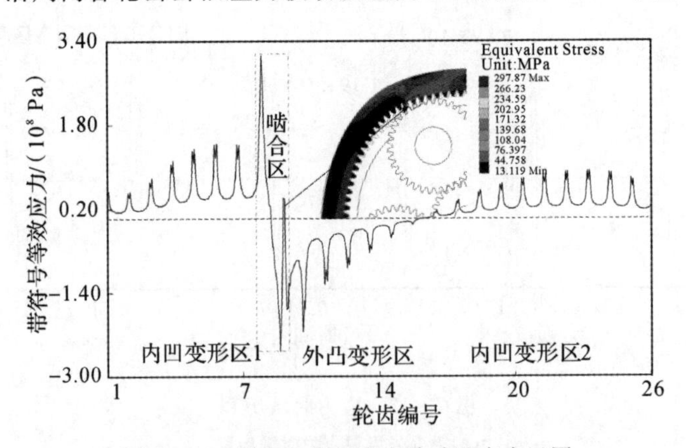

图 7 - 14　周向各齿根应力波动及应力云图

当行星轮在两支撑间运动时，4 支撑内齿圈呈 2 阶内凹-外凸变形特点，即齿圈在啮合区域左侧呈内凹变形，此时齿圈轮齿为张开状态，齿根受到拉应力；啮合区域右侧呈外凸变形，此时齿圈轮齿为闭合状态，齿根受到压应力。由图 7 - 14 可知，此时第 8 齿根受拉应力作用第 9 齿根受到压应力作用。支撑约束作用使内齿圈在啮合区域左侧产生很微小的内凹变形（见图 7 - 14 中变形区 1），在啮合区域右侧产生微小的外凸变形（见图 7 - 14 中凸变形区）。在第 2 支撑附近由于行星轮 2 的作用内齿圈发生内凹变形（见图 7 - 14 中变形区 2），周向应力波动趋势与变形特点一致。可以得到，在行星轮运动过程中内齿圈在支撑附近发生内凹外凸的变形运动，轮齿齿根会受到反复拉压作用使得靠近支撑区域应力集中疲劳寿命较低。

5. 轮缘厚度对疲劳寿命的影响

内齿圈具有不同于外啮合齿轮的结构特点，当行星轮系工作时柔性齿圈两支撑间不同区域会发生不同程度弯曲变形，导致其各轮齿具有不同的齿根弯曲疲劳寿命。为探究齿圈结构变形对疲劳寿命的影响，以四支撑厚齿圈为例，工况为太阳轮输入转速 600 r/min，行星架输出负载 600 N・m。因该行星轮系呈对称结构，故提取不同轮缘厚度齿圈两支撑间各轮齿的弯曲疲劳寿命，如图 7 - 15 所示。

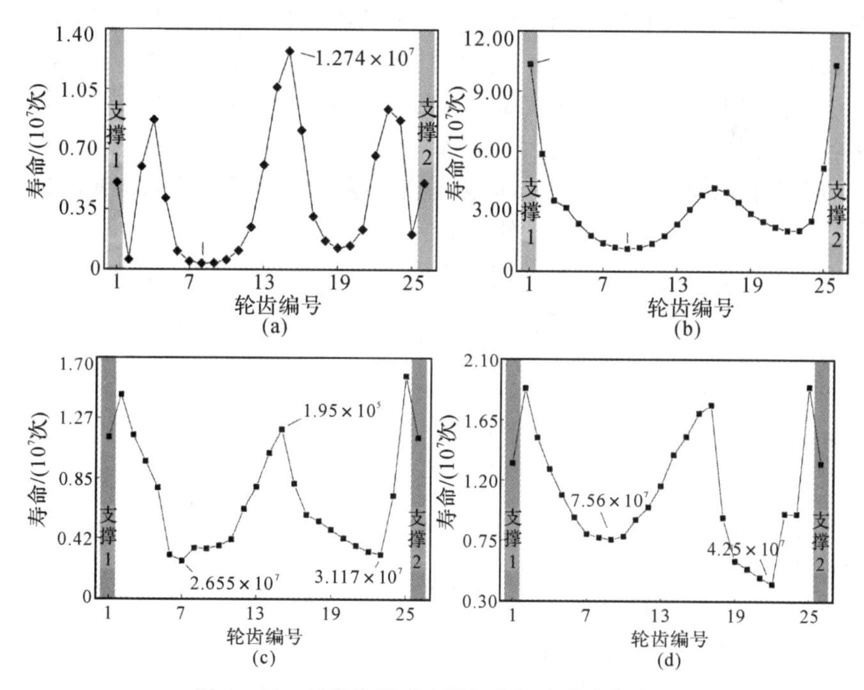

图 7 - 15　厚度齿圈两支撑间齿根疲劳寿命变化

(a)厚度系数 1.66 齿圈齿根疲劳寿命变化；(b)厚度系数 2.77 齿圈齿根疲劳寿命变化；(b)厚度系数 3.88 齿圈齿根疲劳寿命变化；(d)厚度系数 5.00 齿圈齿根疲劳寿命变化

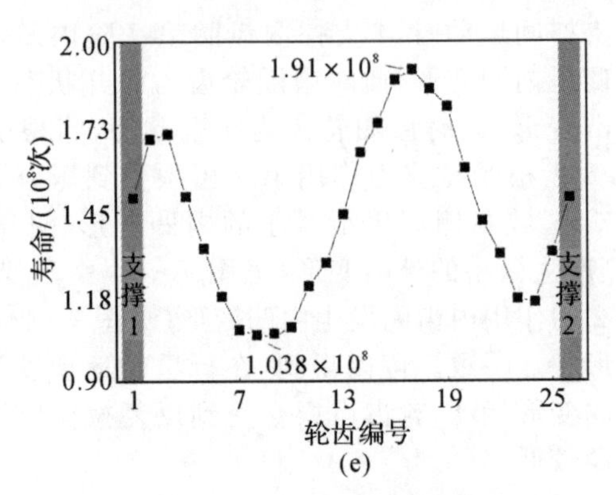

续图 7-15　厚度齿圈两支撑间齿根疲劳寿命变化

(e) 厚度系数 6.11 齿圈齿根疲劳寿命变化

对比图 7-15 可知，随着齿圈轮缘厚度的增大齿圈轮齿最低弯曲疲劳寿命也随之增大，且两支撑间各轮齿弯曲疲劳寿命呈复杂的波动变化。以厚度系数 6.11 齿圈为例，当内齿圈为四支撑约束时两支撑间（1～26 齿）各齿的齿根疲劳寿命呈现减小再增大再减小的变化趋势。疲劳寿命在 17 齿及支撑附近区域较高，最高为 1.91×10^8 次；在第 8 齿区域其疲劳寿命最低，最小值为 1.038×10^8 次。应力幅和平均应力是影响疲劳寿命的关键因素，柔性齿圈复杂弯曲变形导致了各轮齿齿根动应力具有较大差别。

当齿圈轮缘厚度系数为 1.66 时齿圈变形幅度增大，两支撑间寿命趋势呈现对称特点。齿圈变薄时柔性增加使得变形加剧，在支撑的约束作用下其第 2、25 齿附近也出现了寿命较低区域，但内齿圈寿命最低区域仍在第 8 齿区域。对比图 7-17(a)(e)可知：相同工况下厚齿圈轮齿最低与最高疲劳寿命值相差 45.6%；薄齿圈变形幅度较大，其轮齿最低与最高疲劳寿命相差 97.3%。

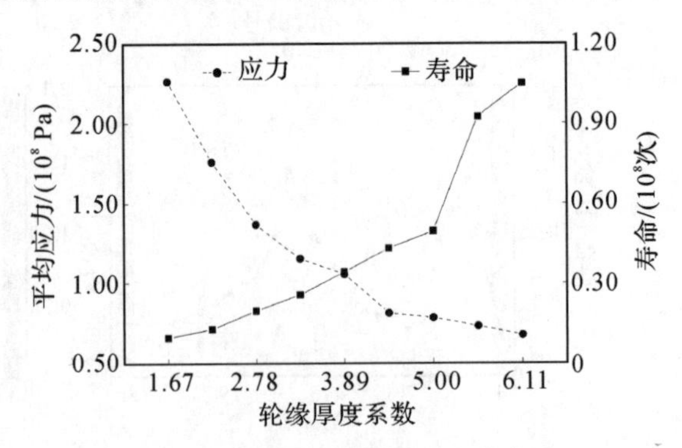

图 7-16　疲劳寿命及平均应力随齿圈厚度变化趋势

行星轮运动过程中，内齿圈的轮缘厚度影响了应力的大小及分布，因此在不同的厚度下内齿圈的疲劳寿命将会呈现出较大差异。故本书提取不同轮缘厚度下齿根弯曲疲劳寿命，如图 7-18 所示。

随着齿圈轮缘的逐渐增大，可看到平均应力基本呈反比例趋势减小，其疲劳寿命趋势则呈负相关增大。当齿圈轮缘厚度系数为 6.11 时，齿圈结构的最危险点位于第 8 齿根区域，其疲劳寿命为 1.038×10^8 次；该位置在行星轮系运转过程中承受 67 MPa 的平均应力；当齿圈轮缘厚度系数为 1.66 时，齿圈结构的最危险点也位于第 8 齿区域，其疲劳寿命为 3.34×10^5 次，该位置在行星轮工作过程承受 226.4 MPa 的平均应力。

轮缘厚度对疲劳破坏发生位置也有一定影响，将齿圈圆角处各节点从上到下编号 1～15。提取外径为 110 mm、130 mm 齿圈齿根圆角各节点的疲劳寿命，如图 7-17 所示。

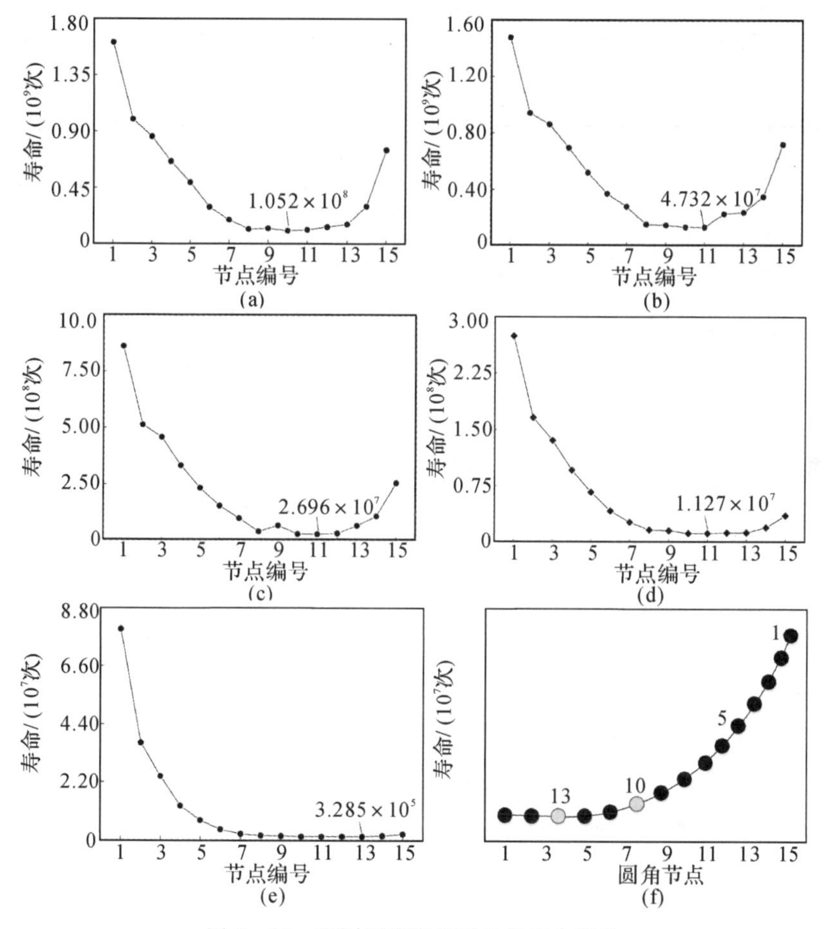

图 7-17　不同厚度齿根圆角处寿命变化

(a)厚度系数 6.11 齿圈齿根寿命变化；(b)厚度系数 5.00 齿圈齿根寿命变化；
(c)厚度系数 3.88 齿圈齿根疲劳寿命变化；(d)厚度系数 2.77 齿圈齿根疲劳寿命变化；
(e)厚度系数 1.66 齿圈齿根疲劳寿命变化；(f)齿根圆角节点编号

由图 7－17 可知，轮缘厚度系数为 8～19 时，齿圈齿根圆角处疲劳寿命呈先减小后增大的 U 形变化，在节点 10 位置其疲劳寿命最小。而随着齿圈轮缘逐渐变薄，齿圈齿根圆角疲劳寿命逐渐变为呈反比例减小的趋势，当轮缘系数为 1.66 时，在节点 13 位置有疲劳寿命最低值，且齿槽位置节点的疲劳寿命皆趋近于最小值。综合第 3 章动应力时域历程，可得当齿圈轮缘变薄时齿圈结构变形引起的应力会大于行星轮啮合时轮齿变形产生的应力，此时齿圈结构变形引起的损伤起主导作用，随着轮缘变薄内齿圈破坏发生的位置从齿根逐渐向齿槽偏移。

6. 支撑对疲劳寿命的影响

支撑数目影响着齿圈结构柔性变形，为研究支撑对齿圈结构疲劳寿命的影响，图 7－18～7－20 所示为 6、8 支撑不同轮缘厚度齿圈两支撑间疲劳寿命变化。

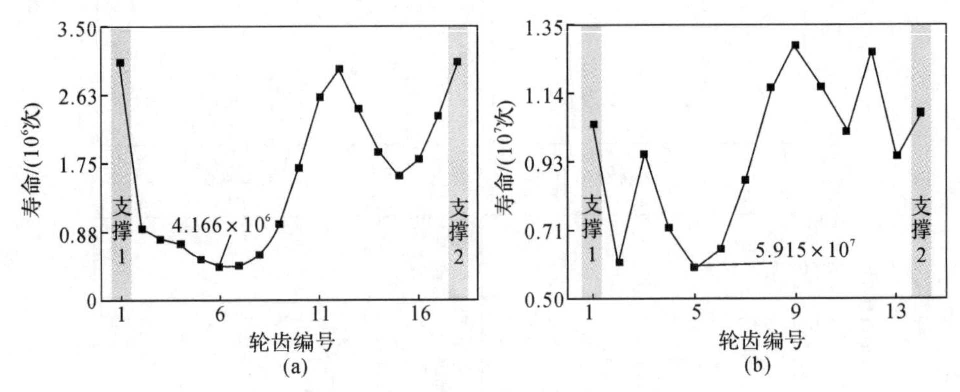

图 7－18　不同支撑齿根疲劳寿命变化(厚度系数为 1.66)

(a)六支撑齿圈齿根寿命变化；(b)八支撑齿圈齿根寿命变化

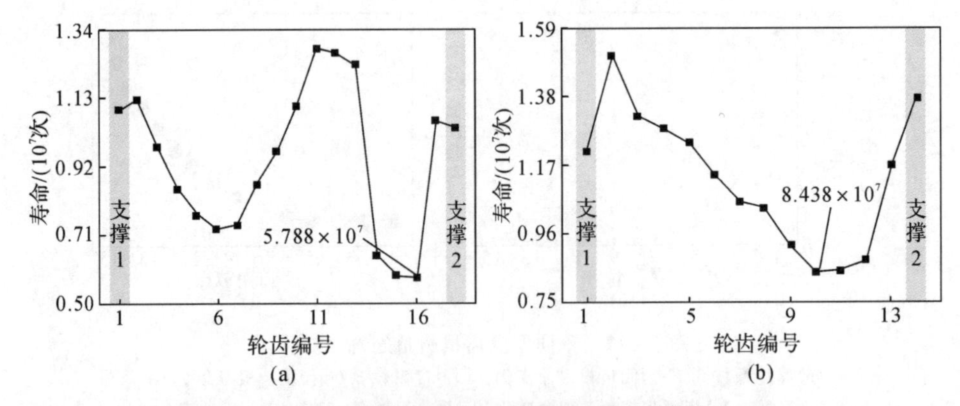

图 7－19　不同支撑齿根疲劳寿命变化(厚度系数为 3.88)

(a)六支撑齿圈齿根寿命变化；(b)八支撑齿圈齿根寿命变化

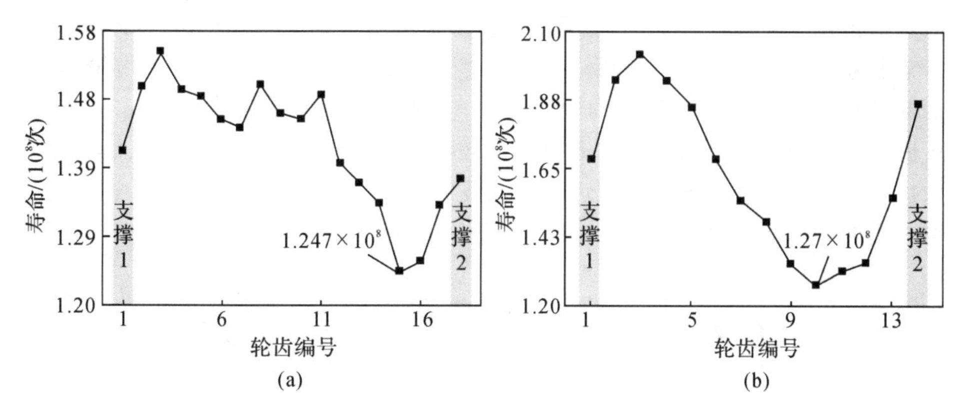

图 7-20　不同支撑齿根疲劳寿命变化(厚度系数为 6.11)

(a)六支撑齿圈齿根寿命变化;(b)八支撑齿圈齿根寿命变化

对比图 7-20 可知,相同轮缘下 4、6 支撑齿圈疲劳寿命波动趋势复杂,8 支撑齿圈疲劳寿命变化简明。这是由于两支撑间距较大,齿圈结构变形形式复杂导致动应力波动复杂;相同支撑下齿圈轮缘越薄两支撑间轮齿疲劳寿命波动越复杂。以轮缘厚度系数为 6.11 齿圈为例,当支撑数增加时齿圈最低寿命逐渐升高,其寿命值从 1.038×10^8 次升高到 1.27×10^8 次。对比不同支撑下各轮齿疲劳寿命趋势,由于内齿圈在支撑右侧(齿圈沿逆时针方向)附近受到反复拉压,内齿圈皆易在该区域发生疲劳破坏。

为探究不同支撑下内齿圈随负载的疲劳寿命变化,将负载扭矩从 550 N·m 以 25 N·m 的间隔增加到 750 N·m 计算齿圈疲劳寿命,如图 7-21 所示。

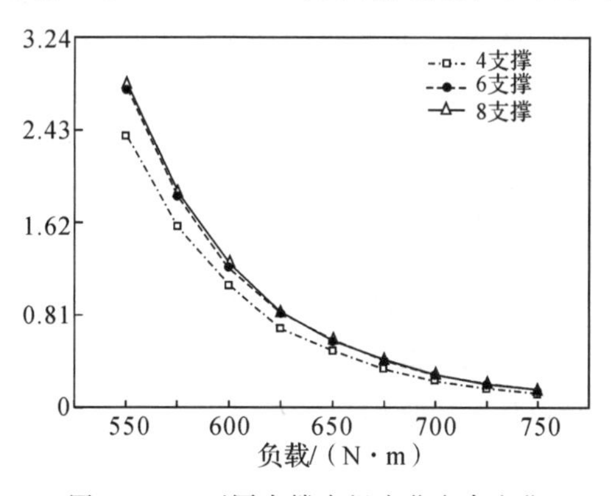

图 7-21　不同支撑齿根疲劳寿命变化

由图 7-21 可知,随着负载逐渐增大,不同支撑齿圈疲劳寿命呈反比例下降。6、8 支撑齿圈在相同负载下疲劳寿命接近方支撑齿圈在负载为 550 N·m

时寿命值较 6 支撑齿圈低 4.03×10^7 次，当负载增大到 750 N·m 时，齿圈疲劳寿命相差 2.15×10^6 次。齿圈轮齿弯曲疲劳寿命受到轮齿变形和齿圈结构变形的共同作用，6、8 支撑齿圈结构刚度较高，在相同负载下齿圈结构变形较小，由齿圈变形引起的应力对其疲劳寿命影响较小，所以 6、8 支撑齿圈疲劳寿命主要取决于轮齿弯曲变形产生的应力。而 4 支撑齿圈柔性较大，齿圈结构变形对疲劳寿命影响较大，相同负载下其疲劳寿命较低。

7.3 损伤力学法的寿命分析

7.1.3 节已经对线性损伤累积理论和非线性损伤累积理论做了较为详细的阐述。本节主要利用非线性损伤理论计算疲劳寿命，进行可靠度预测。

7.3.1 非线性损伤累积理论计算疲劳寿命

基于损伤曲线法的非线性损伤累积理论最早由 Marco 和 Strakey 提出，随后，Manson 和 Halford 给出了 Maro-Strakey 模型中指数参数的计算方法，能较好地描述载荷次序效应。Manson-Halford 认为，材料的裂纹长度 a 与循环比 n_a/N_f 存在如下的关系：

$$a=a_0+(0.18-a_0)\left(\frac{n_a}{N_f}\right)^{\frac{2}{3}N_f^{0.4}} \tag{7-38}$$

损伤 D 则可用裂纹长度 a_0 和循环比的函数表示为

$$D=\frac{1}{0.18}\left[a_0+(0.18-a_0)\left(\frac{n_a}{N_f}\right)^{\frac{2}{3}N_f^{0.4}}\right] \tag{7-39}$$

式中：n_a 为达到一定裂纹长度所需经历的循环数；n_f 为疲劳寿命；a_0 为在 $n_a/N_f=0$ 下的材料特征缺陷长度。

Manson-Halford 使用该方法推导了多级载荷下非线性疲劳累积损伤。在二级载荷作用下，累积损伤发展趋势如图 7-22 所示。首先，假设材料在应力水平 σ_1 循环作用 n_1 次后，其损伤将从 0 沿着应力水平 σ_1 对应的损伤曲线 1 增加到 A 点。然后停止施加 σ_1，改为施加应力 σ_2，则损伤将从 B 点沿着 σ_2 对应的损伤曲线 2 逐渐累积。

由材料的损伤特性可知 A、B 点具有相等的损伤，即

$$D_A=D_B \tag{7-40}$$

根据式(7-40)可以得到 n_{21}/N_{f2} 的表达式：

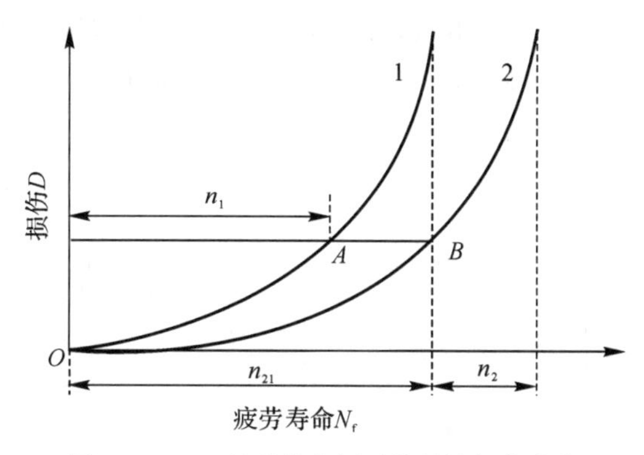

图 7-22　二级载荷作用下的累计损伤曲线

$$\frac{n_{21}}{N_{f2}}=\left(\frac{n_1}{N_{f1}}\right)^{\left(\frac{N_{f1}}{N_{f2}}\right)^{0.4}} \tag{7-41}$$

式中：n_{21} 为在应力水平 σ_2 作用下损伤从 0 沿着损伤曲线 2 增加到 B 点所需的循环数。

在 σ_2 循环作用 n_2 次后，累积损伤可表示为

$$\frac{n_{21}}{N_{f2}}+\frac{n_2}{N_{f2}}=\left(\frac{n_1}{N_{f1}}\right)^{\left(\frac{N_{f1}}{N_{f2}}\right)^{0.4}}+\frac{n_{21}}{N_{f2}} \tag{7-42}$$

假设当材料发生疲劳失效时，其累积损伤 D 达到了临界值 1。由式(7-42)的二级变幅载荷可以推导出多级变幅载荷下，基于损伤曲线法的非线性损伤累积模型为

$$\left\{\left[\left(\frac{n_1}{N_{f1}}\right)^{\alpha_{1,2}}+\frac{n_2}{N_{f2}}\right]^{\alpha_{2,3}}+\cdots+\frac{n_{i-1}}{N_{f(i-1)}}\right\}^{\alpha_{i-1,i}}+\frac{n_i}{N_{fi}}=1 \tag{7-43}$$

式中：$\alpha_{i-1,i}=[N_{f(i-1)}/N_{fi}]^{0.4}$。

从图 7-23 可以看出，Miner 法则作为线性损伤累积模型，其计算的损伤演化始终为一条直线。而非线性累计损伤曲线随时间的变化呈现出非线性增长的“凹形”趋势，在最后阶段($D\geqslant 0.5$)急剧退化，符合金属材料的“突然死亡”特征[11]。这表明疲劳失效前期占据了寿命周期的绝大部分，其损伤累积量较少，且损伤演化速率较低。而在失效后期，损伤速率急剧上升，在很短的时间内导致零件最终断裂。上述现象与大多数金属材料的疲劳演化模式相吻合。由于损伤主要受到裂纹扩展的控制，服役初期微裂纹在载荷的作用下缓慢形成，随后随着时间的逐渐推移，微裂纹逐渐扩大，最终导致零件突然断裂，即产品“瞬间失效”。

线性损伤累积模型，其假设损伤线性累积，形式简易，但不能有效表征在轴承真实环境中末期急剧退化的特征。而非线性损伤理论考虑了载荷作用的顺

序，能够较好地表征裂纹萌生和裂纹扩展两个疲劳失效阶段，这也与多数金属材料的疲劳演化行为一致。因此，可以根据损伤曲线设计不同的维修策略，如在第15年配置资源，密切关注零件的各项指标，及时更换故障零件等，从而在更大程度上提高其可靠性和安全性。

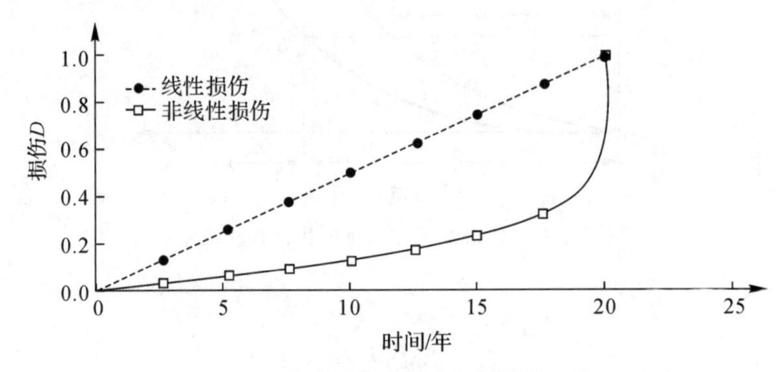

图 7-23　寿命周期内损伤与循环数的关系

7.3.2　考虑强度退化的可靠性分析

由于应力以及环境等随机因素的影响，材料的强度退化通常是一个连续的随机过程。图 7-24 为考虑了强度退化场景下的应力-强度干涉理论。从图可知，材料在循环载荷的不断作用下，其强度逐渐衰减，最终在 t_1 时刻与应力分布产生干涉区，即存在失效的可能。

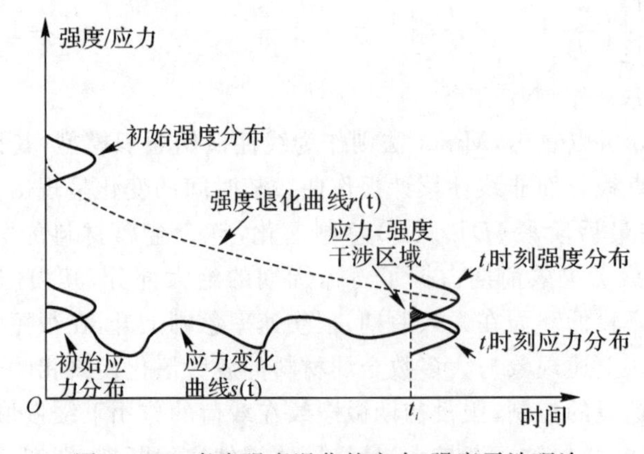

图 7-24　考虑强度退化的应力-强度干涉理论

为了准确评估其在服役过程中的可靠性变化规律，需先获得其强度退化规

律。其中基于非线性累积损伤的剩余强度模型为

$$r(n)=r(0)-[r(0)-\sigma_{\max}]\cdot D \tag{7-44}$$

式中:$r(0)$为初始静疲劳强度;$\sigma_{\max}$ 为应力峰值。

假设在第 N 次循环时疲劳强度的概率密度函数为 $f(r,N)$,则由应力-强度干涉理论得到可靠度为

$$R=\int_0^{+\infty}h(s)\left[\int_s^{+\infty}f(r,N)\right]\mathrm{d}s \tag{7-45}$$

式中:$h(s)$为应力 s 的概率密度函数。由于受到多级载荷的作用,因此可将应力-强度模型推广为 $k(k=1,2,\cdots,5)$个概率是 $P_i(i=1,2,\cdots,k,\sum P_i=1)$的应力水平 σ_i 的对称循环载荷的形式,即

$$R=\sum_{i=1}^{k}P_i\int_{\sigma_i}^{+\infty}f(r,N)\mathrm{d}r \tag{7-46}$$

式中:各个应力水平 σ_i 出现的概率 P_i 为其所占总时长的比例。

其中循环比为当前载荷循环次数 n 和疲劳寿命 N_f 的比值。本书假设疲劳强度退化过程中,强度的分布类型与标准差保持不变,只有均值发生变化。

由图 7-25 可以看出,非线性累计损伤理论得到的剩余强度随载荷循环次数的增加呈现非线性降低趋势[14],其中强度在前、中期退化较为平缓,而在末期急剧退化。线性累计损伤理论得到的疲劳强度随载荷循环次数的增加呈现线性降低的趋势。当发生失效时,最终两种理论得到相同的剩余强度。

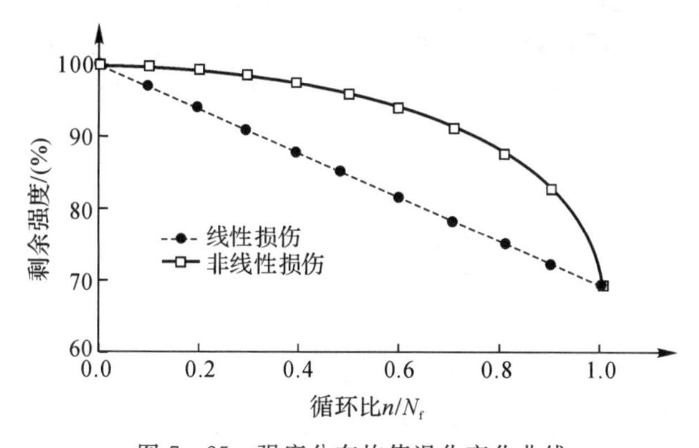

图 7-25　强度分布均值退化变化曲线

通过仿真计算得到图 7-26 所示的 20 年工作寿命中可靠度随时间的变化规律。使用非线性累计损伤理论计算在服役过程中强度受非线性退化的影响,其可靠性呈非线性衰退的趋势:前 15 年可靠度衰减较小,后 5 年下降趋势明显增加。而线性累计损伤理论得到的可靠度也呈总体下降趋势,但在后期下降稍

微变快。在第20年时，非线性损伤计算出的可靠度为0.59，略低于线性损伤计算的结果。

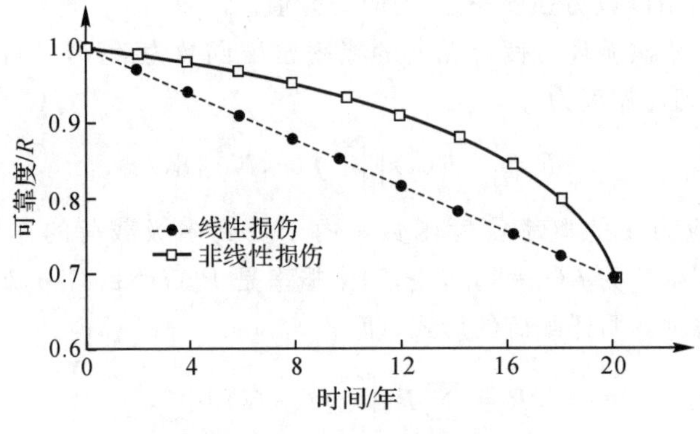

图7-26　可靠度变化曲线

可靠度随运行时间的推移逐渐缩短。为了预防故障的发生，维护越早越好，但这会导致维护成本的增加。为了平衡维护时间和维护成本之间的关系，根据上述所得的可靠度变化曲线，建议采用阶段性预防维护策略：依次在4个可靠度阶段内设置固定的维护时间间隔和维护次数，且不同阶段内的维护频率不同。当$0.91 \leqslant R \leqslant 1$时，可对零件低频次不完全性维护，如润滑、小修等维护，使之能恢复良好的工作状态；当$0.81 \leqslant R \leqslant 0.90$时，对其稍高频率维护，防止磨损、疲劳、老化等耗损现象严重；当$0.51 \leqslant R \leqslant 0.80$时，对其进行更高频率、更全面的维护，并在劣化情况较为严重时对其完全性维护，如更换；当$0 \leqslant R \leqslant 0.50$时，建议停机评估性能、更换零件。

参 考 文 献

[1]　姚卫星.结构疲劳寿命分析[M].北京：国防工业出版社，2003.

[2]　刘文光，陈国平，贺红林，等.结构振动疲劳研究综述[J].工程设计学报，2012，19(1)：1-8.

[3]　铁木生可.材料力学史[M].常振揖，译.上海：上海科技出版社，1961.

[4]　SKALLERUD B，IVELAND T，HARKEGARD G. Fatigue life assessment of aluminum alloys with. casting defects[J]. Engineering Fracture Mechanics，1993，44(6)：857-874.

[5]　COFFIN JR L F. A study of the effects of cyclic thermal stresses on a

ductile metal[J]. Transactions of the American Society of Mechanical Engineers,New York,1954,76:931-950.
[6] 李元斌.航空发动机零部件寿命预测与风险评估研究[D].南京:南京航空航天大学,2018.
[7] 周志刚.随机风作用下风力发电机齿轮传动系统动力学及动态可靠性研究[D].重庆:重庆大学,2012.
[8] 左芳君.机械结构的疲劳寿命预测与可靠性方法研究[D].成都:电子科技大学,2016.
[9] 谢高敏.风电机组行星轮系齿圈结构疲劳寿命研究[D].乌鲁木齐:新疆大学,2022.
[10] 孙钰,袁强,温小飞,等.基于雨流计数法及 Corten Dolan 准则的轴承疲劳寿命预测[J].船舶工程,2020,42(1):68-73.
[11] 王峰,方宗德,李声晋,等.基于齿根动应力的船用人字齿轮疲劳分析与优化[J].工程力学,2015,32(7):184-189.
[12] 朱孝录.齿轮传动设计手册:精[M]. 北京:化学工业出版社,2005.
[13] LITVIN F L,CHEN J S,LU J. Application of finite element analysis for determination of load share,realcontact ratio,precision of motion,and stress analysis [J]. Journal of Mechanical Design, 1996, 168 (4): 561-567.
[14] 薛齐文,杜秀云.基于非线性损伤理论的焊接疲劳设计[J].机械工程学报,2019,55(6):32-38.

第8章　齿轮传动系统的摩擦磨损性能研究

摩擦学是用来研究物体之间的相对运动表面间的摩擦、磨损和润滑。目前，摩擦和润滑理论的研究因其数学描述的准确性而得到迅速发展，是摩擦学三大体系中较为完善的部分，国内的磨损计算方面的研究相对于摩擦和润滑来说较为薄弱。磨损涉及材料的迁移，其本质是时变演化过程，磨损计算的工作量更是不容小觑。在某些情况下，摩擦的存在是必要的，例如传动机构、摩擦轮和皮带，或者更常见的是各种车辆中的制动器。在这种情况下，摩擦对于相应结构的正常运行非常重要，但磨损仍然可能是一个问题，因为它限制了这些部件的使用寿命。摩擦磨损现象是材料的3种主要失效形式之一，所造成的经济损失巨大，随着世界经济的快速发展，各领域摩擦磨损造成的损失也相应增加，能源危机加剧。全世界有1/3～1/2的一次能源消耗在摩擦磨损上，约有75%的机械零件因为各种磨损而失效[1]。相对于润滑计算和摩擦计算来说，磨损计算要复杂得多。因此对于磨损计算的进一步研究就显得尤为必要。深入认识摩擦磨损机制，对提高机械设备及其部件的使用寿命、稳定性和可靠性具有重要意义。

机械工业等领域正不断向高速化、重载化、结构轻量化方向发展，对传动系统的安全性、可靠性、环保性和机械装置的操作舒适性提出了更高要求，机械装备领域摩擦磨损的工程问题凸显。机械系统的许多旋转零部件(如齿轮、轴等)经常在承受着交变载荷的同时其表面经历滑动、打滑或滚动摩擦，从而导致磨损和疲劳失效，称为齿轮摩擦磨损。在机器机构或装置的运行中，相互接触的零件之间的摩擦磨损现象是不可避免的。而不必要的摩擦磨损会造成材料变形，影响其性能、安全性和使用寿命。机械磨损中，材料的滑动磨损是摩擦磨损中最为常见的磨损现象，也是学者最为关注的研究重点。

8.1　摩擦磨损理论概述

摩擦是人类最早认识的物理现象之一。在公元前 3500 多年前，人们就已经知道滚动摩擦要比滑动摩擦小得多。圆木和车轮作为减摩的运输工具出现并沿用至今，仍然是运输中最重要的减摩手段[2]。磨损是伴随着摩擦所共生的自然现象。18 世纪 60 年代，工业革命后机器零部件磨损在英国经济中产生的巨大经济影响，才对磨损开展深入的研究。与此同时，人们已经凭着经验开发了大量可用于减少摩擦磨损的新技术解决方案，但这些凭着经验得出的解决方案尚未在很大程度上得到实施。

8.1.1　理论发展

在 15 世纪初期，以达·芬奇为代表的科学家主要是通过相关实验来进行摩擦学研究，并分析归纳摩擦学现象得出了很多著名的结论成为了经典摩擦理论的基石。从 17—20 世纪，在摩擦理论发展阶段，取得了具有里程碑的一些研究成果。法国科学家 Amontons(1699)进行实验并建立了经典摩擦定律，即滑动摩擦中能量损耗与粗糙峰的相互机械啮合、碰撞、弹塑性变形以及犁沟效应(犁沟效应是硬金属的粗糙峰嵌入软金属后，在滑动中推挤软金属，使之塑性流动并犁出一条沟槽)；Coulomb(1821)在前人基础上根据大量的试验归纳出四个经典滑动摩擦定律(定律一为摩擦力与载荷成正比；定律二为摩擦因数与表观接触面积无关；定律三为静摩擦因数大于动摩擦因数；定律四为摩擦因数与滑动速度无关。)；Tomlinson(1929 年)最先从分子运动角度提出摩擦的起因是由摩擦副接触表面相互滑动而产生的分子间电荷力能量耗散所引起的，并推导出 Amontons 摩擦公式中的摩擦因数；ДерягиниВ(1934 年)提出了机械啮合和分子理论(摩擦二项式定律)，滑动摩擦是克服表面粗糙峰的机械啮合和分子吸引力的过程，摩擦力是机械作用和分子作用阻力的总和；Bowden 和 Tabor(1964)以黏着效应和犁沟效应为基础建立较完整的摩擦磨损理论(黏着效应是由于分子的活动性和分子力作用可使固体黏附在一起而产生滑动阻力人们用接触表面上分子间作用力来解释滑动摩擦)；Homola(1990)通过考虑到分子间作用力对于非常光滑的两接触表面摩擦的影响，提出的“鹅卵石”模型。

以上理论和结果推动了摩擦研究的发展。由于当时的科学技术还不够发达，经典摩擦定律的研究成果被世人广泛认可，并且作为牛顿力学的一部分，影响了人类数百年，所以时至今日，大多数人对于摩擦概念的认识仍然停留在经典摩擦定律的基础上。

在磨损理论发展阶段，大量科学家做出重要贡献。Хрущов 等科研人员对磨粒磨损现象进行了相关研究，指出硬度才是影响物体抗磨粒磨损特性的重要指标，其磨损过程采用如图 8-1 所示的拉宾洛维奇模型进行解释。

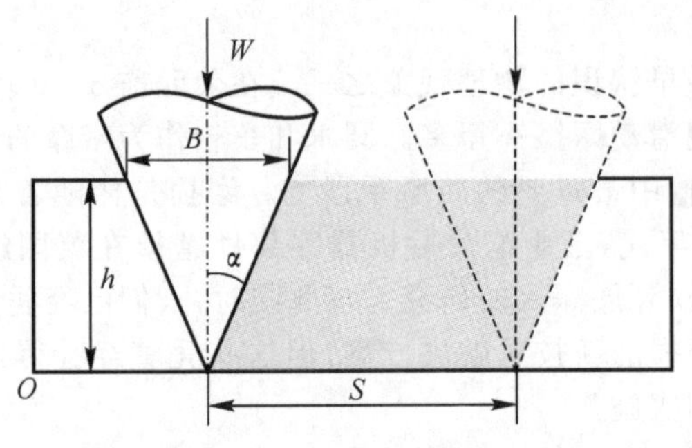

图 8-1　拉宾洛维奇模型

Archard(1953)针对“在静止或滑动接触的名义平面上发生的某些现象的解释取决于表面之间实际接触面积的假定分布”很难找到直接证据进行评估，建立一个简单的模型，将推导出的理论(例如，推导出的实验观测值对负载的依赖性)与实验证据进行比较提出了著名的 Archard 黏着磨损计算模型。Wilson(1980)通过轮齿用低合金钢表面处理的圆盘机胶合实验，提出了齿轮胶合磨损过程中齿面温度的分布和变化，它显示了胶合与温度的密切关系；Fujita 和 Yoshida(1979)在双圆盘实验机上采用不同热处理状态的钢进行实验时发现：对于退火和调质钢，疲劳磨损以点蚀形式出现，而渗碳和淬火钢的疲劳磨损是产生鳞剥，还有氧化磨损、腐蚀磨损、微动磨损和气蚀等其他类型的磨损形式；Waterhouse(1972)首部微动摩擦学专著 *Fretting Corrosion* 发表，1992 年又发表了专著 *Fretting Wear*。微动与滑动、滚动接触不同，已经成为摩擦学的一个重要分支。在国内，温诗铸院士等在借鉴国际摩擦学发展成果的基础上，结合我国实际给出了摩擦学分析最主要的原理与方法，撰写了《摩擦学原理》，该书系统地阐述摩擦学的基本原理与应用，全面反映现代摩擦学的研究状况和发展趋势。针对工程实际中各种摩擦学现象，着重阐述在摩擦过程中的变化规律和特征，为推动我国摩擦学的发展起到了积极的作用。周仲荣等人[3]对微动摩擦学的发展过程和现状做了相当系统而简要的介绍与评论，也在“摩擦学尺寸效应”方面做了较深入的研究，引起国内外摩擦学界和工程界科技工作者更多的关注。谢友柏[4]提出摩擦学的三条公理，把摩擦学行为归纳为系统依赖性，时间依赖性和不同学科行为的耦合。葛世荣[5]等人关于“分形摩擦学”则从微观角度剖析了摩擦表面变化对摩擦和磨损的影响等，为定量研究摩擦学复杂问题提出了一种新方法。

从磨损理论发展历程中，不难发现磨损种类复杂，同时磨损理论及量化依靠大量实验统计，具有很大的随机性，时变性。导致归纳的计算理论很难完全范围内有效，大多局限于所在范围。近年来的学者不断修正，以期达到更为精确预测。基于实际磨损的阶段性和多种机制耦合特性，笔者畅想于加权系数与适应于各磨损机制的量化模型，达到适用性和准确性更好的磨损量化。

8.1.2　磨损分类

磨损是摩擦的积累导致的结果，它伴随着摩擦现象的产生，会涉及摩擦副接触表面材料的损失。典型的磨损过程如图 8-2 所示。

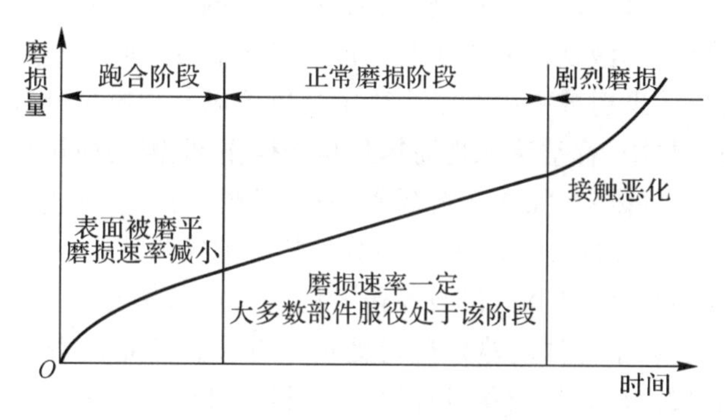

图 8-2　典型的磨损过程

摩擦副中的载荷、速度、温度、湿度和表面几何状态是变化的，磨损具有演化的具体现象（疲劳裂纹、剥落、冲蚀、点蚀、磨粒、犁沟），摩擦副的磨损常常呈现多原理耦合的特性。磨损类型分为疲劳磨损、黏着磨损、磨粒磨损、化学磨损和多机理的微动磨损。典型的磨损类型如图 8-3 所示。

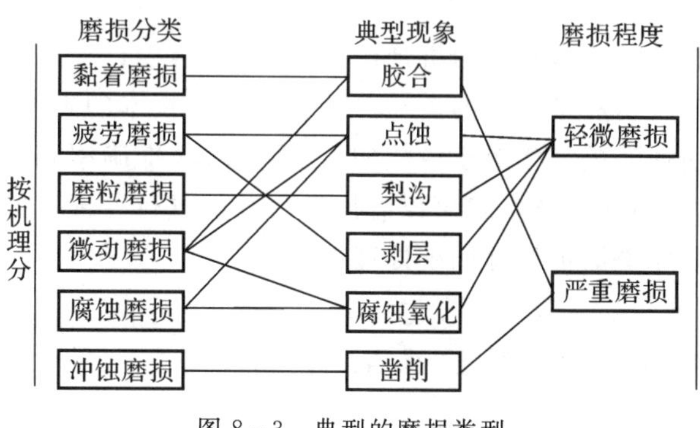

图 8-3　典型的磨损类型

实际的磨损现象通常不是单一形式，而是以一两种为主，多种不同机理磨损形式的综合表现,因此使得磨损分析十分复杂,这也是目前来说还没有较为普适的磨损理论的原因。

8.1.3 测量方法

20世纪40年代,美国将光谱分析技术应用到设备的润滑油分析上,伴随着技术的发展,各种仪器仪表相继开发出来,如电子显微镜、俄歇谱仪以及电子衍射仪等测试仪器,尤其是铁谱分析技术的应用,使得磨损研究在磨损力学、机理、失效分析、监测及维修等方面有了较快的发展。磨损量的测定方法主要包括称重法、表面轮廓法、油液铁谱分析法和油液光谱分析法(光谱分析则是通过测定油液中各种物质的发射或吸收光谱来确定物质的成分和质量分数)和测量中心。

以上研究方法中,称重法原理简单且易于操作,但需要使用高感量的分析天平,还受测量范围的限制,操作还需反复停机、装配、称量等而繁琐;光谱分析技术只对10 μm以下的磨粒有效果;铁谱分析技术可检测从1 μm到上100 μm量级的微粒,而应用范围较广泛,但与操作者的自身经验有很大关系,分析结果具有一定的随机性;以上方法均难以确定磨损位置及其分布。表面轮廓法可以确定齿面上磨损量的分布,但测量过程较复杂、被测件的尺寸和形状受测量范围限制;测量中心精确测量需要较为精密且造价昂贵的仪器,且实验结果通常会因实验时的其他因素影响而导致测量结果的误差较大。

8.2 磨损数值计算模型

随着工业技术的发展和磨损机理研究的深入,磨损计算及预测研究受到了越来越多的研究人员和工程师的关注。计算机科学技术的发展,对磨损量化计算和预测得到快速发展。相对于传统的人工计算,其准确率和效率均得到了极大的提高,使用数值仿真技术来模拟磨损过程变得可行。现有的磨损量化公式都直接通过大量摩擦磨损实验归纳处理得到。

8.2.1 Archard 磨损模型

最早的磨损计算公式由J. F. Archard(1953)在干摩擦条件下基于黏着磨损提出的[6],该研究为磨损的量化预测研究奠定了坚实的基础。基于微凸体接触理论来描述滑动磨损状态的,其模型如图8-4所示。该模型认为磨损量与摩擦力成正比的。同时,该模型将与接触形状、表面摩擦状态与材料等因素简化为磨损系数来表示,且磨损量与该系数呈正比关系。

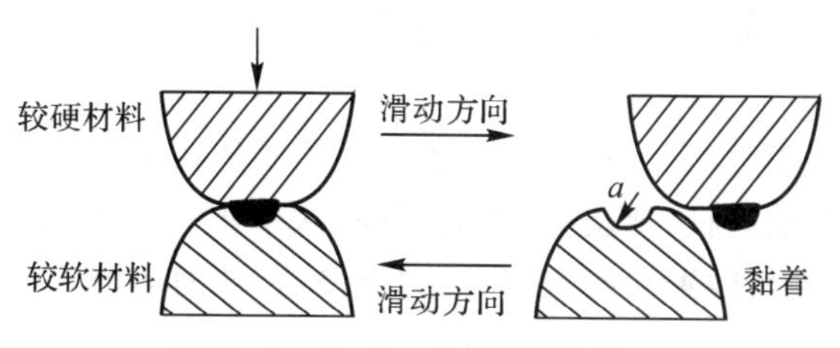

图 8-4　Archard 磨损计算模型

选取摩擦副之间的黏着结点面积为以 a 为半径的圆,每一个黏着结点的接触面积为 πa^2。假设摩擦副的一方为较硬材料,摩擦副的另一方为较软材料,法向载荷 W 由 n 个半径为 a 的相同微凸体承受。当材料产生塑性变形时,法向载荷 W 与较软材料的屈服极限 σ_y 之间的关系为

$$w=\sigma_y \pi a^2 n \tag{8-1}$$

当摩擦副产生相对滑动,且滑动时每个微凸体上产生的磨屑为半球形,其体积为 $2\pi a^3/3$,则单位滑动距离的总磨损量为

$$V=\frac{2\pi a^3/3}{2a}n=\frac{\pi a^2}{3}n \tag{8-2}$$

由式(8-1)和式(8-2)可得

$$V=\frac{w}{3\sigma_y} \tag{8-3}$$

式(8-3)是假设了各个微凸体在接触时均产生一个磨粒而导出。若考虑到微凸体中产生磨粒的概率数 K 和滑动距离 S,则接触表面地沾着磨损量表达式为

$$V=k\,\frac{ws}{3\sigma_y} \tag{8-4}$$

对于弹性材料,$\sigma_y \approx H/3$,H 为布氏硬度值,则式(8-4)可转换为

$$\frac{V}{S}=K\,\frac{W}{H} \tag{8-5}$$

式中:V 表示磨损量;K 为无量纲的磨损因数;W 为接触的正压力;S 为两接触点的相对滑动距离;H 为接触表面的粗糙度。

Archard 磨损公式得到研究人员的广泛认可,且之后的多数与磨损相关的工作都是以此为基础的,但在磨损因数的选择与计算方面有所不同。磨粒磨损基于微量切削提出,在计算形式上与 Archard 磨损公式一致,黏着磨损定律适用

磨粒磨损。

8.2.2 克拉格斯基磨损模型

1957年前，苏联学者克拉盖尔斯基提出的固体疲劳理论及其计算方法[7]，引用了粗糙体、接触面积、预位移、边界摩擦、滚动阻力的对比资料，分析了齿轮传动、凸轮机构、密封装置和摩擦离合器等机械零件的磨损计算方法。

$$h = I_h L \tag{8-6}$$

式中：I_h 表示磨损率；L 表示摩擦距离，以周转情况为例，n 转循环后 $L = nS$。

接触相对滑动距离可表示为

$$S = 2a\lambda \tag{8-7}$$

式中：a、λ 分别表示赫兹接触半宽、滑动系数。

疲劳磨损深度可表示为

$$h = I_h L W_M W_L W_P \tag{8-8}$$

式中：W_M、W_L、W_P 分别为齿面改性系数、润滑系数、载荷系数。

8.2.3 Bayer 磨损模型(IBM 计算法)

1962年，以 Bayer 为首的科学家在美国国际商用机械公司(IBM)的实验室进行了大量实验，建立的一种工程磨损模型如图 8-5 所示。其算法包括两部分：以原始粗糙度高度为界限分为零磨损(磨损深度小于粗糙度高度)和可预测磨损计算。该算法中滑动距离 S 的单位用“行程”表示，等于在滑动方向上摩擦副相互接触的尺寸。

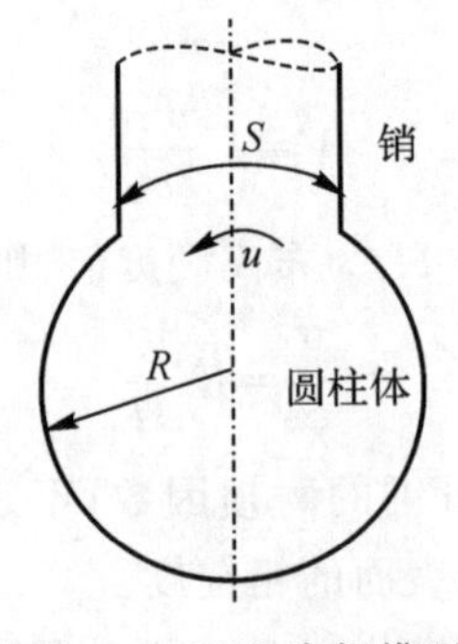

图 8-5 IMB 磨损模型

零磨损条件为

$$\tau_{\max} \leqslant \gamma_R \tau_S \tag{8-4}$$

式中：$\tau_{\max}$、τ_S 分别为实际最大剪应力、材料的剪切屈服极限；γ_R 表示系数，取决于摩擦副的材料、润滑和工作期限，可查表确定。

主要讨论可测磨损计算，令 A 表示磨痕的横截面积，测出磨痕长度即可计算磨损体积为

$$V = AL \tag{8-6}$$

式中：A 与 N、$\tau_{\max}$、S 有关，$\tau_{\max}S$ 可表示磨损消耗的能量。可采用微分方程表达如下：

$$\mathrm{d}A = \frac{\partial A}{\partial (T_{\max} S)} \mathrm{d}(T_{\max} S) + \frac{\partial A}{\partial N} \mathrm{d}N \tag{8-7}$$

经过假设简化，从而计算出磨痕截面积为

$$\mathrm{d}\,\frac{A}{(T_{\max} S)^{9/2}} = C\mathrm{d}N \tag{8-8}$$

式中：C 为系统常数，由实验得到。

在实际应用中该方法是根据摩擦副所允许的磨损量来决定使用期限的，因而需要确定以下三个问题：①确定磨损过程中接触表面的压力分布；②确定在使用期限内的极限线磨损 ΔV_{1-2}；③确定两接触面上线磨损量 ΔV_1、ΔV_2 的分布情况。因此，齿轮等机械磨损计算较为烦琐。

8.2.4　摩擦功磨损模型

Fleisher 提出关于摩擦磨损的系统能量平衡理论并假设了摩擦能量密度[8]，其基本观点是：摩擦功大部分以热能的形式散失，但仍有少部分以势能的形式储存在摩擦配副材料中；一旦表面被破坏，则以磨损微粒脱离，从而形成磨损。其中磨屑形成过程消耗的能量称为断裂能量，占摩擦功 9%～16%，适用于分析磨料磨损和腐蚀磨损，为磨损量化提供了一种新思路。

$$E_R = \frac{\tau \Delta S}{\Delta h} \tag{8-9}$$

式中：E_R 为磨损单位体积消耗的能量；τ 单位面积上的摩擦力；ΔS 和 Δh 为滑动距离和磨损深度。

因此可得到线磨损为

$$\frac{\Delta h}{\Delta S} = \frac{\tau}{E_R} = \frac{\tau \gamma K(\zeta n + 1)}{n E_b} \tag{8-10}$$

式中：系数 K、ξ、γ 与摩擦配副材料的物理性质和组织结构有关；临界摩擦次数

n 受载荷大小和材料吸收及存储能量的能力影响。

此后,章易程等人将摩擦功能量磨损模型引用到齿轮等的高副滑动磨损计算中,但其中的摩擦功很难准确测量,因此实际应用较少。

8.2.5 基于磨损率磨损计算模型

磨损率是衡量材料耐磨性的一个重要指标,基于磨损率的齿轮磨损计算模型,通常是借助实验和测试手段得到的磨损率,而非直接基于磨损理论。主要依赖摩擦配副的材料、结构特性和试验条件。针对特殊的摩擦副和使役条件,做一般性推广应用的难度较大。因此,较难建立一个通用性较强的齿轮磨损模型。

一般将材料的磨损率分为线磨损率、体磨损率和质量磨损率以下三类。

(1)线磨损率 K_L,即摩擦副滑动单位距离所对应的界面法向尺寸的减少量。若磨损过程中的移动距离为 S,垂直表面的磨损厚度为 h,则平均单位位移的磨损厚度为 h/S,称为平均线磨损率。对于随时间变化的磨损过程,则磨损率用磨损厚度对移动距离的导数表示,即 $\mathrm{d}h/\mathrm{d}S$。线磨损率是一个量纲 1 的量,其表达式为

$$K_L=\frac{\Delta h}{\Delta S}=\frac{\mathrm{d}h}{\mathrm{d}S} \tag{8-11}$$

(2)体积磨损率 K_V,是摩擦副滑动单位距离所对应的界面体积的减少量。若磨损体积为 V,则体积磨损率可表示为

$$K_V=\frac{\Delta V}{\Delta S}=\frac{\mathrm{d}V}{\mathrm{d}S} \tag{8-12}$$

(3)质量磨损率 K_m,是摩擦副滑动单位距离所对应的界面质量的减少量。若磨损质量为 M,则质量磨损率可表示为

$$K_M=\frac{\Delta M}{\Delta S\cdot A_a}=\frac{\mathrm{d}M}{A_a\mathrm{d}S} \tag{8-13}$$

式中:A_a 为名义接触面积。

根据材料的磨损率,可求出该类材料的齿轮副在特定使役条件下的齿面磨损量。不同的使役条件下,磨损量计算方法略有差别。闭式齿轮副在低速重载工况下或润滑不良时,齿间油膜(或边界膜)厚度不足以将界面轮廓峰完全隔开,此时极易发生粗糙峰接触而导致黏着磨损,计算时应以黏着磨损为主。

以上磨损模型为磨损计算及预测提供了可行性,随后通过大量学者的工程实验和不断修正,达到很高的正确性。现在计算磨损的模型主要有 3 种:Archard 模型、Bayer 模型、克拉格斯基模型。3 种模型中,在干摩擦情况下基于

黏着磨损的Archard模型应用最广泛，其中Archard模型应用最为经典和有效。Archard磨损公式得到研究人员的广泛认可，且之后的多数与磨损相关的工作都是以此为基础的，但在磨损因数的选择与计算方面有所不同。

8.3　齿轮齿廓磨损数值计算

齿轮传动作为重要的机械基础元件，齿轮被广泛应用于航空航天、轨道交通、海洋装备、机械等领域。当前，我国已成为世界齿轮制造大国。齿轮磨损作为齿轮的主要早期故障形式之一，对于高速、重载齿轮传动，其功率损失主要源于齿面摩擦，进而产生磨损而影响传动性能。复杂齿面的磨损计算、测试与抗磨设计更是高性能齿轮传动研究的重点与难点。由此可见，开展齿轮摩擦磨损研究的显著的工程意义与经济效益。

8.3.1　磨损数值求解流程

磨损在齿轮传动整个工作周期中不断演化而引起整体动态性能退化而提前退役。考虑了齿廓磨损误差和时变啮合刚度激励，利用离散元理论和高斯求积法对磨损过程进行了动态模拟。

Flodin等人[9]率先用单点测量法将Archard磨损公式引用到直齿轮和斜齿轮的齿面磨损预测模型中，典型的渐开线直齿轮外啮合幅如图8-6所示，并采用简化的Winkler接触模型估算接触压力，计算效率较高。但齿面接触弹性系数很难确定，且啮合齿对数目发生改变时，滑移距离的计算误差较大。随着有限元法的发展应用以上问题得到很好的解决。将接触齿面离散成有限个观测点，通过单独计算每个观察点的磨损深度来表征齿面的磨损分布，如图8-7所示。

图8-6　渐开线齿轮副

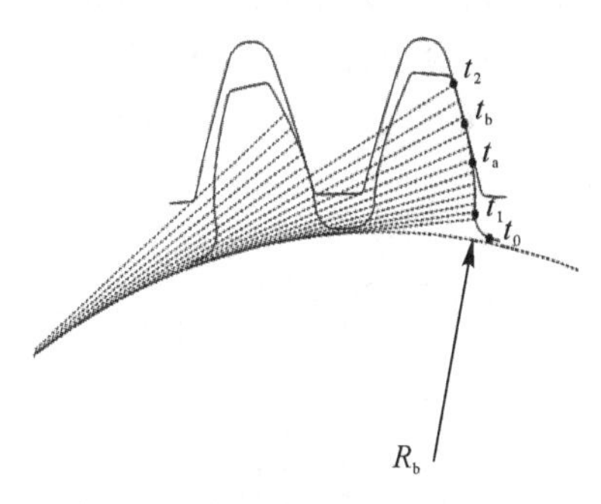

图8-7　齿面离散磨损计算模型

经积分变换后，故观测点 P 处的磨损深度可表示为

$$h_n = h_{(n-1)} + kpS \tag{8-14}$$

式中：h_n 为第 n 次磨损后磨损深度；p 为磨损后接触压力；k 为无量纲磨损系数；S 为磨损后相对滑动距离。

在早期关于齿面磨损的相关研究中，普遍将齿面各点处的压力与滑移比是恒定不变的，然后将齿面离散为有限个点去计算齿面的磨损分布情况。虽然这与齿面接触点的真实情况有所差别，但却为齿轮磨损的研究提供了一个思路。之后的研究人员根据齿轮的几何运动和啮合点位置随时间的变化规律，分别对每个时刻下啮合点的接触压力和相对滑移比进行了计算，并在每个磨损循环后对各点的参数重新进行计算，以获得齿轮的更为真实的磨损状态。有效 n 次动态磨损后的各齿廓离散位置的磨损深度为

$$h_n(t) = h_{(n-1)}(t) + kp_n(t)S_n(t) \tag{8-15}$$

式中：$h_n(t)$表示第 n 次磨损循环周期后磨损深度；$p_n(t)$为第 $n-1$ 次磨损后接触面法向压力；k 为无量纲磨损因数，受摩擦副材料和工况影响；S_n 为第 $n-1$ 次磨损后相对滑动距离。

大量学者聚焦到齿廓磨损量化及其分布规律，其核心在于对计算参数磨损系数、接触压力和滑动距离的准确确定。同时磨损对齿轮动力学特性有重要影响，当考虑磨损及其齿轮系统动态相互作用，采用集中参数法和动态子系统建立了多自由度齿轮磨损-啮合刚度-传动误差联动的齿轮传动动力学模型。

考虑磨损演化的齿轮系统传动性能耦合分析流程，如图 8-8 所示。此外针对磨损动态计算耗时问题，在有效条件下缓解对计算能力的依赖性，进行必要的计算更新。由于磨损深度小于 1 μm 时齿面的压力几乎不变，同时微观形貌尺度变化很小，设定重构阈值为 1 μm。在此基础上，为了加快迭代速度，改进了磨损深度的累计方式，以竞争机制加快磨损计算。其竞争机制如下：取一次有效磨损深度为基值且为竞争值 1，与阈值相除取地板整数，将地板整数乘基值作为竞争值 2，两竞争之和大于阈值时，取竞争 2 为本次终值，反之，取和值为本次终值。

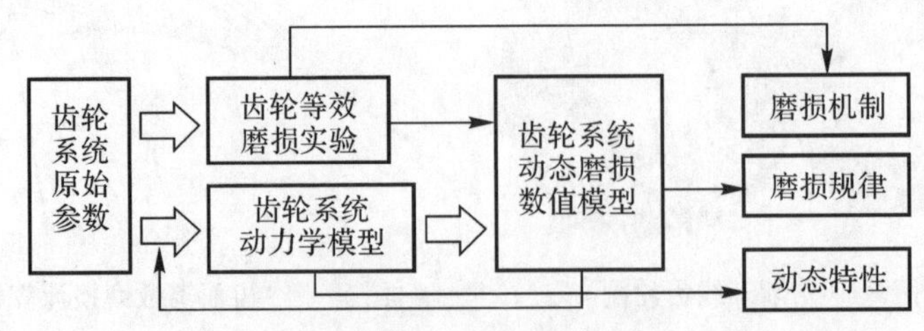

图 8-8　考虑磨损演化的齿轮系统传动性能分析流程

为确保齿廓磨损量化时的准确性和有效性，首先需要准确确定其核心计算参数：磨损因数、接触压力和滑动距离。

1. 实效接触压力确定

在理论上，齿轮啮合接触为高副，为了确定两接触面的接触压力，两个啮合轮齿之间的接触可以等效为两个平行圆柱体的接触。在 Hertz 接触理论分析中，当两圆柱体平行外接触时，接触应力在接触面宽度方向上呈椭圆形分布规律，在接触区域中心位置对应于最大应力，如图 8－9(a)中述，其中 a_{H} 为接触半宽，则

$$a_{\mathrm{H}}=\sqrt{\frac{8FR}{\pi E_c}} \tag{8-16}$$

式中：E_c 为当量弹性模量，$E_c=1/(\frac{1-\nu_1^2}{E_1}+\frac{1-\nu_2^2}{E_2})$；$E_1$、$E_2$ 分别为接触齿轮的弹性模量，ν 为泊松比；R 为当量曲率半径(内啮合取“－”，外啮合取“＋”)。

可得任一接触点的接触压力为

$$P_i=\sqrt{\frac{\pi F_i E_C}{4Rb}} \tag{8-17}$$

式中：P_i 为啮合位置平均压力；F_i 为锯齿与摆线轮啮合位置的法向力；b 为摆线轮的宽度。

此外，连续的负载，导致相互接触并相对运动的面间形成连续变化接触压力。图 8－9(b)中：c_i 为当前时刻的接触位置，c_{i+1} 为下一时刻的接触位置，c_{i-1} 为上一时刻的接触位置。由于压载变形接触副由线延扩为面接触，在当前时刻 c_i 处发生磨损，是的磨损 c_i、c_{i+1} 和 c_{i-1} 位置的部分磨损分量共同作用的结果。换言之，其当前位置处的实际接触压力作用效果与其前后时刻有关，又因其取极小面积时，可近似其最大值，取极限而得

$$p_c=p_{c_i}+p_{c_{i+1}}+p_{c_{i-1}}=\sqrt{\frac{\pi F_i E_c}{4R_i b}}+\sqrt{\frac{\pi F_{i+1} E_c}{4R_{i+1} b}}+\sqrt{\frac{\pi F_{i-1} E_c}{4R_{i-1} b}} \tag{8-18}$$

动载下的齿面磨损与实际情况更为接近，同时磨损及其齿轮系统动力学相互作用，需要建立考虑磨损的齿轮系统的动力学模型以求得齿轮动态压载。

在齿廓磨损动态数值求解过程前，还需确定如下两个问题：

(1) 针对磨损齿轮时变参数下啮合刚度计算方法。时变啮合刚度是齿轮动力学分析的基础，同时磨损累积过程中直接导致齿轮参数改变，必然引起啮合刚度变化。接触模型如图 8－10 所示。

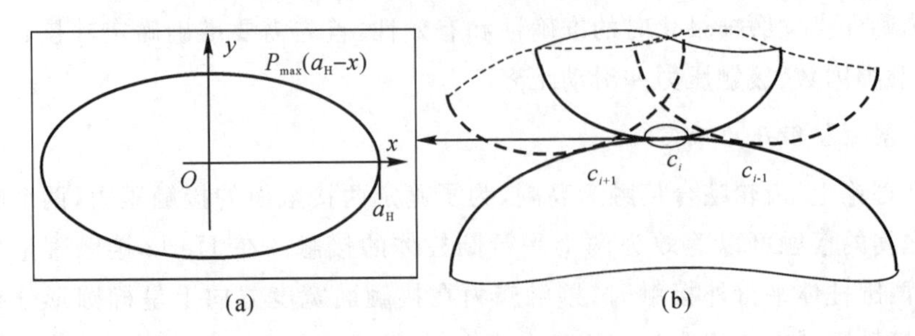

图 8-9　压力分析

(a) Hertz 接触区和压力分布；(b) 有效压力分析

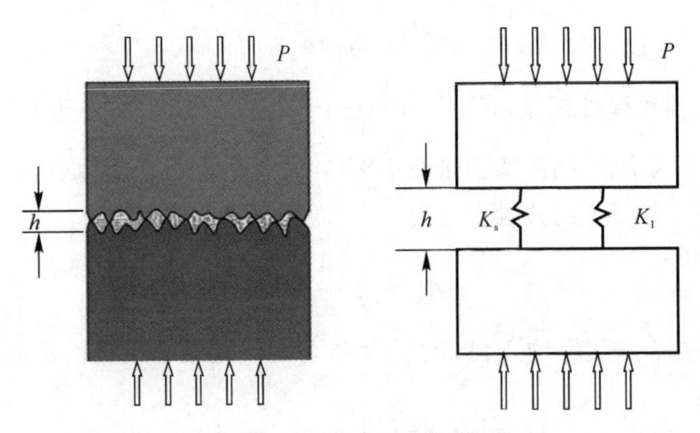

图 8-10　齿轮接触刚度模型

然而，有限元软件很难对磨损模型进行实时更新而求取时变啮合刚度计算，基于材料力学理论、线弹性力学的势能法能很好解决这一问题。将齿轮看作悬臂梁，得到基于齿廓几何参数的时变啮合刚度。示意如图 8-11 所示。图中，F 为齿廓法向接触力，作用方向与啮合线重合，齿间啮合力产生的应变能可分解为两部分：齿顶到基圆的势能和基圆到齿根圆的势能。F_y 和 F_x 为齿面法向压载正交分量，可以表示分解为

$$\left.\begin{aligned} F_x &= F\sin\alpha_1 \\ F_y &= F\cos\alpha_1 \end{aligned}\right\} \tag{8-19}$$

其总势能为 Hertz 接触势能、弯曲势能、轴向压缩变形势能、剪切变形势能和齿轮弹性环变形势能之和。齿轮摩擦磨损时，齿轮时变啮合中转动惯量 I_x、极惯性矩 A_x、半齿厚 h_x 发生变化，进而影响接触势能、弯曲势能、轴向压缩变形势能和剪切变形势能。考虑磨损误差后表达如下：

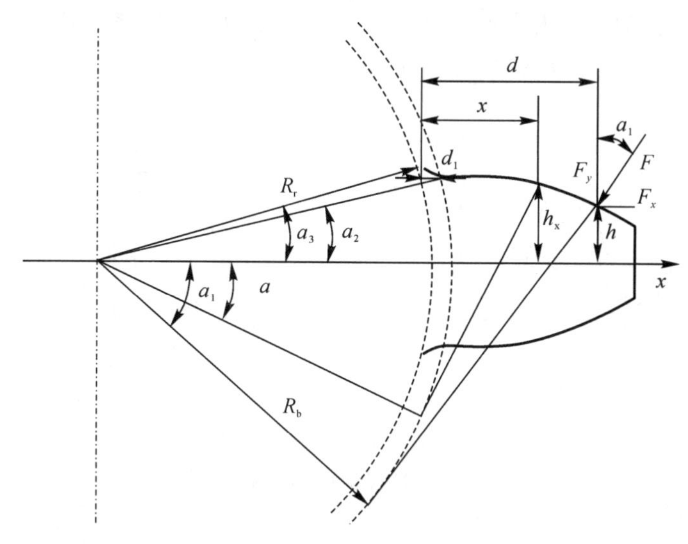

图 8-11　齿轮势能法求刚度

$$\left.\begin{aligned}h_{xw}&=R_b[(\alpha_2+\alpha)\cos\alpha+\sin\alpha]-h_w\cos\alpha_1\\I_{xw}&=\frac{b}{12}(2h_x-h_w\cos\alpha)^3\\A_{xw}&=2b(h_x-h_w\cos\alpha)\end{aligned}\right\}\tag{8-20}$$

式中：h_w 表示齿廓法向磨损深度。

因此，考虑磨损后的啮合刚度为

$$k=\sum_{i=1}^{n}\frac{1}{\frac{1}{k_{hi}}+\frac{1}{k_{awi}}+\frac{1}{k_{bwi}}+\frac{1}{k_{swi}}+\frac{1}{k_{fi}}}\tag{8-21}$$

(2) 针对磨损后齿轮时变参数下齿间载荷分配的确定方法。齿轮单双齿交替啮合传动过程中，单齿啮合时，不存在分配；双齿啮合时，如图 8-12 所示，齿间载荷的实际分配较为复杂。但当考虑磨损的持续更新所导致的齿廓间隙误差，更增加了载荷准确分配的难度。将双齿啮合简化为两无阻尼弹簧并联，如图 8-13 所示。在实际工作周期中齿面磨损量很小，对重合度的改变极小而可以忽略其影响可得

$$\left.\begin{aligned}ei(t)&=e^{i}{}_{pi}+e^{i}{}_{gi}\\\delta_1+e_1(t)&=\delta_2+e_2(t)\end{aligned}\right\}\tag{8-22}$$

式中：e_{gi}^{i}、e_{pi}^{i} 分别表示太阳轮、行星轮齿廓磨损误差(初始磨损时值取为零)；δ_i 表示两接触面投影在啮合线方向上的形变量(其中 $i=1,2$)。

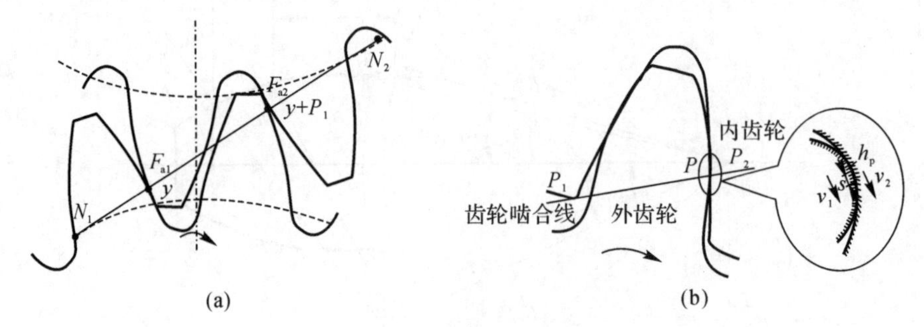

图 8-12　齿轮多齿载荷分配

(a) 外啮合；(b) 内啮合

考虑磨损造成的综合误差影响，齿轮副位置误差也在啮合线上投影，得到总接触相对形变量为

$$
\left.\begin{aligned}
e(t) &= \begin{cases} e_1(t), & i=1 \\ e_1(t)-e_2(t), & i=2 \end{cases} \\
\delta_{qp} &= \begin{cases} (x_q-x_p)\sin\alpha+(y_q-y_p)\cos\alpha+ \\ (\theta_q r_q \pm \theta_p r_p)+e(t) \end{cases}
\end{aligned}\right\} \tag{8-23}
$$

式中：α 表示齿间啮合角；$e(t)$表示磨损造成的齿侧间隙误差(初始值取为零)；r_q 表示太阳轮基圆半径；r_p 表示行星轮基圆半径。

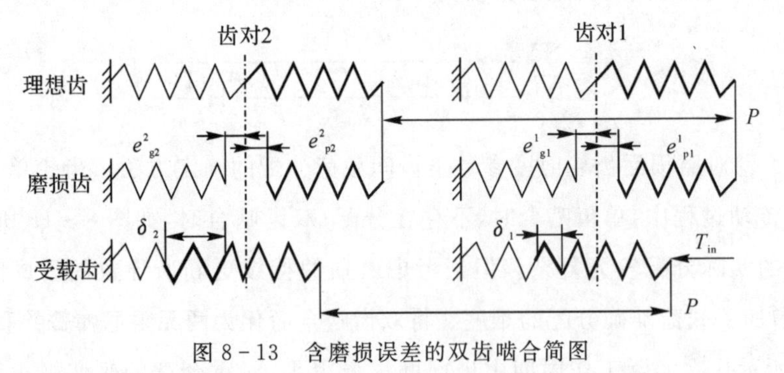

图 8-13　含磨损误差的双齿啮合简图

得到如下载荷分配关系：

$$\left.\begin{aligned}&F_t=F_{t1}+F_{t2}=\\&\qquad k_{t1}(\delta_{t1}+e_{t1})+k_{t2}(\delta_{t2}+e_{t2})\\&e_{t1}=h_{1(y)}-h_{2(y)}\\&e_{t2}=h_{1(y+p_b)}-h_{2(y+p_b)}\\&y_i=R_{b1}(\tan\varphi-\tan\alpha_{i1})\end{aligned}\right\}\tag{8-24}$$

式中：F_{ti} 表示第 i 对齿的实际载荷（其中 $i=1,2$）；k_{ti} 表示第 i 对齿的啮合刚度；h_i 表示第 i 对齿的磨损累积量；p_b 表示齿距；y_i 表示啮合点 i 到节点的距离。

齿面磨损综合处理为齿廓间隙误差，因此可依据变形协调原理，得到齿间载荷分配系数 ζ 如下：

$$\left.\begin{aligned}&\zeta=\frac{F_{t1}}{F_t}=\frac{k_{t1}}{k_{t1}+k_{t2}}+\frac{k_{t2}k_{t2}}{k_{t1}+k_{t2}}\frac{e}{F_t}\\&e=|e_{t1}-e_{t2}|\end{aligned}\right\}\tag{8-25}$$

2. 磨损后滑动距离确定

基于 Hertz 接触理论，将轮齿啮合等效为半径连续变化的一对圆柱体接触。如图 8-14 所示。R_1 和 R_2 分别是啮合点在主动轮和从动轮的当量圆柱的半径，即曲率半径，F_n 是齿轮对的传递载荷，d_{b1} 和 d_{b2} 分别是主、从动轮的基圆直径，N_1N_2 是理论啮合线。$N_{1K}=R_1$，$N_{2K}=R_2$。

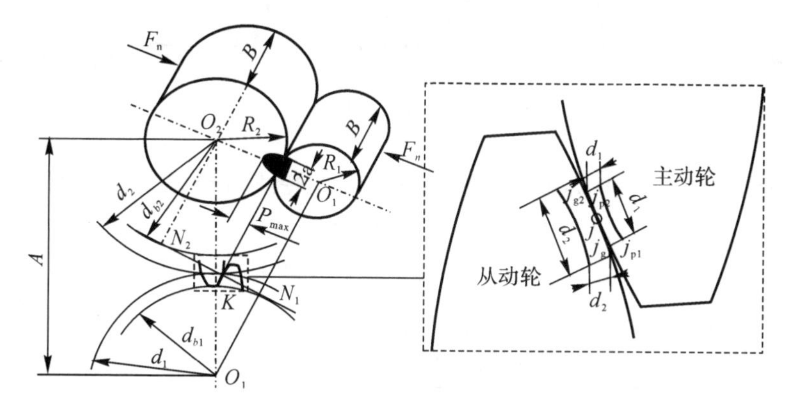

图 8-14　主从动齿轮啮合位置相对滑动距离

推导出了观测点相对滑动距离的解析式，即

$$\left.\begin{aligned}S_1=2a_{\mathrm{H}}(1-u_2/u_1)\\S_2=2a_{\mathrm{H}}(1-u_1/u_2)\end{aligned}\right\}\tag{8-26}$$

式中：S_1 和 S_2 分别为主动轮和从动轮在接触点处的滑移距离；u_1 和 u_2 分别为

两齿轮在接触点处的切向速度；a_H 为 Hertz 接触半宽。其可分别由下式求得：

$$\left.\begin{aligned} u_1 &= 2w_s\left(\frac{d_s}{2}\sin\alpha + y\right) \\ u_2 &= 2w_p\left(\frac{d_p}{2}\sin\alpha - y\right) \end{aligned}\right\} \tag{8-27}$$

式中：ω_s、ω_p表示主从齿轮啮合点的角速度；d_s、d_p 表示两齿轮的节圆直径；α 表示齿轮压力角；y 表示从节点到啮合点的距离。

相对计算时还需要确定磨损后的啮合位置。齿轮磨损后几何参数变化而接触位置发生变化，如图 8-15 所示。推导沿接触法线的间隙函数以判断啮合情况，以啮合传动原理确定位置，其更新流程如图 8-16 所示。

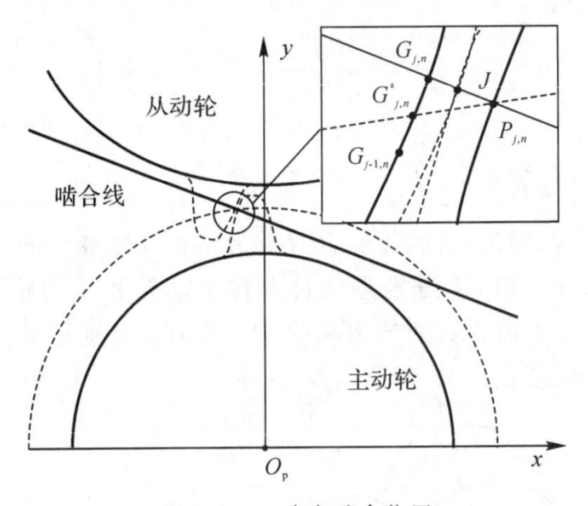

图 8-15　确定啮合位置

根据公式(8-23)，如果 $\delta_i(t) \geqslant 0$，第 i 销与摆线齿轮啮合；反之则不啮合而发生脱齿。考虑脱齿情况将式(8-28)改写为

$$\delta_i(t) = \max[\delta_{qpi}(t), 0] \tag{8-28}$$

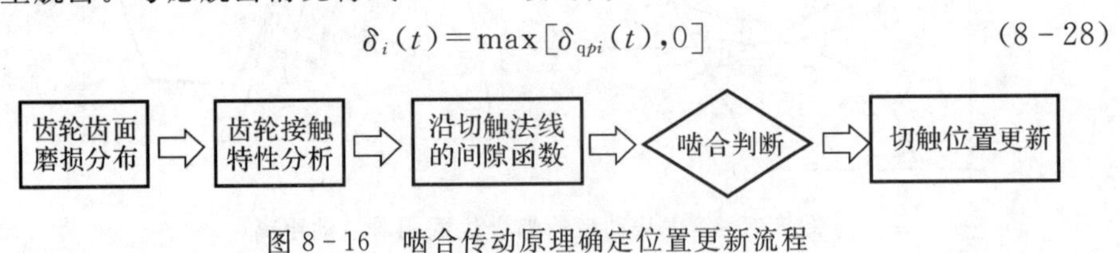

图 8-16　啮合传动原理确定位置更新流程

3. 磨损因数确定

磨损计算中未知的主要参数是磨损因数 $k(t)$，根据以往的研究，在整个齿轮磨损过程中假定磨损系数不变。因素如速度、压载、温度和润滑等条件对磨损

影响较大，考虑到正常工作环境温度和润滑等变化较小，而接触位置转速和载荷持续变化，同时因磨损产生而齿廓微观形貌、几何参数和接触压力持续更新，磨损因数也随之改变(当接触面的微观变化幅度一定时，压载对磨损因数影响相对最大)。根据 Archard 黏着磨损计算模型，重点讨论转速及压载变化下的磨损系数变化规律，推导出磨损因数的计算公式如下：

$$k=\frac{V}{SF_{\mathrm{N}}} \tag{8-29}$$

结合实验的特点，磨损质量、压载、转速便于测量，推导出如下的磨损因数计算公式：

$$k(t)=\frac{VH}{SF_{\mathrm{N}}(t)}=\frac{Q(t)}{2\pi(n_1r_1-n_2r_2)\cdot F_{\mathrm{N}}\cdot\rho\cdot t} \tag{8-30}$$

式中：$Q(t)$为磨损质量；n_1、r 为转速与半径。

8.3.2　行星齿轮动态磨损算例

选择应用广泛、结构紧凑、输入/输出同轴的包含内外啮合情况的行星齿轮系统作为算例，如图 8-17 所示，进行齿轮动态磨损分析。以往主要针对简单的外啮合单级齿轮副的动力学模型建立，对含有内啮合的行星齿轮传动系统磨损的研究较少。行星传动包含内外啮合情况而极具代表性，而内啮合的齿圈与行星轮对齿面压力分布呈现出与外啮合情况不同的分布规律。此外，并且行星齿轮传动系统因其体积紧凑、效率高、工作平稳等特点而广泛应用于风力发电、航空、能源机械等领域。因此研究行星齿轮传动的齿面动态磨损特性，对行星传动系统减磨延寿设计具有重大的工程意义[10]。

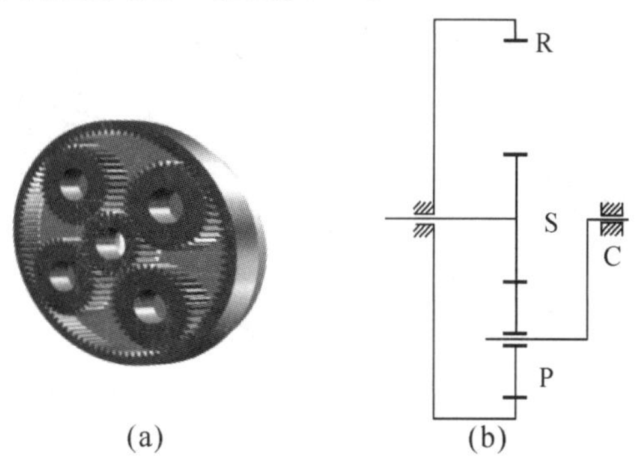

图 8-17　行星齿轮传动系统模型

(a) 三维模型；(b)系统结构简图

系统结构中内齿圈固定，太阳轮、行星架分别为系统输入端、输出端，行星轮用轴承支撑。齿轮的转动惯量、质量等基本参数可 UG　NX 实体造型得出。在行星齿轮传动系统中，太阳轮与齿圈单边磨损，行星轮经历太阳轮和齿圈交替接触磨损，齿面的实际磨损在齿廓法向呈非均匀分布，同时行星齿轮传动系统中轴短而刚度大，不易产生偏载，在齿宽方向上几乎均匀磨损。定义磨损量为试件在材料弹性范围内其体积的减小量。故而以切向磨损深度量化沿齿廓线不同位置齿面磨损量，示意如图 8-18 所示。

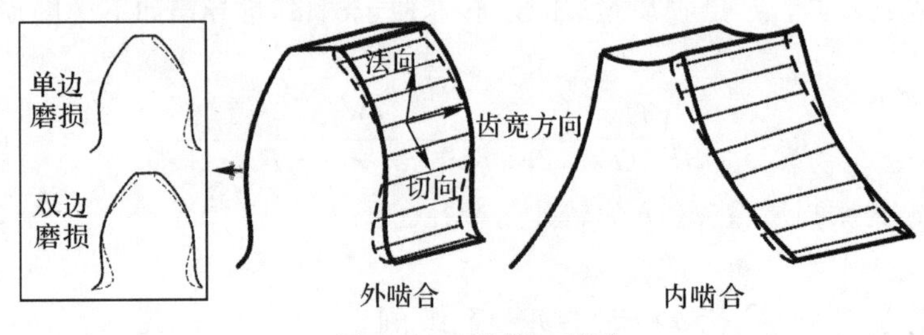

图 8-18　磨损示意图

1. 磨损误差的渐开线行星齿轮副受力分析

为确保动力学模型的建立，首先对啮合齿轮副进行受力分析。以太阳轮输入负载，啮合的太阳轮、行星轮齿廓始终保持接触，齿间的啮合力以接触的方式传递，啮合力与参与啮合的轮齿间接触变形呈现为线性关系，并采用赫兹接触理论讨论轮齿间的弹性变形关系。

集中参数模型符合赫兹接触假设，图 8-19 为齿轮副动力学模型。

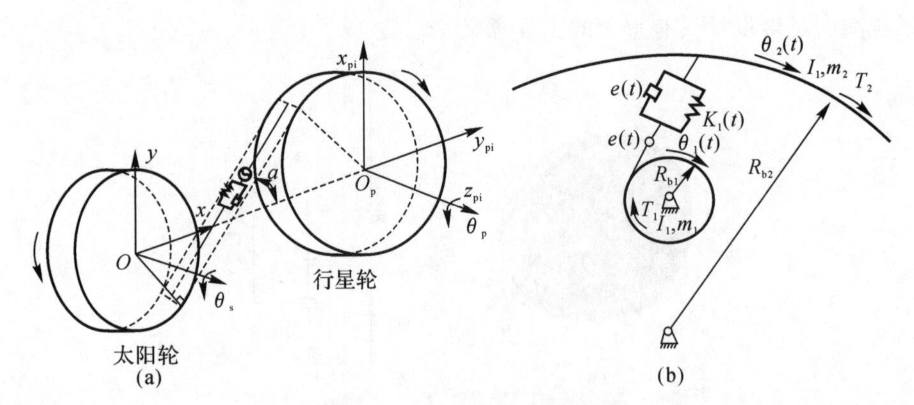

图 8-19　齿轮副动力学模型图

(a) 外啮合；(b) 内啮合

在啮合过程中，考虑到所计入齿面磨损量较小，在对轮间齿轮接触力进行求解时，由于磨损对啮合位置改变较微小，可合理假定啮合作用方向仍是理论啮合线方向，主动轮与从动轮间齿轮啮合力表示

$$F_{\mathrm{qpi}}=k_{\mathrm{mi}}\delta_{\mathrm{qpi}} \tag{8-31}$$

式中：k_{msi} 表示时变啮合刚度，由材料特性和形状共同确定；$\delta_{\mathrm{sp}i}$ 表示两齿轮接触面沿啮合线方向时变总形变量。

根据牛顿动力学理论和集中质量法建立行星传动系统动力学微分方程，求解得到磨损反馈的动态啮合力，将其应用于磨损模型中的动态压力的输入。

2. 行星传动系统动态磨损模型建立

选择适用广泛的 Archard 黏着磨损公式进行磨损数值仿真，根据解动力学方程求得动态啮合力，假定正常磨损阶段摩擦因素不变，再由载荷分配确定齿间载荷分配，依据 Hertz 接触分析得到齿面压力。将齿廓按啮合角等角度离散，得到齿面压力和啮合角之间的函数关系，再采用高斯求积法对磨损过程进行模拟。CONELL 等人[11]通过实验验证了齿轮相似粗糙度和硬度的无量纲磨损系数 k 在材料和工况确定时为定值，此处取 5×10^{-18}。由此结合啮合处的相对滑动距离 S，并定义齿与齿间从开始接触摩擦到本次接触摩擦完成为一次磨损，有效单次磨损深度为其阶段的平均磨损深度。n 次动态磨损后的各齿廓离散位置的磨损深度为

$$h_n(t)=h_{(n-1)}(t)+kp_n(t)S_n(t) \tag{8-32}$$

式中：h_n 为第 n 次磨损后磨损深度；p_n 为第 $n-1$ 次磨损后接触压力；k 为无量纲磨损系数；S_n 为第 $n-1$ 次磨损后相对滑动距离，$S_{\mathrm{i}}=2a_{\mathrm{H}}(1-u_2/u_1)$，$u_i=wR_i$。

3. 行星传动系统动态磨损计算结果及分析

(1) 行星传动系统动态啮合力与齿面接触压力。计算了转速相同、转矩不同时的啮合力。给出转速为 3 000 r・min^{-1}，转矩为 600 N・m、700 N・m 时，行星轮与齿圈动态啮合力分布如图 8-20 所示。

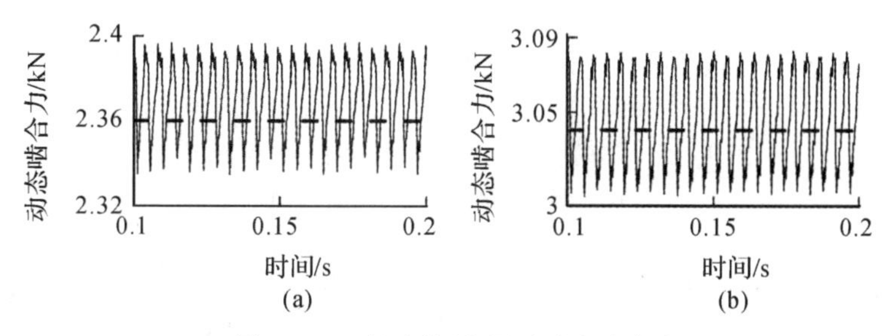

图 8-20　行星轮/齿圈对动态啮合力

(a)转矩 600 N・m；(b) 转矩 700 N・m

可以看出：由于齿轮单双齿周期性交替啮合传动，啮合力呈周期性变化；转矩 700 N·m 时理论静态啮合力为 3 040.5 N，波动幅值为 80 N；600 N·m 时波动幅值为 60 N，波动幅值随着输入转矩的增加而增大。

齿面磨损不断累积，齿间间隙连续改变，齿面接触压力分布发生变化。不同磨损次数下齿面接触压力分布如图 8-21 所示。从图中可得到：单齿啮合区齿面接触压力较大，不同磨损次数下齿面接触压力呈小幅波动。太阳轮/行星轮在双齿啮合区齿面接触压力较小并呈“∧”形分布，行星轮/齿圈双齿啮合区齿面接触压力由于曲率差值较大且呈倾斜分布，齿根处最大。

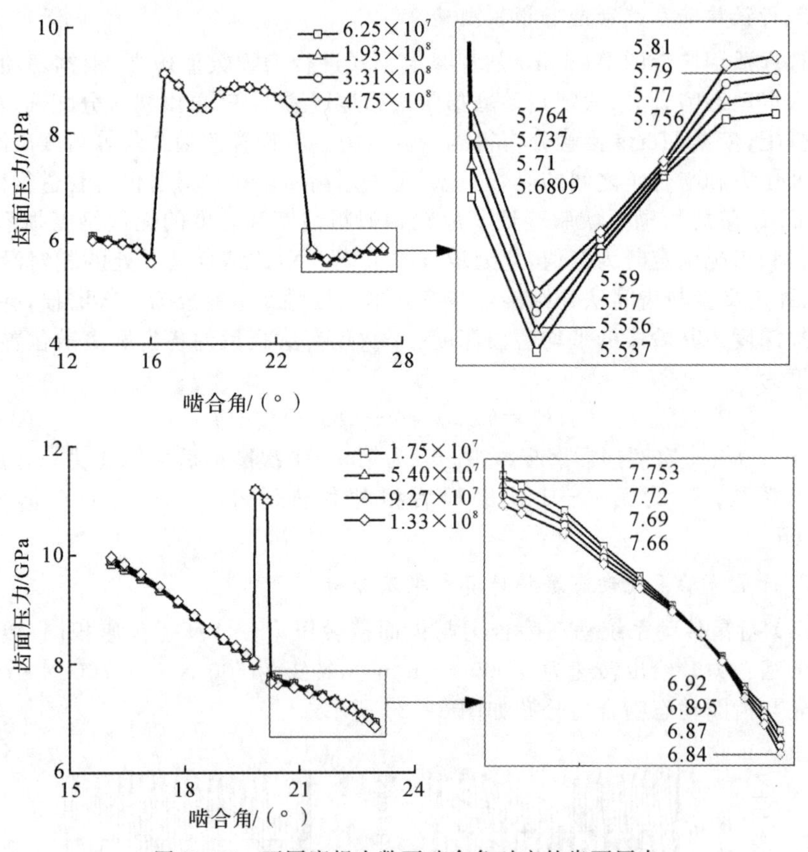

图 8-21 不同磨损次数下啮合角对应的齿面压力

(a) 太阳轮/行星轮；(b) 行星轮/齿圈

由图 8-21 还可以看出：磨损累积显著影响齿面压力分布，因考虑动态啮合力和磨损在齿根齿顶及单双齿交替位置较大，在啮入/出双齿区，齿面接触压力随着磨损次数的增加而降低，对应位置压力变化显著。

(2) 磨损次数和负载转矩对齿面磨损量的影响。在转速 3 000 r·min^{-1}、转矩 700 N·m、不同磨损次数下，太阳轮/行星轮、行星轮/齿圈的齿面磨损曲线随啮合角的变化如图 8-22 所示。太阳轮啮合角 13.09°、20°、27.5°分别对应齿轮齿根、节圆和齿顶，齿圈啮合角 16°、20°、23°分别对应齿轮齿顶、节圆和齿根。可以知道：单齿啮合区太阳轮/行星轮、行星轮/齿圈的齿面磨损曲线基本呈"V"形分布，双齿啮合区保持着节圆两边的磨损变化趋势，交替处呈倾斜过渡。太阳轮和行星轮齿根处磨损深度最大，从齿根到节圆磨损曲线逐渐减小到 0，从节圆到齿顶磨损深度再从 0 逐渐增大。这是因为太阳轮/行星轮在节圆处作纯滚动，滑移距离为零，而齿根处压力相对较大。齿圈为内啮合，因此齿顶处磨损深度最大，从齿顶到节圆磨损曲线逐渐减小到 0，从节圆到齿根磨损深度再从 0 逐渐增大。

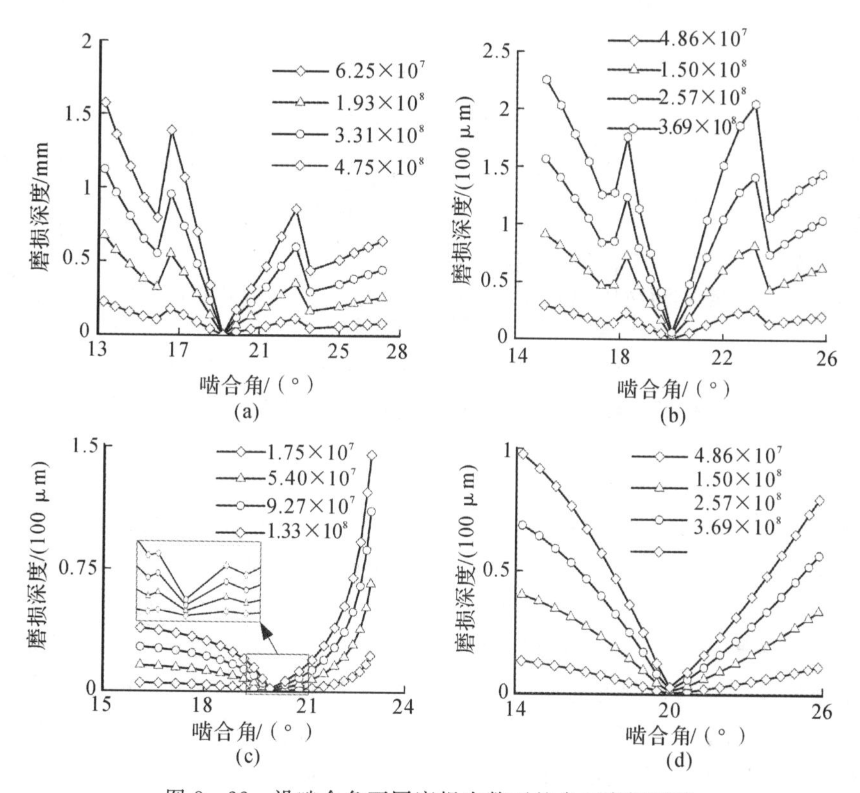

图 8-22　沿啮合角不同磨损次数下的齿面磨损深度

(a) 太阳轮齿面磨损；(b) 行星轮齿面 1 磨损

(c) 齿圈齿面磨损 (d)行星轮齿面 2 磨损

由图 8-22 可以看出，在其靠近齿根与齿顶位置的磨损变化趋势变缓，以及单双齿交替处磨损深度“垂直式”突变变缓。这一变化为考虑了磨损对动态系统作用，可以得出动态磨损对系统反作用的必要性。

此外还得出：随着磨损次数的增加太阳轮和行星轮齿根处磨损深度、齿圈齿顶处的磨损深度基本成倍增加；与齿圈啮合的行星轮的齿面磨损深度约为与太阳轮啮合时的磨损深度的 50%。同时，随着磨损次数的增加，在单双齿过渡处的变化差值逐渐增大。

在转速相同（3 000 r·min^{-1}）、转矩不同（300 N·m、450 N·m、550 N·m、650 N·m、700 N·m）时，磨损次数与最大磨损深度的关系如图 8-23 所示。从图中可以看出：最大磨损深度随着磨损次数增加呈线性增大，磨损速率（线段斜率表示磨损速率）随负载转矩增大而加快。

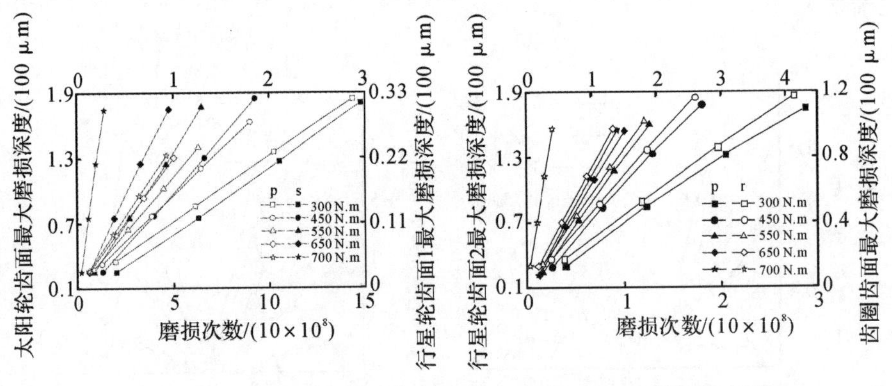

图 8-23　不同转矩下的磨损次数对应的单次最大平均磨损深度

(a)太阳轮与行星轮（与太阳轮啮合的面）；(b)齿圈与行星轮（与齿圈啮合的面）

(3) 齿面磨损对啮合刚度的影响。转速 3 000 r·min^{-1}、转矩 700 N·m 条件下，不同磨损次数的太阳轮/行星轮与齿圈/行星轮的时变啮合刚度与啮合角的变化如图 8-24 所示。从图 8-24 中可以看出：齿面啮合刚度随磨损深度增加而减小。当磨损 4.76×10^8 次时，在双齿啮合区太阳轮/行星轮的啮合刚度较无磨损时降低了 10.5%，磨损对单齿啮合区啮合刚度影响相对较小。为进一步讨论磨损深度与啮合刚度的关系，分析得到齿面最大磨损深度与时变啮合刚度的变化关系，如图 8-25 所示。由图 8-25 可以看出，啮合刚度随最大磨损深度的增加逐渐降低，在合理范围内可近似采用一次函数关系进行表示，分别为 $y=-161.3x+1.69$，$y=-234.3x+1.88$。由图 8-25 还可以看出，齿轮动态磨损的过程中对齿轮啮合刚度有很大的影响。

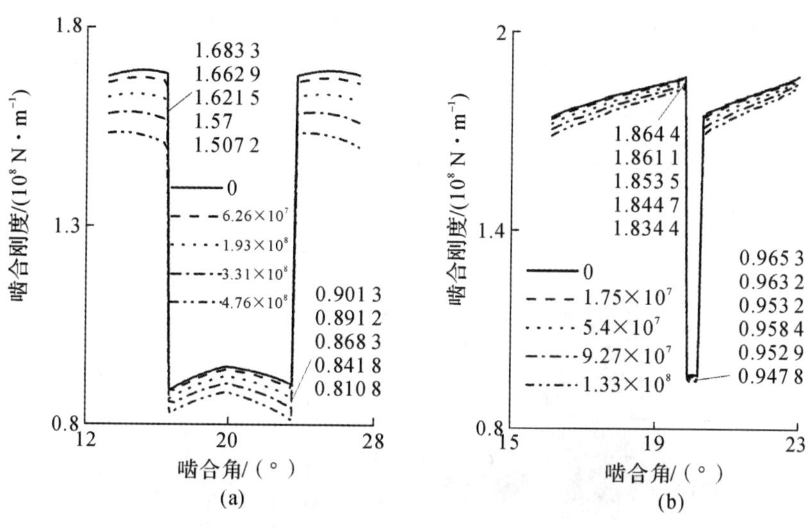

图 8-24 不同磨损次数齿轮副啮合刚度

(a)太阳轮/行星轮;(b) 行星轮/齿圈

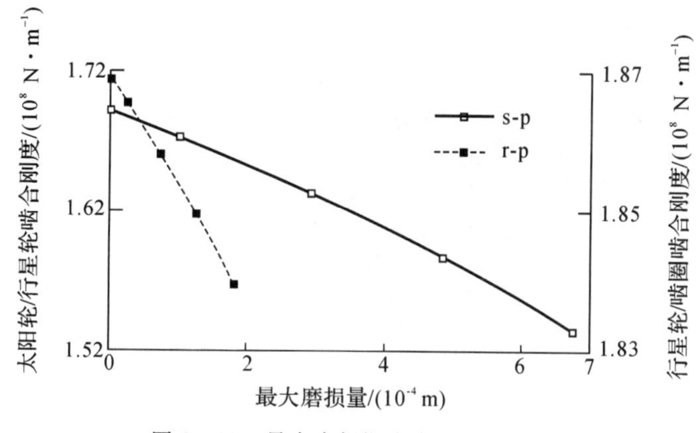

图 8-25 最大磨损深度齿对啮合刚度

8.3.3 摆线齿轮动态磨损算例

选择应用广泛、结构紧凑、输入输出同轴的包含多齿偏心接触特性的 RV 摆线针轮传动系统作为算例,本节所研究的 2K-V 型摆线针齿行星传动如图 8-26 所示。在现代工业、智能制造业领域,工业机器人发展空前快速,目前我国已经成为全世界最大的工业机器人应用市场。但随着对市场对重载、精度和高功率密度齿轮的需求量越来越大，中国工业机器人用RV减速器作为重要机械传动元件，磨损问题越来越突出，对RV精密减速传动尤为重要。RV减速器是以摆线针齿轮行星传动为雏形，与渐开线行星传动有机结合所形成的两级行星减速机构。摆线针齿差动啮合，两级间由曲柄联结，具有并联结构与多齿啮合约束的结构特点，属于曲柄式封闭差动轮系。

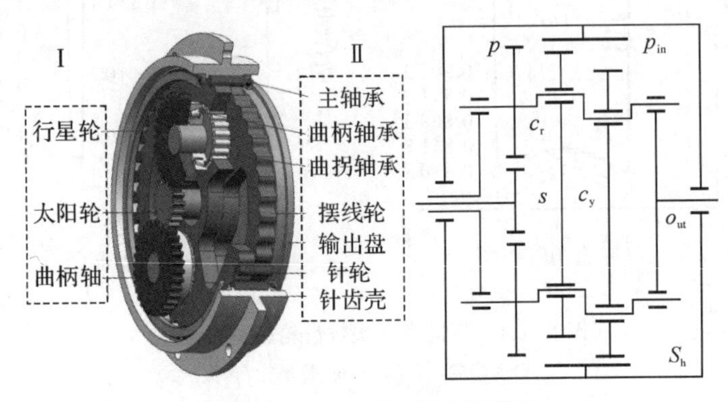

图8-26　RV减速器系统模型

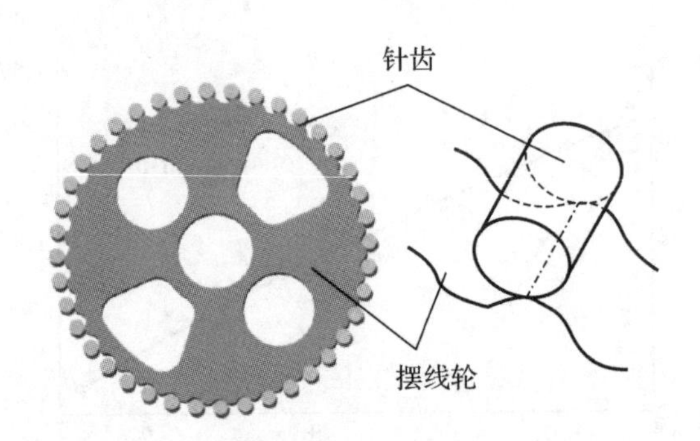

图8-27　摆线针齿副多齿接触模

摆线轮针轮同时多齿数参与啮合，如图8-27所示。以典型的国产BX-40E减速器为研究对象，系统零部件基本参数见表8-1。它主要包括渐开线直齿轮行星传动(高速级)和摆线针齿轮传动(低速级)。高速级由太阳轮、行星直齿轮、偏心曲柄轴等组成；低速级由偏心曲轴、摆线针齿轮副、输出架等组成；偏心轴两端分别与行星齿轮和输出行星架相连，中间曲柄通过滚针轴承与摆线轮相连；输出行星架以1∶1的速比由偏心曲柄轴来推动。两个摆线齿轮由两个曲柄支撑，并在行星齿轮架上分布180°，它们由平行四边形机构输出。若偏心曲轴自转一周，则摆线齿轮公转一周且摆线轮自转过一个齿。

表 8-1　齿轮参数

参数	数值	参数	数值
摆线轮齿数	39	摆线针齿齿宽	15
针齿轮齿数	40	滚滑比	1
针齿半径	3	摆线轮节圆半径	50.7
中心圆半径	68.5	节圆半径	52
偏心距	1.3	输出转速/$(r \cdot min^{-1})$	300
短幅系数	0.748 2	输入扭矩/$(N \cdot m^{-1})$	412
二级传动比	40	材料	$GCr15$
太阳轮齿数	16	行星轮齿数	32
太阳轮齿宽	9	行星轮齿宽	9
中心距	36	压力角/(°)	20
材料	17CrNiMo6	模数/mm	1.5

注：长度单位全为 mm。

1. RV 摆线针齿轮传动系统运动学分析

几何模型是对一个系统的结构描述以及参数描述，图 8-28 为摆线针齿轮运动学模型。x_pOy_p 和 x_cOy_c 分别为针齿轮和摆线齿轮的静态坐标，o、O_c 为针轮和摆线齿轮的中心，p 为摆线针齿轮传动的瞬时速度中心，oO_c 为曲柄偏心距。将单齿针齿轮、摆线轮等转角依次编号 1，2，3，…，100，如图 8-28 所示，完整周期内，针齿轮与摆线齿轮同时单齿面经历 1～100 的全序号状态而回到原始状态。ΔR_p 和 ΔR_{rp} 分别表示在沿啮合法的摆线轮和针轮齿面磨损深度；θ 为啮合旋转角，也即滚圆中心绕基圆的中心转过的角；R_p 和 R_{rp} 分别表示针齿半径和针齿中心圆半径；Z_P、Z_C 分别表示摆线轮、针轮齿数；a 表示摆线轮偏心距离；K 表示短幅系数，$K=aZ_P/(R_P+\Delta R_P)$；S 表示中间变量，$S=1+K-2K\cos\theta$。

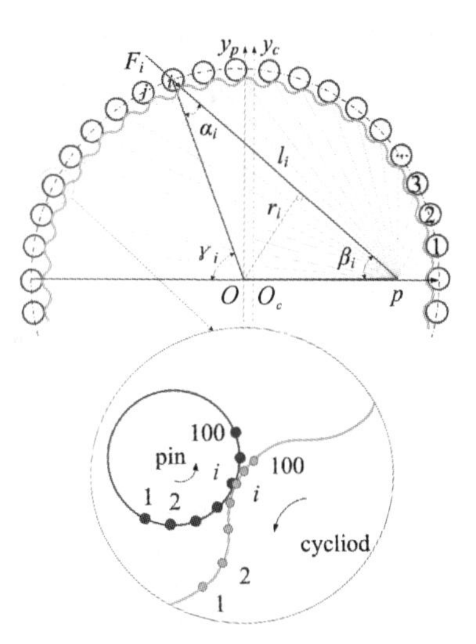

图 8-28　摆线针齿几何模型

考虑齿面磨损后，将磨损深度记作齿廓修形量，根据摆线针齿轮的啮合原理，采用轮系分析法推导摆线轮齿廓磨损后的齿廓方程为

$$\left.\begin{aligned} x&=(R_{\mathrm{p}}+\Delta R_{\mathrm{p}}\cos\alpha_i)\cos[\theta-\theta i^H]-a\cos(\theta i^H)+\frac{(R_{\mathrm{rp}}+\Delta R_{\mathrm{rp}})}{S^{\frac{1}{2}}}[k\cos(\theta i^H)-\cos(\theta-\theta i^H)] \\ y&=(R_{\mathrm{p}}+\Delta R_{\mathrm{p}}\cos\alpha_i)\sin[\theta-\theta i^H]+a\sin(\theta i^H)-\frac{(R_{\mathrm{rp}}+\Delta R_{\mathrm{rp}})}{S^{\frac{1}{2}}}[K\sin(\theta i^H)-\sin(\theta-\theta i^H)] \end{aligned}\right\} \tag{8-33}$$

图中的三角形几何关系可表达如下关系：

$$\left.\begin{aligned} \alpha_i&=\tan^{-1}\left(\frac{aZ_{\mathrm{P}}\sin\varphi_i}{R_{\mathrm{P}}-aZ_{\mathrm{P}}\cos\varphi_i}\right) \\ \varphi_i&=\varphi_i-\frac{2n\pi}{i^H},\quad n=1,2,3,\cdots,Z_{\mathrm{P}} \\ \gamma_i&=\mathrm{mod}\left(\frac{2n\pi}{Z_{\mathrm{P}}}-\varphi_i,\pi\right) \\ \beta_i&=\pi-\gamma_i-\alpha_i \end{aligned}\right\} \tag{8-34}$$

式中：α_i 为接触压力角；β_i 为法向角；γ_i 表示销位置矢量的方位角；φ_i 为摆线轮接触点方位角；φ_i 为曲柄初始转角。齿廓曲线的变化情况直接影响齿轮传动性能。依据 Hertz 接触原理，摆线轮的齿廓当量曲率半径为

$$\rho_i=\frac{R_{\mathrm{p}}S^{\frac{3}{2}}}{|K(Z_{\mathrm{P}}+1)\cos\theta-(1+Z_{\mathrm{P}}K^2)|}+R_{\mathrm{rp}} \tag{8-35}$$

2. 摆线针齿齿轮副运动关系

从基坐标看，针齿轮为在自身位置的自传，摆线轮为固定偏心距离的行星运动。其运动关系如图 8-29 所示。

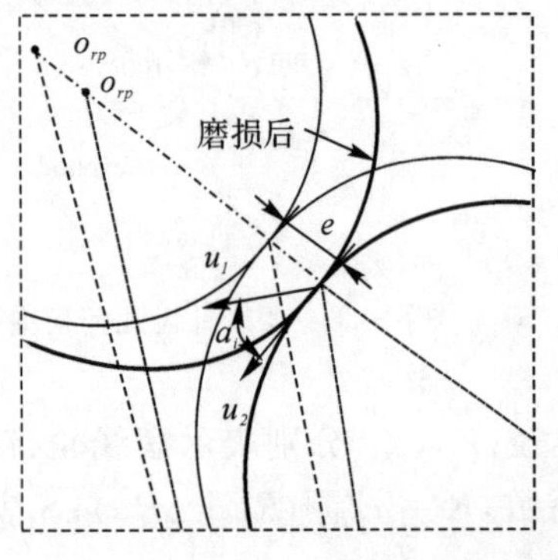

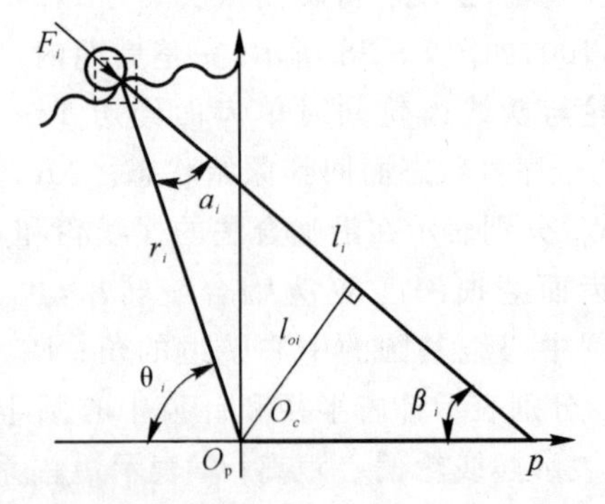

图 8-29　摆线针齿轮副运动关系

由运动学分析可知：针齿轮与摆线轮接触点切线方向速度相等。磨损改变齿廓同时也改变了齿廓间隙，导致在啮合点处的线速度存在差值。产生相对滑动。此外，针齿轮接触点线速度与摆线轮自转线速度相等，针齿轮接触点线速度可用摆线接触点线速度表示。又知 P 点为速度瞬心，其表达式为

$$u_2=(1/i_z)wl_i \tag{8-36}$$

式中：w 表示第曲柄轴公转角速度。

l_i 由其几何关系得

$$l_i=r_c\cos\beta_i+r_c\sin\beta_i/\tan\alpha_i \tag{8-37}$$

式中：$r_c=(a+\Delta e)i_z$。

摆线轮在接触点切线速度为

$$u_1=w(r_i-e_i)r_i \tag{8-38}$$

可得到磨损后的相对滑动距离为

$$S_i=2a_H\left(1-\frac{u_1}{u_2}\right) \tag{8-39}$$

式中：S_i 为相对滑动距离。

单对啮合齿相对位移沿齿廓分布如图 8-30 所示，可以得出：摆线齿、针齿的相对滑动距离沿齿廓皆呈现非对称“m”形分布，凹凸过渡位置几乎不产生相对滑动。主要原因为摆线轮齿廓处于凹凸过渡处，等效曲率相对变化剧烈而接近看作半平面，相对滑动距离极小。由图 8-30 还可得出：随着磨损累积，相对滑动距离非均匀增加。

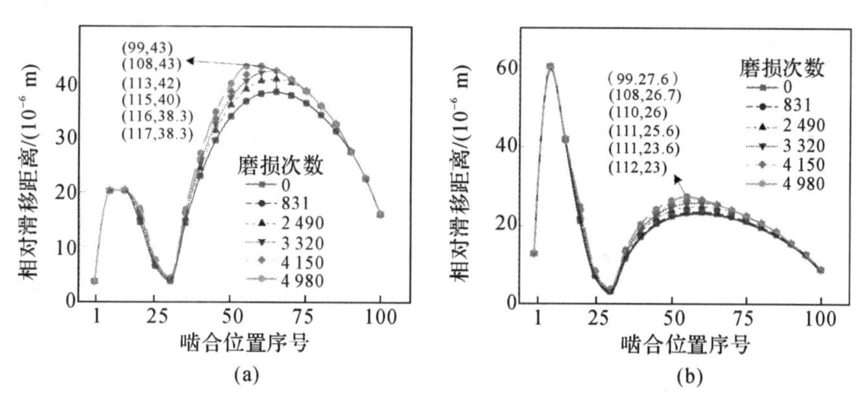

图 8-30 磨损次数对相对滑移距离的影响

(a)摆线轮；(b)针齿

3. RV 摆线针齿行星齿轮副动力学分析

摆线针齿轮接触磨损是 RV 减速器产生传动误差的根源之一。考虑齿廓磨损并将齿廓磨损综合等效为接触间隙与摆线轮偏心距，对摆线针齿轮传动进行

动力学建模。在此过程中，采用 Palmgren 公式、Hertz 接触理论、Langkali-Nikraves 接触力模型[12]分别确定系统的支承刚度、接触刚度和摆线针齿轮啮合刚度。行星架输出盘轴孔与曲柄轴、行星架输出盘与针齿壳、曲柄轴与摆线轮轴孔间的支承刚度采用如下公式计算：

$$k=\frac{l^{0.8}F^{0.1}}{1.36(h_1+h_2)^{0.9}} \tag{8-40}$$

$$h_i=\frac{L-\nu_i^2}{\pi E_i},\quad i=1,2 \tag{8-41}$$

式中：E_i、ν_i 分别表示弹性接触体的弹性模量、泊松比；L 为两弹性体接触线长度；F 为接触弹性体的载荷。

因摆线针齿轮副磨损非线性累积导致齿间间隙大故采用 Langkali - Nikraves 接触力模型。其接触力表示为

$$F=k\delta^n+D\dot{\delta} \tag{8-42}$$

式中：D 为阻尼系数，$D=3K(1-c_e^2)\delta^n/4\dot{\delta}^{(-)}$，对于金属圆形或椭圆形表面，指数 n 设置为 1.5，即可得

$$F=k\delta^{3/2}\left[1+\frac{3(1-c_e^2)\dot{\delta}}{4\dot{\delta}^{(-)}}\right] \tag{8-43}$$

式中：c_e 为两个接触体之间的恢复系数(在撞击方向上的相对离开速度与相对接近速度之比)；k 为接触刚度；δ 为渗透变形量；$\dot{\delta}$ 为相对渗透速度，$\dot{\delta}^{(-)}$ 为相对逼近速度(等于初始压痕速度)。

结合上述运动部件的受力分析、根据牛顿力学理论，建立第二级摆线齿轮传动的运动微分方程，将减速器的运动微分方程整理为矩阵形式如下 ：

$$\boldsymbol{M}\ddot{\boldsymbol{X}}+\boldsymbol{C}\dot{\boldsymbol{X}}+(\boldsymbol{K}_b+\boldsymbol{K}_m)\boldsymbol{X}=\boldsymbol{T}_{out} \tag{8-44}$$

式中：$\boldsymbol{M}$ 和 $\boldsymbol{C}$ 分别表示减速器系统的质量总装矩阵、阻尼总装矩阵；$\boldsymbol{K}_m$、$\boldsymbol{K}_b$ 为接触刚度矩阵、支撑刚度矩阵；$\boldsymbol{T}_{out}$ 为负载矩阵；$\boldsymbol{X}$ 为系统关键各构件的位移量。

求解结果如图 8 - 31 所示，可以看出：整体动态啮合力呈现出严格的周期性波动。由于约半数齿参与啮合，轮齿啮合过渡过程比较平缓，动载荷波动较小。此外，摆线齿轮级传动的动载荷中有渐开线行星级传动的频率成分，且摆线齿轮的啮合频率 f_{m2} 及其倍频在频谱中的高频成分占主导。

求解考虑磨损反馈的摆线齿轮动态啮合力结果如图 8 - 32 所示，可以看出：整体动态啮合力呈现出严格的周期性波动。随着磨损次数累计，动态啮合力减小，整体波动幅值增大；波动幅值在磨损敏感区出现局部增加。幅值约在其值 3%范围内，这与实际分析情况相符合。

求解得到不同位置单齿对啮合力在考虑磨损的分布规律如图 8 - 33 所示。

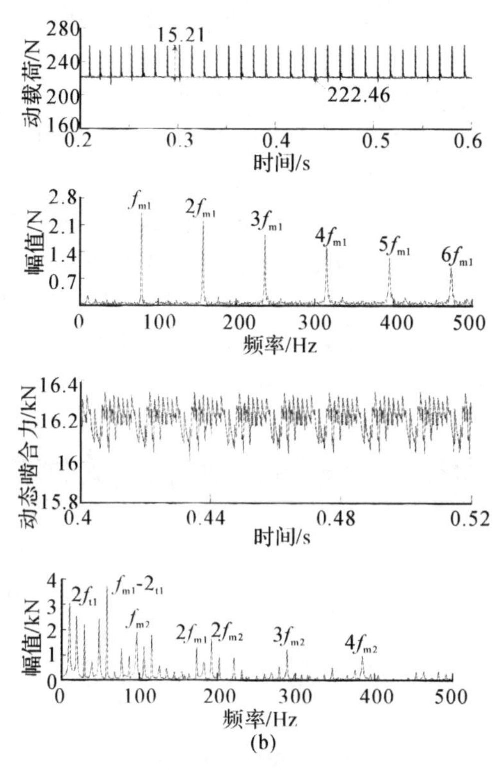

图 8-31　摆线针齿副动态啮合力及其频域图

(a) 高速级；(b) 低速级

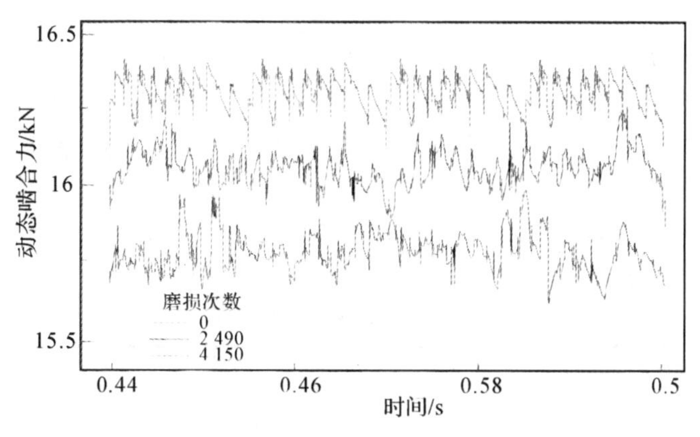

图 8-32　摆线针齿副动态啮合力的时间分布

其中虚线、实线分别表示磨损系数取定值与考虑位置差异。对比虚实线可以看出:当取等效实验的磨损因数,其单齿对啮合力及接触压力整体较大。在摆线齿廓凹凸过渡区域,接触压力呈现局部减小。其原因为过渡区曲率半径突变,导致等效半径减小,从而接触压力减小。随磨损量增加,齿顶、齿根区域率先出现脱齿(对应啮合力为零),但当磨损继续增加后,齿根区域又重新参与啮合,接触单齿啮合力增加。随着磨损次数增加差异增大。这由于磨损后同时参与啮合的齿对数减少,剩余齿对的压载增加。随磨损量增加,接触压力也随之增量,但其增量减小。这由于磨损后同时参与啮合的齿对数减少,剩余啮合齿对的压载增加,导致材料表面硬化而磨损率变小,从而随着磨损累积而接触压力增加变缓,在磨损继续增加后,齿根区域又重新参与啮合,进而又减小。

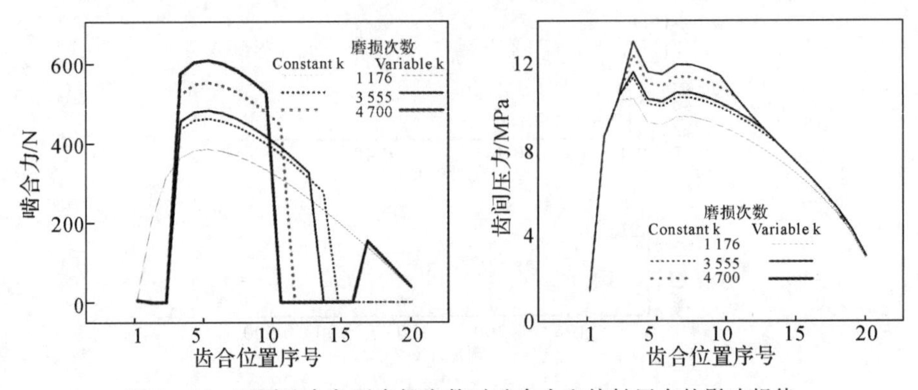

图 8-33 不同啮合角下磨损次数对啮合力和接触压力的影响规律

4. 摆线针齿轮齿廓等效磨损试验

实验样本参数见表 8-2。

以往的研究,在整个齿轮磨损过程中假定磨损系数不变。但因磨损产生而齿廓几何参数和接触压力持续更新,磨损因数也随之改变。当接触面的微观变化幅度一定时,压载对磨损系数影响相对最大。此外 RV 传动系统中摆线轮副多齿接触而啮合力分布范围宽,压载影响不可忽视。实体磨损实验因其结构及所需加载条件复杂,耗时长、成本高,且工况条件多变,所得结果不具有通用性,故须设计等效磨损实验。

表 8-2 实验样本参数

参数	上试件	下试件	压载/N
材料	GCr15	GCr15	
弹性模量/MPa	2.19×10^{5}	2.19×10^{5}	
密度/($kg\cdot m^{-3}$)	7.83×10^{3}	7.83×10^{3}	
表面粗糙度	1.6	1.6	

续表

参数	上试件	下试件	压载/N
直径/mm	5	50	
转速/(r·min^{-1})	30		20
	30		40
	30		60
	30		80
	50		80
	60		80
	70		80

(1) 等效实验设计。根据RV减速器的物理模型可理想试件为如图8-34所示。理想模型结构及所需加载条件复杂，磨损试验机不能完成任务。根据减速器齿轮的物理模型参数和Rtec-3型多功能摩擦磨损试验机的实验加载、驱动可行性，将理想试件进行等比例优化：空间曲线运动离散并投影到同一平面上的水平运动，以便于测量并表征接触面微观变化，以及指标参数磨损系数和摩擦因系数的有效求取；齿轮高副接触在受载下的矩形面接触以极限思想转化为微圆面接触，以便于将齿副间接触磨损等效处理为盘与柱销的往复平面圆周磨损运动，如图8-35所示，并可以在接触面上以单点观测法确定磨损深度情况。对其某小面积上力进行积分可表示其极小面积上的集中压力，同理可以单点观测法确定磨损情况。

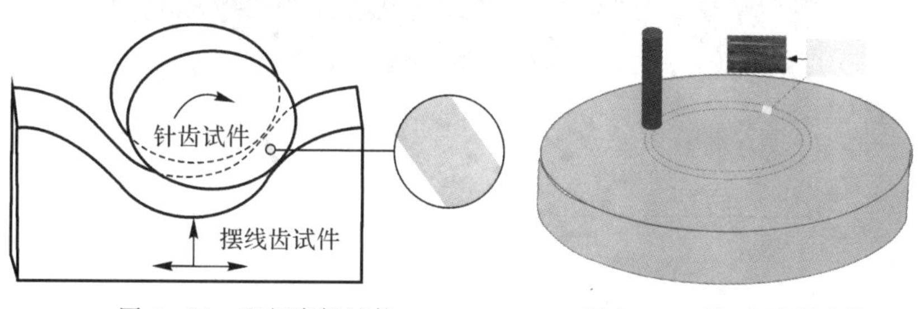

图8-34 理想磨损试件　　图8-35 销-盘磨损试件

选取相同的粗糙表面的GCr15材料圆盘试件，以不同加载载荷和转速频率，其实验组参数见表8-2。磨损实验如图8-36所示。可更换模块选择三爪卡盘作为卡具，固定于X轴、Y轴工作台，以此固定磨损试验盘，按试验组分别设定压载和转速，依次进行实验，全程控制温度在27°，由于实验室相对封闭，湿度保持一定。

(2) 实验数据处理。根据推导的磨损因数计算公式，在MATLAB中采用多项式拟合测得的磨损量，得到光滑的时间—磨损量曲线以及函数表达式，得到如图 8-37 所示的磨损系数曲线分布。可以得到：随着磨损的累积，其磨损因数先缓慢减小，而后趋于定值。这是因为随着磨损的累积，表面微凸体接触面积增大，平均接触部位接触应力减小，使摩擦磨损得到改善。分析图 8-37(a)还可得：磨损因数随压载增加而增加。分析原因为法向载荷的增大导致接触的微凸体内部剪切应力增大，促使微观形貌平整，使摩擦磨损更严重。另外，法向载荷的增大导致微凸体接触应力的增大，胶合程度增强，相应摩擦因数增大，有效磨损频率增大，磨损加快。此外，对比图 8-37(a)(b)还可知：磨损因数受压载的影响较显著。

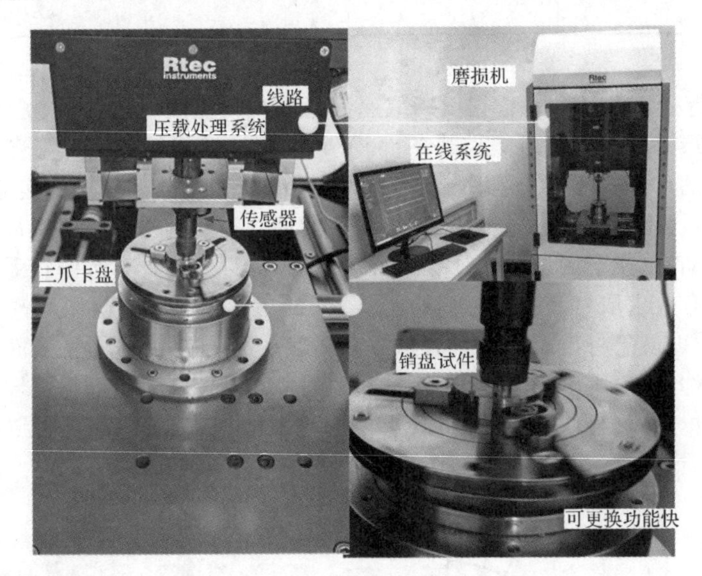

图 8-36　磨损试验

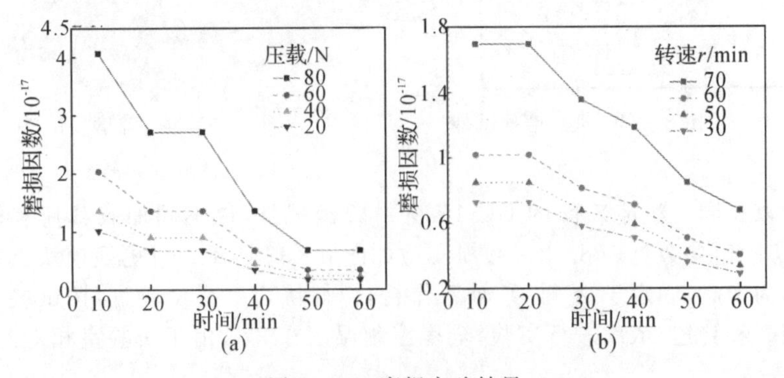

图 8-37　磨损实验结果

(a) 不同压载下的磨损因数；(b) 不同转速下的磨损因数

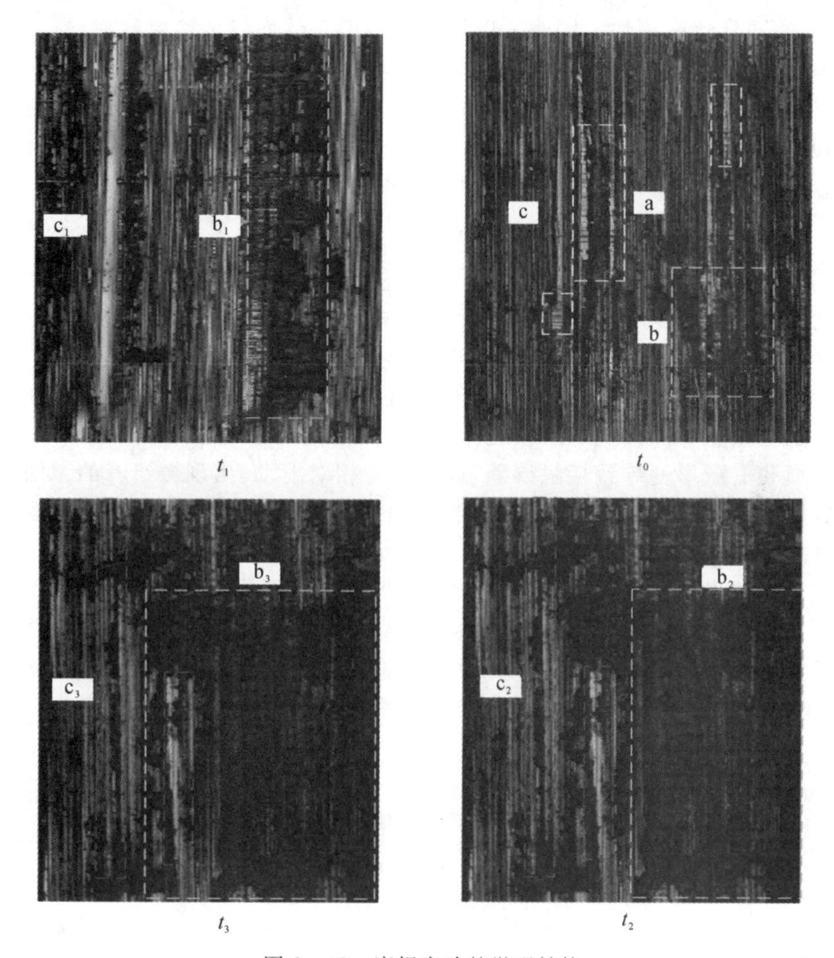

图 8 - 38　磨损实验的微观结构

从宏观角度来看,磨损往往会改变轮齿几何尺寸。磨损还会改变齿轮齿面的微观几何结构,图 8 - 38 所示为磨损实验过程中的一组按相同时间间隔取的同一标记表面微观形貌图组。选取了转速 70 r/min、压载 80 N 实验组中试件同心环上固定小环块,对其标记,每间隔 15 min 进行一次记录。由于标记的曲环面积小,其长度较小而几乎可看作矩形。

图 8 - 38 中 a、b 和 c 分别代表切削、胶合和犁沟。分析其接触面微观几何结构的变化可得其磨损机理:在开始阶段,主要发生剪切和磨粒磨损,磨损速率相对较大且逐渐减缓;后阶段主要发生黏着,偶有磨粒磨损,磨损速率相对较小且趋于恒定。分析其内在原因,在初期接触表面凹凸不平,滑动诱导摩擦进而导致振动的产生,相互形成切削,对应于摩擦因数曲线相对快速增到极大值而后减

小阶段,协同导致磨损快。同时又因切屑充当第三体而发生磨粒磨损,典型现象为犁沟效应。后阶段随着磨损进行,接触表面的剪切使微观粗糙峰平缓,同时也将引起表面轮廓尖锐峰谷处应力集中,促进了接触疲劳裂纹的产生,接触强度减小,加剧了黏着磨损。从宏观角度看,疲劳点蚀对表面的影响可以忽略不计,除非疲劳点蚀极其严重,因此主要发生黏着磨损。

5.摆线针齿轮齿廓动态磨损深度

摆线轮与针齿轮沿齿廓不同磨损计数的磨损深度曲线如图 8-39 所示。磨损深度曲线呈非对称不规则的"m"形,在摆线齿廓凹凸过渡位置磨损值很小,在过渡区域前后出现两磨损峰(磨损敏感区域),靠近齿根齿顶出现微突峰。随着磨损计数累计,沿摆线针齿廓的磨损深度曲线非均匀增加,磨损速率加快(磨损深度曲线增量值可间接表示磨损速率大小)。分析过渡位置磨损产生的主要原因是磨损和受载形变导致接触误差,进而产生相对滑动,出现微凸峰的原因是这部分脱齿又重新啮合而造成的冲击,磨损加剧的原因为磨损后压力增加而导致对应磨损系数变大。对比磨损系数取定值所得结论:在分布上存在较大差异,特别在靠近齿根齿顶出现微突峰;在数值上,双峰区域磨损深度明显增大,靠近齿根齿顶显著减小,整体差异随磨损次数增加而加剧。由此可知考虑接触位置条件差异的磨损因数对齿面磨损仿真的必要性。考虑磨损因数演化结论与从理论上对受力和相对速度分析保持了较好的一致性,可知考虑磨损因数演化结论的正确性。

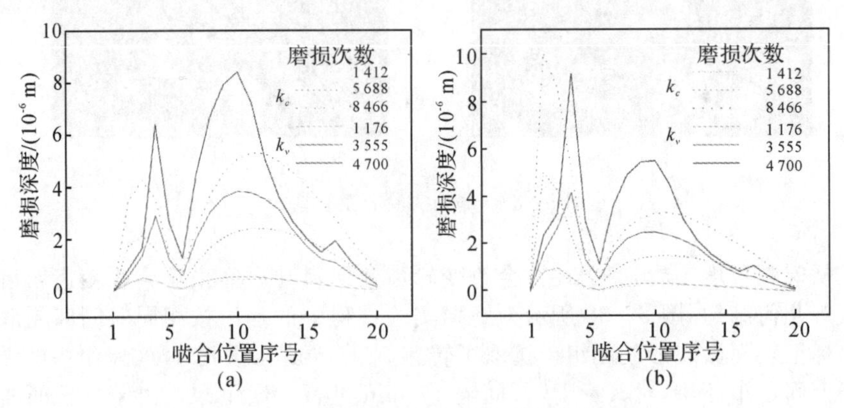

图 8-39　不同磨损时间下沿齿廓的磨损深度

(a) 摆线针齿轮;(b) 针齿轮

6.廓磨损状态的 RV 系统传动误差和啮合刚度

摆线针齿轮齿廓磨损主要影响到 RV 减速器的动态传递误差(TE)和啮合刚度。其基本思路如图 8-40 所示,为避免系统各种类误差间的相互影响,采用控制变量方法,假定系统各其他种类误差均为零,仅存在磨损误差。

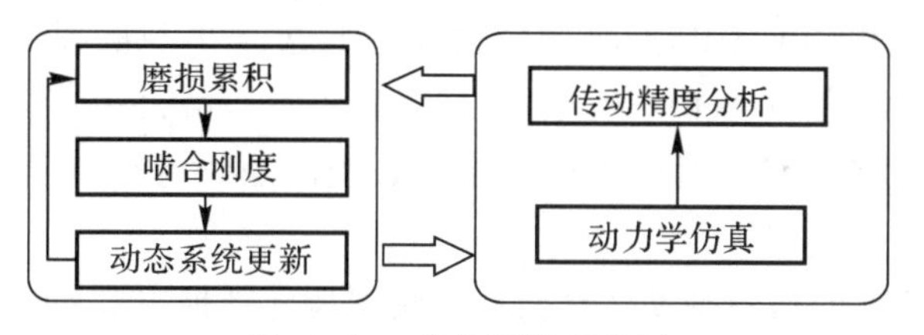

图 8-40　齿轮磨损流程图

(1) 磨损状态的传动误差。以 TE 来表征 RV 减速器精度。在输入轴的一个旋转周期内,定义了 RV 减速器的传动误差当输入轴以任何角度 θ_{in} 旋转时,输出盘的实际旋转角度 θ'_{out} 与理论旋转角度 θ_{out} 之间的相对差。根据传动关系,输出盘的理论旋转角度 θ_{out} 可由输入轴旋转角表示,即

$$\theta_{out}=\frac{\theta_{in}}{i^{T}} \tag{8-45}$$

式中:i^{T} 为传动系统的传动比。

以曲柄公转角为考察对象,RV 传动系统 TE 表示为

$$\Delta\theta=\frac{\theta_{in}}{i^{T}}-\theta'_{out} \tag{8-46}$$

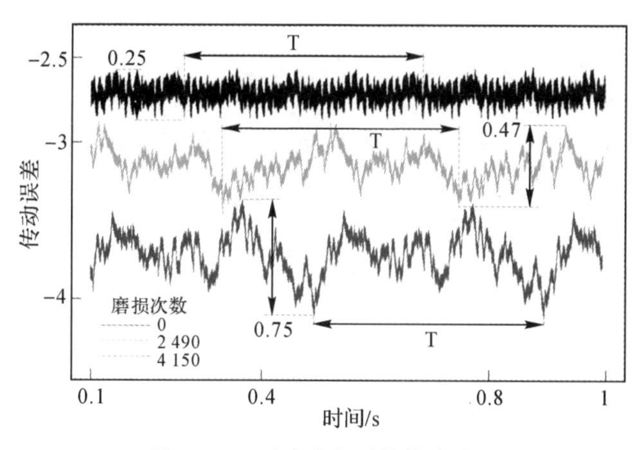

图 8-41　动态磨损下的传动误差

基于 ADMAS 动力学软件,建立了磨损更新的仿真模型,提取了额定输入扭矩条件下输出盘的实际旋转角度。图 8-41 所示为输入轴旋转 5 圈,不同磨损计数的输出轴正向 TE。输入轴旋转 5 圈对应于摆线轮转过 2.4 齿,从图可以看出,TE 曲线也出现 2.4 个周期,这直接说明了摆线针齿低速传动级对 RV 系

统传动性能的重要性，也说明了简化模型的正确性。此外，TE 表现出周期性波动。随着磨损累积，TE 及其振幅加速增大，TE 表现出与磨损深度映射的“双波峰”分布。磨损 4 150 次时，TE 由 2.7′增至 3.75′，增大 38.9%；振幅由0.25′增至 0.75′，增大了 3 倍。可以得出结论，TE 受图摆线齿廓磨损影响显著，并随磨损累积而呈恶化趋势。

(2) 磨损状态的扭转刚度。摆线针齿轮副齿廓磨损主要通过改变齿轮单齿的弹性变形、综合弹性变形以及齿轮的重合度(参与啮合的齿数对)，影响齿轮啮合刚度。摆线针齿轮副多对齿啮合模型为并联结构，将单对齿啮合刚度转化为一与角度有关的扭转刚度，可叠加得到整个等效扭转刚度。依据扭转刚度定义，其数学表达式为

$$k_{\mathrm{T}}=\frac{M}{\Delta\vartheta} \tag{8-47}$$

式中：M 为转矩；$\Delta\vartheta$ 为扭转角，$\Delta\vartheta=\delta/r$。由此可得到第 i 个针轮与摆线轮接触时的扭转刚度为

$$k_{\mathrm{T}i}=k_{\mathrm{H}i}\cdot l_{oi}{}^{2} \tag{8-48}$$

式中：$k_{\mathrm{H}i}$ 为赫兹接触刚度；$l_{oi}=r_{c}\sin(\beta_{i}-\Delta\beta)$，$r_{c}=(a+\Delta e)i_{z}$，$\Delta\beta=\tan^{-1}(e_{\mathrm{cp}i}/l_{i})$。

则可得摆线针齿轮副的啮合刚度为

$$k_{\mathrm{T}}=\sum_{i=1}^{m}k_{\mathrm{H}i}l_{oi}{}^{2} \tag{8-49}$$

考虑磨损对摆线轮上各接触点曲率半径变化的影响，单齿上啮合刚度曲线和系统等效扭转刚度曲线如图 8-42 所示。

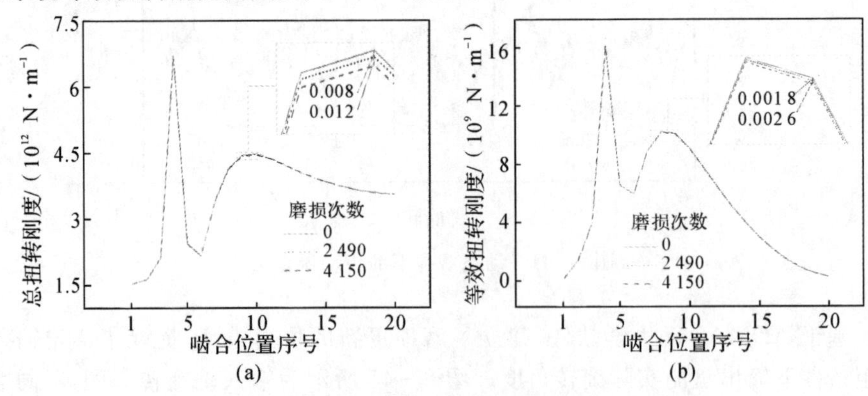

图 8-42　啮合刚度曲线

(a) 单对齿扭转啮合刚度曲线；(b) 等效扭转啮合刚度曲线

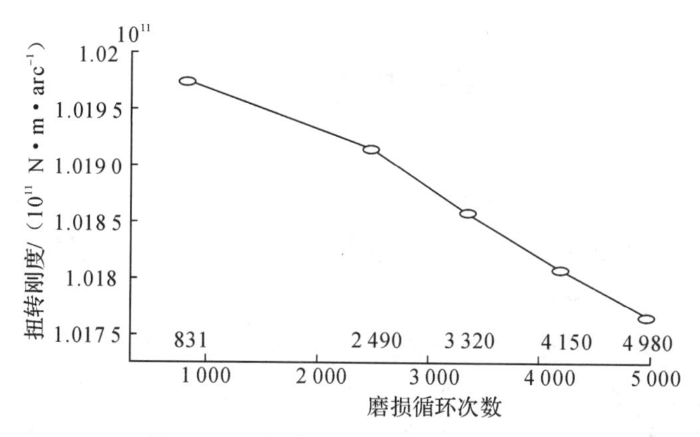

图 8－43 扭转啮合刚度随磨损的变化

摆线齿轮单齿啮合刚度和等效扭转啮合刚度曲线因齿面接触磨损而减小，曲线沿啮合序号呈现非对称“双驼峰”形分布，靠近齿顶齿根位置点扭转刚度小。随着磨损累加，单齿啮合刚度和等效扭转啮合刚度减速加快。考虑磨损、受载形变对摆线轮接触状态的影响，得到图 8－43 所示的摆线针齿等效扭转刚度变化曲线。因磨损和受载形变共同作用而造成脱齿发生，同时进行啮合的齿对数减少，摆线针齿的等效扭转刚度出现分段线性减小。在磨损循环 2 490 次前阶段，其减速（斜率）小；在磨损循环 2 490 次后，其减速（斜率）较大，其原因为：脱齿从齿顶和齿根开始出现，参照图 8－42(b)，靠近齿顶齿根位置点扭转刚度小，因而开始阶段，脱齿对整体刚度影响小，其减速缓慢。算例在干摩擦情况下以微动磨损模型对齿廓磨损仿真及预测，在进行齿廓磨损量化时，选用了适用于微动磨损且被最广泛应用的 Archard 模型，改进磨损累计方式缩短了计算时长。为避免其它误差影响，全程将磨损误差作为单一齿廓误差变量，着重讨论齿廓磨损对动态传递误差、啮合刚度和扭转刚度影响规律。对比磨损因数取定值所得磨损曲线，在分布和数值上差异增加，得出考虑接触位置条件差异的磨损系数对齿面磨损仿真的必要性。对提高减速器减磨减振提供了新的思路和理论基础。尽管采用 ABAQUS 软件中的 ALE（自适应网格）自编子程序可进行磨损仿真，但其考虑微观表面结构变化情况很难设定合理的动态摩擦参数，网格节点收缩量（ULOCAL）中网格的方向和赋值（UREF 对应于数值仿真中的磨损系数）仍需根据基础实验获得，并外软件求解平面上的简化模型相对容易，对空间曲面很难进行磨损演化仿真，因而仅以实验求取磨损因数。

参考文献

[1] 温诗铸,黄平.摩擦学原理[M].北京:清华大学出版社,2012.

[2] BHUSHAN B. Principles and applications of Tribology[M]. New York: John wiley & Sons,1998.

[3] 周仲荣,朱旻昊.复合微动磨损[M]. 上海:上海交通大学出版社,2004.

[4] 谢友柏.摩擦学的三个公理[J].摩擦学学报,2001(3):161-166.

[5] 葛世荣,朱华.摩擦学的分形[M]. 北京:机械工业出版社,2005.

[6] ARCHARD J F. Contact and rubbing of flat surfaces [J]. Journal of Applied Physics,1953,24(8): 981-988.

[7] 克拉盖尔斯基,等.摩擦磨损计算原理[M].汪一麟,等译.北京:机械工业出版社,1982.

[8] FLODIN A,ANDERSSON S. Simulation of mild wear in spur gears[J]. Wear,1997,207(1/2):16-23.

[9] SAINSOT P,VELEX P,DUVERGER O. Contribution of gear body to tooth deflections:a new bidimensional analytical formula [J]. Journal of Mechanical Design,2004,126(4):748-752.

[10] 张荣华,曹莉,周建星,等.行星齿轮传动的齿面动态磨损特性[J].西安交通大学学报,2021,55(8):42-48.

[11] CONELL R W. Compliance and stress sensitivity of spur gear teeth [J]. Journal of Mechanical Design,1981,103(2):447-458.

[12] LANKARANI H M,NIKRAVESH P E. A contact force model with hysteresis damping for impact analysis of multibody systems [J]. Journal of Mechanical Design,1990,112(3): 368-376.

第9章 齿轮传动系统振动噪声分析

齿轮传动是各种机械装备中应用最广泛的动力和运动传递形式，具有结构紧凑、效率高、寿命长等特点。齿轮传动的工作状态极为复杂，不仅有原动机和负载波动引入的外部激励，还存在由时变啮合刚度、齿轮误差和啮入/啮出冲击等引起的内部激励，使其成为传动系统的主要振源，影响装备的整体性能。直升机舱内噪声通常较固定翼飞行器高 20～30 dB，并且主减为主要激励源；而机动车振动噪声也主要来源于齿轮箱；对于机床来说，控制齿轮噪声是降低机床噪声的重要手段；齿轮箱的性能直接影响着整个系统的工作特性，而齿轮箱及轴系传递的振动又是产生舰船辐射噪声的主要根源[1]。齿轮装置的噪声控制水平不仅体现一个制造企业的综合实力，而且直接受到有关环保法规的制约。因此，如何降低齿轮箱的振动噪声问题是研究人员急需解决的一个热点问题。

本章提出齿轮系统动力学与 FEM/BEM 相结合的齿轮箱振动噪声分析方法，并运用该方法拟合了考虑齿轮精度等级的齿轮箱噪声预估公式，通过实验验证振动噪声分析方法与预估公式的有效性，建立齿轮传动系统动力学模型，分析齿轮箱辐射噪声，系统地讨论各种参数对齿轮箱振动噪声的影响，对齿轮箱结构实施低噪声改进。

9.1 齿轮箱振动噪声数值分析方法

随着有限元法（Finite Element Method）、边界元法（Boundary Element Method）和无网格（Mesh-less Method）等数值分析方法的日趋成熟，为结构振动噪声的研究提供了有力的支持[2-4]。在对齿轮箱振动噪声方面的研究中，常用的数值方法包括有限元法、边界元法、有限元边界元法、统计能量分析方法等。

9.1.1 有限元方法

有限元法通过单元将结构离散化，能够较好地描述结构特征，在结构动态特性分析中得到了较为广泛的应用[5-10]。

声学有限元始于英国 Perkins 公司的一项研究计划，采用加权余量法求解声辐射的 Helmholtz 方程，适用于内场声辐射问题，如室内噪声、汽车驾驶室等[11]。但要保证计算精度，计算单元的长度应为分析波长的 1/6～1/10。随着计算频率的升高，单元的密度需大幅增加，计算规模也随之急剧增大，因此在实际应用中，有限元法主要应用于求解低频声辐射。对于外场声辐射问题，采用该方法，势必要对外声场空间划分大量的网格，造成计算困难。对齿轮箱大多只关心外场噪声，故有限元法应用较少。

9.1.2 边界元方法

20 世纪 80 年代，Seybert 将等参数单元引入边界积分方程中，极大地提高了声辐射的计算效率与精度，并给出了任意结构表面声辐射和声散射边界积分方程系数的计算格式，使边界积分方程适用于任意非规则的封闭声腔结构[12]。

边界元法仅需在定义域的边界上划分单元，可大大减少单元，从而大量减少数据量，缩短了计算时间。同时，边界元法在求解域内是解析的，具有解析与离散相结合的特点，因而精度较高。边界元法的求解误差主要来源于边界单元的离散，计算累积误差小，便于控制，在齿轮箱噪声辐射分析中得到了较为广泛的应用。但是在声辐射分析中，边界元法还存在弹性边界较难确定的不足，一般还需借助其他途径求取边界。

9.1.3 有限元/边界元法

为克服有限元法和边界元方法求解结构振动噪声的不足，并且发挥各自的优点，可以采用有限元法求解齿轮箱结构在动态激励作用下的响应，再以其表面振动作为 BEM 模型的边界进行噪声辐射分析。

9.1.4 统计能量分析

统计能量分析采用振动能量作为主要变量进行数值分析，可以直观地得到能量传输途径，为减振降噪提供指导，避免了其他方法中力、力矩、速度等变量之间的换算，从振动能量也可以很容易得到结构的振动响应。该方法虽不能预测某一局部的精确噪声值，但能准确获得某个子系统的整体平均噪声水平。经过 50 多年的发展。该理论被广泛应用于航空航天、船舶、车辆和建筑等领域的声振环境预测上，取得了丰硕的成果，是目前高频随机振动计算中公认有效的方法。

对于高速运转的齿轮系统，激励中包含大量高频成分，若采用有限元法会造成齿轮箱响应频带宽，分析频率高等问题。为减小结构离散误差，必须采用极小的离散网格，这样又会导致模型自由度过多，故有学者开始采用统计能量分析方法来研究齿轮箱振动噪声。

由于 FEM/BEM 方法的独特优势，在已有的齿轮箱振动噪声数值分析研究中，该方法应用最为广泛。

9.2　齿轮箱振动噪声数值分析原理

9.2.1　声学边界元方法

所谓理想流体介质，就是介质在运动过程中没有能量损耗，即介质为非黏性。推导声学波动方程时，假定流体介质为理想的介质。这时声波的连续振动作为一个宏观的物理现象，必然满足 3 个基本的物理定律，即牛顿第二定律、质量守恒定律及描述压强、温度与体积等状态参数关系的物态方程为

运动方程为

$$\rho \frac{\mathrm{d}v}{\mathrm{d}t}=-\frac{\partial p}{\partial x} \tag{9-1}$$

式(9－1)描述了声场中声压 p 与质点速度 v 之间的关系。

连续性方程为

$$-\frac{\partial}{\partial x}(\rho v)=\frac{\partial p}{\partial t} \tag{9-2}$$

式(9－2)描述介质质点速度 v 与密度 ρ 间的关系。

物态方程为

$$\mathrm{d}P=\left(\frac{\mathrm{d}p}{\mathrm{d}\rho}\right)_{\mathrm{s}}\mathrm{d}\rho \tag{9-3}$$

式(9－3)描述了声场中压强 p 的微小变化与密度的微小变化之间的关系；s 表示绝热过程。

在三维声场中，声场在 X、Y、Z 三个方向上都不均匀，此时介质的 3 个基本方程乃至波动方程的推导类似于一维情形，不同的是还要涉及 Y、Z 方向压强的

变化而作用在体积元上的力，体积元的速度也不是恰好在 X 方向，而是一个空间矢量，经推导，可得均匀的理想流体介质里，小振幅声波声压 p 的三维波动方程为

$$\nabla^2 p' - \frac{1}{c_0^2}\frac{\partial^2 p'}{\partial t^2} = -\rho_0 \frac{\partial q'}{\partial t} \tag{9-4}$$

式中：∇为拉格朗日算子，且$\nabla^2 = \frac{\partial^2}{\partial x^2} + \frac{\partial^2}{\partial y^2} + \frac{\partial^2}{\partial z^2}$；$c_0$ 为流体介质中的声速。

通常情况下，人们感兴趣的是在稳定简谐波激励下引起的稳定声场，因为相当多的声源都是作简谐振动，根据傅里叶级数或者傅里叶变换，任意时间的振动都可以看作是多个简谐振动的积分。

设

$$p' = p(x,y,z) \cdot e^{jwt'} \tag{9-5}$$

$$q' = q(x,y,z) \cdot e^{jwt} \tag{9-6}$$

代入式(9-4)中，得到 Helmholtz 方程为

$$\nabla^2 p(x,y,z) - k^2 p(x,y,z) = -j\rho_0 wq(x,y,z) \tag{9-7}$$

式中：$k = w/c = 2\pi f$，c 为波数；f 为频率。

内声场通常是指在一个封闭的流体空间，周围被结构或固体所包围，周围的结构产生振动向封闭的流体空间中辐射声音。外声场是指一个封闭的结构或者固体的外侧的流体空间，这个空间是从结构或者固体的外表面到无限远处，因此是一个无限大空间。齿轮箱辐射噪声为齿轮箱结构向外界环境辐射的噪声，属于外场声辐射问题。

外声场的边界由两部分构成，封闭的边界和无限远处的边界，如图 9-1 所示。在封闭边界上，可以分为声压边界条件 W_p、速度边界条件 W_v，即

$$p(r) = \bar{p}(r), \quad r \in \Omega_p \tag{9-8}$$

式中：$\bar{p}(r)$为 W_p 上的已知声压值。

$$v_n(r) = \frac{j}{\rho_0 w}\frac{\partial \rho(r)}{\partial n} = \bar{v}_n(r), \quad r \in \Omega_v \tag{9-9}$$

式中：n 为边界的法向方向；$\bar{v}_n(r)$为 Ω_v 的法线速度。

声阻抗边界条件

$$p(r) = \bar{Z}(r) \cdot v_n(r) = \frac{j\bar{z}(r)}{\rho_0 \omega}\frac{\partial p(r)}{\partial n}, \quad r \in \Omega_Z \tag{9-10}$$

Helmholtz 方程的解 $p(r)$应满足

$$\lim_{|r \to +\infty|} |r| \left[\frac{\partial p(r)}{\partial |r|} + jkp(r)\right] = 0 \tag{9-11}$$

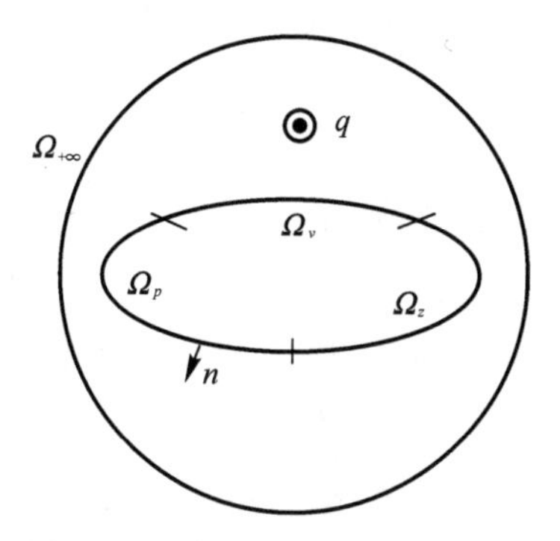

图 9－1　封闭外声场的边界条件

边界元方法求解外场声辐射时，需要把边界 Ω_a 离散成许多单元（Ω_{ae}）和节点，每个单元内部任意点的声压 p 和法向速度 v_n 可以由属于该单元的节点上的声压 a_{pi} 和法向速度 a_{vi} 与单元的形函数 N_i^e 来表示，即

$$p(r_a)=\sum_{i=1}^{n_e}N_i^e(r_a)\cdot a_{pi},\quad r_a\in\Omega_{ae}\tag{9-12}$$

$$v_n(r_a)=\sum_{i=1}^{n_e}N_i^e(r_a)\cdot a_{vi},\quad r_a\in\Omega_{ae}\tag{9-13}$$

式中：ne 为某个单元 Ω_{ae} 上的节点数量。

在直接边界元中，往往是已知了部分节点的声压和振动速度，对于声压和振动速度未知的节点，例如节点 b，也就是 $r_a=r_b$，有

$$\boldsymbol{A}_b\{p_i\}=\mathrm{j}\rho_0\omega\boldsymbol{B}_b\{v_{ni}\},\quad b=1,2,\cdots,n_a\tag{9-14}$$

式中：系数矩阵 $\boldsymbol{A}_b$ 和 $\boldsymbol{B}_b$ 都是（$1\times n_a$）矩阵，其元素分别为

$$A_{bi}=\delta_{bi}\left[1+\frac{1}{4\pi}\int_{\Omega_a}\frac{\partial}{\partial n}\left(\frac{1}{|r_b-r_a|}\right)\cdot\mathrm{d}\Omega(r_a)\right]-\int_{\Omega_a}N_i(r_a)\frac{\partial G(r_b,r_a)}{\partial n}\cdot\mathrm{d}\Omega(r_a)$$

$$B_{bi}=\int_{\Omega_a}N_i(r_a)G(r_b,r_a)\cdot\mathrm{d}\Omega(r_a)\tag{9-15}$$

式中：δ_{bi} 为 Kronecker 符号；$G(r_b,r_a)$ 为格林函数；且有

$$\delta_{bi}=\begin{cases}0, & b\neq i\\ 1, & b=i\end{cases}\tag{9-16}$$

$$G(r_b,r_a)=\frac{\mathrm{e}^{-\mathrm{j}k|r_b-r_a|}}{4\pi|r_b-r_a|}\tag{9-17}$$

$G(r_b,r_a)$ 满足

$$\Delta^2G(r_b,r_a)+k^2G(r_b,r_a)=-\delta(r_b,r_a)\tag{9-18}$$

对于边界元网格 Ω_a 上的节点 $b(b=1,2,\cdots,n_a)$ 均使式(9-19)成立，写成矩阵形式，为

$$\boldsymbol{A}\{P_i\}=\mathrm{j}\rho_0\omega\boldsymbol{B}\{v_{ni}\} \tag{9-19}$$

式中：$\boldsymbol{A}$ 和 $\boldsymbol{B}$ 均为 $(n_a\times n_a)$ 的矩阵，由 A_b 和 B_b 构成。

对于声场 V 中不在边界元 Ω_a 上的任意一点 r 处的声压 $p(r)$，可以由边界元 Ω_a 上的声压 $\{P_i\}$ 和法向振动速度 $\{v_{ni}\}$ 积分得到，即

$$p(r)=\{C_i\}^{\mathrm{T}}\{p_i\}+\{D_i\}^{\mathrm{T}}\{v_{ni}\},\quad r\in V \text{ 且 } r\notin\Omega_a \tag{9-20}$$

式中：系数向量 $\{C_i\}$ 和 $\{D_i\}$ 的元素分别为

$$C_i=\int_{\Omega_a}N_i(r_a)\frac{\partial G(r,r_a)}{\partial n}\mathrm{d}\Omega(r_a),\quad i=1,2,\cdots,n_a,\ r\in V \text{ 且 } r\notin\Omega_a$$

$$D_i=\mathrm{j}\rho_0\omega\int_{\Omega_a}N_i(r_a)G(r,r_a)\cdot\mathrm{d}\Omega(r_a),\quad i=1,2,\cdots,n_a,\quad r\in V \text{ 且 } r\notin\Omega_a$$

9.2.2 齿轮箱啸叫噪声(Gear Whine Noise)分析

根据齿轮箱不同的工作状态，可将其振动噪声分为两种：一种为啸叫噪声(Gear Whine Noise)；另一种为拍击噪声(Gear Rattle Noise)。

1. 啸叫噪声

啸叫噪声是指在齿轮动态啮合力作用下，传动系统中各零部件产生的振动所引起的声辐射。齿轮箱噪声辐射原理如图9-2所示。

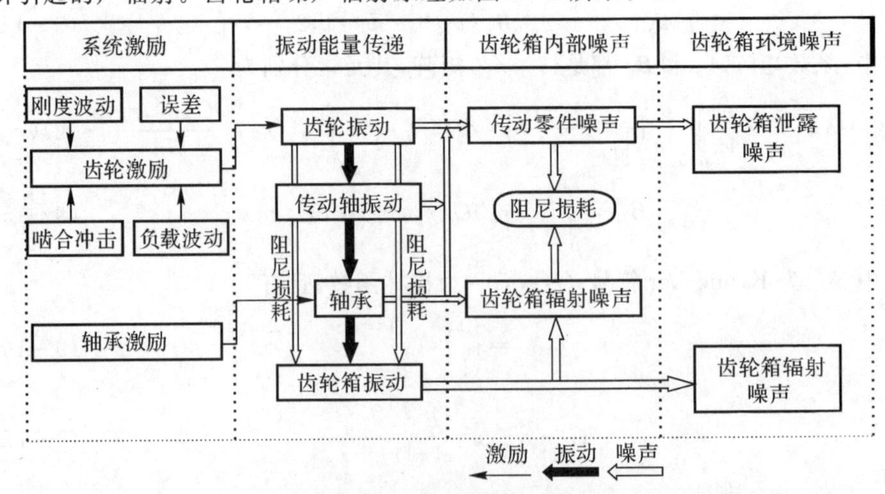

图9-2 齿轮箱啸叫噪声机理

齿轮箱内部激励源主要由齿轮激励和轴承激励两部分组成，现有齿轮箱振动噪声的研究，大多仅考虑齿轮激励。由于齿轮时变啮合刚度及误差等激励的作用，齿轮结构产生振动，并通过传动系统（轴和轴承）传给齿轮箱，最终使箱体发生振动。在该过程中，各振动零件均会辐射噪声，依据辐射噪声的位置可以将齿轮箱噪声划分为齿轮箱的内部噪声和外部噪声。齿轮箱内部噪声，主要是由传动系统（包括齿轮、轴、轴承等）以及齿轮箱壁板的振动所产生的在齿轮箱内部的噪声组成。内部噪声一部分会由于内部阻尼损耗逐渐衰减，另一部分则通过齿轮箱间隙或者声波的穿透传递于齿轮箱外，称为泄露噪声。齿轮箱外部噪声主要由齿轮箱壁板外表面振动所产生的噪声以及泄露噪声组成。

由于齿轮啮合力所产生的大部分能量都传到了齿轮箱，并且对于闭式齿轮传动，齿轮箱对内部噪声具有隔离和屏蔽作用[12]，同时，也是与空气接触面积最大的振动体，故可认为齿轮箱啸叫噪声主要为齿轮箱振动辐射噪声。

2. 拍击噪声

由于润滑的需要，加工、安装等误差的影响及使用过程中的磨损作用，在啮合轮齿间存在齿侧间隙，当齿轮系统传递的载荷较大时，轮齿的啮合表面始终处在接触状态，齿侧间隙不会对传动系统的动态特性产生影响。但是，在轻载高速的工况下，由于齿侧间隙的存在，在齿轮间会产生接触、脱离、再接触的重复冲击现象，从而引起强烈的振动称为拍击振动，由此产生的噪声称为拍击噪声。如图9-3所示，提出拍击振动噪声将随着激励频率和幅值的增大而增强。

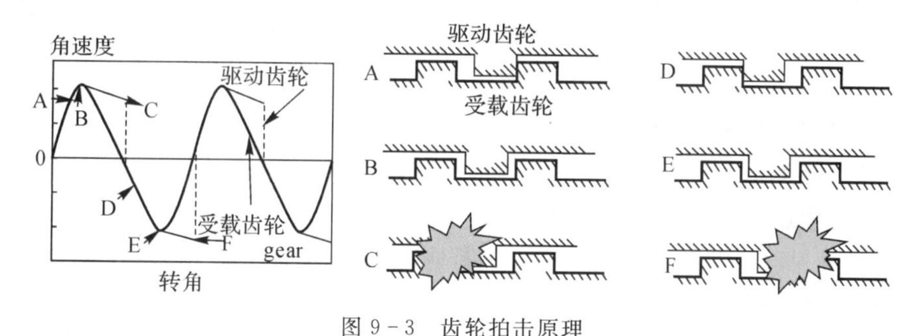

图9-3　齿轮拍击原理

进行声场边界元分析时，需要以结构表面法向振动加速度为边界条件，而这些数据主要通过其他数值方法（如有限元法）计算或者通过试验测得。本章所建立的齿轮箱振动噪声分析方法分析流程如图9-4所示，整个分析流程可以划分为齿轮箱动态激励计算，齿轮箱模态分析，边界元模型构建，齿轮箱动响应计算及声辐射分析共五大模块。在上述分析过程中，若能合理地对齿轮箱振动激励进行等价，求取轴承动载荷，则FEM/BEM方法可以有效求解齿轮箱噪声辐射。

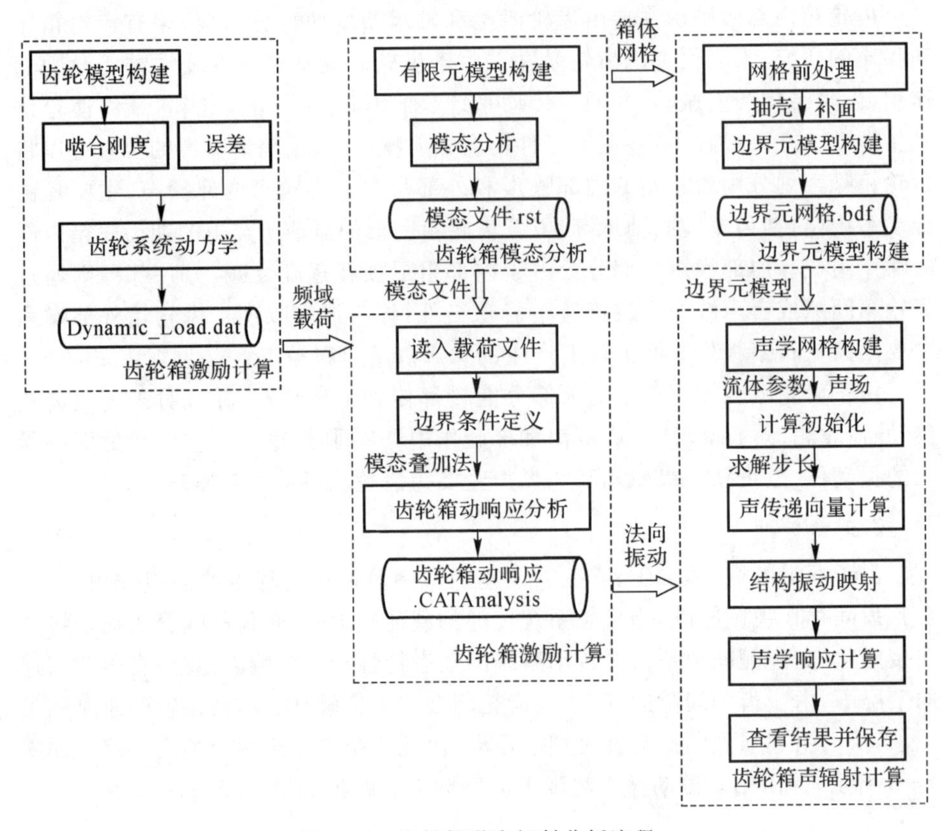

图 9-4　齿轮箱噪声辐射分析流程

3. 齿轮激励与轴承刚度

(1) 刚度激励。通常齿轮重合度不是整数，在啮合过程中同时参与啮合的轮齿对数随运转时间呈周期性地变化。由于齿轮是具有分布质量和弹性的连续系统，随着啮合齿对数在啮合周期内不断地交替，轮齿的弹性变形也在发生周期性变化。具体刚度计算参考本书第 2 章内容。

(2) 误差激励。在实际应用中，齿轮的加工与安装不可避免地存在误差，此时，啮合齿廓将偏离理论位置。由于误差的时变性，这种偏离就形成了啮合过程中的一种位移激励。在齿轮动力学中，将这种误差引起的位移激励称为误差激励。

对于误差激励，可采用简谐函数进行模拟，并假设在一个啮合周期中误差以正弦函数形式波动表示。将轮齿误差表示为

$$e(t)=e_r\sin(\omega t/T_m+\varphi) \tag{9-21}$$

式中：e_r 为误差幅值，T_m 为齿轮啮合周期，w 为主动轮角速度；f 为相位角。

（3）滚动轴承刚度。在齿轮传动系统中，轴承是传动轴的支撑零件，同时，也是传递系统振动的介质。因此，轴承的刚度对整个齿轮系统的动态特性具有重要影响。因此，合理地对轴承进行等效，是分析齿轮系统的重要组成部分。由于轴承质量通常比其他零件（齿轮、传动轴、箱体）质量小得多，故可以忽略不计，因此轴承的建模主要是确定轴承结构的刚度。

滚动轴承的径向刚度为

$$k_b = F/(\delta_1 + \delta_2 + \delta_3) \tag{9-22}$$

式中：F 为径向负载；d_1 为轴承径向弹性变形；d_2 为轴承外圈与箱体孔的接触变形；d_3 为轴承内圈与轴径的接触变形。

4. 轴承动载荷计算

通过齿轮系统动力学方法对轴承动载荷进行求解。具体求解方法参考本书第 3 章内容。

齿轮箱输入转速为 1 000 r/min，功率为 10 kW，求解式得到各轴承动载荷，其时域历程与频谱如图 9－5 所示，可以看到，轴承动载荷成周期性变化，由于轴承的弹性支撑作用，并且传动系统一阶固有频率（1 485 Hz）远大于齿轮啮合频率（333 Hz），啮合频率成分并未传递至箱体，轴承动载荷中相应高阶成分较为明显。输入端轴承动载主要频率成分为齿轮副啮合频率（333 Hz）的 3 次、4 次及 5 次谐波成分，其中 5 次谐波成分能量最大；输出端轴承动载荷主要频率成分为 3 次和 4 次谐波成分，其中 4 次谐波能量最大。

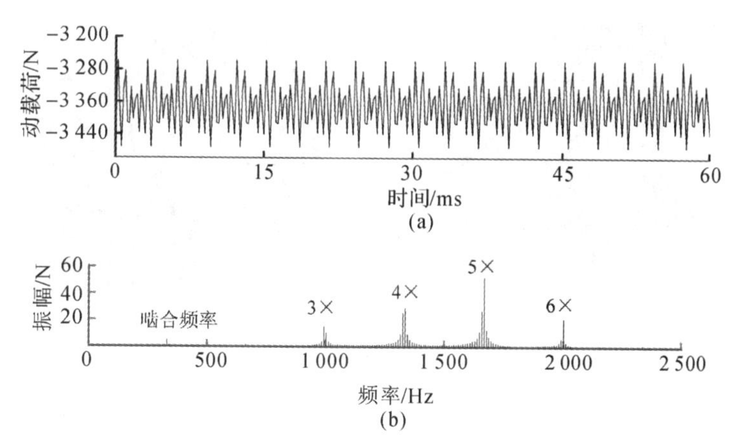

图 9－5　轴承动载荷及频谱

(a)输入端轴承动载荷时域历程；(b)输入端轴承动载荷频谱

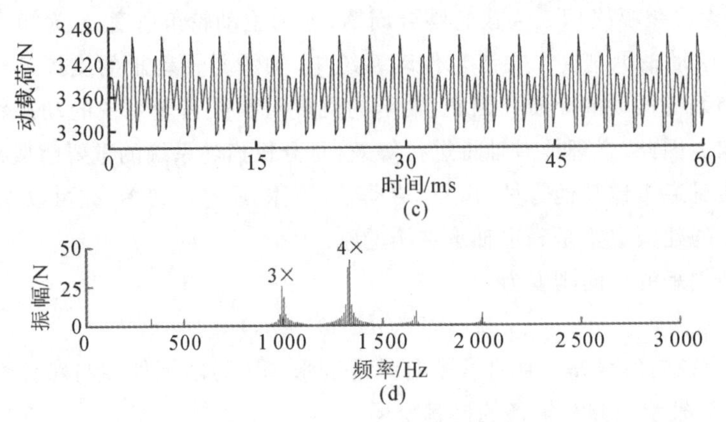

续图 9-5 轴承动载荷及频谱

(c)输出端轴承动载荷时域历程;(d)输出端轴承动载荷频谱

5.齿轮箱有限元模型

齿轮箱箱体模型如图 9-6 所示,齿轮箱主要结构尺寸为长×宽×高=370×190×310 (mm)。模型构建时,对结构中较小的倒角及细小特征进行了适当简化。

齿轮箱有限元模型如图 9-7 所示,齿轮箱材料为钢材:其弹性模量 $E=2.0\times10^{11}$ Pa;泊松比 $\nu=0.3$;密度 $\rho=7\ 800\ \mathrm{kg/m^3}$。采用四面体网格对齿轮箱进行网格划分,共划分节点 40 963 个,单元 146 238 个。

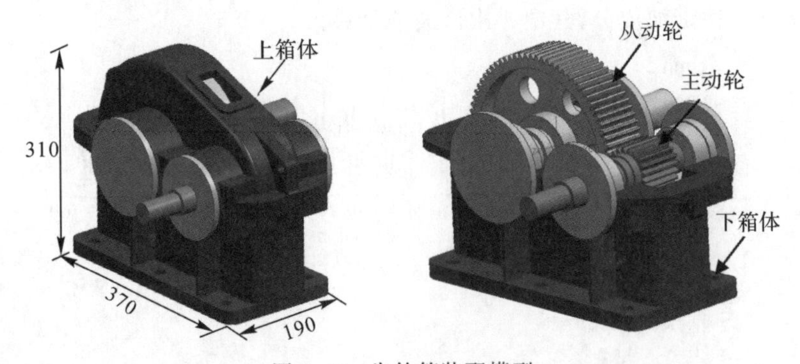

图 9-6 齿轮箱装配模型

齿轮系统动态激励通过轴承传递至齿轮箱,在结构动响应计算中仅可对结构施加集中载荷。故为便于加载,在轴承中部建立中心节点,生成集中质量单元,并与轴承内壁表面节点定义各自由度的耦合关系。

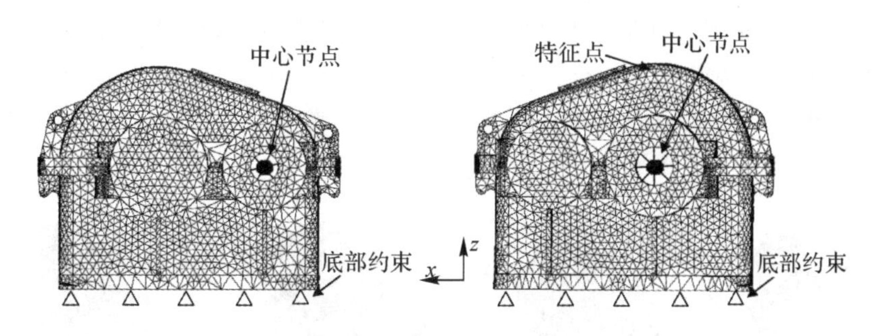

图 9-7　齿轮箱有限元模型

6. 齿轮箱模态分析

模态分析用于确定设计结构或机械部件的振动特性,即结构的固有频率和振型,它们是结构动态特性的重要参数。由于齿轮箱底部通过螺栓与基础相连接,故对齿轮箱底部施加固定约束。

采用 Lanczos 法对齿轮箱进行模态计算,齿轮箱固有频率见表 9-1,传动系统固有频率通过系统动力学方程得到。

表 9-1　齿轮箱固有频率　　单位:Hz

齿轮箱固有频率					
阶数	频率	阶数	频率	阶数	频率
1	676.52	6	2 732.2	11	3 798.9
2	1 339.9	7	2808	12	3 802.4
3	1 546.9	8	2 920.4	13	3 973.2
4	1 664.2	9	3 273.2	14	4 343.2
5	2 389	10	3 351.4	15	5 098
齿轮箱固有频率					
阶数	频率	阶数	频率	阶数	频率
1	1 485.4	2	2 049.4	3	5 361.7

齿轮箱前 8 阶固有振型如图 9-8 所示。图示箭头表示结构振动方向,由于下箱体底部有螺栓约束及加强肋的支撑作用,故振动幅度较小,上箱体振动相对较为强烈。

7. BEM 模型构建

由于声学边界元模型与有限元模型具有相关性,故在边界元模型构建时,可在有限元模型的基础上，经过适当修整形成。采用壳体单元对输入端和输出端轴承孔补面，使齿轮箱成为全封闭体；提取齿轮箱外表面单元，并进行网格重新划分，以得到较为规则的边界元模型。以齿轮箱为中心，以 1 m 为半径，建立半球面声场如图 9-9 所示。

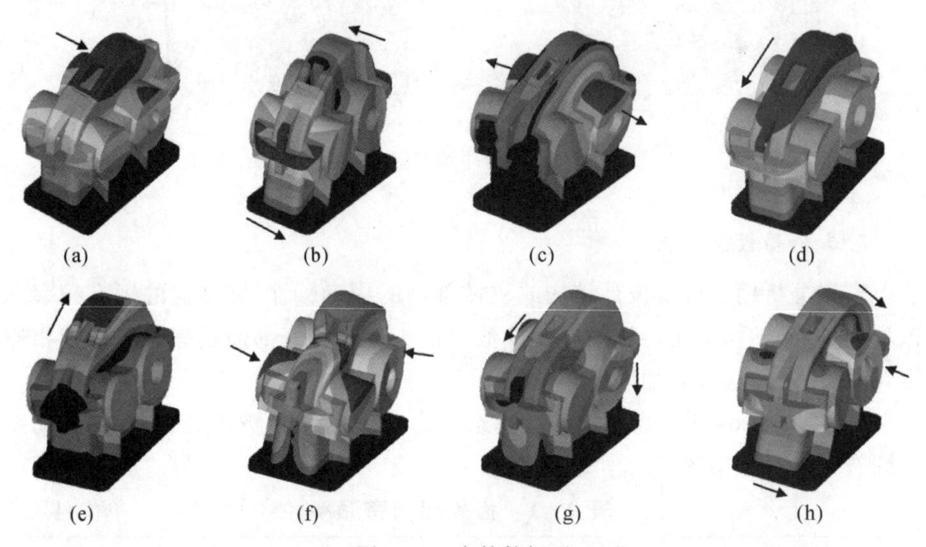

图 9-8　齿轮箱振型

(a)第 1 阶；(b)第 2 阶；(c)第 3 阶；(d)第 4 阶；(e)第 5 阶；
(f)第 6 阶；(g)第 7 阶；(h)第 8 阶

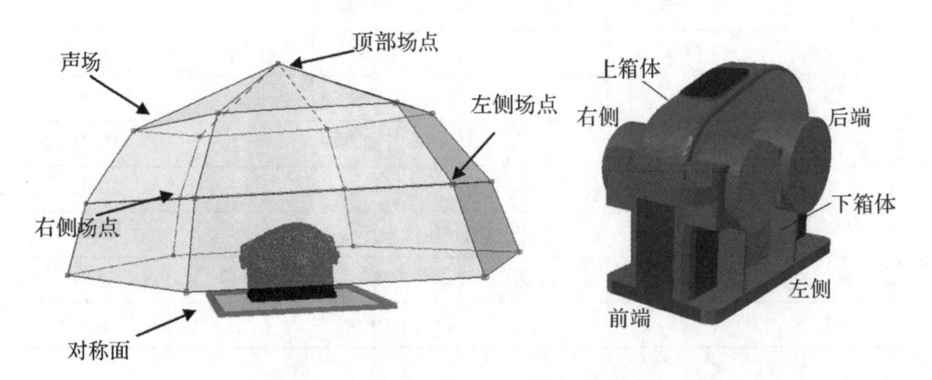

图 9-9　齿轮箱声场场点分布与方位

为保证数据输入的正确性和节点的对应性，边界元网格与有限元网格采用相同的划分方式。计算时取声速为 341 m/s，空气密度为 1.21 kg/m^3，步距为 10 Hz。为提高效率，减少的重复计算，分析中引入声传递向量方法(Acoustic Transfer Vector)。

8. 声传递向量

在小压力扰动情况下，可以认为声学方程是线性的，可以在声场的某场点和表面振动速度之间建立线性输入/输出关系。若把表面振动速度细化到有限数量的单元或者振动面板上，可以得到矩阵方程：

$$\boldsymbol{p} = \mathbf{ATM} \cdot v_n \tag{9-23}$$

式中：$\boldsymbol{p}$ 为声场中的声压向量；**ATM** 为声传递矩阵（ATM，Acoustic Transfer Matrix）。

取$\{v_n\}$为表面速度列向量，场点内某点的声压级为 P，变换得到 ω 频率下的关系式：

$$P(\omega) = \{\mathrm{ATV}(\omega)\}^{\mathrm{T}} \cdot \{v_n(\omega)\} \tag{9-24}$$

式中：ATV 为声传递向量；ω 为角频率。

通过声传递向量将声场某点处的声压与模型的振动速度之间建立起联系，如图 9-10 所示。ATV 的物理意义可理解为单元或节点在特定频率下的单位速度在场点引起的声压值。

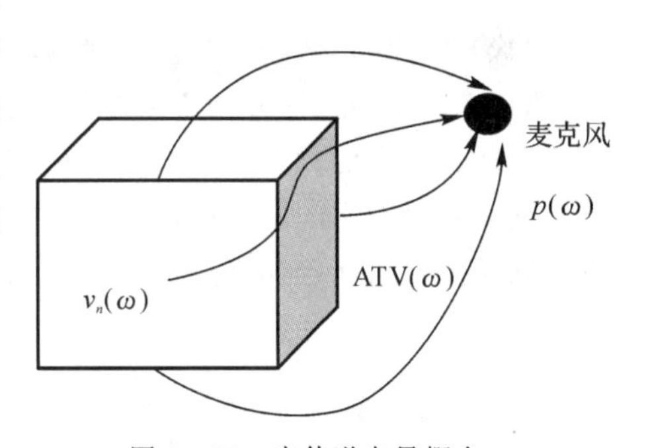

图 9-10　声传递向量概念

9. 齿轮箱辐射振动噪声

求解得到齿轮箱噪声谱，如图 9-11 所示。

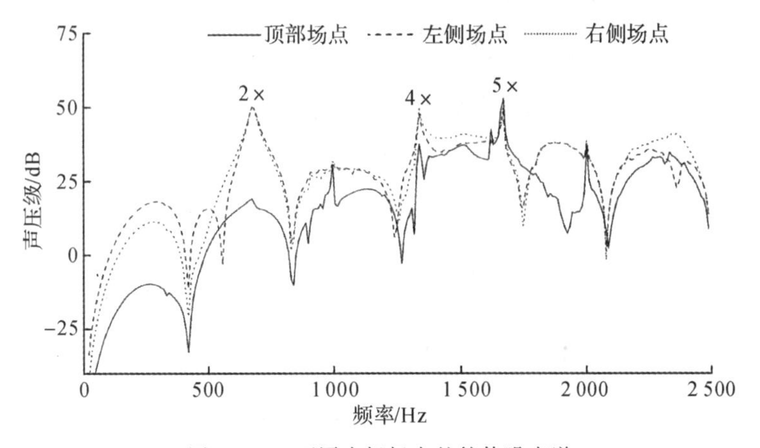

图 9-11　不同声场场点的箱体噪声谱

由于齿轮箱以扭转振动为主，顶部法向振动分量不大，故顶部场点噪声明显小于两侧;轴承两侧场点呈对称分布,其声压级分布曲线基本一致,并均在齿轮啮合频率的 2 倍频,4 倍频及 5 倍频位置产生了峰值,其中由于齿轮箱一阶固有频率(676.52 Hz)与 2 倍频(666 Hz)较为接近,且为两侧的摆动,故在 2 倍频位置齿轮箱两侧噪声明显大于顶部噪声;在轴承动载荷中 4 次、5 次谐波成分能量均比较大,故在 4 倍频及 5 倍频位置也产生了明显峰值。由此可见,齿轮箱的辐射噪声不仅受齿轮箱结构的动态特性的影响,还与传动系统动态特性和振动的传递有密切的关系。

9.2.3 齿轮箱拍击噪声(Gear Rattle Noise)分析

1.齿轮副碰撞振动模型构建

当传动系统负载较小甚至负载为零时,由于负载无法使两齿面保持持续贴合,故从动轮瞬时加速并与主动轮发生分离,就此往复。该过程中,齿轮在啮合过程中通过轮齿的相互接触来传递碰撞力合力,本书采用 Hertz 接触力学模型可以描述接触面之间的弹性作用。齿轮副碰撞振动模型如图 9 - 12 所示,图中齿轮副两齿面由接触弹簧连接,k_c 表示齿面接触刚度。

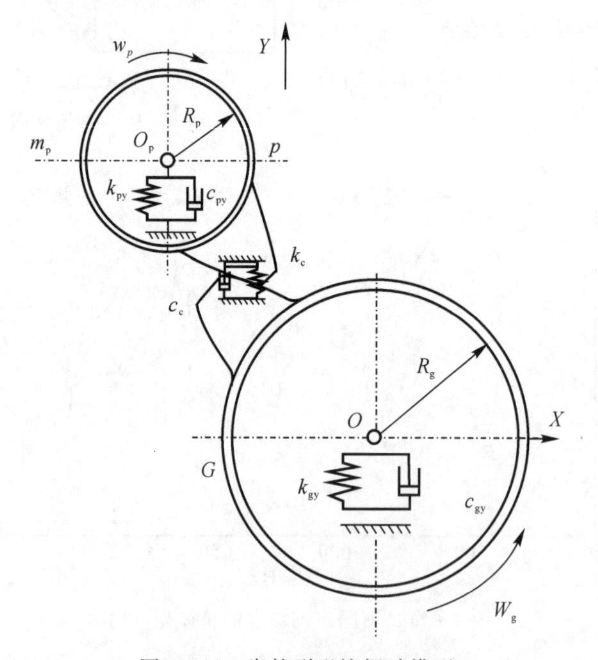

图 9 - 12　齿轮副碰撞振动模型

在齿轮碰撞振动过程中，由可将两个接触轮齿看出发生相互碰撞的质体，接触面法向为啮合线方向，考虑到材料阻尼，广义的 Hertz 公式具有如下形式：

$$F_{\mathrm{Kpg}}=k_{\mathrm{cpg}}\delta_{\mathrm{pg}}^{n}+D_{\mathrm{cpg}}(x)\dot{\delta}_{\mathrm{pg}},\quad n=1.5 \tag{9-25}$$

式中：d 为两个质体接触面法向相对形变量；$\dot{\delta}$ 为相对接触速度。阻尼系数为 $D(x)=\lambda x^{n}$，其中 λ 为滞后阻尼系数。$k_{\mathrm{csp}i}$ 为弹性力学中的 Hertz 刚度，它取决于材料特性和曲率半径，可用表示为

$$k_{\mathrm{cpg}}=\frac{4}{3\pi(h_1+h_2)}\left[\frac{r_{\mathrm{p}}r_{\mathrm{g}}}{r_{\mathrm{p}}+r_{\mathrm{g}}}\right]^{1/2}h_i=\frac{1-\nu_i^2}{\pi E_i},\quad i=p,g \tag{9-26}$$

式中：r_{p}、r_{g} 分别为主动轮与从动轮齿廓曲率半径；E_{i}、ν_{i} 分别为弹性模量和泊松比。

现根据能量关系定滞后阻尼系数 λ 与碰撞前后的速度关系，基于 Newton 恢复系数 e，计算碰撞期间系统的动能损耗：

$$\Delta T=\oint D\dot{\delta}\,\mathrm{d}\delta\approx 2\int_0^{\delta_m}\lambda\delta^{n}\dot{\delta}\,\mathrm{d}\delta=\frac{2}{3}\frac{\lambda}{k}\bar{m}(v_{\mathrm{p}}-v_{\mathrm{g}})^3 \tag{9-27}$$

式中：$\bar{m}=\bar{m}_{\mathrm{p}}\bar{m}_{\mathrm{g}}/(\bar{m}_{\mathrm{p}}+\bar{m}_{\mathrm{g}})$ 为齿轮副的等效质量。

恢复系数和滞后阻尼系数之间满足

$$\lambda=\frac{3}{4}\frac{k(1-e^2)}{v_{\mathrm{p0}}-v_{\mathrm{g0}}} \tag{9-28}$$

一旦碰撞前后的速度已知，则最大压入变形量 δ_{m} 和接触时间既定，在压缩段，两个质体的运动方程为

$$m\ddot{\delta}=-k\delta^{n} \tag{9-29}$$

在压缩阶段对式(9-29)积分，有

$$\frac{1}{2}\bar{m}(\dot{\delta}^2-\dot{\delta}_0^2)=-k\frac{\delta^{n+1}}{\delta^{n+1}} \tag{9-30}$$

这里 $m_1\delta_1=-k\delta_n$，相对压缩量达到最大值 δ_m，而 $\dot{\delta}=0$，因此，有

$$-\frac{1}{2}\bar{m}\dot{\delta}_0^2=-k\frac{\delta_m^{n+1}}{n+1} \tag{9-31}$$

从而解出

$$\delta_{\mathrm{m}}=\left(\frac{n+1}{2k}\bar{m}\dot{\delta}_0^2\right)^{1/(n+1)} \tag{9-32}$$

将接触力等价表示为

$$F_{\mathrm{Kpg}}=k\delta^{n}\left(1+\frac{3}{4}\frac{1-e^2}{v_{\mathrm{p}}-v_{\mathrm{g}}}\dot{\delta}\right) \tag{9-33}$$

式(9-33)揭示了接触力与恢复系数、碰撞前后速度的关系。

当主动轮输入转速为 1 000 r/min 时，在负载为零的条件下，齿轮副出现了

碰撞振动现象，该碰撞过程中主动轮正侧齿面碰撞从动轮齿面，驱动从动轮开始转动，但是由于负载较小，所产生阻滞力矩小于碰撞冲击所产生的惯性力矩，即有

$$|m_{\mathrm{eq,\ p}i}\ddot{u}_{\mathrm{i}}|\geqslant T_{\mathrm{drag}} \tag{9-34}$$

式中：T_{drag} 为阻滞力矩，由从动轮阻尼力与负载力矩决定。

2. 齿轮箱 rattling 噪声

齿轮副碰撞力如图 9－13(a)所示，在零负载情况下，主动轮齿面与从动轮无法始终保持贴合状态，由驱动作用主动轮首先碰撞从动轮，从动轮加速旋转，速度会瞬时超过主动轮；由于齿侧间隙的存在，使从动轮与主动轮分离，如图 9－13 (a)中 A 点位置，该过程中两齿轮无相互作用力。随后，由于从动轮转速大于主动轮，从动轮齿面逐渐接近主动轮齿背，并再次发生齿背碰撞，这时从动轮转速迅速减小，并小于主动转速，此后从动轮齿面又与主动轮齿背分离，再次脱啮如图 9－13 (a)中 B 点位置。最后，从动轮再与主动轮发生齿背碰撞，至此齿轮经历一个完整的碰撞周期，以此循环推动从动轮旋转。齿轮副运转平稳后，动载荷逐渐呈周期分布，如图 9－13(b)所示，但是齿轮碰撞周期远大于齿轮副啮合周期，并且在齿轮脱啮与碰撞瞬间轴承载荷出现瞬间冲击作用。

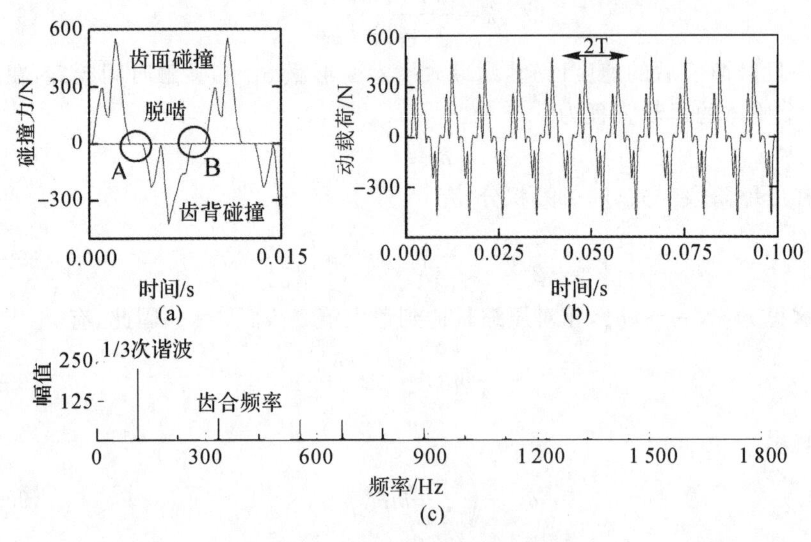

图 9－13　零负载下齿轮箱动载荷

(a)碰撞力时域历程；(b)输入端轴承动载荷时域历程；(c)输入端轴承荷频谱

齿轮副轴承动载荷频谱如图 9－13(c)所示，可以看到频谱中出现 1/3 次次谐波成分，并且该频率成分为主要频率成分。相对而言，啮合频率成分及其倍频

成分并不明显。

以轴承动载荷为激励，通过边界元方法计算得到齿轮箱噪声谱如图 9 - 14 所示，从噪声分布上看，齿轮箱周围噪声分布与啸叫噪声一致，顶部场点噪声明显小于两侧。从噪声的强弱来看，整体噪声明显降低，顶部最大噪声 37 dB 出现在二倍频位置(777 Hz)；轴承两侧场点呈对称分布，在齿轮啮合频率的 2 倍频，4 倍频及 5 倍频位置处产生了峰值，最大峰值出现在二倍频及五倍频位置，为 44 dB。由于齿轮箱激励成分分布较为密集，噪声谱出现了多个峰值，噪声谱以 1/3 次次谐波成分为基频，每间隔基频的整数倍，即会出现一个峰值。

在低频区域(小于 500 Hz)，虽然轴承载荷 1/3 次次谐波成分最为突出，但是在该频率范围齿轮箱没有固有频率，故该区域齿轮振动噪声较弱；在中频区域(500～1 500 Hz)范围，不仅存在较多了激励成分，而且齿轮箱在该区域也分布有多个固有频率，因此该区域噪声较强，在高频区域(大于 1 500 Hz)激励逐渐衰减，噪声也相对减小。

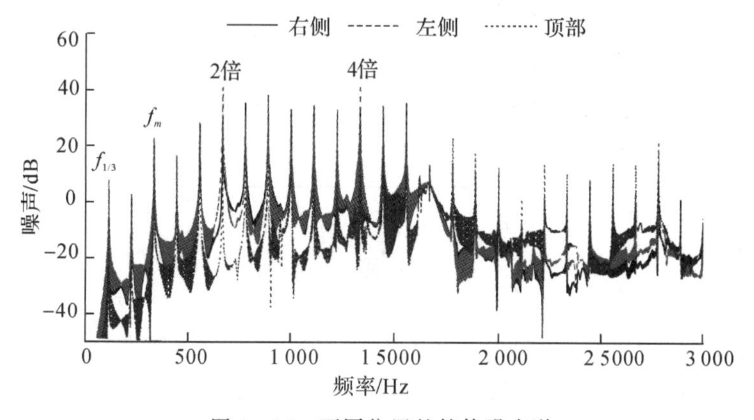

图 9 - 14　不同位置的箱体噪声谱

9.2.4　工况条件对线性啸叫噪声与非线性拍击噪声的影响

1. 转速对啸叫噪声的影响

齿轮箱振动激励主要成分由啮合频率及其倍频组成，同时，各激励成分与传动系统及箱体的固有频率的关系也直接影响该频率下的振动幅值。齿轮箱各转速的动响应如图 9 - 15(图中 f_m 表示啮合频率，f_{b2} 表示齿轮箱第二阶固有频率，f_{b4} 表示齿轮箱第四阶固有频率)所示。

由于啮合频率及其倍频成分与转速均呈线性比例关系，故齿轮激励中各谐波成分均成放射状分布，并且 2 500 r/min 二次谐波成分，1 600 r/min 三次谐波成分，1 250 r/min 四次谐波成分，1 000 r/min 五次谐波成分均与齿轮箱第四阶固有频率相同，故在 1 664 Hz 位置齿轮箱振动较为强烈；同时，1 500 r/min 三次谐波与齿轮箱第三阶固有频率相同，800 r/min 第五次谐波与齿轮箱第二阶固有频率相同，并均在相应的频率位置产生了较为明显的峰值，可以认为齿轮箱在该承载方式下，其第二至四阶固有频率对激励较为敏感，均被轴承动载激起了较为强烈的振动，故在齿轮箱减振设计时，应该适当抑制齿轮箱第二至四阶固有振型的振动，并避免额定转速在以上所述能引起齿轮箱较强振动的转速范围。

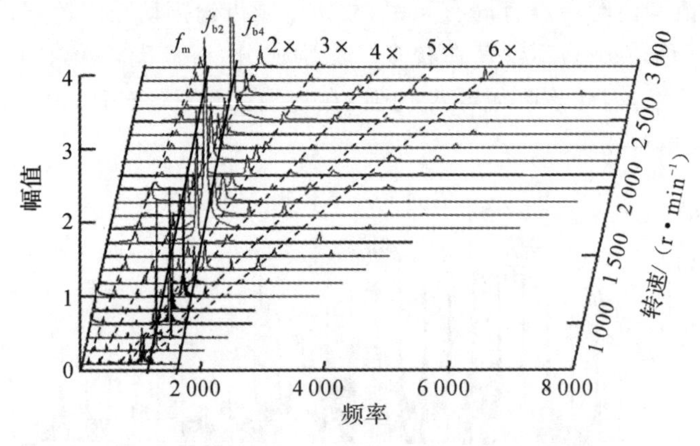

图 9-15 齿轮箱动响应瀑布图

转速在 500 r/min～3 000 r/min 范围内的噪声随速度变化的瀑布图如图 9-16 所示，其中颜色较深的区域代表噪声辐射较大的位置，其中 f_{b1} 为齿轮箱一阶固有频率，f_m 为齿轮副啮合频率。可以看到，在低速时齿轮箱噪声谱各频率成分均不大，随着转速的增加，噪声辐射逐渐强烈。

各转速在齿轮啮合频率及其倍频位置，均产生了放射状深色区域，但并不明显。在与齿轮箱固有频率较为接近的 670 Hz 附近，1 300～1 700 Hz 位置以及 3 000～4000 Hz 位置均产生了深色区域，其中由于箱体第二至四阶固有频率对激励较为敏感且振动能量较大，故各转速下在该频带产生了强烈的共振；同时，齿轮箱结构第一阶固有频率及在 3 000～4 000 Hz 位置的振型在轴承激励作用下虽然振动能量不大，但其相对法向振动也较强，故在该频带噪声辐射也较强烈。在齿轮箱设计时，应抑制箱体图示共振区内的固有振型，以减小其噪声辐射。

分别计算各转速下齿轮箱辐射噪声有效声压级，同时将转速转换为齿轮线速度，即得到有效声压与线速度的关系，如图 9－17 所示，其中曲线 a 为数值计算结果，b 为采用 Kato 公式计算结果。由于 Kato 公式中并未体现传动系统及齿轮箱的固有频率，故计算结果随齿轮线速度的变化趋势较为平滑，齿轮箱噪声随齿轮转速的增加逐渐增大。采用 FEM/BEM 计算不仅考虑了传动系统及齿轮箱的固有特性，还引入齿轮啮合频率及其倍频激励的作用，故噪声曲线伴随有一定的波动。在 750 r/min 时，由于激励六倍齿频与传动系统第一阶固有频率较为接近，使传动系统产生了较大的振动，噪声辐射曲线 a，b 偏离 $d_1=7$ dB；在 2 100 r/min 时，由于齿轮啮合力二次谐波成分（1 398 Hz）与齿轮箱第二阶固有频率较为接近，引起了齿轮箱较大的振动，使噪声辐射曲线偏离 $d_2=5$ dB。若去除这两个共振位置，其他位置两曲线相差均未超过 3 dB，因此可以认为仿真计算结果与 Kato 计算结果基本吻合。

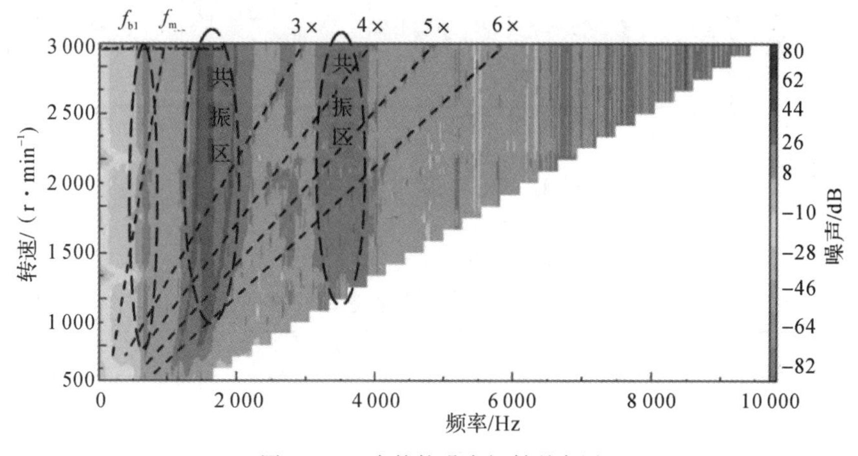

图 9－16　齿轮箱噪声辐射瀑布图

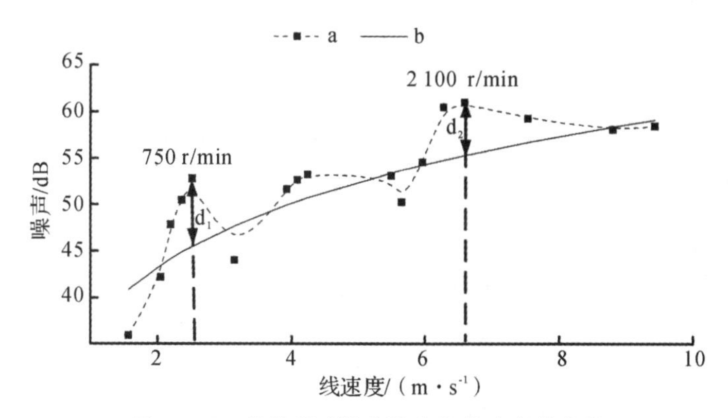

图 9－17　箱体振动噪声随齿轮线速度的变化

2. 负载扭矩齿轮箱啸叫噪声的影响

对于传动系统，负载扭矩不改变各激励频率成分的分布，仅影响各频率成分的幅值，并呈线性规律。分别计算了 3 种负载(额定工况负载 T，$0.5\times T$ 以及 $3\times T$)作用下齿轮箱噪声谱，如图 9-18 所示。随着载荷的增加，齿轮箱噪声各频率峰值均有所增加。

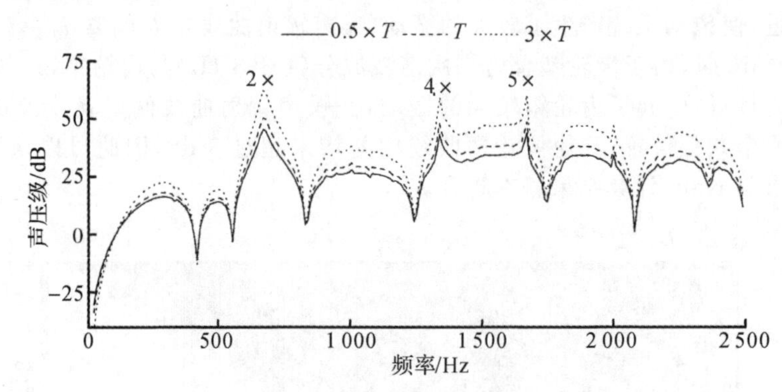

图 9-18　不同负载下齿轮箱噪声谱

通过转换可以得到其有效声压级，见表 9-2。

表 9-2　不同负载齿轮箱有效声压级　　(单位：dB)

负载扭矩	$0.5\times T$	T	$3\times T$
有效声压级(dB)	43.662	49.536	58.838

在转速不变时，辐射噪声与负载扭矩的变化符合齿轮箱噪声与 $20\lg W$ 成比例关系的结论，即

$$L(n_T\times T)=20\lg n_T+L(T) \tag{9-35}$$

式中：n_T 为负载比例系数；T 为负载扭矩；$L(T)$为负载扭矩为 T 的声压级。

3. 转速对 rattling 噪声的影响

为了解转速对齿轮副碰撞振动的影响，本节计算了在零负载条件下，主动轮转速由 100～1 000 r/min 碰撞力与轴承载荷波动幅值的变化，如图 9-19 所示。

相对比而言，在齿轮副碰撞振动阶段频率成分更为复杂，主要频率成分较为凌乱，虽然也存在各啮合频率成分与倍频成分，但均不是主要激励成分也并不明显。齿轮箱转速较低时，齿轮副依然出现了脱啮及齿背碰撞现象，碰撞力与轴承动载荷均呈现无明显规律的波动，从频谱中主要频率成分为次谐波成分与啮合

频率成分。与此同时,低速条件下动载荷频谱中还出现了大量的连续低能量频率成分(如 100～400 Hz 范围)。而在转速在 500 r/min 以上时,出现次谐波频率成分,并且其峰值大于其他频率成分,其中包括 500 r/min 时 1/2 谐波成分,600 r/min 时 1/5 谐波成分,1000 r/min 时 1/3 谐波成分等。

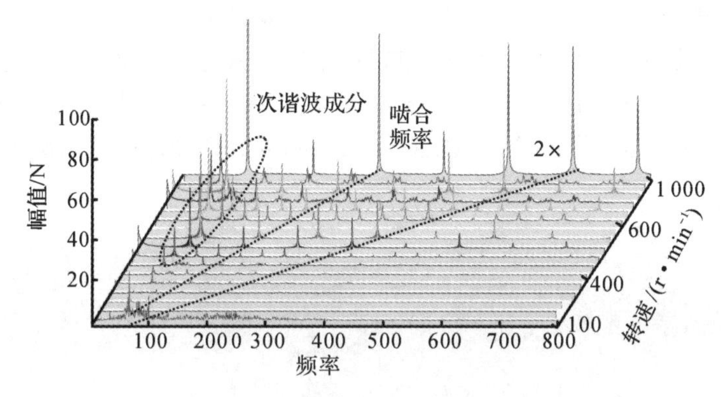

图 9-19　各转速下碰撞力瀑布图

齿轮箱辐射噪声从整体来看,随着转速的增大,齿轮齿面相对速度也逐渐增大,齿面间的碰撞力波动幅值也随之增大,如图 9-20 所示。当转速较小(小于 500 r/min)时,主动轮与从动轮齿面相对速度较小,故碰撞力波动幅值也较小,并且激励中主要频率成分并不突出,并且伴随着大量低能量频率成分。该阶段齿轮副呈无明显规律性地振动,随着转速的增大,其增大趋势较为平缓;当转速较大(大于 500 r/min)时,主动轮与从动轮齿面相对速度较大,碰撞力也较大,激励中主要频率成分较为分明,不再出现杂乱频率成分。该阶段齿轮副呈现出了明显的规律性,随着转速的增大,其增大趋势明显加快。

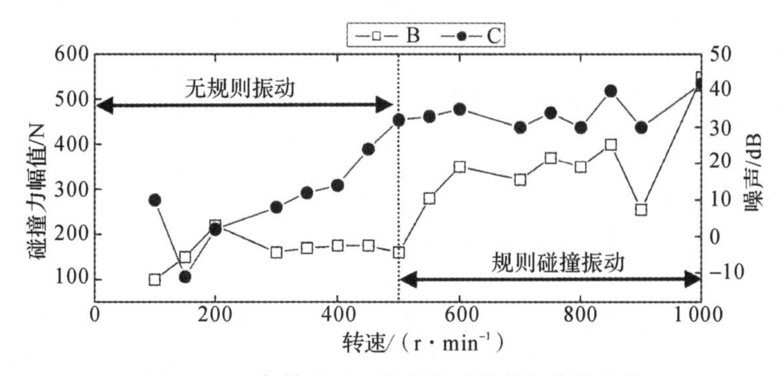

图 9-20　各转速下碰撞力与承载荷幅值的变化

零负载条件下，齿轮箱辐射噪声瀑布图如图 9-21 所示，可以看到齿轮箱辐射噪声整体分布未有明显规律性变化，仅在 1 600～1 700 Hz 位置，箱体第四阶固有频率对系统激励较为敏感且振动能量较大，故与啸叫噪声相似，在轻载条件下各转速齿轮箱也在该频带产生了强烈的共振，并辐射较为强的噪声。齿轮箱在低速时，激励中频率成分并不突出，并且伴随着大量低能量频率成分，故齿轮箱辐射噪声较小，未出现明显强噪声区域，从噪声谱分布上也没有出现带状强噪声分布。齿轮箱转速达到 500 r/min 后，齿轮箱辐射噪声明显增强，齿轮箱激励中次谐波成分明显，噪声谱中出现强噪声区域，并且强噪声区域以次谐波频率成分为间隔出现。

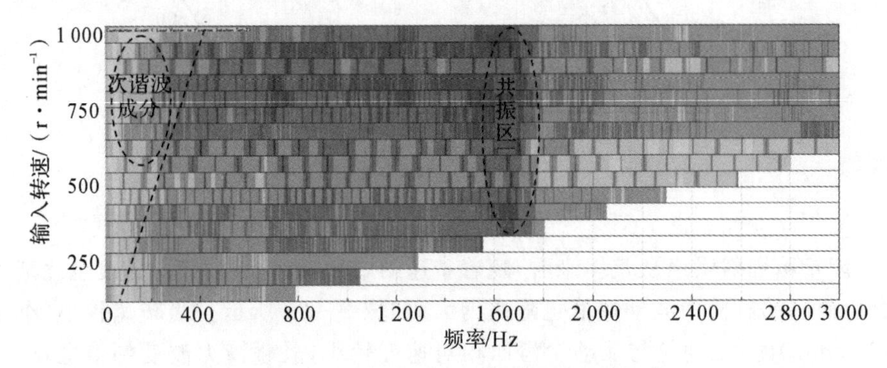

图 9-21　零负载条件下齿轮箱噪声瀑布图

4. 负载对齿轮箱 rattling 碰撞振动的影响

负载的大小将直接影响齿轮副啮合状态，本节计算了齿轮副动载荷与齿轮箱辐射噪声随负载的增大变化趋势如图 9-22 所示，可以看到，在转速为 1 000 r/min，负载由 0 增大至 50 N·m 过程中齿轮副经历了较大波动，可以发现当负载大于 28 N·m 时，齿轮副不再发生脱啮及碰撞现象，这时可以认为 28 N·m 即为齿轮副碰撞振动门槛值。对于碰撞振动则又可以划分为 0～12 N·m 时齿面双侧碰撞，负载为 12～30 N·m 单侧碰撞两个阶段。

在负载增大过程中，齿轮箱辐射噪声也逐渐增大，并且在由双侧碰撞转变为单侧碰撞，以及由单侧碰撞转变为正常啮合的临界负载位置出现较大的波动。

(1)双侧碰撞阶段。该阶段负载较小，齿轮副出现齿面碰撞与齿背碰撞现象，两种碰撞交替出现，齿轮副碰撞力如图 9-22 所示。在该阶段随着负载的增加，从动轮在主动轮齿背碰撞之后，从动轮转速迅速较小，再加上负载的作用，增大了主动轮与从动轮的相对速度，故在该阶段随着负载的增大，齿轮正齿面碰撞力幅值将逐渐增大。在该阶段，随着碰撞力的增大，齿轮箱辐射噪声也逐渐增大。

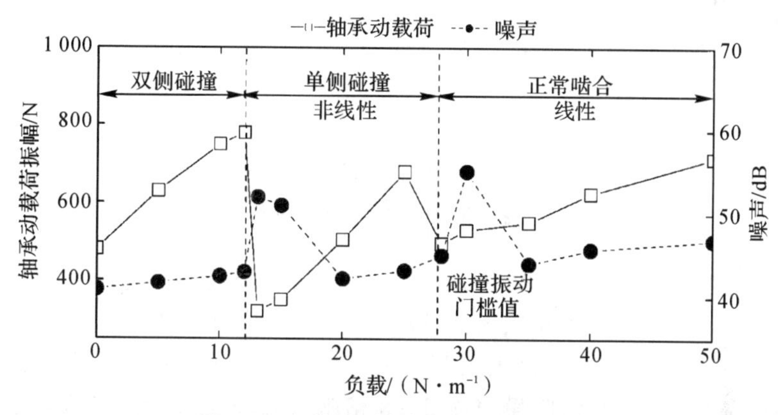

图9-22 单侧碰撞阶段齿轮副碰撞力

(2)单侧碰撞。在负载大于12 N·m时，齿轮副将不再出现了双侧碰撞现象，仅存在正齿面碰撞，即主动轮齿面与从动轮齿面碰撞，图9-23所示为负载为20 N·m时齿轮箱动载荷，可以看到齿轮在单侧碰撞过程中首先由主动轮正侧齿面与从动轮齿面发生碰撞，驱动从动轮开始转动，从动轮瞬间加速，并且转速瞬时超过主动轮，使两齿面产生脱离，从动轮在齿侧间隙中经历短暂的脱啮状态，此时齿轮副碰撞力为零，如图9-23(a)所示。轴承动载荷如图9-23(b)所示，齿轮副运转平稳后，动载荷逐渐呈周期分布，但是齿轮碰撞周期远大于齿轮副啮合周期，并且在齿轮脱啮与碰撞瞬间轴承载荷出现瞬间冲击作用。

齿轮副轴承动载荷频谱如图9-23(c)所示，可以看到频谱中出现1/2次次谐波成分，并且该频率成分为主要频率成分。相对而言，啮合频率成分及其倍频成分并不明显。

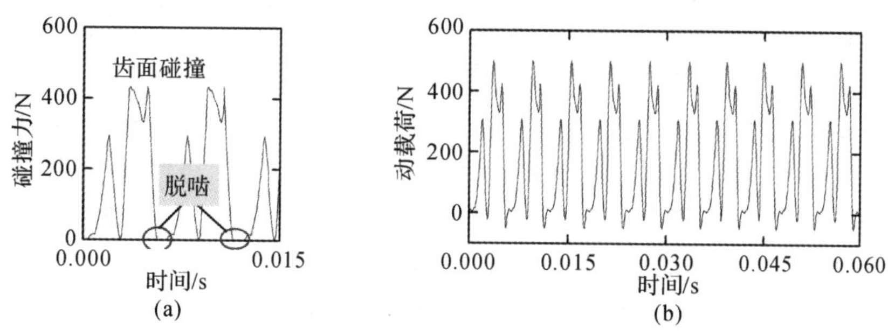

图9-23 单侧碰撞阶段齿轮箱动载荷

(a)碰撞力时域历程；(b)输入端轴承动载荷时域历程

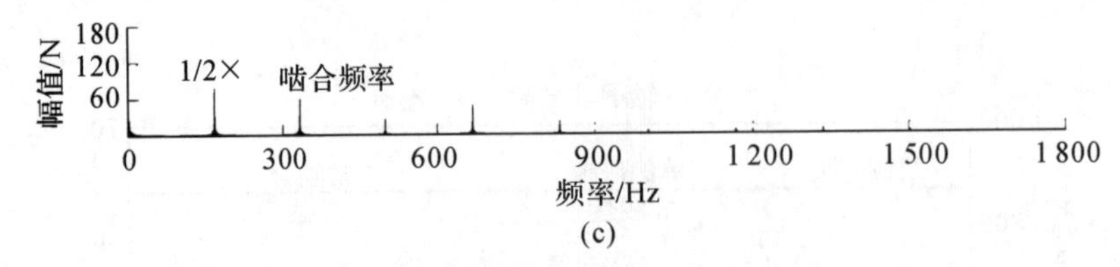

(c)

续图 9-23 单侧碰撞阶段齿轮箱动载荷

(c)输入端轴承动载荷频谱

齿轮箱噪声谱如图 9-24 所示，在该阶段齿轮箱动态激励频率成分由 1/3 次次谐波成分转变为 1/2 次次谐波，故噪声谱中峰值有所减少。噪声谱整体分布趋势未发生改变，顶部噪声最大频率成分为 1 665 Hz，达到 44 dB，较双侧碰撞阶段明显增大；左右两侧噪声在 2～5 倍啮合频率位置噪声较大，最大达到 45 dB。

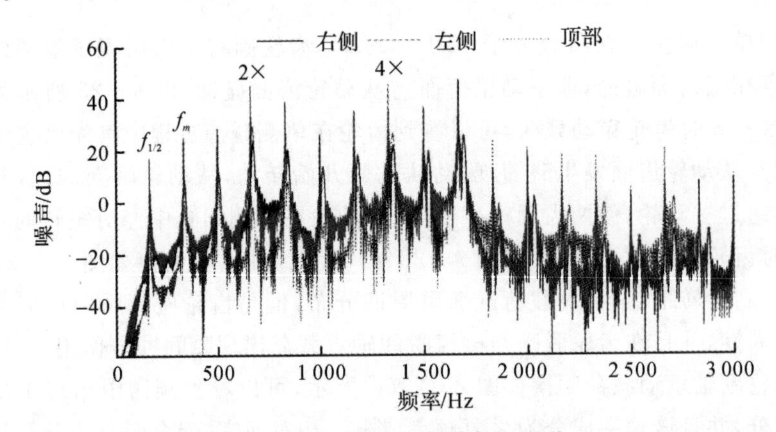

图 9-24 不同位置的箱体噪声谱

齿轮系统在刚由双侧碰撞进行在该阶段时，齿轮箱激励成分突然由 1/3 次谐波成分，转变为 1/2 次谐波成分引起冲击作用，故齿轮箱噪声在负载为 12 N·m 时突然急剧增大达到 52 dB，随后又迅速减小。该阶段随着负载的增加，动轮在脱啮过程中转速逐渐减小，加剧了两齿轮正齿面碰撞速度，故随着负载的增大，齿轮副碰撞力幅值也逐渐增大，齿轮箱振动噪声也随之逐渐增大。

(3)正常啮合。在负载大于齿轮碰撞振动门槛值 28 N·m 时，齿轮副将不再出现脱啮及碰撞振动现象，齿轮副开始正常啮合。齿轮箱激励成分突然由 1/3 次谐波成分，转变为 1/2 次谐波成分引起冲击作用。在齿轮箱噪声在负载为 30 N·m 时突然急剧增大达到 55 dB，随后又迅速减小。此后，齿轮箱振动噪声转变为啸叫噪声。

9.3　齿轮箱辐射噪声分析应用及优化

降低齿轮箱振动噪声的方法有很多,可以分为齿轮参数匹配、齿轮箱结构优化、轮齿修形、阻尼材料应用以及主动控制等方法。

齿轮箱是一个典型的弹性结构系统,其外形、刚性、自振频率、表面辐射面积均会影响噪声辐射。合理设计箱体的结构有助于降低齿轮箱噪声。

9.3.1　板面声学贡献分析

将齿轮箱划分为 n_{ae} 个单元,令单元 j 在给定频率以加速度 a_c 振动,则由于该点振动引起的场点 i 的声压为 $P_{i,j}$。$P_{i,j}$ 表征了单元 j 的振动对声场内 i 点的声学贡献。当齿轮箱所有板件都振动时,声场内某场点 i 的声压可表示为 n_{ae},各单元振动引起声压的矢量叠加,即该场点总声压 P 可表示为

$$P_i = \sum_{j=1}^{n_{ae}} P_{i,j} \tag{9-36}$$

单元 j 振动对某场点 i 的声学贡献系数 $(P_c)_{i,j}$ 是该单元振动生成的 i 点声压 $P_{i,j}$ 在该点总声压 P 矢量上的投影,表达式为

$$(P_c)_{i,j} = \mathrm{Real}\left(\frac{P_{i,j}}{P_i}\right) \tag{9-37}$$

式中:Real 表示取参数实部。

叠加板面上所有单元声学贡献,得到板面振动声学贡献 $(P_g)_i$

$$(p_g)_i = \sum_{e=1}^{n_{pe}} P_{i,e} = \sum_{e=1}^{n_{pe}} [\mathrm{ATV}]^{\mathrm{T}} \{v_{i,e}\} \tag{9-38}$$

式中:n_{pe} 为组成该板面的单元数。

与单元声学贡献系数相似,板面振动的声学贡献系数定义为一具体板面对某一场点的声学贡献除以该点的总声压,即

$$C_p = \frac{(p_g)_i}{|p|} \tag{9-39}$$

一般认为边界振动大的部位是辐射噪声的主要声源,忽视了边界上各单元的振动相位不同对辐射声场的影响。当一个具体的板件产生的声压与总声压同方向时,贡献系数 C_p 为正,否则为负。正的贡献系数 C_p 意味着总声压随该板

面振动幅值的增大而升高，进行结构改进时，减少该板面振动即可降低总声压 p。负的贡献系数 C_p 意味着总声压随该板面振动幅值的增大而降低，对该处进行结构改进时并非减少该板面的振动，而是尽量利用其振动降低总声压 P。声学贡献系数非常小的区域称为中性贡献区域，单靠结构修改减少其振动，将起不到良好的降噪效果。

由于本案例的分析对象下箱体为双层结构，不利于局部结构的改进，因此在齿轮箱板面声学贡献分析中仅针对上箱体结构。在划分板面时，忽略辐射面积较小的拐角等特征，上箱体共划分为 7 个板面，板面划分如图 9－25 所示。其中：上顶板(1)；前/后端板(2，3)；左/右侧板(4，5)；轴承座顶板(6，7)。

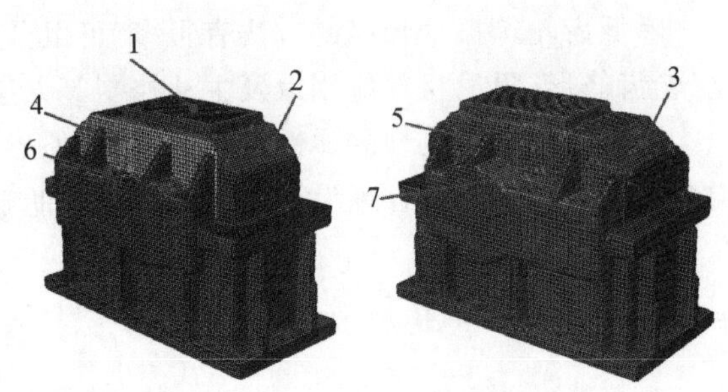

图 9－25 齿轮箱上箱体板面划分

轴承动载主要成分为一次谐波及二次谐波成分，从板面贡献分析中提取各板面在啮合频率(1 233 Hz)及 2 倍频的贡献系数，如图 9－26 所示，其中横坐标为各板面序号，B、C、D、E、F 分别代表顶部场点、左侧场点、右侧场点、前端场点及后端场点板面贡献系数。当计算频率为啮合频率时，板面 1～4 对 5 个场点的声场贡献系数均为正且数值较大；板面 5～7 对 5 个场点的声场贡献系数正负交错且数值较小，可以认为该板面为声学贡献中性区。当计算频率为 2 倍频时，板面 1～3 为正贡献区域，其他板面为中性区域。综上所述，板面 1～3 对整体声场贡献较大，在结构改进时应抑制其振动。

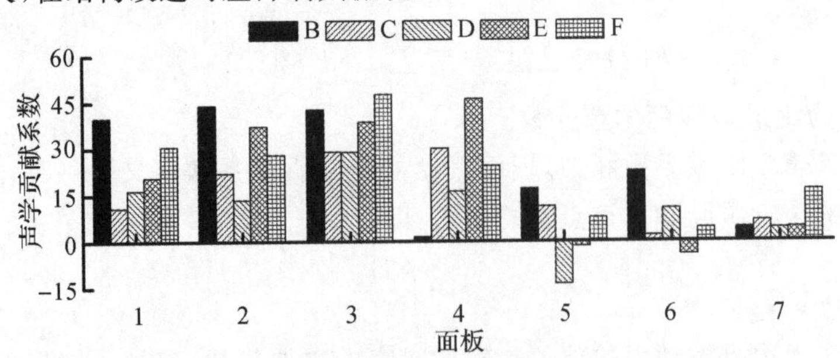

图 9－26 齿轮箱各板面声学贡献系数直方图

(a) 各板面贡献系数 (1 233 Hz)

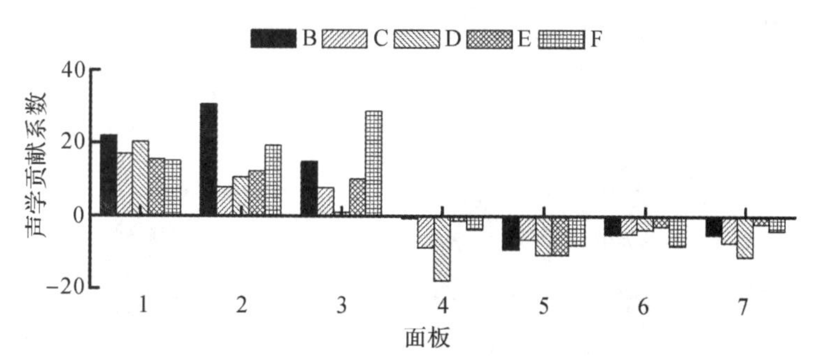

续图 9－26　齿轮箱各板面声学贡献系数直方图

(b)各板面贡献系数 (2 466 Hz)

9.3.2　上箱体结构改进

通过增加加强肋来提高结构局部刚度，是结构振动噪声控制中常采用的措施之一。加强肋形状与位置均会对其作用效果产生影响。为合理的设计加强肋位置，分别提取齿轮箱在齿轮啮合频率(1 233 Hz)和 2 倍频附近的振型，如图 9－27 所示。

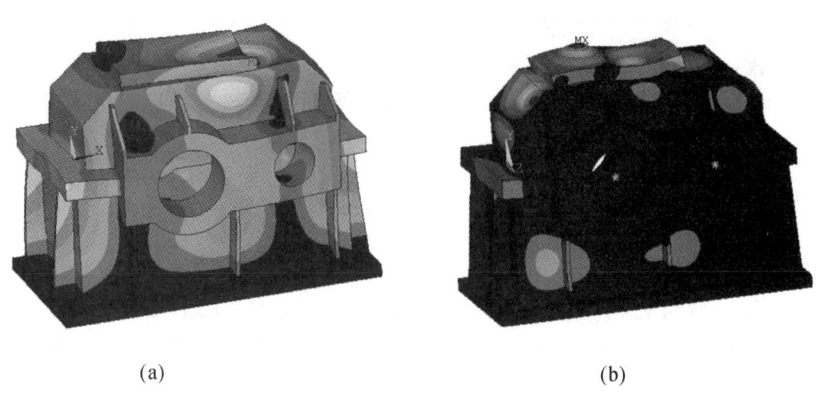

(a)　　　　　　(b)

图 9－27　齿轮箱振型

(a)第 11 阶振型(1 224.5 Hz)；(b)第 45 阶振型(2 475 Hz)

齿轮箱啮合频率附近的振型(第 11 阶固有频率)为顶部板面 1 中部的下凹弯曲振动，第 45 阶振型主要由顶部板面的 2 阶弯曲振动和板面 2、3 的弯曲振动组成。若要减小板面 1～3 的法向振动，需要增加结构刚度以提高其抗弯性能。

分别在板面 1～3 内侧中部(左右对称中线位置)施加宽度为 20 mm 的纵向

肋板,并在各板面中间(柔性最大位置)施加横向肋板,以增加振型中下凹位置的刚度,抑制齿轮箱第 11 阶和 45 阶振型的振动。改进结构如图 9-28 所示。

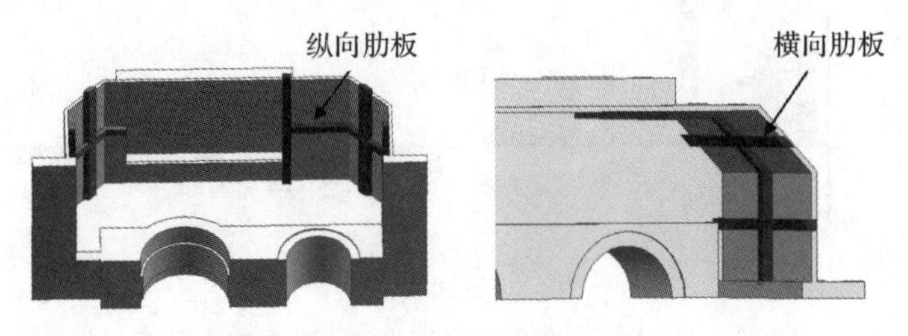

图 9-28　上箱体改进模型

改进结构后齿轮箱噪声谱,如图 9-29 所示。

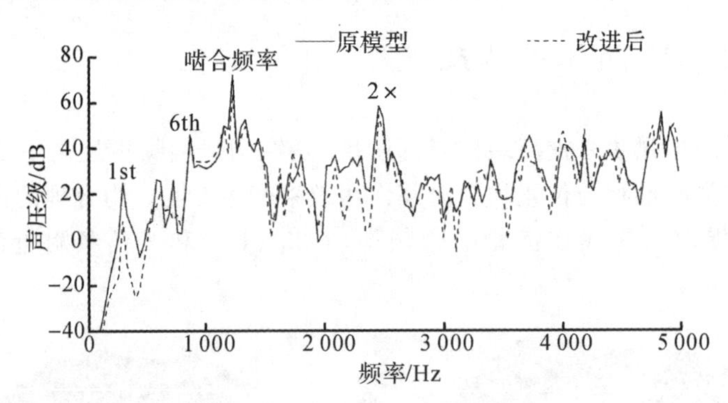

图 9-29　改进前后轮箱噪声谱

由于内部肋板的作用,使上箱体结构刚度有所增加,在啮合频率位置噪声降低 9 dB,在 2 倍齿频位置噪声降低 6 dB。对于高频部分,局部结构的改进对齿轮箱动态特性影响不大,故改进前后声压曲线无明显变化。

模型改进后齿轮箱各场点有效噪声见表 9-3,通过在上箱体内部增加肋板的方法,有效地降低了齿轮箱辐射噪声,其中对顶部降噪效果最佳,噪声降低 6.51 dB,而对齿轮箱后端及右侧降噪效果有限。

表 9-3　模型改进前后齿轮箱各位置有效声压级对比

(单位:dB)

	前端	后端	左侧	右侧	顶端
原模型	75.8	71.7	74.65	64.05	75.61
改进模型	71.03	71.3	71	63.83	69.1
改变量	4.77	0.4	3.65	0.22	6.51

采用齿轮箱板面声学贡献分析得到了对声场产生主要贡献的板面位置，通过综合考虑箱体的局部振型，确定所施加肋板的位置与方向，有效抑制了板面的振动，降低了齿轮箱辐射噪声。在各场点中对顶部场点降噪效果最佳，由 75.6 dB 降低至 69.1 dB。

参考文献

[1] 王基，吴新跃，朱石坚. 某型船用传动齿轮箱振动模态的试验与分析[J]. 海军工程大学学报，2007，19(2)：55－58.

[2] 朱才朝，秦大同，李润方. 车身结构振动与车内噪声声场耦合分析与控制[J]. 机械工程学报，2002，38(8)：54－58.

[3] 程昊，高煜，张永斌，等. 振动体声学灵敏度分析的边界元法[J]. 机械工程学报，2008，44(7)：45－51.

[4] BOUILLARD P，SULEAU S. Element－Free Garlekin solutions for Helmholtz problems：formulation and numerical assessment of the pollution effect [J]. Computer Methods in Applied Mechanicals and Engineering，1998，162：317－335.

[5] 朱才朝，黄泽好，唐倩，等. 风力发电齿轮箱系统耦合非线性动态特性的研究[J]. 机械工程学报，2005，41(8)：203－207.

[6] 王旭东，林腾蛟，李润方，等. 风力发电机组齿轮系统内部动态激励和响应分析[J]. 机械设计与研究，2006，22(3)：47－49.

[7] 杨成云，林腾蛟，李润方，等. 增速箱系统动态激励下的响应分析[J]. 重庆大学学报，2002，25(2)：15－18.

[8] 林腾蛟，蒋仁科，李润方，等. 船用齿轮箱动态响应及抗冲击性能数值仿真[J]. 振动与冲击，2007，12(26)：14－17.

[9] 陆波，朱才朝，宋朝省，等. 大功率船用齿轮箱耦合非线性动态特性分析及噪声预估[J]. 振动与冲击，2009，28(4)：76－80.

[10] SHUTING L. Experimental investigation and FEM analysis of resonance frequency behavior of three－dimensional，thin－walled spur gears with a power－circulating test rig[J]. Mechanism and Machine Theory，2008，43：934－963.

[11] 叶武平,彭辉,靳晓雄.利用有限元方法进行汽车室内噪声预测的研究[J].同济大学学报,2000,28(3):337-341.

[12] SEYBERT A F,SOENARKO B,RIZZO F J. Application of the BE method to sound radiation problems using an isoparametric element[J]. Journal of Vibration, Acoustics, Stress, and Reliability Design, 1984, 106: 414.

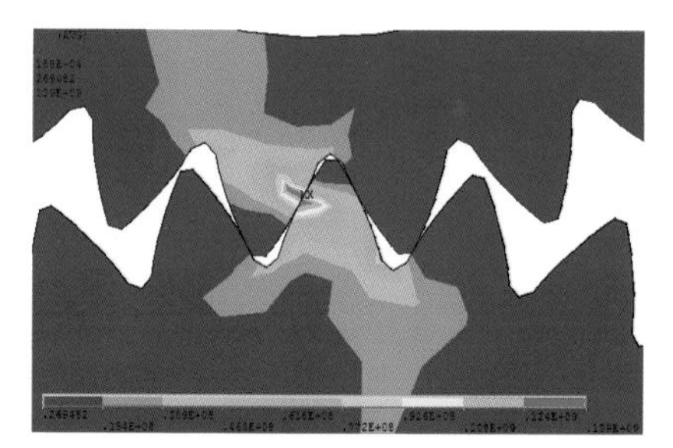

图 2-11　单齿啮合应力分布

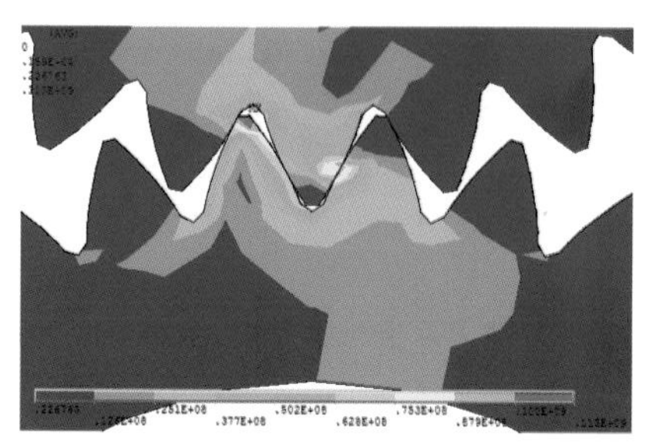

图 2-12　双齿啮合应力分布

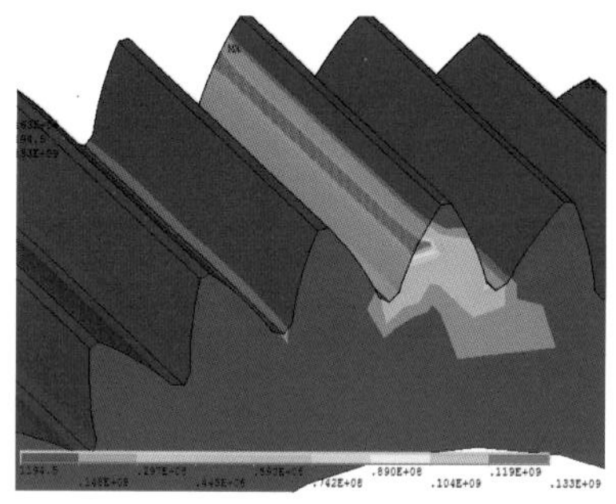

图 2-13　单齿啮合齿面接触应力

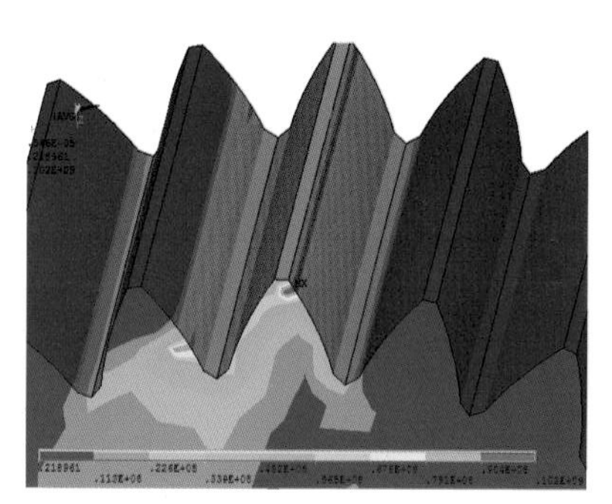

图 2-14　双齿啮合齿面接触应力

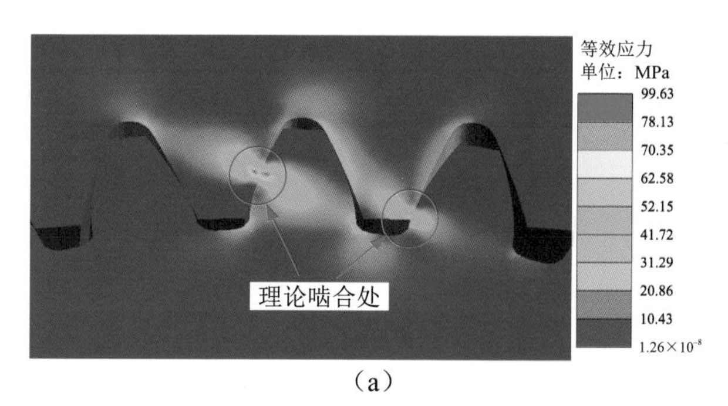

（a）

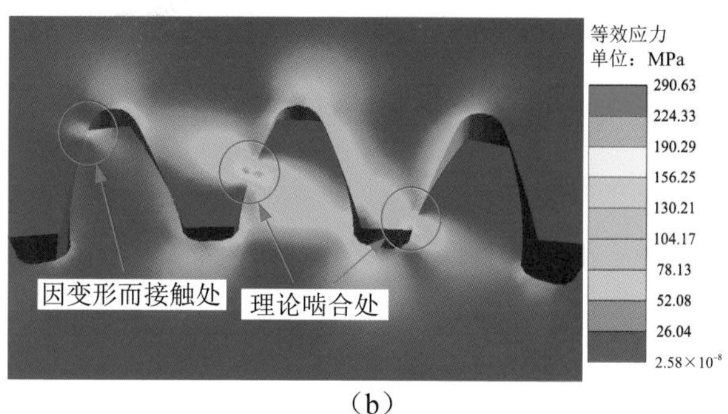

（b）

图 2-17　不同接触状态的等效应力云图

（a）两齿接触状态的等效应力云图；（b）三齿接触状态的等效应力云图

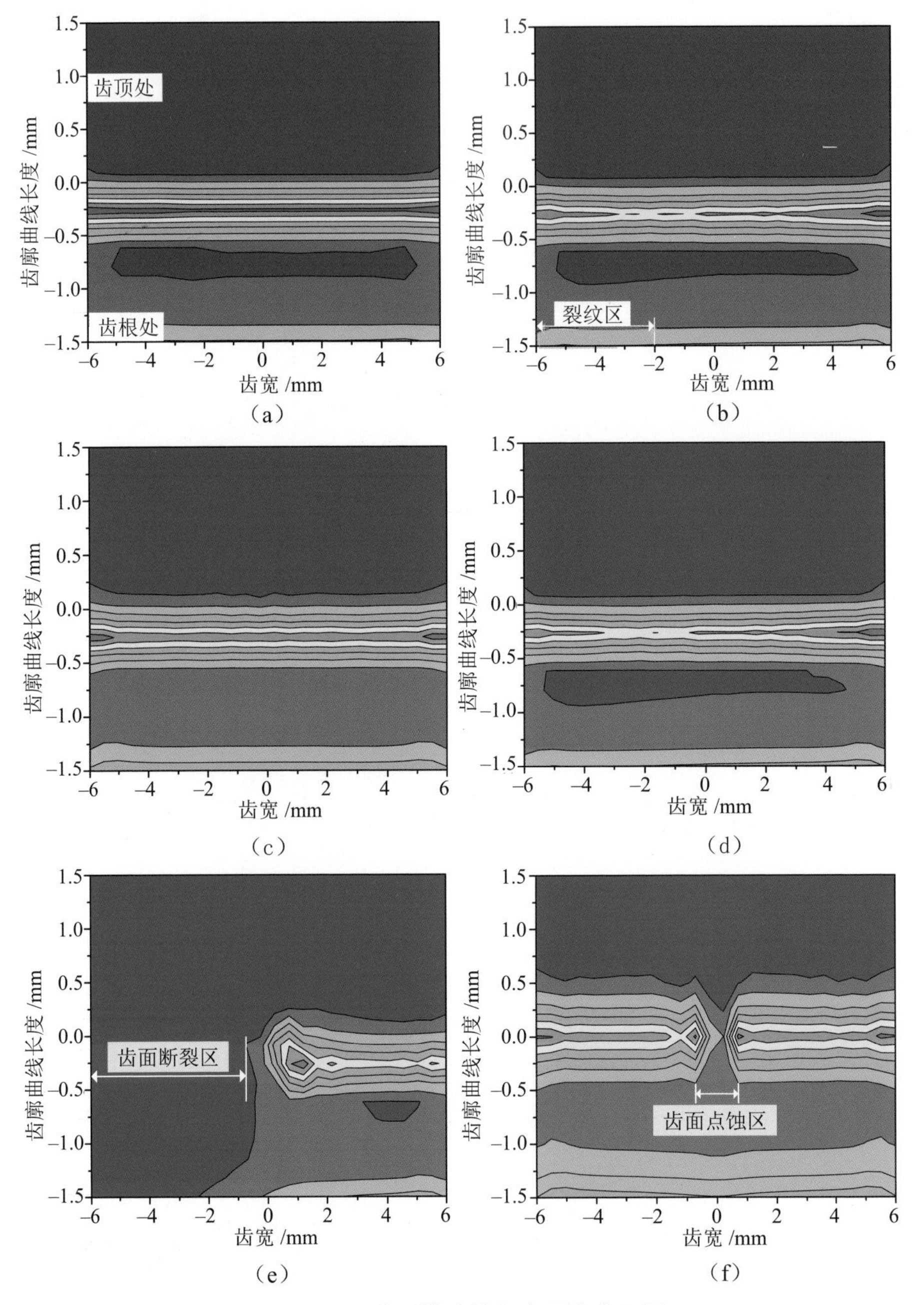

图 2–22　典型故障轴向齿面应力云图

（a）齿面应力云图（无故障）；（b）齿面应力云图（裂纹深度为 2.0 mm）；
（c）齿面应力云图（贯通裂纹为 2.0 mm）；（d）齿面应力云图（裂纹角度为 5°）；
（e）齿面应力云图（齿面断裂 9 mm）；（f）齿面点蚀应力云图

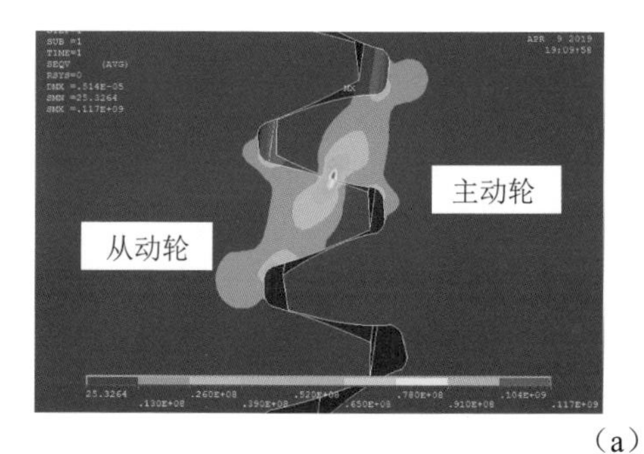

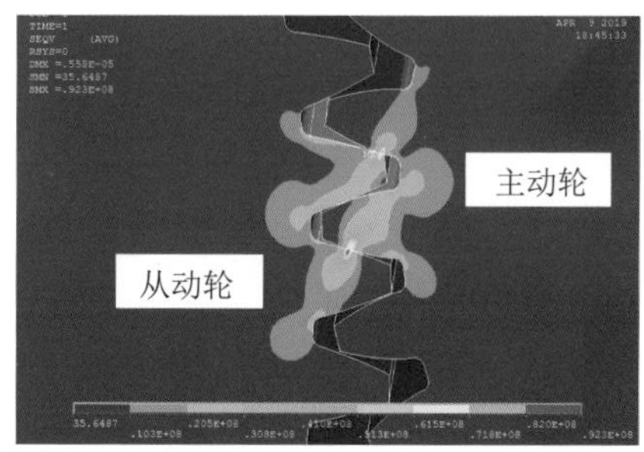

（a）

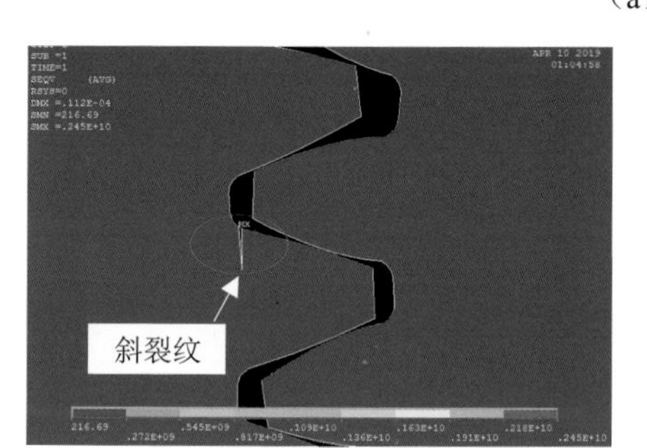

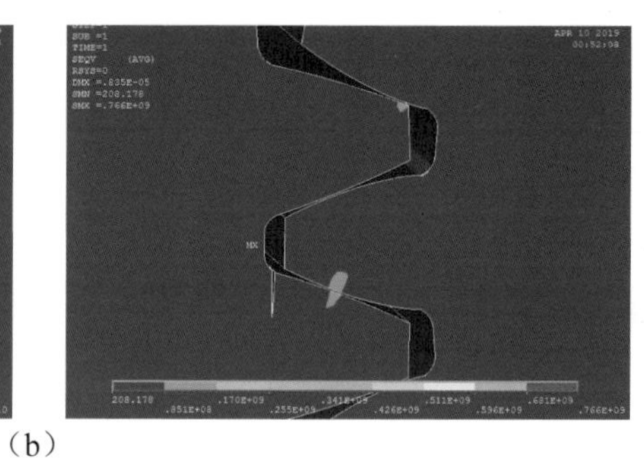

（b）

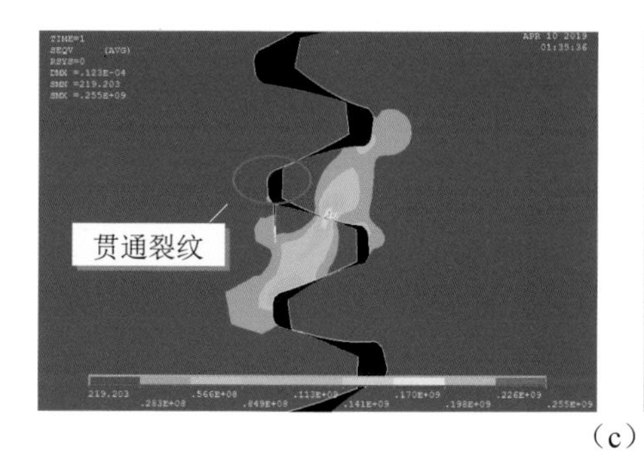

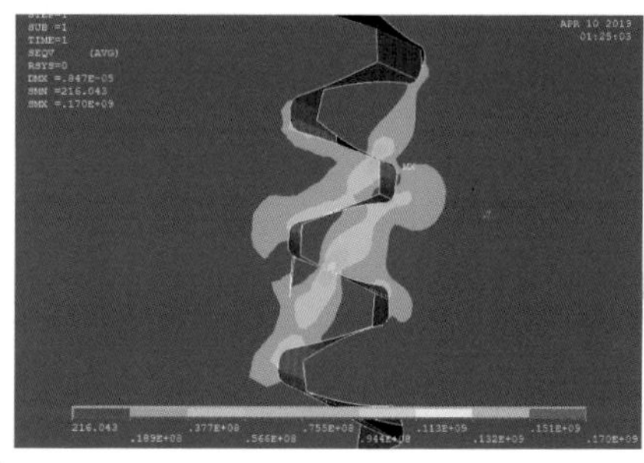

（c）

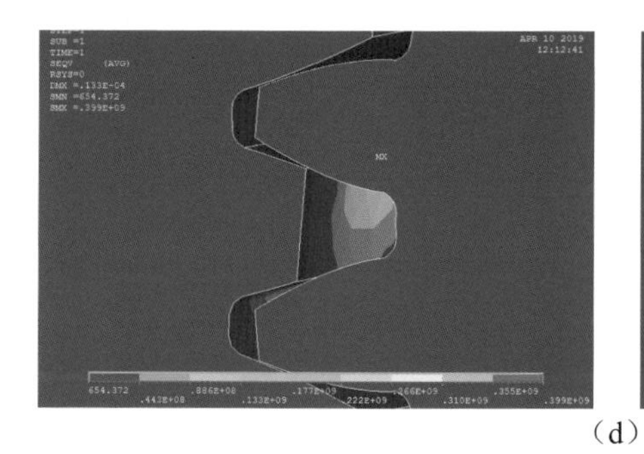

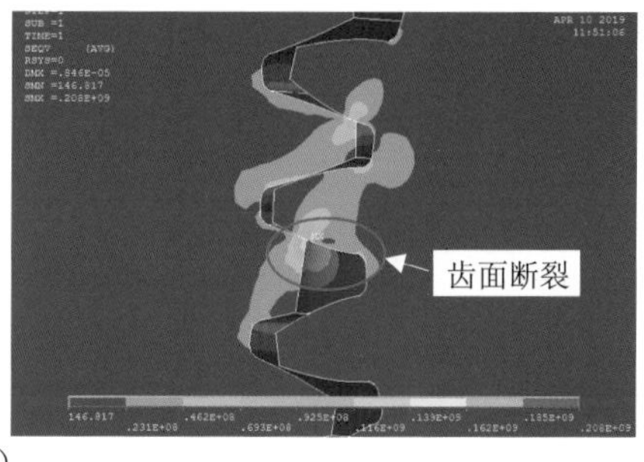

（d）

图 2-23　典型故障径向齿面应力

（a）无故障单 / 双齿径向应力；（b）斜裂纹故障单 / 双齿径向应力；
（c）贯通裂纹故障单 / 双齿径向应力；（d）断齿故障单 / 双齿径向应力

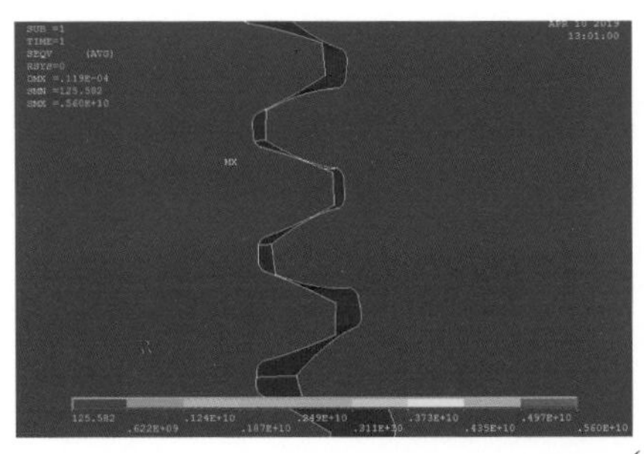

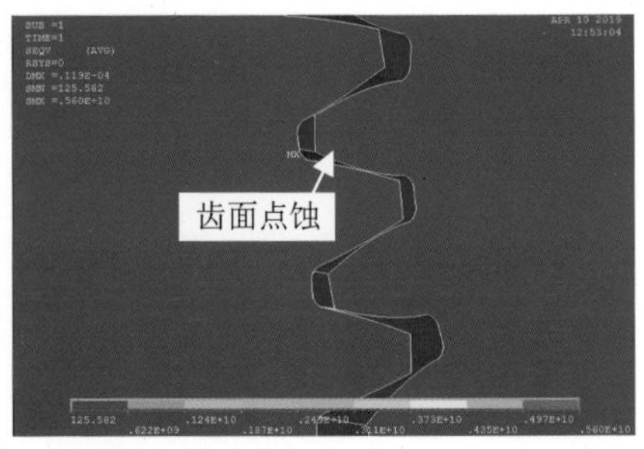

（e）

续图 2-23　典型故障径向齿面应力

（e）齿面点蚀故障单 / 双齿径向应力

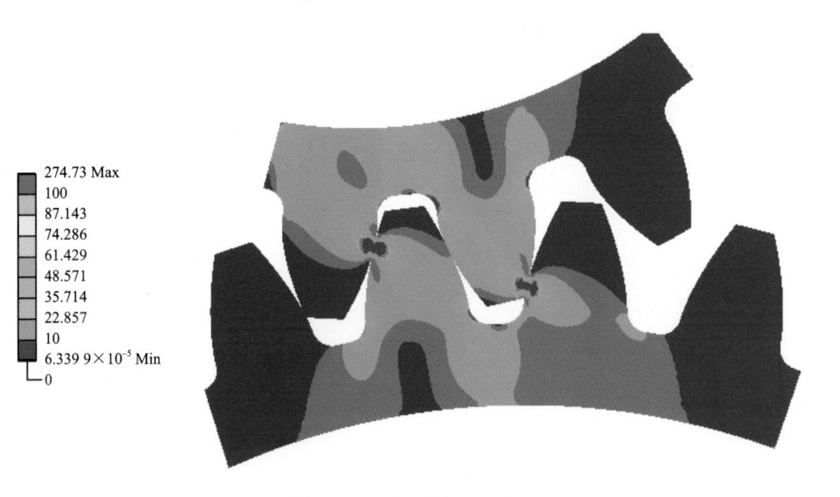

图 5-7　齿轮应力云图

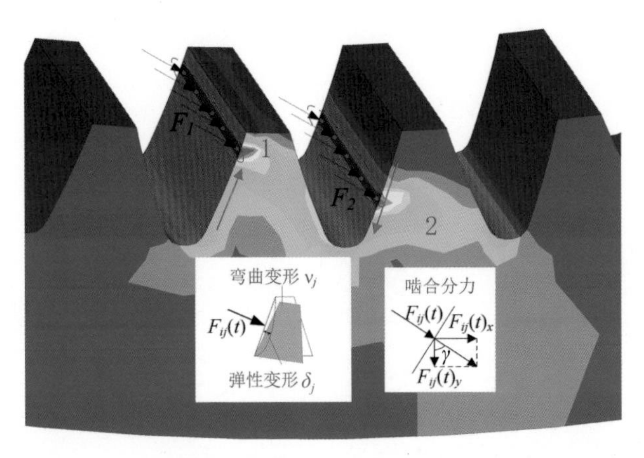

图 5-11　t_q 时刻内齿圈参与啮合齿对间载荷分配关系

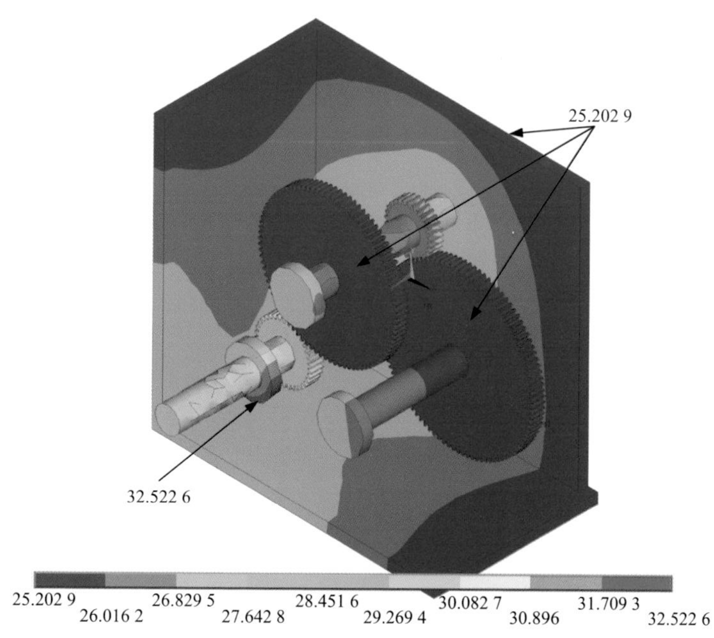

图 6-15　系统整体稳态温度分布

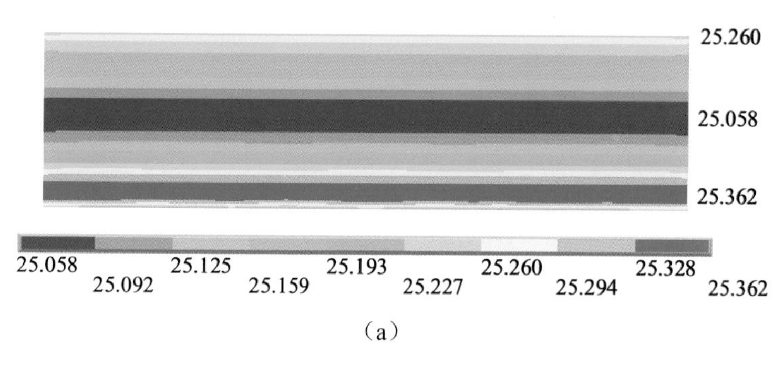

（a）

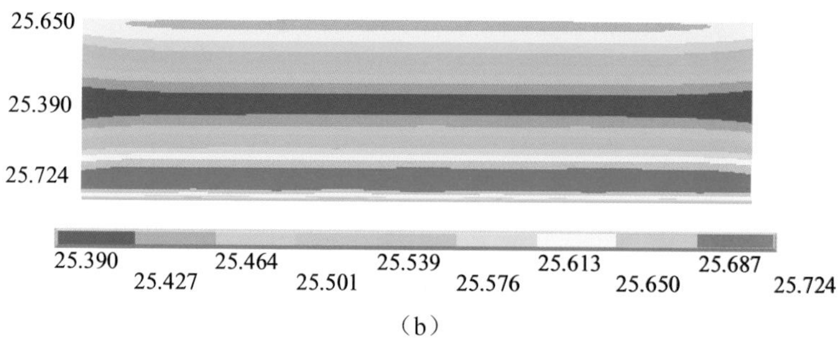

（b）

图 6-16　齿面二维非稳态温度分布

（a）20 个周期；（b）200 个周期

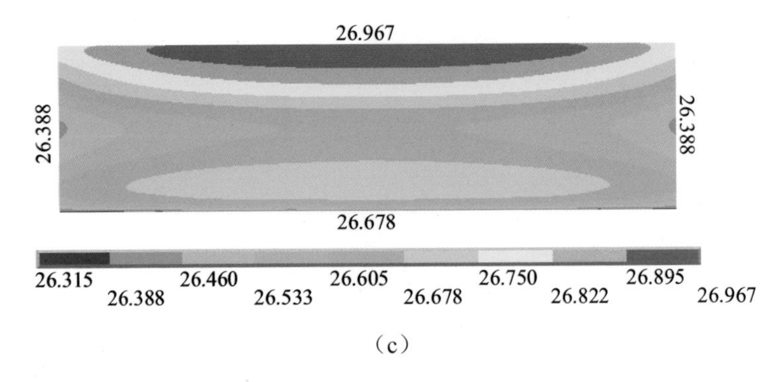

（c）

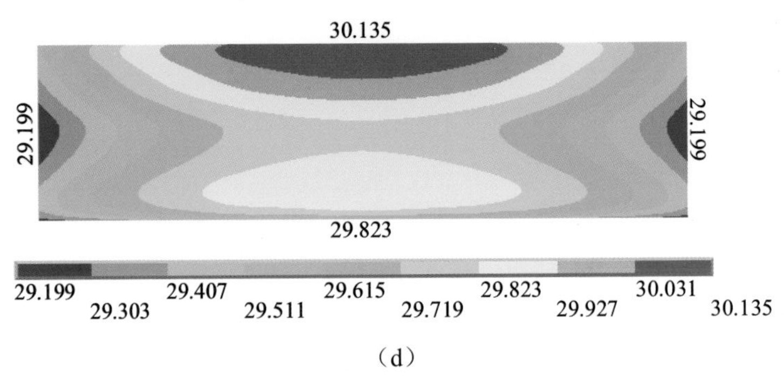

（d）

续图 6–16　齿面二维非稳态温度分布

（c）2 000 个周期；（d）20 000 个周期

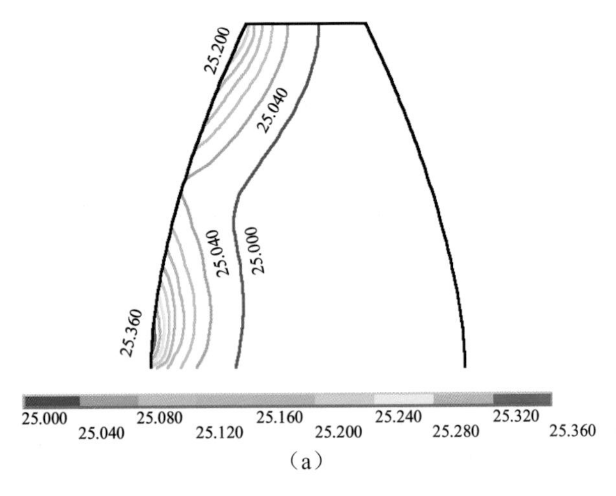

（a）

图 6–17　齿轮端面二维非稳态温度分布

（a）20 个周期

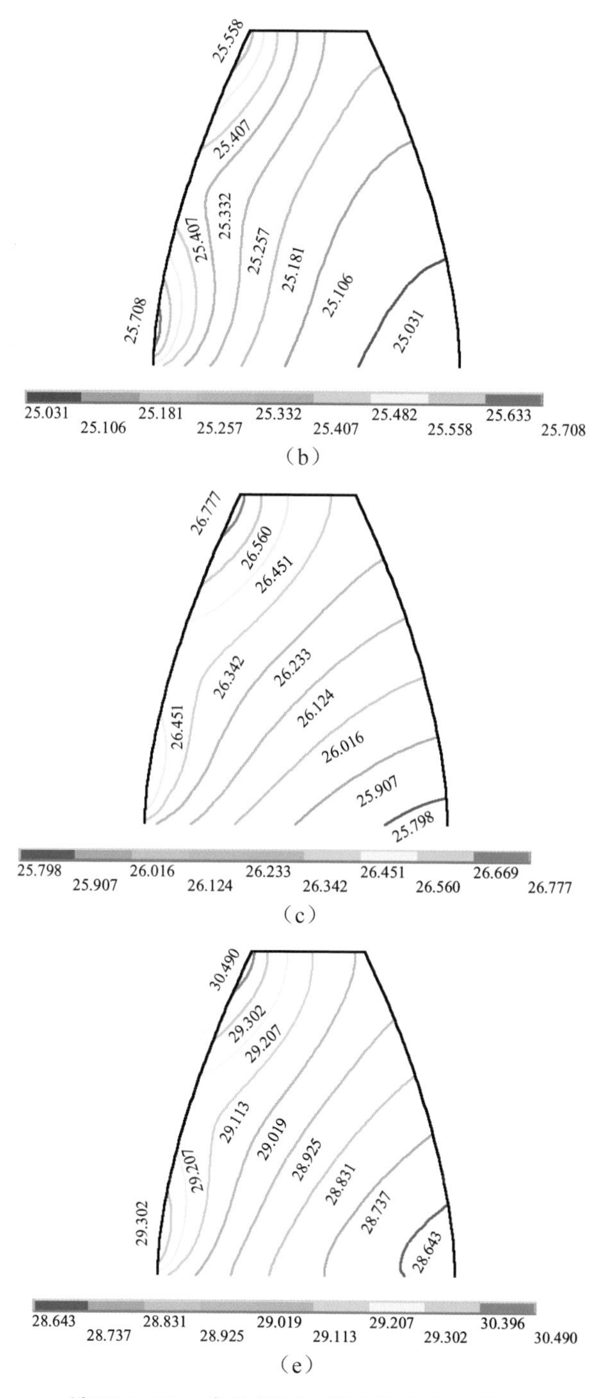

续图 6-17　齿轮端面二维非稳态温度分布

（b）200 个周期；（c）2 000 个周期；（d）20 000 个周期

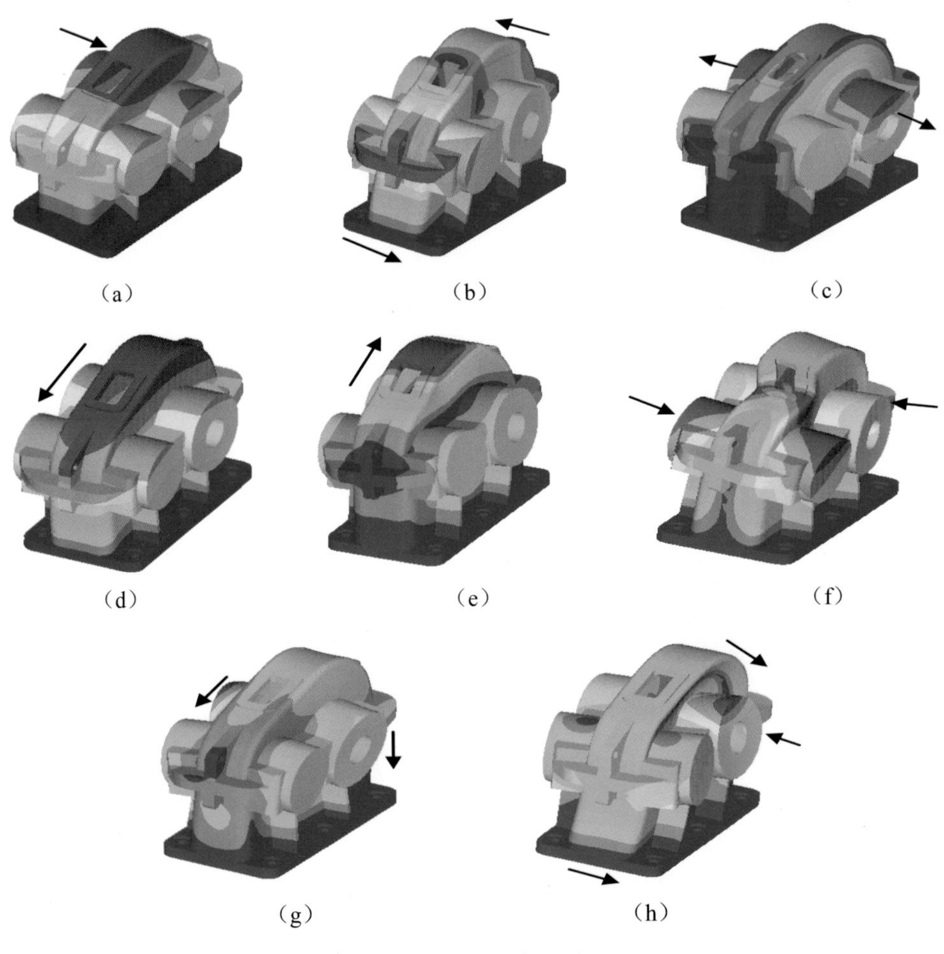

图 9-8　齿轮箱振型

（a）第 1 阶；（b）第 2 阶；（c）第 3 阶；（d）第 4 阶；
（e）第 5 阶；（f）第 6 阶；（g）第 7 阶；（h）第 8 阶

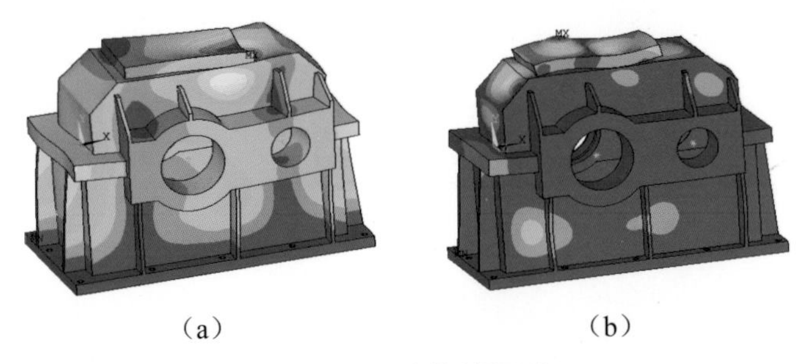

图 9-27　齿轮箱振型

（a）第 11 阶振型（1 224.5 Hz）；（b）第 45 阶振型（2 475 Hz）